普通高等院校"新工科"创新教育精品课程系列教材
普通高等院校能源与动力类"十四五"规划教材

基础燃烧学
（第二版）

主　编　邹　春
副主编　杨应举　江　龙　董世军

华中科技大学出版社
中国·武汉

内 容 简 介

　　本书是根据教育部高等学校能源动力类专业教学指导委员会制订的指导性专业培养计划,以新工科理念为指导思想,遵循专业人才培养的规律而编写的。本书阐述了燃烧学所必需的基础知识、基本理论和基本方法。全书共分为 9 章,主要内容包括燃烧与燃料简介、燃烧热力学、化学反应动力学、着火、层流预混燃烧、层流扩散火焰、液滴蒸发和燃烧、固体燃料的燃烧及燃烧测量。本书内容力求讲解清晰、重点突出,便于自学。

　　本书可作为普通高等学校机械工程类及相关专业本科生的教材或参考书,也可作为制造业工程技术人员的参考书。

图书在版编目(CIP)数据

基础燃烧学 / 邹春主编. -- 2 版. -- 武汉 : 华中科技大学出版社,2025.1. -- ISBN 978-7-5772-0664-6

Ⅰ. O643.2

中国国家版本馆 CIP 数据核字第 2024JG8760 号

基础燃烧学(第二版)　　　　　　　　　　　　　　　　　　　　　　　　　　　　邹　春　主　编
Jichu Ranshaoxue(Di-er Ban)

策划编辑：余伯仲
责任编辑：李梦阳
封面设计：廖亚萍
责任监印：朱　玢
出版发行：华中科技大学出版社(中国·武汉)　　　电话：(027)81321913
　　　　　武汉市东湖新技术开发区华工科技园　　　邮编：430223
录　　排：武汉三月禾文化传播有限公司
印　　刷：武汉市洪林印务有限公司
开　　本：787mm×1092mm　1/16
印　　张：17.5
字　　数：440 千字
版　　次：2025 年 1 月第 2 版第 1 次印刷
定　　价：49.80 元

第二版前言

当前,燃烧依然是人类获取能源的最主要方式。随着燃烧测量与计算能力的迅速发展,燃烧学研究呈现出蓬勃发展的趋势。为了应对全球气候变暖,人们开发了许多替代燃料和先进燃烧方式,这极大地丰富了燃烧学的研究内容。了解、掌握和研究燃烧领域的新发展和新内容,需要能源相关专业的学生学习和掌握必要的基础燃烧概念、研究方法和燃烧理论,这也是编写《基础燃烧学》的初衷。燃烧学所涉及的基础学科较多,比如化学热力学、反应动力学、流体力学等。此外,燃烧的燃料形态多样,包括气体、液体和固体,这些不同形态的燃料燃烧既有共同之处,也有各自鲜明的特性,因而燃烧学的知识点显得比较多,也比较杂。这些都加大了燃烧学的学习难度。为此,我们希望把燃烧领域形成共识的或者领域内大多数学者认同的基本概念、研究方法和基础理论,以学生容易理解的方式编写出来。坦率地说,实现这一目标对我们来说是一个不小的挑战,需要通过多年的教学实践,不断完善教材的编写方式。

《基础燃烧学》自 2021 年出版以来,经过多次印刷,受到读者的广泛好评。同时,华中科技大学能源与动力工程学院"基础燃烧学课程"(32 学时,面向全院学生)采用此教材,在 4 年的教学实践中取得了较好的教学效果。这在一定程度上肯定了我们的编写初衷和方式。然而,教师和学生也反馈了教材中存在的一些问题,主要集中在着火、层流扩散火焰和固体燃料的燃烧等章节。因此,我们决定对《基础燃烧学》进行改版,重新编写上述章节的内容,同时吸收了快速 NO 机理研究的新成果,并订正了第一版中的错误。

杨应举、江龙和董世军三位青年老师主要负责了上述三个章节的编写工作。青年教师的科研任务繁重,三位老师愿意抽出宝贵的时间与精力,承担这次繁杂的改版任务,确实难能可贵。在此,对他们表示感谢!同时也对给教材提供宝贵意见的老师和学生表示感谢!

本书由华中科技大学邹春担任主编,杨应举、江龙和董世军担任副主编,邹春负责全书的统稿定稿工作。参与本书编写的人员有:邹春(编写第 1 章、第 2 章、第 3 章和第 5 章)、董世军(编写第 4 章)、杨应举(编写第 6 章)、王兆文(编写第 7 章)、江龙与吴辉(编写第 8 章)、娄春(编写第 9 章)。

在本书的编写过程中,参考了近几年来国内出版的有关教材、专著和手册,在此向有关作者表示衷心感谢。

本书得到华中科技大学教材建设项目的资助,在此表示感谢!

最后,向参与本书编写、审稿和出版工作,以及在编写过程中给予帮助和支持的各位同仁,致以最诚挚的感谢!限于编者水平,书中难免存在不足和疏漏之处,恳请读者批评指正。

作 者
2024 年 12 月

第一版前言

国内外已经出版了很多与燃烧学有关的教材,如 Stephen R. Turns 编写的 *An Introduction to Combustion:Concepts and Applications*,Irvin Glassman 等人编写的 *Combustion*,J. Warnatz 等人编写的 *Combustion:Physical and Chemical Fundamentals*,*Modeling and Simulation*,*Experiments*,*Pollutant Formation*,Sara McAllister 等人编写的 *Fundamentals of Combustion Processes*,Chung K. Law 编写的 *Combustion Physics*。有些教材都已经修订了四版或者五版,充分说明了这些教材的权威性和普遍性。但是,这些教材的内容过多,有些理论部分的学术性太强,并不适合作为我国能动专业本科生的燃烧学教材。

本书综合了国内外燃烧学教材的优点,针对我国能动专业本科教学的特点,力求清晰地阐述燃烧学的基础知识、基本理论、基本方法。本书结构严谨、叙述简明,体现了专业知识的传统性、基础性、系统性和实用性,注重培养学生燃烧学研究的基本训练,以提高学生运用燃烧学知识来解决工程实际问题的能力。本书采用最新国家标准的计量单位、名词术语、材料牌号等。

本书由华中科技大学邹春担任主编,王兆文和娄春担任副主编,邹春负责全书的统稿定稿工作。参与本书编写的人员有:邹春(编写第 1 章、第 2 章、第 3 章和第 5 章)、王兆文(编写第 4 章、第 7 章)、范爱武(编写第 6 章)、吴辉(编写第 8 章)、娄春(编写第 9 章)。

在本书的编写过程中,参考了近几年来国内出版的有关教材、专著和手册,在此向有关作者表示衷心感谢。

本书得到华中科技大学教材建设项目的资助,在此表示感谢!

最后,向参与本书编写、审稿和出版工作,以及在编写过程中给予帮助和支持的各位同仁,致以最诚挚的感谢!限于编者水平,书中难免存在不足和疏漏之处,恳请读者批评指正。

作 者

2020 年 5 月

目　　录

第1章

燃烧与燃料简介

　　达尔文在《人类的由来》中写道:"火很可能就是人类迄今除了语言外的最大发现。"对火的原始控制构成了由人类发起的第一次重大的生态转变。过了很长时间,又出现了两次规模更大的生态转变,分别是:大约在一万年前兴起的农业畜牧业(农业化);约始于二百五十年前的"工业化"。燃烧在人类三次大规模的生态转变中都起到了不可替代的作用。

　　然而,直到18世纪初,德国化学家斯塔尔(G. E. Stahl)才提出了"燃素论",这是人类第一次对燃烧现象进行解释,尽管后来"燃素论"被证明是错误的。1777年,法国科学家拉瓦锡发表《燃烧概论》,明确指出燃烧是一种可燃物质与氧气之间的氧化反应过程。20世纪30年代,美国化学家刘易斯(B. Lewis)和苏联化学家谢苗诺夫等人采用化学反应动力学方法研究燃烧,从而奠定了现代燃烧学理论的基础。

　　如今,从我们日常生活的烹饪、照明、采暖到交通运输,再到航空航天、国防安全等,燃烧的应用几乎覆盖人类活动的全部内容。据 *BP Statistical Review of World Energy June 2018* 和 *Renewable Energy Policy Network for the 21st Century* 报道,2017年在全球电力生产中,化石燃料(煤、天然气和石油)燃烧发电量占比是65%,如图1-1所示。然而,化石燃料燃烧会排放许多有毒物质和污染物,如 NO_x、SO_x、可吸入颗粒物等。尤其需要指出的是,化石燃料燃烧生成的 CO_2 是导致温室效应、全球气候变暖的主要因素。可以说,燃烧学理论正是通过不断发现并解决燃烧应用中的问题得到持续而深入的发展的。

图1-1　2017年全球电力生产结构图

　　令人感兴趣的是,燃烧还应用于新能源和可再生能源领域。例如,固体氧化物燃料电池(SOFC)如图1-2所示,它是一种效率高、燃料来源广、高能比、低排放的发电装置,其中维持固体氧化物电堆高温的热量,就是电池尾气的燃烧提供的。以新能源和可再生能源为代表的"能源革命",将给燃烧学理论发展开辟新途径,增添新动力。

图 1-2　固体氧化物燃料电池(SOFC)

1.1　基本燃烧类型

1.1.1　预混燃烧、非预混燃烧和部分预混燃烧

总的来说,燃烧系统常常由两个反应物——燃料和氧化剂构成。只有当燃料和氧化剂同时供给并且在分子水平上混合时,才可以发生燃烧反应。因此,混合机制是影响燃烧的本质因素。这意味着,两种反应物中至少有一种反应物呈气态或者液态,以便它的分子可以"散布"到另外一种反应物的周围。

由于分子水平上混合的重要性,燃烧系统中的反应物在初始时是否混合,会使燃烧系统呈现不同的燃烧特性。在预混燃烧(premixed combustion)系统中,反应物在反应之前已经预混好了。但在非预混燃烧(non-premixed combustion)系统中,同时且分开进入燃烧系统的燃料和氧化剂,通过分子扩散和对流,在某一个区域中混合并发生反应。由于扩散对反应物在分子水平上的混合有着至关重要的影响,因此非预混燃烧也称为扩散燃烧(diffusion combustion)。需要着重强调的是,非预混燃烧称为扩散燃烧并不意味着预混燃烧系统中就没有扩散了,或者扩散就不重要了。在预混燃烧系统中,反应物仍然需要通过扩散进入反应区且产物和产生的热量也需要通过扩散离开反应区,这对于维持预混燃烧是至关重要的。图 1-3 所示为预混火焰(左)和非预混火焰(右)。

除了预混燃烧和非预混燃烧以外,还有一种燃烧方式是部分预混燃烧,即燃料与一部分氧化剂在反应前已经混匀。典型的部分预混燃烧例子是本生火焰(Bunsen flame),如图 1-4所示,具有一定压力的燃料从燃料喷嘴高速喷出,形成负压从而卷吸一部分空气(通过空气口),燃料和卷吸进来的空气经过燃烧器的管道混合,最终在燃烧器出口形成一个预混的火焰(外观上,像一个火焰锥)。一般情况下,卷吸进来的空气是不足以完全消耗燃料的,换句话说,燃料是富余的(通常称为富燃料)。那么剩余的燃料(或者与燃料相关的中间产物)将穿过火焰,与周围空气中的氧气进行反应,从而形成扩散火焰。剩余的燃料将在扩散火焰中消耗完毕。绝大多数家庭用燃气灶采用的燃烧方式就是部分预混的燃烧方式。图 1-5 所示

为燃气灶的火焰。

图 1-3　预混火焰(左)和非预混火焰(右)

外层扩散火焰

内锥-富燃料预混火焰

图 1-4　本生火焰

图 1-5　燃气灶的火焰

1.1.2　层流燃烧与湍流燃烧

根据火焰的流动状态,燃烧方式可以分为层流燃烧(laminar combustion)和湍流燃烧(turbulent combustion)。在层流燃烧中,可以非常明晰地观察到流线和对流运动,而在湍流燃烧中,不再可以观察到明晰的流线,在时间和空间上,流动都表现出很大的随机性的脉动。现代湍流理论认为,湍流可以促进宏观混合和微观混合,所谓宏观混合是指从积分尺度到湍流最小尺度上的混合,微观混合则是指从湍流最小尺度到分子尺度上的混合。显然,湍流有助于燃烧。图 1-6 所示为湍流火焰。

图 1-6　湍流火焰

1.1.3　均相燃烧和非均相燃烧

通常,均相燃烧(homogeneous combustion)的燃料和氧化剂具有相同的形态,即同为气态或者同为液态,如上文提及的本生火焰。需要说明的是,有时候"homogeneous combustion"还指"均质燃烧",即燃烧的流场内浓度和温度分布非常均匀,没有明显的浓度和温度梯度,如发动机中的均质充量压缩自燃(homogeneous charge compression ignition,HCCI)。

非均相燃烧(heterogeneous combustion)的燃料和氧化剂则具有不同的形态(气-液、气-固、液-固等),如电站锅炉中的煤粉燃烧。而化学家定义的非均相反应是指在反应发生的位置,反应物实际上处于不同的形态。煤粉的燃烧反应如果发生在空气和煤焦之间,则称为非均相反应,或者表面反应;如果发生在空气与煤的挥发分之间,则称为均相反应,或者气相反应。

1.2　燃料选择的基本考虑

燃料和氧化剂是燃烧反应的两个主要参与者。对于大多数燃烧反应而言,氧化剂是空气,这是因为空气廉价易得且可以随处使用。燃料的选择则需要综合考虑燃烧反应的目的,以及安全和排放要求。因此,燃料的选择需要考虑以下几个因素。

(1)能量密度。能量密度是指单位体积或者单位容积的燃料燃烧所释放的能量。图 1-7所示为燃料的能量密度图。当燃烧空间(或者质量)受限时,燃料的能量密度决定燃料的需要量。一般来说,液体碳氢燃料的能量密度为 33 MJ/L。由于含有氧,醇类燃料如乙醇的能量密度稍低,约为 29 MJ/L。气体燃料因气体分子间距大而具有较低的能量密度。氢气在标准状态下的能量密度只有 12 kJ/L(注意氢气具有较高的质量能量密度)。氢气只有压缩到 2 500 atm(1 atm=101.325 kPa)时才具有跟碳氢燃料相等的体积能量密度。因此氢气必须储存在一个很重的储罐中,而这显然会产生安全问题。针对房间采暖和热水供应的需求,使用低能量密度的燃料是合适的。如果管道输送气体燃料可行的话,能量密度对于燃料选择就不那么重要了。液体燃料因其高能量密度而成为交通运输工具的理想燃料。目前大多数的汽车使用液体燃料。而液氢和纯氧在航天飞机中得到使用。由于氢气沸点非常低（－252.76 ℃），储存在储罐中的液氢可以从周围环境中吸热而气化,因此液氢一般只能在储罐中储存几个小时。液氢气化为气体时,体积会增大840倍。其低沸点、低密度会导致泄漏的氢气迅速扩散。若交通工具使用液氢,即便采用当前最好的绝热技术,液氢也会在一两天内开始气化。因此,氢的储存是当前氢能使用中的一个关键难题。氨被认为是非常有前途的氢载体。

图 1-7　燃料的能量密度图

　　氨的能量密度为 22.5 MJ/kg,与化石燃料的能量密度（低阶煤约为 20 MJ/kg、天然气约为 55 MJ/kg、液化石油气约为 54 MJ/kg）相当,因而具备成为燃料的属性。更令人感兴趣的是,氨不含碳,属于“无碳”燃料,而且氨的合成完全可以在“无碳”环境下完成,合成所需能源可以来自风能、氢能或者太阳能,因而是一种完全的“无碳”燃料。相比氢气而言,氨在常温、0.8 MPa 下为液体,非常容易液化,而且现有的氨储存与输运的工业体系已经非常成熟且经济、可靠,这为大规模使用氨燃料提供了很好的工业基础。氨分子中氢的质量比例约为 17.65%,是高含氢物质,可再生能源电解水产生的氢气,可以通过转化为氨而可靠、经济地储运,因而氨是一种很好的氢载体,是绿色“氢能”的重要组成部分。

　　（2）安全。安全是燃料选择中需要考虑的一个重要因素。燃料必须在实际运行条件下,能够安全地处置,并容易燃烧。燃料的许多属性,如最小点火能、可燃极限、毒性及热释放速率都以不同的方式影响其安全。尽管具有挥发性的液体燃料,如汽油,在泄漏时因其容易着火而产生安全问题,但是在油箱中的汽油依然是十分安全的。发生火灾时,材料的着火特性和热释放速率是火灾迅速蔓延的重要因素。例如,塑料非常容易着火而且会释放大量的热。与塑料相比,木材着火和燃烧要困难些,因此从安全的角度看,塑料比木材更危险。同时,塑料燃烧还会释放更多有毒气体。

(3)燃烧和燃料属性。不同的燃烧应用就需要不同的燃烧特性。例如,点燃式(spark ignition)发动机(常常是汽油机)需要燃料达到一定的抗爆(anti-knock)要求。辛烷值(octane number)就是业内广泛使用的衡量燃料抗爆属性的参数。在柴油机中,由于其工作过程不同于汽油机的工作过程,因此对燃料的要求也不同。由于柴油机采用压燃点火(compression ignition)方式,因此燃料的自动着火特性更为重要。该属性用十六烷值(cetane number)来表征。在燃气轮机中,燃料燃烧产生碳烟(soot)的能力是一个重要特征,该属性用烟点(smoke point)来表征。

(4)价格。从经济角度考虑,人们会首选能够满足燃烧、安全和排放要求并且较为便宜的燃料。因此,燃料的价格和制造方式也决定着燃料的使用范围。例如,因为煤价格低廉且容易开采,所以煤炭工业的发展带动了钢铁行业、铁路运输行业、军事工业等的发展,为"第二次工业革命"奠定了重要基础。当前,在发展中国家,煤依然在其能源结构中占据最主要的地位,例如,2018 年中国的煤炭占比为 58.2%,印度的煤炭占比为 55.9%。

1.3　燃料分子结构与命名

根据 C—C 键的类型,可以对大多数碳氢燃料进行分类。当燃料分子中的 C—C 键都是单键时,这类燃料称为链烷烃,其分子组成是 C_aH_{2a+2}。a 代表烷烃中 C 原子的个数,在英文中这些燃料的命名由表示 C 原子个数的前缀和表示碳原子之间键的类型的后缀组成,例如甲烷的英文名 methane 就是由表示 1 个 C 原子的前缀 meth-和表示 C—C 单键的后缀-ane 组成。燃料的命名见表 1-1。

表 1-1　燃料的命名

碳原子数	前缀	燃料	后缀
1	meth-	烷烃	-ane
2	eth-	烯烃	-ene
3	prop-	炔烃	-yne
4	but-	醛	-aldehyde
5	pent-	醇	-enol
6	hex-		
7	hept-		
8	oct-		
9	non-		
10	dec-		

当 C 原子数大于或等于 4 时,烷烃分子就会出现同分异构体,如正丁烷和异丁烷。同分异构体的燃烧特性,尤其是着火特性会有较大差异。例如,正辛烷和异辛烷就是一对同分异构体(见图 1-8),正辛烷分子是一个长直链,因此在点燃式发动机中很容易发生爆震。异辛烷含有支链结构,因此不容易发生爆震。大分子燃料的命名采用国际纯粹与应用化学联合

会(IUPAC)的命名法,异辛烷按照该命名法被称为 2,2,4-三甲基戊烷。3 个甲基挂在戊烷分子上,导致相对低的爆震趋势。一般而言,直链分子越大越容易发生断键和燃烧。

图 1-8 直链正辛烷(左)和异辛烷(右)

除了饱和烷烃以外,一些非饱和烃,如烯烃、炔、环烃、芳香族,也可以成为燃料或者燃烧中间产物。表 1-2 所示为燃烧中常用碳氢燃料的命名规则。

表 1-2 燃烧中常用碳氢燃料的命名规则

碳氢燃料	分子式	C—C	结构	示例
烷烃 (饱和,链烷烃)	$C_a H_{2a+2}$	单键	直链或有支链	乙烷 $CH_3—CH_3$
烯烃 (链烯烃)	$C_a H_{2a}$	一个双键,剩余 为单键	直链或有支链	乙烯 $CH_2=CH_2$
炔	$C_a H_{2a-2}$	一个三键,剩余 为单键	直链或有支链	乙炔 $CH\equiv CH$
环烷烃	$C_a H_{2a}$	单键	闭环	环丙烷 $H_2C—CH_2$ H_2C
芳香族化合物 (苯族)	$C_a H_{2a-6}$	芳香族键	闭环	苯 CH $HC\diagup\diagdown CH$ $\parallel\quad\parallel$ $HC\diagdown\diagup CH$ CH

由于汽油和柴油都含有不同的碳氢化合物,因此大多数研究常常用模型燃料(surrogate fuel)来代替汽油或者柴油。通常汽油用异辛烷而柴油用正庚烷。但需要强调的是,用这些模型燃料来代替真实燃料是有限制的。例如,研究汽油的自动着火特性时,不宜用异辛烷来代替,这是因为汽油的辛烷值是 87,而异辛烷的辛烷值是 100。

1.4 与燃烧相关的学科

燃烧学是研究快速且大量热释放的化学反应流的学科。本质上燃烧学具有较强的多学科交叉特性,涉及热力学、化学反应动力学、流体力学和传热(传质)学等。

1. 热力学

人们应用燃烧实质上是利用在反应物转化为产物的过程中释放出来的大量的热量。通过热力学,我们可以知道在燃烧过程中有多少化学能转化成了热能,以及达到平衡时,产物的组成和热力学属性。虽然许多反应组分(大分子复杂燃料及其反应中间组分)的热力学属性不能很好地确定,但是热力学的三大定律依然是对燃烧过程进行热力学分析的基础。

2. 化学反应动力学

热力学研究的是反应的初始状态和平衡状态之间的关系,但它并没有告诉我们反应是通过什么路径到达的平衡状态,以及需要多长时间到达平衡状态。例如,如果一个特殊的反应需要一小时才能达到近似平衡,那么当我们在测试汽车发动机的循环性能时,就没有必要考虑这个反应。事实上,基于这样的平衡考虑的结论很可能是错误的。例如,在发动机的 NO_x 排放的计算中,基于有限反应速率计算的 NO_x 排放量远超过基于尾气温度下的热力学平衡计算得到的 NO_x 排放量。在燃烧过程中,不同的现象对应不同的有限特征时间,这就需要利用化学反应动力学来确定在这些有限特征时间内反应发生的路径和速率。

化学反应动力学是一门复杂的学科,尤其对于燃烧系统而言,因为其中存在着巨量的化学组分,而且彼此之间都具有相互反应的可能。一个现象可以很好地说明这种复杂性,对于甲烷这种含碳量最小的烷烃,至今还没有一个完全科学的氧化机理,尽管 FFCM-1、ARAM-CO3.0 和 GRI3.0 等能够给出诸如层流火焰传播速度等总体燃烧特性相当好的计算结果。燃料燃烧的化学反应动力学依然是燃烧学中的重要研究方向。

3. 流体力学

在燃烧应用中,流动可增大燃料与空气的混合程度,因此,要想很好地分析这些流动过程中出现的燃烧现象,必须学习流体力学的知识。燃烧学不仅仅是化学的一个分支,原因在于燃烧常常与流动相结合,而流体力学家如果不考虑化学反应的影响,也无法正确地描述燃烧流场。

这类有燃烧的流动常常称为反应流(reacting flow)。我们知道,燃烧反应的发生是需要条件的,因此燃烧反应往往在局部发生,且伴有大量热释放。这导致局部的温度和密度会剧烈变化,从而影响流动,反之,流动也会导致局部达到反应条件,促进燃烧反应的发生。燃烧学主要研究内容就是流动与化学反应耦合所出现的丰富而复杂的燃烧现象。

4. 传热(传质)学

正如上文分析的那样,在燃烧流场中,化学反应常常发生在局部的反应锋面内,反应锋面的特征是高温、高产物浓度及低反应物浓度。另一方面,在远离反应锋面的其他区域,产物浓度和温度都比较低而反应物浓度比较高。浓度和温度梯度的存在,会导致能量和质量(反应物或者产物)通过分子扩散从高值区域向低值区域传递。对于火焰而言,扩散输运是至关重要的,这是因为只有通过扩散才能够源源不断地提供新的反应物给火焰以维持燃烧。同时,燃烧产生的热量又通过传导加热新的反应物进而使其着火。另一方面,局部较大的热扩散会使反应锋面散失过多的热量,从而大幅降低锋面温度,最终导致熄火。显然,扩散输运与化学反应的强烈耦合决定着局部的状态,这也是燃烧学中的主要研究内容。

参 考 文 献

［1］约翰·古德斯布洛姆. 火与文明［M］. 乔修峰,译. 广州:花城出版社,2006.

［2］MCALLISTER S, CHEN J Y, FERNANDEZ-PELLO A C. Fundamentals of combustion processes［M］. New York:Springer,2011.

［3］LAW C K. Combustion physics［M］. New York:Cambridge University Press,2006.

［4］GLASSMAN I, YETTER R A,GLUMAC N G. Combustion［M］. 5th ed. San Diego: Elsevier,2015.

［5］WARNATZ J, MAAS U,DIBBLE R W. Combustion:physical and chemical fundamentals, modeling and simulation, experiments, pollutant formation［M］. 4th ed. Berlin: Springer,2006.

［6］VALERA-MEDINA A, XIAO H, OWEN-JONES M,et al. Ammonia for power［J］. Progress in Energy and Combustion Science,2018,69:63-102.

第 2 章

燃烧热力学

本章将详细考察与燃烧学相关的几个重要的热力学概念。燃烧热力学,又称为燃烧化学热力学或者化学热力学,其侧重点是根据热力学第一定律分析燃烧过程中化学能转变为热能的能量变化规律,并根据热力学第二定律分析化学平衡的条件及平衡时系统的状态。在考察燃烧系统的热力学性质之前,以理想气体为例,务必先回顾一下混合气体的基本参数关系式。也许这些概念在以前热力学的学习中读者已经熟悉,本章将其一一列出来是因为它们是燃烧热力学中的重要内容。

2.1 热力学第一定律

我们先回顾一些与燃烧学相关的热力学参量和定律。

我们使用强度量(intensive property,又译为强度性质、强度性参数或强度参数)和广延量(extensive property,又译为广延性质、广延性参数、广延参数或广度量)来描述系统的热力学状态。强度量是指系统中不随系统大小或系统中物质的量变化而变化的物理量,常常以单位质量(或体积、物质的量)下的物质属性来定量描述,如密度 ρ (kg/m^3)、单位质量的内能 u (J/kg)、单位物质的量的内能 $\hat{u}(J/mol)$ 等。读者需要注意的是,内能 u 也常用英文字母 e 或者希腊字母 ε 来表示,以和速度或 x 方向的速度分量区分。广延量与强度量相对,是指系统会随系统大小或系统中物质的量成比例变化的物理量,如系统的总内能 U (J)、体积 V (m^3) 等。

在下面的推导中,会依据特殊情况选择基于单位质量、物质的量或者体积的强度量。

从 1840 年开始,在长达 20 多年的时间里,焦耳做了一系列的实验,得出了热力学第一定律的最初的描述方式。这个定律也是现代燃烧学的基础之一。根据热力学第一定律,热量可以从一个物体传递到另一个物体,也可以与机械能或其他形式的能量互相转换,但在转换过程中,能量的总值保持不变。热力学第一定律的本质是能量守恒。对于一个孤立系统,有

$$dU = \delta Q - \delta W$$

这里,U 表示内能,Q 表示热量,W 表示功,负号表示功是由系统做的。

如果仅考虑系统做的压缩功,则

$$dU = \delta Q - p dV$$

因此,对于定容过程,有 $dU = \delta Q$,这表明,系统吸收的热量等于系统增加的内能。

由于化学反应通常在定压状态下发生,因此燃烧过程常被认为是定压过程。焓是热力

学中表征物质系统能量的一个重要状态参量,在燃烧学中被广泛使用。那么,对于定压过程,对系统的焓($H=U+pV$)求导,可以得到

$$dH = dU + pdV + Vdp$$

根据热力学第一定律,有

$$dH = \delta Q + Vdp$$

因此,对于定压过程,有 $dH=\delta Q$,这表明系统吸收的热量等于系统增加的焓。定义定容比热容 c_V 和定压比热容 c_p,分别为

$$c_V \equiv \left(\frac{\partial u}{\partial T}\right)_V$$

$$c_p \equiv \left(\frac{\partial h}{\partial T}\right)_p$$

通常,在燃烧学研究中假设气态物质都符合理想气体条件。因此,理想气体定容过程的内能通过积分获得

$$u(T) - u_{ref} = \int_{T_{ref}}^{T} c_V dT$$

理想气体定压过程的焓通过积分获得

$$h(T) - h_{ref} = \int_{T_{ref}}^{T} c_p dT$$

式中:下标 ref 表示参考状态。

在燃烧学中,燃烧过程中的高温导致气体密度较低,因此可将混合气体及其各组分视作理想气体。理想气体的状态方程为

$$p = \rho \frac{R}{M} T$$

式中:$R=8.314$ J/(mol·K),为通用气体常数;M 为气体摩尔质量;ρ 为密度,是比容的倒数,$\rho=1/v=m/V$。下面对于气体的讨论,我们都将采用理想气体假设。

为了更精确地描述实际气体行为,范德瓦尔斯(又译为范德华)于 1873 年提出了对理想气体的修正方程,其表达式为

$$\left(p + \frac{a}{\hat{v}^2}\right)(\hat{v} - b) = RT$$

式中:a 为比例系数;b 为考虑气体分子本身体积对分子运动自由空间的修正,a 和 b 在修正方程中都是常系数;$\hat{v}=V/n$,为气体摩尔体积,是一个强度量,其大小也可以通过密度来计算,即

$$\hat{v} = \frac{V}{n} = \frac{V}{m/M} = \frac{M}{\rho}$$

对于真实气体,Redlich-Kwong 于 1949 年提出的状态方程(RK 方程)是一个较为常用的方程,其表达式为

$$p = \frac{RT}{\hat{v} - b} - \frac{a}{\sqrt{T}\hat{v}(\hat{v} + b)}$$

式中:$a=0.427\,48R^2 T_c^{2.5}/p_c$;$b=0.086\,64RT_c/p_c$。其中,$T_c$ 和 p_c 分别为临界点的温度和压力。以此方程为依据,学者们提出了其他的修正方程,如 Soave-Redlich-Kwong(SRK)状态方程、Peng-Robinson(PR)状态方程等。

2.2　理想气体混合物的属性

混合对燃烧有着至关重要的作用,燃料与氧化剂必须通过混合才可以燃烧,燃烧的产物也由混合气体组成。因此,我们需要研究气体混合物的属性。

假设混合气体有 N 种组分,组分 k 的质量分数定义为

$$y_k = m_k/m$$

式中:m 为混合气体质量(或单位体积内的质量,即密度);m_k 为组分 k 的质量(或单位体积内组分 k 的质量,即组分 k 的分密度)。

组分 k 的摩尔分数定义为

$$x_k = n_k/n$$

式中:n 为混合气体物质的量(或单位体积内的物质的量,即摩尔浓度);n_k 为组分 k 的物质的量(或单位体积内该组分的物质的量,即该组分的分摩尔浓度)。

混合气体的摩尔质量的计算公式为

$$\frac{1}{M} = \sum_{k=1}^{N} \frac{y_k}{M_k}$$

式中:M_k 为组分 k 的摩尔质量。除了质量分数以外,摩尔分数(x_k)和摩尔浓度($[X_k]$)也是常用的用于描述混合气体混合性质的参数,它们之间的关系可以参考表 2-1。有必要指出的是,摩尔浓度在化学反应速率的计算中是一个至关重要的强度量。

表 2-1　质量分数、摩尔分数、摩尔浓度的定义及换算关系

名称	定义	换算关系
质量分数 y_k	组分 k 的质量/总质量	$x_k = \dfrac{M}{M_k} y_k$
摩尔分数 x_k	组分 k 的物质的量/总的物质的量	$x_k = \dfrac{M}{M_k} y_k$
摩尔浓度 $[X_k]$	组分 k 的物质的量/总体积	$[X_k] = \rho \dfrac{y_k}{M_k} = \rho \dfrac{x_k}{M}$
摩尔质量 M	$\dfrac{1}{M} = \sum_{k=1}^{N} \dfrac{y_k}{M_k}$ 和 $M = \sum_{k=1}^{N} x_k M_k$	

所有组分质量分数之和为 1,摩尔分数之和也为 1。在求解燃烧系统时,这是一个常用的约束条件。某组分的质量分数或摩尔分数不通过化学反应或者组分输运方程来计算,而通过这个关系来确定,即 1 减去其他组分的质量分数或摩尔分数之和。

根据道尔顿(Dalton)定律(在任何容器内的气体混合物中,如果各组分之间不发生化学反应,则各组分都均匀地分布在整个容器内,每种组分所产生的压强和其单独占有整个容器时所产生的压强相同)和阿马加(Amagat)定律(在相同温度和总压条件下,理想气体混合物的总体积等于各组分体积的总和),某组分的分压和分体积可以由该组分的摩尔分数来确定:

$$\frac{p_i}{p} = x_i \quad \text{(道尔顿定律)}$$

$$\frac{V_i}{V} = x_i \quad \text{(阿马加定律)}$$

此外,混合气体的单位质量的内能和焓可以通过质量分数来计算:

$$u = \frac{U}{m} = \frac{\sum_i m_i u_i}{m} = \sum_i y_i u_i$$

$$h = \sum_i y_i h_i$$

相似地,混合气体的单位物质的量的内能和焓可以通过摩尔分数来计算:

$$\hat{u} = \sum_i x_i \hat{u}_i$$

$$\hat{h} = \sum_i x_i \hat{h}_i$$

对于理想气体来说,各组分的内能和焓都只是温度的函数,因此,理想气体混合物的内能和焓也只是温度的函数。

例 2-1 MILD(moderate & intense low oxygen dilution)燃烧具有高效和低排放的特点。相比常规燃烧,其氮氧化物的排放可以减少 70% 以上。如图 2-1 所示,Jet-in-Hot-Coflow (JHC)是研究 MILD 燃烧的实验台架。在 HM1、HM2、HM3 三个燃烧工况中,热伴流混合物各组分的质量分数详见表 2-2。求 HM1、HM2、HM3 三个燃烧工况中热伴流混合物各组分的摩尔分数。

(a) JHC工况模拟示意图　　　　　(b) 大涡模拟获得的瞬态温度云图

图 2-1　Jet-in-Hot-Coflow(JHC)

表 2-2　热伴流混合物各组分的质量分数

燃烧工况	O_2	CO_2	H_2O	N_2
HM1	3%	5.5%	6.5%	85%
HM2	6%	5.5%	6.5%	82%
HM3	9%	5.5%	6.5%	79%

解　首先查表 A.2、表 A.6、表 A.7 和表 A.11 获得各组分的摩尔质量。

$$M_{O_2} = 32.00 \times 10^{-3} \text{ kg/mol}$$
$$M_{CO_2} = 44.01 \times 10^{-3} \text{ kg/mol}$$
$$M_{H_2O} = 18.02 \times 10^{-3} \text{ kg/mol}$$
$$M_{N_2} = 28.01 \times 10^{-3} \text{ kg/mol}$$

然后计算混合气体的摩尔质量。

HM1 工况：

$$M = 1/(y_{O_2}/M_{O_2} + y_{CO_2}/M_{CO_2} + y_{H_2O}/M_{H_2O} + y_{N_2}/M_{N_2}) = 27.67 \times 10^{-3} \text{ kg/mol}$$

HM2 工况：

$$M = 1/(y_{O_2}/M_{O_2} + y_{CO_2}/M_{CO_2} + y_{H_2O}/M_{H_2O} + y_{N_2}/M_{N_2}) = 27.77 \times 10^{-3} \text{ kg/mol}$$

HM3 工况：

$$M = 1/(y_{O_2}/M_{O_2} + y_{CO_2}/M_{CO_2} + y_{H_2O}/M_{H_2O} + y_{N_2}/M_{N_2}) = 27.88 \times 10^{-3} \text{ kg/mol}$$

最后计算各组分的摩尔分数。

HM1 工况：

$$x_{O_2} = M \times y_{O_2}/M_{O_2} = 0.025\,94$$
$$x_{CO_2} = M \times y_{CO_2}/M_{CO_2} = 0.034\,58$$
$$x_{H_2O} = M \times y_{H_2O}/M_{H_2O} = 0.099\,81$$
$$x_{N_2} = M \times y_{N_2}/M_{N_2} = 0.839\,68$$

HM2 工况：

$$x_{O_2} = M \times y_{O_2}/M_{O_2} = 0.052\,07$$
$$x_{CO_2} = M \times y_{CO_2}/M_{CO_2} = 0.034\,70$$
$$x_{H_2O} = M \times y_{H_2O}/M_{H_2O} = 0.100\,17$$
$$x_{N_2} = M \times y_{N_2}/M_{N_2} = 0.812\,97$$

HM3 工况：

$$x_{O_2} = M \times y_{O_2}/M_{O_2} = 0.078\,41$$
$$x_{CO_2} = M \times y_{CO_2}/M_{CO_2} = 0.034\,84$$
$$x_{H_2O} = M \times y_{H_2O}/M_{H_2O} = 0.100\,57$$
$$x_{N_2} = M \times y_{N_2}/M_{N_2} = 0.786\,33$$

2.3　当量燃烧、生成焓和反应热

2.3.1　当量燃烧

在燃烧过程中，燃料与氧化剂之间的关系对燃烧性能是非常重要的。化学计量比(stoichiometric ratio)是指当燃料与氧化剂刚好完全燃烧时，燃料与氧化剂之间的摩尔比。

我们这里考虑一个由 C、H、O 元素组成的燃料与空气混合后的当量燃烧工况，其化学反应方程式的一般形式为

$$C_\alpha H_\beta O_\gamma + a(O_2 + 3.76N_2) \longrightarrow \alpha CO_2 + (\beta/2)H_2O + 3.76aN_2$$

这里

$$a = \alpha + \beta/4 - \gamma/2$$

为简单起见,我们假设空气由约 21% (体积比或摩尔比)的氧气和 79% 的氮气组成,即 1 mol 的氧气对应约 3.76 mol 的氮气。

此时,化学计量比为

$$(F/A)_{stoic} = \frac{1}{4.76 \times (\alpha + \beta/4 - \gamma/2)}$$

式中:F 表示燃料;A 表示空气。

当量比(equivalence ratio)是指燃料与氧化剂之间的摩尔比与它们的化学计量比之间的比值:

$$\Phi = \frac{(F/A)}{(F/A)_{stoic}}$$

式中:Φ 为当量比。

对于 $\Phi > 1$,反应系统中燃料富余,氧气不足,为富燃料(rich fuel)燃烧;对于 $\Phi < 1$,反应系统中燃料不足,氧气富余,为贫燃料(lean fuel)燃烧;对于 $\Phi = 1$,则该燃烧为当量燃烧。在后面的学习中,我们将看到贫燃料燃烧和富燃料燃烧是有明显不同的。

有时也用空燃比来表示燃烧过程中空气与燃料之间的质量关系:

$$A/F = \frac{m_{air}}{m_{fuel}}$$

在应用中,常会用过量空气百分比 α 表示燃烧过程中的空气供应量:

$$\alpha = \frac{1 - \Phi}{\Phi} \times 100\%$$

例 2-2　考虑一个异辛烷和空气混合后的当量燃烧工况,求:

(1)燃料的摩尔分数;

(2)燃烧的燃空比;

(3)生成物中 H_2O 的摩尔分数。

解　首先写出异辛烷和空气混合当量燃烧的化学方程式:

$$C_8H_{18} + \left(8 + \frac{18}{4} - 0\right)(O_2 + 3.76 N_2) \longrightarrow 8 CO_2 + 9 H_2O + 3.76 \times \left(8 + \frac{18}{4} - 0\right)N_2$$

即

$$C_8H_{18} + 12.5(O_2 + 3.76 N_2) \longrightarrow 8 CO_2 + 9 H_2O + 3.76 \times 12.5 N_2$$

因此

(1) $x_{C_8H_{18}} = \dfrac{N_{C_8H_{18}}}{N_{C_8H_{18}} + N_{air}} = \dfrac{1}{1 + 12.5 \times 4.76} = 0.0165$;

(2) $f_s = \dfrac{1 \times M_{fuel}}{\left(\alpha + \dfrac{\beta}{4} - \dfrac{\gamma}{2}\right) \times 4.76 \times M_{air}} = \dfrac{114}{12.5 \times 4.76 \times 28.96} = 0.0662$;

(3) $x_{H_2O} = \dfrac{N_{H_2O}}{N_{CO_2} + N_{H_2O} + N_{N_2}} = \dfrac{9}{8 + 9 + 3.76 \times 12.5} = 0.1406$。

2.3.2　生成焓、反应焓和反应热

燃烧现象最明显的一个特征是反应过程伴随着热释放,因此燃烧学研究中的一个重点是关注燃烧过程中能量变化,具体而言就是化学能转换为热能。

　　先来考察几个与燃烧放热有关的重要的热力学参数。绝对焓的概念在燃烧学中非常重要,其定义为

$$\overline{h}_i(T) = \overline{h}_{f,i}^0(T_{ref}) + \Delta\overline{h}_{s,i}$$

其中,$\Delta\overline{h}_{s,i}$是指物质从参考温度T_{ref}到T显焓的变化;而$\overline{h}_{f,i}^0(T_{ref})$是标准状态下物质的生成焓。标准状态定义为:$T_{ref}=25\ ℃(298.15\ K)$,压力$p_{ref}=1\ atm(101.325\ kPa)$。此外规定:在标准状态下,元素在最自然稳定存在状态的生成焓为零。氧元素在标准状态下以双原子分子(即O_2)形式稳定存在,即

$$(\overline{h}_{f,O_2}^0)_{298.15\ K} = 0$$

其中,上标0代表标准状态。在标准状态下,要生成一个氧原子,就要破坏一个很强的O—O化学键。在298.15 K下,氧分子中O—O键的断裂能为498.390 kJ/mol。因此,氧原子的生成焓就是断裂一个O—O键所需能量的一半,即

$$(\overline{h}_{f,O}^0)_{298.15\ K} = 249.195\ kJ/mol$$

　　因此,化合物的标准生成焓是在标准状态下由稳定状态的单质生成1 mol纯化合物时的反应焓变。

　　通常,由元素直接生成化合物是不太可能的,但是由于焓是状态函数,它可以通过间接方式获得。

　　赫斯定律(Hess law)也称为反应加成定律,若某一个反应为两个反应的代数和时,其反应热为两个反应热的代数和。也可表达为在条件不变的情况下,化学反应的热效应只与起始和终了状态有关,与变化途径无关。例如乙烯(C_2H_4)生成焓的计算,如图2-2所示。

序号	反应				$\Delta_R\overline{H}_{298}^0$/(kJ/mol)
(1)	2 C(石墨) + 2 O_2(g)	=	2 CO_2(g)		-787.4
(2)	2 H_2(g) + O_2(g)	=	2 H_2O(l)		-571.5
(3)	2 CO_2(g) + 2 H_2O(l)	=	C_2H_4(g)	+ 3 O_2(g)	+1411.0
(1)+(2)+(3)	2 C(石墨) + 2 H_2(g)	=	C_2H_4(g)		+52.1

图 2-2　乙烯生成焓计算示例

　　乙烯不容易由 C 和 H 直接生成,但是石墨和氧气的反应、氢气和氧气的反应及CO_2和水的反应的反应热是已知的。这三个反应加成以后的反应的反应热为52.1 kJ/mol,因此,乙烯的标准生成焓为52.1 kJ/mol。

　　在恒压或恒温的条件下,当产物的温度和反应物的温度相同,且反应过程中只做体积功而不做其他功时,化学反应的焓变称为反应焓。反应焓在燃烧学中通常称为燃烧焓。在实际应用中,我们通常在标准状态下计算反应焓。

　　如图2-3所示,假设在标准状态下燃料完全燃烧,为了使得反应后产物回到标准状态,就需要从反应器中取走一定的热量,即

$$q_{cv} = h_0 - h_i = h_{prod} - h_{reac}$$

反应焓或燃烧焓(Δh_R)的定义为

$$\Delta h_R \equiv q_{cv} = h_{prod} - h_{reac}$$

或以广延量的方式表达为

$$\Delta H_R = H_{prod} - H_{reac}$$

　　例 2-3　计算$p=101.325\ kPa$、$T=25\ ℃$状态下1 mol一氧化碳与纯氧当量混合后的燃烧焓。

图 2-3　用于确定燃烧焓的稳定流动反应器示意图

解　一氧化碳与纯氧的当量燃烧化学反应式为

$$CO(g) + 0.5O_2(g) \longrightarrow CO_2(g)$$

燃烧焓为

$$\Delta H_R = H_{prod} - H_{reac} = -283 \text{ kJ/mol}$$

反应热称为燃烧热，又称为热值（heat value, HV）。热值在数值上与反应焓相等，但符号相反。高位热值或高热值（higher heat value, HHV）是指产物中的气态水都凝结成液态水时的燃烧热。相应地，低位热值或低热值（lower heat value, LHV）就是指产物中的气态水没有凝结为液态水时的燃烧热。对于 CH_4，其高热值大约比低热值大 11%。在日常使用的燃气热水器中，冷凝式热水器的热效率通常为 103%～105%，这主要是因为热效率的计算使用的是燃气低位热值，而冷凝式热水器利用了水的凝结潜热，因此其热效率高于 100%。

例 2-4　以单位物质的量计，计算气态异辛烷与空气当量混合后的低热值和高热值。

解　1 mol 异辛烷和空气当量燃烧的化学反应方程式为

$$C_8H_{18} + 12.5(O_2 + 3.76 N_2) \longrightarrow 8 CO_2 + 9 H_2O + 3.76 \times 12.5 N_2$$

低热值和高热值的计算公式都可以写为

$$HV = -\Delta H_R = H_{reac} - H_{prod}$$

而反应前后的总焓分别为

$$H_{reac} = \sum_{i, reac} x_i H_i$$

$$H_{prod} = \sum_{i, prod} x_i H_i$$

在 $T = 298.15$ K 下，$\bar{h}^0_{f, C_8H_{18}} = -224$ kJ/mol（见表 B.2），则反应物的总焓为

$$H_{reac} = 1 \times \bar{h}^0_{f, C_8H_{18}} + 12.5 \times \bar{h}^0_{f, O_2} + 12.5 \times 3.76 \times \bar{h}^0_{f, N_2} = -224 \text{ kJ/mol}$$

对于低热值来说，考虑气态水为产物，因此产物的总焓为

$$H_{prod} = 8 \times \bar{h}^0_{f, CO_2} + 9 \times \bar{h}^0_{f, H_2O} + 12.5 \times 3.76 \times \bar{h}^0_{f, N_2} = -5\,324 \text{ kJ/mol}$$

因此

$$LHV = H_{reac} - H_{prod} = -224 - (-5\,324) = 5\,100 \text{(kJ/mol)}$$

而考虑水在标准状态下的蒸发焓为 44 010 J/mol（见表 A.6），产物的总焓为

$$H_{prod} = 8 \times \bar{h}^0_{f, CO_2} + 9 \times \bar{h}^0_{f, H_2O} + 12.5 \times 3.76 \times \bar{h}^0_{f, N_2} = -5\,721 \text{ kJ/mol}$$

因此

$$HHV = H_{reac} - H_{prod} = -224 - (-5\,721) = 5\,497 \text{(kJ/mol)}$$

通过简单计算，可以知道气态异辛烷高热值比低热值高 7.8%。

表 2-3 列出了一些常用燃料在标准状态下的高热值，需要指出的是，数值大小与例题中

的略有差异,主要是参考数据来源不同导致的。

表 2-3　常用燃料的高热值[101.325 kPa、25 ℃,产物为 $H_2O(l)$ 和 CO_2]

名称	分子式	状态	高热值/(J/mol)
碳(石墨)	C	固	392 880
氢气	H_2	气	285 770
一氧化碳	CO	气	282 840
甲烷	CH_4	气	881 990
乙烷	C_2H_6	气	1 541 390
丙烷	C_3H_8	气	2 201 610
丁烷	C_4H_{10}	液	2 870 640
戊烷	C_5H_{12}	液	3 486 950
庚烷	C_7H_{16}	液	4 811 180
异辛烷	C_8H_{18}	液	5 450 500
十二烷	$C_{12}H_{26}$	液	8 132 430
十六烷	$C_{16}H_{34}$	固	1 070 690
乙烯	C_2H_4	气	1 411 260
乙醇	C_2H_5OH	液	1 370 940
甲醇	CH_3OH	液	712 950
苯	C_6H_6	液	3 273 140
环庚烷	C_7H_{14}	液	4 549 260
环戊烷	C_5H_{10}	液	3 278 590
醋酸	$C_2H_4O_2$	液	876 130
苯甲酸	$C_7H_6O_2$	固	3 226 700
萘	$C_{10}H_8$	固	5 155 940
蔗糖	$C_{12}H_{22}O_{11}$	固	5 646 730
茨酮	$C_{10}H_{16}O$	固	5 903 620
甲苯	C_7H_8	液	3 908 690
氨基甲酸乙酯	$C_3H_7NO_2$	固	1 661 880
苯乙烯	C_8H_8	液	4 381 090

2.3.3　气体热力学数据库

热力学数据库提供物质的热力学属性,其中对燃烧学来说,较为重要的气体热力学数据包括气体的焓、熵、比热容、内能、吉布斯自由能等。这些数据以数据表格的形式呈现,通常表示为温度的函数。不同的数据表格采用不同的标准条件。我们这里介绍在燃烧学中常用的 JANAF 数据表格[源自 Joint Army Navy NASA Air Force(JANNAF) Interagency Propulsion Committee]，以及相应的 CHEMKIN 热力学数据库程序，其规定的标准条件与上文规定的一致，即 $T_{ref}=25\ ℃\ (298.15\ K)$，$p_{ref}=101.325\ kPa$。

CHEMKIN 热力学数据库以 JANAF 表格为基础，数据库拟合了无量纲化的定压比热容、绝对焓和熵，它们的计算公式分别为

$$\frac{c_p}{R}=a_1+a_2T+a_3T^2+a_4T^3+a_5T^4$$

$$\frac{H^0}{RT}=a_1+\frac{a_2}{2}T+\frac{a_3}{3}T^2+\frac{a_4}{4}T^3+\frac{a_5}{5}T^4+\frac{a_6}{T}$$

$$\frac{S^0}{R}=a_1\ln T+a_2T+\frac{a_3}{2}T^2+\frac{a_4}{3}T^3+\frac{a_5}{4}T^4+a_7$$

式中：上标 0 代表以标准温度为参考。热力学数据是两个温度范围的分段函数，每个温度范围的热力学数据由 $a_1\sim a_7$ 这 7 个系数组成的非线性函数拟合而成，因此每种化学组分的完整数据包括 14 个拟合系数。下面是关于 CHEMKIN 热力学数据文件的一个例子。

例 2-5 下面是 GRI3.0 机理提供的 CHEMKIN 热力学数据文件的截取部分。以单位物质的量计，求氢气在温度为 600 K 时绝对焓值，以及定压比热容的大小。

```
THERMO ALL
   300.000   1000.000   5000.000
! GRI-Mech Version 3.0 Thermodynamics released 7/30/99
! NASA Polynomial format for CHEMKIN- II
O2                TPIS89O   2              G    200.000  3500.000  1000.000    1
3.28253784E+ 00 1.48308754E-03-7.57966669E-07 2.09470555E-10-2.16717794E-14    2
- 1.08845772E+ 03 5.45323129E+00 3.78245636E+00-2.99673416E-03 9.84730201E-06   3
- 9.68129509E-09 3.24372837E-12-1.06394356E+ 03 3.65767573E+00                  4
H2                TPIS78H   2              G    200.000  3500.000  1000.000    1
3.33727920E+ 00- 4.94024731E-05 4.99456778E-07-1.79566394E-10 2.00255376E-14    2
- 9.50158922E+ 02-3.20502331E+00 2.34433112E+00 7.98052075E-03-1.94781510E-05   3
2.01572094E-08-7.37611761E-12-9.17935173E+ 02 6.83010238E-01                    4
H2O               L 8/89H   2O 1           G    200.000  3500.000  1000.000    1
3.03399249E+ 00 2.17691804E-03-1.64072518E-07-9.70419870E-11 1.68200992E-14    2
- 3.00042971E+ 04 4.96677010E+00 4.19864056E+00-2.03643410E-03 6.52040211E-06   3
- 5.48797062E-09 1.77197817E-12-3.02937267E+ 04-8.49032208E-01                  4
N2                121286N   2              G    200.000  5000.000  1000.000    1
0.02926640E+ 02 0.14879768E-02-0.05684760E-05 0.10097038E-09-0.06753351E-13    2
- 0.09227977E+ 02 0.05980528E+ 02 0.03298677E+ 02 0.14082404E-02-0.03963222E-04  3
0.05641515E-07-0.02444854E-10-0.10208999E+ 04 0.03950372E+ 02                    4
END
```

解 先根据上面的表格，确定拟合系数。

（1）CHEMKIN 中将系数划分为两段：高温段和低温段。对氢气来说，低温段为 200～1 000 K，高温段为 1 000～3 500 K。我们要求解的温度为 600 K，属于低温段。

（2）高温段数据是最开始的 7 个，依次排列；低温段拟合数据是后面的 7 个，也是依次排列的。因此，我们需要的数据是：$a_1=2.34433112E+00$；$a_2=7.98052075E-03$；$a_3=-1.94781510E-05$；$a_4=2.01572094E-08$；$a_5=-7.37611761E-12$；$a_6=-9.17935173E$

$+02; a_7 = 6.83010238E - 01$。

（3）由此，将系数代入公式

$$\frac{H^0}{RT} = a_1 + \frac{a_2}{2}T + \frac{a_3}{3}T^2 + \frac{a_4}{4}T^3 + \frac{a_5}{5}T^4 + \frac{a_6}{T}$$

$$\frac{c_p}{R} = a_1 + a_2 T + a_3 T^2 + a_4 T^3 + a_5 T^4$$

就可以计算获得 H^0 和 c_p。

2.4　绝热火焰温度

准确地说，绝热火焰温度包括定压绝热火焰温度和定容绝热火焰温度，通常指的是前者，这是因为我们一般考虑的燃烧过程的压力脉动较小，可以将其视为定压过程。当燃料-氧化剂混合物在定压条件下绝热燃烧时，反应物在初态的绝对焓等于产物在终态的绝对焓，即

$$H_{reac}(T_i, p) = H_{prod}(T_{ad}, p)$$

式中：p 为燃烧时的压力；T_i 为系统初始温度；T_{ad} 为系统燃烧结束时的温度。该公式中产物的终态温度就是所定义的定压绝热火焰温度。

$$H_p(T_p) = \sum_i N_{i,p} \hat{h}_{i,p} = \sum_i N_{i,p}[\Delta \hat{h}_{i,p}^0 + \hat{h}_{si,p}(T_p)]$$

$$H_r(T_r) = \sum_i N_{i,r} \hat{h}_{i,r} = \sum_i N_{i,r}[\Delta \hat{h}_{i,r}^0 + \hat{h}_{si,r}(T_r)]$$

图 2-4 所示为绝热火焰温度图解。燃烧释放的热量用来加热燃烧产物，使之具有跟反应物相同的绝对焓，因此绝热火焰温度计算的关键是计算燃烧产物吸收的热量。

图 2-4　绝热火焰温度图解

1. 方法一

假设：完全燃烧，产物只有水、CO_2（碳氢燃料时）和氮气；产物的定压比热容为常数。

$$\sum_i N_{i,p}[\Delta \hat{h}_{i,p}^0 + \hat{h}_{si,p}(T_p)] = \sum_i N_{i,r}[\Delta \hat{h}_{i,r}^0 + \hat{h}_{si,r}(T_r)]$$

$$\sum_i N_{i,\mathrm{p}}\,\hat{h}_{si,\mathrm{p}}(T_{\mathrm{p}}) = -\left(\sum_i N_{i,\mathrm{p}}\Delta\,\hat{h}_{i,\mathrm{p}}^0 - \sum_i N_{i,\mathrm{r}}\,\hat{h}_{i,\mathrm{r}}^0\right) + \sum_i N_{i,\mathrm{r}}\,\hat{h}_{si,\mathrm{r}}(T_{\mathrm{r}})$$

$$= -Q_{\mathrm{rxn,p}}^0 + \sum_i N_{i,\mathrm{r}}\,\hat{h}_{si,\mathrm{r}}(T_{\mathrm{r}})$$

式中：$-Q_{\mathrm{rxn,p}}^0 = \sum_i N_{i,\mathrm{r}}\,\hat{h}_{i,\mathrm{r}}^0 - \sum_i N_{i,\mathrm{p}}\Delta\,\hat{h}_{i,\mathrm{p}}^0$，为燃烧释放的热量。如果燃料完全燃烧，则采用燃料的低位热值（LHV），有

$$-Q_{\mathrm{rxn,p}}^0 = \mathrm{LHV}\cdot N_{\mathrm{fuel}}\cdot M_{\mathrm{fuel}} = \mathrm{LHV}\cdot m_{\mathrm{fuel}}$$

假定定压比热容 c_p 为常数：

$$(T_{\mathrm{p}} - T_0)\sum_i N_{i,\mathrm{p}}\,\hat{c}_{pi} \equiv \hat{c}_p(T_{\mathrm{p}} - T_0)\sum_i N_{i,\mathrm{p}} = -Q_{\mathrm{rxn,p}}^0 + \sum_i N_{i,\mathrm{r}}\,\hat{h}_{si,\mathrm{r}}(T_{\mathrm{r}})$$

假定：

$$\frac{\sum_i N_{i,\mathrm{r}}\,\hat{h}_{si,\mathrm{r}}(T_{\mathrm{r}})}{\sum_i N_{i,\mathrm{p}}\,\hat{c}_{pi}} = \frac{\sum_i N_{i,\mathrm{r}}\,\hat{c}_{pi,\mathrm{r}}(T_{\mathrm{r}} - T_0)}{\sum_i N_{i,\mathrm{p}}\,\hat{c}_{pi}} \approx T_{\mathrm{r}} - T_0$$

有

$$T_{\mathrm{p}} = T_0 + \frac{-Q_{\mathrm{rxn,p}}^0 + \sum_i N_{i,\mathrm{r}}\,\hat{h}_{si,\mathrm{r}}(T_{\mathrm{r}})}{\sum_i N_{i,\mathrm{p}}\,\hat{c}_{pi}} \approx T_{\mathrm{r}} + \frac{-Q_{\mathrm{rxn,p}}^0}{\sum_i N_{i,\mathrm{p}}\,\hat{c}_{pi}}$$

$$= T_{\mathrm{r}} + \frac{\mathrm{LHV}\cdot N_{\mathrm{fuel}}\cdot M_{\mathrm{fuel}}}{\sum_i N_{i,\mathrm{p}}\,\hat{c}_{pi}}$$

在标准状态下，当反应物进入燃烧器时，绝热火焰温度可以表示为

$$T_{\mathrm{p}} = T_0 + \frac{\mathrm{LHV}\cdot N_{\mathrm{fuel}}\cdot M_{\mathrm{fuel}}}{\sum_i N_{i,\mathrm{p}}\,\hat{c}_{pi}}$$

以质量为基础进行分析，则对于贫燃料状态，有

$$T_{\mathrm{p}} \approx T_0 + \frac{m_{\mathrm{fuel}}\cdot\mathrm{LHV} + (m_\alpha + m_{\mathrm{fuel}})\,\overline{c}_{p,\mathrm{r}}(T_{\mathrm{r}} - T_0)}{(m_\alpha + m_{\mathrm{fuel}})\,\overline{c}_{p,\mathrm{p}}}$$

$$\approx T_{\mathrm{r}} + \frac{m_{\mathrm{fuel}}\cdot\mathrm{LHV}}{(m_\alpha + m_{\mathrm{fuel}})\,\overline{c}_{p,\mathrm{p}}} = T_{\mathrm{r}} + \frac{(m_{\mathrm{fuel}}/m_\alpha)\cdot\mathrm{LHV}}{(1 + m_{\mathrm{fuel}}/m_\alpha)\,\overline{c}_{p,\mathrm{p}}}$$

$$= T_{\mathrm{r}} + \frac{f\cdot\mathrm{LHV}}{(1 + f)\,\overline{c}_{p,\mathrm{p}}} = T_{\mathrm{r}} + \frac{\Phi\cdot f_s\cdot\mathrm{LHV}}{(1 + \Phi\cdot f)\,\overline{c}_{p,\mathrm{p}}}$$

对于富燃料状态，有

$$T_{\mathrm{p}} = T_{\mathrm{r}} + \frac{f_s\cdot\mathrm{LHV}}{(1 + f)\,\overline{c}_{p,\mathrm{p}}} = T_{\mathrm{r}} + \frac{f_s\cdot\mathrm{LHV}}{(1 + \Phi\cdot f_s)\,\overline{c}_{p,\mathrm{p}}}$$

由于碳氢燃料的化学当量比一般都比较小（甲烷是 0.058），因此，在贫燃料状态，绝热火焰温度随当量比增大而呈近似线性升高，并在化学计量比时达到火焰的最高温度。在富燃料状态，绝热火焰温度随当量比增大而下降，如图 2-5 所示。

2. 方法二（迭代法）

迭代法假定燃料和氧化剂发生的是完全反应，即燃料和氧化剂至少有一个被消耗完。在计算中比热容是温度的函数，不再假定定压比热容为常数。首先假定一个绝热温度 T_{p1}，可以得到产物的绝对焓值 $H_{\mathrm{p}}(T_{\mathrm{p1}})$。如果 $H_{\mathrm{p}}(T_{\mathrm{p1}})$ 小于反应物的绝对焓值，则修正温度 T_{p1}，直到修正温度 T_{p1} 使得判别式 $|H_{\mathrm{p}}(T_{\mathrm{p1}}) - H_{\mathrm{r}}(T_{\mathrm{r}})|$ 在允许的收敛范围内，则最终的

图 2-5　火焰温度与当量比的关系

修正温度为绝热火焰温度 T_{ad}。

　　需要指出的是,实际上,燃料和氧化剂是不可能完全反应的。

3. 方法三(平衡状态法)

　　产物在高温($T>1\ 500$ K)条件下会发生离解反应,这会吸收一部分燃烧释放的热量。一般来讲,反应物很难完全反应,化学反应会达到一种平衡状态。这样产物中不仅有 H_2O、CO_2(使用碳氢燃料)和 N_2(空气作为氧化剂),还有燃烧的中间产物(若不是当量燃烧,还有燃料和氧气)。

　　假定一个温度 T_p,可以通过吉布斯自由能最小化获得化学平衡时产物的组成,然后计算产物的焓值 $H_p(T_{p1})$,如果产物的焓值不等于反应物的焓值,则修正温度 T_p,迭代继续计算,最后得到绝热火焰温度。

　　由于达到平衡状态需要很长时间,因此与实际燃烧情况(燃烧的时间有限,反应速率有限)下的绝热火焰温度相比,假定平衡状态下计算的绝热火焰温度要低。

　　气体的离解:燃烧产物的组成与温度、压力有关,富氧条件下 C-H-O-N 燃烧系统的主要产物是 CO_2、H_2O、O_2 和 N_2。但随着温度的升高,离解反应开始发生,从而产生了 CO、H_2、OH、H、O、N、NO 等组分。但不同条件下,它们离解的产物是不同的。例如,如果在一个大气压下温度高于 $2\ 200$ K,将至少有 1‰ 的 CO_2 和 H_2O 会发生离解反应,即 $CO_2 \rightleftharpoons CO + 0.5O_2$,$H_2O \rightleftharpoons H_2 + 0.5O_2$,$H_2O \rightleftharpoons 0.5H_2 + OH$。此时产物包括 CO、H_2 和 OH。当温度升高至 $2\ 400$ K 以上时,O_2 和 H_2 开始离解,即 $O_2 \rightleftharpoons 2O$,$H_2 \rightleftharpoons 2H$。而 O 也可能来自 H_2O 的另外一种离解反应,即 $H_2O \rightleftharpoons H_2 + O$。因此,$H_2O$ 可以在高温条件下离解成为 H_2、O_2、OH、H 和 O。

　　从图 2-5 中可以看出,三种方法在贫燃料时计算结果相差不大,但在富燃料时计算结果相差明显。方法一与方法二都高估了绝热火焰温度,且方法一的误差大于方法二的误差,而方法三明显低估了绝热火焰温度。很重要的原因是方法一与方法二未考虑 CO_2 的离解(产物中无 CO),此离解反应需要吸热,从而高估了绝热火焰温度。而方法三是平衡状态法,但实际燃烧反应都是在有限时间内完成的,不可能达到平衡,过分考虑了 CO_2 的离解,因此导致计算的绝热火焰温度偏低。真实的燃烧反应都是在有限的时间内以有限的反应速率进行的,因此绝热火焰温度的精确计算需要采用燃料的化学反应动力学机理。

例 2-6　求氢气与空气当量燃烧时的定压绝热火焰温度。压力为 101. 325 kPa,初始反应温度为 1 000 K。假设:

(1) 完全燃烧,即没有离解,产物只有水和氮气;

(2) 产物的定压比热容取为常数。

查表数据:

物质	$\hat{h}/(\mathrm{J/kmol})$,在 101. 325 kPa,1 000 K 下	$c_p/[\mathrm{J/(kmol \cdot K)}]$(平均)
O_2	2.270×10^7	—
N_2	2.146×10^7	34 815
H_2	2.068×10^7	—
H_2O	-2.158×10^8	49 380

解　该化学反应的方程式为

$$2H_2 + (O_2 + 3.76N_2) \longrightarrow 2H_2O + 3.76N_2$$

假设:

$$n_{H_2} = 2 \text{ kmol}, n_{O_2} = 1 \text{ kmol}, n_{N_2,1} = 3.76 \text{ kmol}, n_{H_2O} = 2 \text{ kmol}, n_{N_2,2} = 3.76 \text{ kmol}$$

定压条件下

$$H_1 = H_2$$

其中

$$H_1 = n_{H_2} \cdot \hat{h}_{H_2,1} + n_{O_2} \cdot \hat{h}_{O_2,1} + n_{N_2} \cdot \hat{h}_{N_2,1}$$

$$H_2 = n_{H_2O} \cdot \hat{h}(H_2O, T = T_2) + n_{N_2} \cdot \hat{h}(N_2, T = T_2)$$

$$= n_{H_2O} \cdot [\hat{h}_{H_2O,1} + c_{pH_2O} \cdot (T_2 - T_1)] + n_{N_2} \cdot [\hat{h}_{N_2,1} + c_{pN_2} \cdot (T_2 - T_1)]$$

解得:$T_2 = 3 158$ K。

上面的例题,若采用详细化学反应机理,通过化学平衡来计算,所获得的定压绝热火焰温度为 2 750 K。相比之下,当前的结果高了约 400 K。通常,这里的第一个假设是非常粗糙的。另外,若除去第二个假设,用积分的方式或者迭代的方法来计算相对准确的温度,结果为 3 158.47 K,差别几乎可以忽略不计。可以看出,在化学组分发生离解反应的同时,有多种化学组分生成,如 OH、NO 等,会显著地导致绝热火焰温度降低,这是因为更多的能量被束缚在化学键(生成焓)中,使显焓下降。

上文分析的定压系统适用于燃气轮机或锅炉等工况,下面来看看定容绝热火焰温度。这里,根据热力学第一定律,有

$$U_{reac}(T_i, p_i) = U_{prod}(T_{ad}, p_f)$$

式中:U 为混合物的绝对内能;p_i 为系统初始压力;p_f 为系统燃烧结束时的压力;T_i 为系统初始温度;T_{ad} 为系统燃烧结束时的温度。此公式中产物的终态温度就是所定义的定容绝热火焰温度。

例 2-7　求氢气与空气当量燃烧时的定容绝热火焰温度。初始压力为 101. 325 kPa,初始反应温度为 1 000 K。假设:

(1) 完全燃烧,即没有离解,产物只有水和氮气;

(2) 产物的定容比热容取为常数。

查表数据:

物质	$\hat{u}/(\text{J/kmol})$,在 101.325 kPa,1 000 K 下	$c_V/[\text{J/(kmol·K)}]$(平均)
O_2	1.439×10^7	—
N_2	1.315×10^7	26 692
H_2	1.236×10^7	—
H_2O	-2.241×10^8	41 443

解　该化学反应的方程式为

$$2H_2 + (O_2 + 3.76N_2) \longrightarrow 2H_2O + 3.76N_2$$

假设:

$n_{H_2} = 2 \text{ kmol}, n_{O_2} = 1 \text{ kmol}, n_{N_2,1} = 3.76 \text{ kmol}, n_{H_2O} = 2 \text{ kmol}, n_{N_2,2} = 3.76 \text{ kmol}$

定容条件下

$$U_1 = U_2$$

其中

$$U_1 = n_{H_2} \cdot \hat{u}_{H_2,1} + n_{O_2} \cdot \hat{u}_{O_2,1} + n_{N_2} \cdot \hat{u}_{N_2,1}$$

得

$$U_1 = 8.855 \times 10^7 \text{ J}$$

$$U_2 = n_{H_2O} \cdot [\hat{u}_{H_2O,1} + c_{VH_2O} \cdot (T_2 - T_1)] + n_{N_2} \cdot [\hat{u}_{N_2,1} + c_{VN_2} \cdot (T_2 - T_1)]$$

解得:$T_2 = 3\ 659 \text{ K}$。

在相同的初始条件下,这个定容绝热火焰温度比上一个例子中的定压绝热火焰温度高了 501 K。这是在容积一定的条件下压力不做功导致的。通常,定容绝热火焰温度会比定压绝热火焰温度高 10%~15%。

2.5　热力学第二定律

许多物理化学过程并不违背热力学第一定律,但是现实中根本不会自然发生。例如,对于两个有温度差的铁球,如果它们之间接触(即存在着热交换),那么两个铁球最终会处于同一个温度。但是这个过程反过来是无法自然发生的,这是因为如果没有外界的干预,永远不会发生一个铁球温度升高而另一个铁球温度降低的事情。因此,从类似这样的观察中得到的热力学第二定律为:热量不可能自发地从低温物体传递给高温物体。

与上述等价的热力学第二定律的另一个表述为:机械能可以完全地转化为热能,但热能不能完全地转化为机械能。因此,热力学第二定律包含热力过程的方向信息,进而给出热机的最终效率的极限值。

如果一个热力过程可以返回到其初始状态而不改变周围的环境,那么这个过程为可逆过程。这个过程的充分必要条件是系统处于局部平衡状态(如蒸发和冷凝)。不可逆过程则是指系统必须改变周围环境才能回到其初始状态的热力过程(如燃烧过程)。

热力学引入熵 S 的概念,其表达式为

$$dS = \frac{\delta Q_{rev}}{T}, \quad dS > \frac{\delta Q_{irrev}}{T}$$

这里,rev 代表可逆,irrev 代表不可逆。这个关系式也是热力学第二定律的另一个表述:对于一个孤立系统($\Delta Q=0$),熵永不自发减小,熵在可逆过程中不变,在不可逆过程中增大,即

$$(dS)_{rev} = 0, \quad (dS)_{irrev} > 0$$

对于一个封闭热力系统,根据热力学第一定律,可以有

$$\delta Q = dU + pdV$$

于是

$$dU \leqslant TdS - pdV$$

如果热力过程中有化学反应(即系统的物质的量会发生变化),则系统的能量状态函数可以表示为

$$U = U(S, V, N_i)$$

式中:S 代表熵;V 代表体积;N_i 代表组分 i 的物质的量。对其求导,则有

$$dU = \left(\frac{\partial U}{\partial S}\right)_{V,N_i} dS + \left(\frac{\partial U}{\partial V}\right)_{S,N_i} dV + \sum_i \left(\frac{\partial U}{\partial N_i}\right)_{S,V,N_{j(j\neq i)}} dN_i$$

对比热力学第一定律的式子,有

$$T = \left(\frac{\partial U}{\partial S}\right)_{V,N_i}, \quad p = -\left(\frac{\partial U}{\partial V}\right)_{S,N_i}$$

化学势(chemical potential)表征系统与媒质,或系统相与相之间,或系统组元之间粒子转移的趋势。粒子总是从高化学势向低化学势区域、相或组元转移,直到两者相等才达到化学平衡,即

$$\bar{\mu}_i = \left(\frac{\partial U}{\partial N_i}\right)_{S,V,N_{j(j\neq i)}}$$

于是,有

$$dU = TdS - pdV + \sum_i \bar{\mu}_i dN_i$$

2.6　定容、定压系统的平衡

2.6.1　定容系统的平衡

燃烧过程中包含许多可逆反应,即反应可以朝着正向进行,也可以朝着反向进行。因此,燃烧反应不可能朝着一个方向完全进行下去,而是会达到化学平衡,即正反应和逆反应之间的平衡。燃烧热力学的第二个任务是根据热力学第二定律分析化学平衡的条件及平衡时系统的状态。

我们来考察一个定容绝热的可逆反应:

$$CO + \frac{1}{2}O_2 \Longleftrightarrow CO_2$$

由于反应可逆,因此该反应达到平衡时一氧化碳、二氧化碳和氧气同时存在,可以写为

$$CO + \frac{1}{2}O_2 \Longrightarrow (1-\alpha)CO_2 + \alpha CO + \frac{\alpha}{2}O_2$$

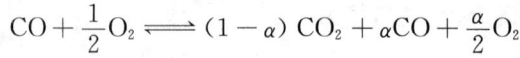

式中：α 为二氧化碳的离解分数。根据热力学第一定律，我们可以用 α 来计算定容绝热火焰温度。例如，$\alpha=1$，代表没有二氧化碳生成，混合气体的初始条件也不会改变；$\alpha=0$，代表一氧化碳完全燃烧，释放的热量最大。$1-\alpha$ 同温度和熵的关系曲线如图 2-6 所示。

图 2-6　一氧化碳燃烧的化学平衡图

在该反应过程中，热力学第二定律的约束是什么呢？我们先来计算生成的混合气体的熵，其值为各个组分的熵的和，即

$$S(T_f,p) = \sum_i N_i \overline{S}_i(T_f,p_i) = (1-\alpha)\overline{S}_{CO_2} + \alpha \overline{S}_{CO} + \frac{\alpha}{2}\overline{S}_{O_2}$$

式中：N_i 为组分 i 在混合气体中的物质的量。单个组分的熵可以通过下式计算：

$$\overline{S}_i = \overline{S}_i^0(T_{ref}) + \int_{T_{ref}}^{T_f} \overline{c}_{p,i}\frac{dT}{T} - R\ln\frac{p_i}{p^0}$$

通常，也可以通过查询上文提及的 JANAF 表格获得。从图 2-6 中可以发现，熵的最大值出现在 $1-\alpha=0.5$ 附近。根据所选的燃烧条件，即定容绝热，热力学第二定律要求系统的熵变为

$$dS \geqslant 0$$

因此，一旦达到最大熵，反应系统不会进一步变化，即达到了所谓的化学平衡。因此，平衡条件写为

$$(dS)_{U,V,m} = 0$$

概括地说，对于一个定内能、定体积、定质量的孤立系统，结合热力学第一和第二定律，就可以确定其化学平衡时的温度、压力和组成。

由于熵不能被直接测量，对于定容系统，需要引入亥姆霍兹自由能：

$$A \equiv U - TS$$

根据热力学第一定律：

$$dU = \delta Q - p dV$$

可知，对于一个热力过程，有

$$dU + p dV - T dS \leqslant 0$$

当系统处于平衡状态时

$$dU + p\mathrm{d}V - T\mathrm{d}S = 0 \quad 或 \quad (\mathrm{d}U)_{V,S} = 0$$

代入

$$T\mathrm{d}S = \mathrm{d}(TS) - S\mathrm{d}T$$

则有

$$\mathrm{d}(U - TS) + p\mathrm{d}V + S\mathrm{d}T = 0$$

对于定容系统的平衡状态,有

$$(\mathrm{d}A)_{V,T} = 0$$

$$\overline{\mu}_i = \left(\frac{\partial A}{\partial N_i}\right)_{T,V,N_{j(j \neq i)}} = 0$$

在定容系统中,反应总是自发地朝亥姆霍兹自由能减小的方向进行,直至平衡。体系不可能自然发生 $\mathrm{d}A > 0$ 的变化。

2.6.2　定压系统的平衡

类似于定容系统,定压系统也有

$$\mathrm{d}(U - TS + pV) - V\mathrm{d}p + S\mathrm{d}T = 0$$

因此,吉布斯自由能的定义为

$$G \equiv H - TS$$

根据热力学第二定律,有

$$(\mathrm{d}G)_{T,p,m} \leqslant 0$$

这表明对于一个定压热力学过程,系统总是自发地朝吉布斯自由能减小的方向进行。因此,在平衡状态下,系统的吉布斯自由能达到最小值,此时有

$$(\mathrm{d}G)_{T,p,m} = 0$$

$$\overline{\mu}_i = \left(\frac{\partial G}{\partial N_i}\right)_{T,p,N_{j(j \neq i)}} = 0$$

对于理想气体,组分 i 的吉布斯自由能可以根据下式来计算:

$$\overline{g}_{i,T} = \overline{g}^0_{i,T} + RT\ln(p_i/p^0)$$

式中:$\overline{g}^0_{i,T}$ 为组分 i 在标准状态下的吉布斯自由能;p_i 为组分 i 的分压。在实际应用中,首先通过查询 JANAF 表格获得组分 i 的焓和熵的大小,然后计算其吉布斯自由能。混合气体的吉布斯自由能可由下式计算:

$$G_{\mathrm{mix}} = \sum_i N_i \overline{g}_{i,T} = \sum_i N_i [\overline{g}^0_{i,T} + RT\ln(p_i/p^0)]$$

式中:N_i 为组分 i 的物质的量。

考虑一个一般的化学反应系统:

$$a\mathrm{A} + b\mathrm{B} + \cdots \Longleftrightarrow e\mathrm{E} + f\mathrm{F} + \cdots$$

各组分的物质的量的变化与其相应的化学计量系数成正比,即

$$\left.\begin{aligned}
\mathrm{d}N_{\mathrm{A}} &= -ka \\
\mathrm{d}N_{\mathrm{B}} &= -kb \\
&\vdots \\
\mathrm{d}N_{\mathrm{E}} &= +ke \\
\mathrm{d}N_{\mathrm{F}} &= +kf \\
&\vdots
\end{aligned}\right\}$$

因此,略去比例常数 k,得到

$$-a\left[\overline{g}_{A,T}^0 + RT\ln(p_A/p^0)\right] - b\left[\overline{g}_{B,T}^0 + RT\ln(p_B/p^0)\right] - \cdots +$$
$$e\left[\overline{g}_{E,T}^0 + RT\ln(p_E/p^0)\right] + f\left[\overline{g}_{F,T}^0 + RT\ln(p_F/p^0)\right] = 0$$

合并并重新排列,可得

$$-(e\,\overline{g}_{E,T}^0 + f\,\overline{g}_{F,T}^0 + \cdots - a\,\overline{g}_{A,T}^0 - b\,\overline{g}_{B,T}^0 - \cdots) = RT\ln\frac{(p_E/p^0)^e\,(p_F/p^0)^f\cdots}{(p_A/p^0)^a\,(p_B/p^0)^b\cdots}$$

等式的左边为标准状态吉布斯自由能:

$$\Delta G_T^0 = (e\,\overline{g}_{E,T}^0 + f\,\overline{g}_{F,T}^0 + \cdots - a\,\overline{g}_{A,T}^0 - b\,\overline{g}_{B,T}^0 - \cdots)_T$$

定义平衡常数 K_p:

$$K_p = \frac{(p_E/p^0)^e\,(p_F/p^0)^f\cdots}{(p_A/p^0)^a\,(p_B/p^0)^b\cdots}$$

因此,定压定温条件下的化学平衡表达式为

$$\Delta G_T^0 = -RT\ln K_p$$

或

$$K_p = \exp(-\Delta G_T^0/RT)$$

如果 ΔG_T^0 是正的,反应是偏向反应物的,K_p 小于 1;如果 ΔG_T^0 是负的,反应是偏向产物的,K_p 大于 1。

以乙烯-氧气燃烧为例,确定该反应在定压条件下达到化学平衡时的产物组成。

(1)化学系统产物组分的选定。

根据组分可能的浓度确定反应系统需要考虑的组分。对于化学当量条件下的 C_2H_4-O_2 体系,需要考虑的相关燃烧气体组分为 CO_2、CO、H_2O、H_2、O_2、O、H 和 OH(物种数 $S=8$),因此,总的反应式为

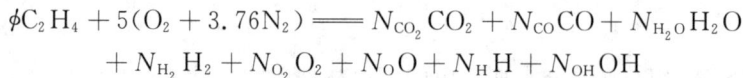

$$\phi C_2H_4 + 5(O_2 + 3.76N_2) \Longrightarrow N_{CO_2}CO_2 + N_{CO}CO + N_{H_2O}H_2O$$
$$+ N_{H_2}H_2 + N_{O_2}O_2 + N_O O + N_H H + N_{OH}OH$$

热火焰温度 T_b 为 2 973 K。碳氢化合物(即 C_2H_4)非常少量地出现在化学当量条件下的燃烧气体中。在富燃料条件下,只考虑 CH_4 和 C_2H_2。如果氧化剂是空气,则需要考虑 N_2。如果需要,也可以考虑污染物 NO 和 HCN。

这样,我们需要 8 个独立的方程才能求解上述组分的浓度。

(2)系统核心守恒组分的确定。

确定系统中守恒的而且不随化学反应的变化而变化的组分及物种数。一般来讲,系统中的元素是守恒的且不随化学反应的变化而变化。

对于 C_2H_4-O_2 体系和所考虑的组分,最小的组分子集由 C、H 和 O 组成。这里需要说明的是,C 没有出现在反应体系的生成物当中,而主要以 CO 和 CO_2 形式出现,但从数学角度看,有 3 个守恒方程:

$$N_C = 2\phi = N_{CO_2} + N_{CO}$$
$$N_H = 4\phi = 2N_{H_2O} + 2N_{H_2} + N_H + N_{OH}$$
$$N_O = 10 = 2N_{CO_2} + N_{CO} + N_{H_2O} + 2N_{O_2} + N_O + N_{OH}$$

(3)独立反应的确定。

对于反应体系的燃烧气体中的 S 个组分,有 $R = S - N$ 个组分会随着反应的变化而变化。因此,在平衡状态下,应该有 R 个线性独立的反应及相应的平衡常数 K。R 个组分的分

压可由下式计算：

$$p_j = K_{p,j}^* \cdot \prod_{i=1}^{N} p_i^{\nu_{ij}}, \quad j = N+1, \cdots, S$$

对于上述例子，有

$$CO_2 \xrightarrow{K_{p,1}} CO + 1/2O_2$$

$$H_2 + 1/2O_2 \xrightarrow{K_{p,2}} H_2O$$

$$1/2H_2 + 1/2O_2 \xrightarrow{K_{p,3}} OH$$

$$1/2H_2 \xrightarrow{K_{p,4}} H$$

$$1/2O_2 \xrightarrow{K_{p,5}} O$$

于是

$$p_{CO_2} = K_{p,1}^{-1} \cdot p_{CO}\sqrt{p_{O_2}}, \quad p_{H_2O} = K_{p,2} \cdot p_{H_2}\sqrt{p_{O_2}}, \quad p_{OH} = K_{p,3}\sqrt{p_{O_2} \cdot p_{H_2}},$$

$$p_H = K_{p,4}\sqrt{p_{H_2}}, \quad p_O = K_{p,5}\sqrt{p_{O_2}}$$

（4）系统方程求解。

对于一个给定温度和压力的反应系统，S 个组分的分压可以表示为

$$\sum_{i=1}^{S} p_i = p$$

分压与物质的量的关系有

$$N_i = N_t(p_i/p_t)$$

这是一个非线性方程组，采用牛顿迭代法求解，具体的计算流程为：首先，基于当量比，假定 p_{H_2}、p_{O_2} 和 p_{CO}，这样通过 R 个独立反应的方程，可以得到 p_{CO_2}、p_{H_2O}、p_{OH}、p_H 和 p_O；然后再代入 K 元素守恒方程中，可以计算得到新的 p_{H_2}、p_{O_2}、p_{CO}；如果不相等，则修正初始值，进行下一次迭代。

实际上，在编写计算机程序时，要简单得多，直接采用公式 $\sum\limits_{i=1}^{S} p_i = p$ 和 $N_i = N_t(p_i/p_t)$ 为约束条件，求系统的吉布斯自由能 $G = \sum\limits_{i} \bar{g}_i N_i$ 的最小值，如图 2-7 所示。

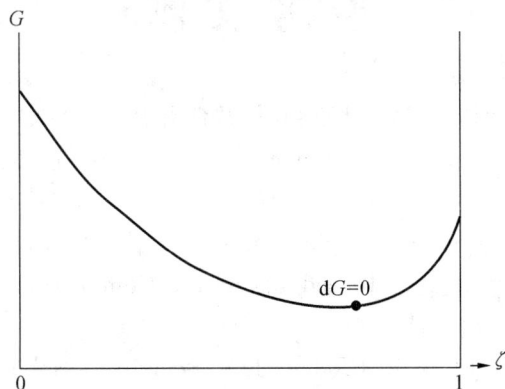

图 2-7　吉布斯自由能求解示意

习　题

2-1　干空气中氧气的摩尔分数为 20.95%,氮气的摩尔分数为 78.08%,氩气的摩尔分数为 0.93%,二氧化碳的摩尔分数为 0.03%,氦气和其他气体(以氦气代替)的摩尔分数为 0.01%。简化干空气成分,则氧气的摩尔分数为 21%,氮气的摩尔分数为 79%。求干空气及简化成分的干空气的摩尔质量。

2-2　求丙烷(C_3H_8)与空气当量燃烧时的空燃比(质量比)。

2-3　丙烷与空气预混燃烧,空燃比(质量比)为 18∶1,求其当量比。

2-4　燃料与空气预混当量比为 0.6 时,求甲烷和丙烷的空燃比(质量比)。

2-5　求甲醇(CH_3OH)与空气当量燃烧时的空燃比(质量比),并同甲烷与空气当量燃烧时的空燃比进行对比。

2-6　经过测量,汽油的成分可假定为 $C_{8.26}H_{15.5}$,在以空燃比(质量比)为 1.2 的条件与空气混合燃烧时,假定完全燃烧,当燃烧产物都为气态时,求尾气中二氧化碳和氧气的摩尔分数。

2-7　异辛烷是汽油的常用表征燃料之一,在以空燃比(质量比)为 1.2 的条件与空气混合燃烧时,假定完全燃烧,当燃烧产物都为气态时,求尾气中二氧化碳和氧气的摩尔分数。

2-8　在一个玻璃熔炉中,燃料为乙烯(C_2H_4),氧化剂为纯氧,当量比为 0.9,乙烯的消耗率为 30 kmol/h,假定完全燃烧。

(1) 按燃料的低热值计算,能量的输入功率是多少(单位为 kW/h)?

(2) 求氧气的消耗率(单位分别为 kmol/h 和 kg/s)。

2-9　以单位物质的量和单位质量计,求甲烷与空气当量燃烧时的高热值和低热值。

2-10　化学当量的丙烷-空气混合物的温度为 298.15 K,假定产物无离解,定压比热容取 298.15 K 下的值,求定压燃烧的绝热火焰温度。

2-11　在 2 000 K 下估计定压比热容,重新计算习题 2-10,比较两题的结果。

2-12　在定容假设下,重新计算习题 2-10 的绝热火焰温度,比较两题的结果。

参 考 文 献

[1] 汪志诚. 热力学·统计物理[M]. 北京:高等教育出版社,1980.

[2] KLEIN S, NELLIS G. Thermodynamics [M]. New York: Cambridge University Press, 2012.

[3] LU H, ZOU C, SHAO S J. Large-eddy simulation of MILD combustion using partially stirred reactor approach[J]. Proceedings of the Combustion Institute, 2019, 37(4): 4507-4518.

[4] KEE R J, RUPLEY F M, MILLER J A. The chemkin thermodynamic data base: Sandia report: SAND87-8215B[R]. Albuquerque: Sandia National Laboratories, 1990.

[5] TURNS S R. An Introduction to combustion: concepts and applications[M]. 2nd ed. New York: The McGraw-Hill Companies, Inc., 2000.

[6] 傅维镳,张永廉,王清安. 燃烧学[M]. 北京:高等教育出版社,1989.

[7] LAVOIE G A,HEYWOOD J B,KECK J C. Experimental and theoretical study of nitric oxide formation in internal conbustion engines[J]. Combustion Science and Technology,1970,1(4):313-326.

[8] MCALLISTER S,CHEN J Y,FERNANDEZ-PELLO A C. Fundamentals of combustion processes[M]. New York:Springer,2011.

[9] FELLS I. Flame and combustion phenomena:J. N. Bradley. A methuen monograph on a chemical subject:London,1969. 712in. × 5in. xiv + 210 pp. 38s[J]. Combustion and Flame,1969,13(6):658.

[10] LAW C K. Combustion physics[M]. New York:Cambridge University Press, 2006.

[11] WARNATZ J, MAAS U , DIBBLE R W. Combustion:physical and chemical fundamentals, modeling and simulation, experiments, pollutant formation[M]. 4th ed. Berlin:Springer,2006.

[12] GLASSMAN I , YETTER R A,GLUMAC N G. Combustion[M]. 5th ed. San Diego: Elsevier,2015.

化学反应动力学

在设计燃烧系统时,为使燃料完全消耗,就需要知道燃料燃烧的速率,从而计算燃料在燃烧室内的停留时间及相应的燃烧室空间尺寸,保证燃料完全燃烧。另一方面,污染物排放也是实际燃烧工程非常关心的问题,这些污染物大多是在燃烧过程中甚至在燃烧后期稳定的低温反应区生成。燃烧污染物的生成路径和速率也是燃烧化学反应动力学研究的主要内容。因此,燃烧化学反应动力学主要讲述的是燃烧过程的路径、反应速率和热释放速率。

实际上,燃烧反应很少会在燃料分子和氧气分子之间直接发生。氢气(H_2)与氧气(O_2)的燃烧系统是一个简单的燃烧系统,我们知道它们的反应式为

$$H_2 + 0.5\,O_2 \longrightarrow H_2O$$

但是,H_2 和 O_2 并不直接反应,这是因为在分子碰撞过程中 H—H 键和 O—O 键反应的可能性非常小。首先 H_2 分子或者 O_2 分子与其他分子碰撞生成不稳定的、高活性的 H 和 O,它们又称为"自由基"。这类可以一步直接转化为产物的反应,称为基元反应。自由基接着同 H_2 和 O_2 反应生成更多的自由基,形成自由基池,这类反应又称为"基团池反应(radical pool reaction)"。最后,这些自由基之间再进行反应生成产物。显然,H_2 和 O_2 的燃烧反应是由一系列的基元反应按照一定的顺序来完成的,这构成了燃烧反应的路径。这些基元反应的集合称为燃烧反应机理或者燃烧机理。

3.1 基元反应类型

我们将以 H_2-O_2 燃烧体系为例介绍基元反应的类型。H_2-O_2 燃烧体系的一个详细反应动力学机理如下。

初始反应是

$$H_2 + M \longrightarrow H + H + M \quad (温度很高时)$$
$$H_2 + O_2 \longrightarrow HO_2 + H \quad (其他温度)$$

包含自由基 O、H 和 OH 的链式反应是

$$H + O_2 \longrightarrow O + OH$$
$$O + H_2 \longrightarrow H + OH$$
$$H_2 + OH \longrightarrow H_2O + H$$
$$O + H_2O \longrightarrow OH + OH$$

包含自由基 O、H 和 OH 的链终止反应有

$$H + H + M \longrightarrow H_2 + M$$
$$O + O + M \longrightarrow O_2 + M$$

$$H+O+M \longrightarrow OH+M$$
$$H+OH+M \longrightarrow H_2O+M$$

为完整地表达这一机理,需要包含过氧羟自由基 HO_2 和过氧水 H_2O_2 参与的反应,如果以下反应变得活跃:

$$H+O_2+M \longrightarrow HO_2+M$$

则下列反应开始起作用:

$$HO_2+H \longrightarrow OH+OH$$
$$HO_2+H \longrightarrow H_2O+O$$
$$HO_2+O \longrightarrow O_2+OH$$
$$HO_2+HO_2 \longrightarrow H_2O_2+O_2$$
$$HO_2+H_2 \longrightarrow H_2O_2+H$$
$$H_2O_2+OH \longrightarrow H_2O+HO_2$$
$$H_2O_2+H \longrightarrow H_2O+OH$$
$$H_2O_2+H \longrightarrow HO_2+H_2$$
$$H_2O_2+M \longrightarrow OH+OH+M$$

3.1.1　链激发反应 /初始反应

H_2-O_2 燃烧体系通过以下反应激发:

$$H_2+M \longrightarrow H+H+M$$
$$O_2+M \longrightarrow O+O+M$$

其中,M 表示所有与 H_2 或者 O_2 分子碰撞的分子,称为三体分子,它具有足够能量(即能量载体)能使 H—H 键或 O—O 键断裂。这类反应也称为三体反应(three-body reaction)。

链激发反应是指反应物在光、热、电、附加剂作用下生成自由基或原子。这类反应也称为单分子分解反应(unimolecular decomposition reaction)。

3.1.2　链分支反应

H_2-O_2 燃烧体系中的链分支反应为

$$H+O_2 \longrightarrow OH+O$$
$$O+H_2 \longrightarrow H+OH$$

上述两个反应都是在反应物侧消耗一个自由基,而在生成物侧产生两个自由基,这类反应称为链分支反应。

链分支反应是指由一个自由基生成两个自由基,使自由基呈几何级数增加的反应。如果每次碰撞均生成产物,则自由基数量为 2^{N_C},N_C 是碰撞次数,例如,10 次碰撞会使自由基增加约 1 000 倍。由于标准状态下分子间碰撞频率达到了 109 次/秒,自由基会在短时间内大量增加。这类链分支反应会导致自由基的"爆炸式"增加,因此会导致爆炸。

3.1.3　链终止或再链反应

当有充足的自由基或三体分子存在时,自由基之间会相互反应重组生成稳定的物质,使得自由基减少,这类反应称为链终止反应。H_2-O_2 燃烧体系中的链终止反应为

$$H+O_2+M \longrightarrow HO_2+M$$

$$O + H + M \longrightarrow OH + M$$
$$H + OH + M \longrightarrow H_2O + M$$

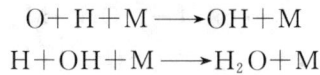

3.1.4　链传播反应

链传播反应是指由一个自由基生成另一个自由基的反应。链传播反应使自由基总数保持不变。在 H_2-O_2 燃烧体系中：

$$H_2 + OH \longrightarrow H_2O + H$$

消耗 1 mol 的 OH 并生成 1 mol 的 H，自由基的净变化量为 0。在 H_2-O_2 燃烧体系中该反应生成大量 H_2O，因此其非常重要。

3.2　基元反应速率与热释放速率

3.2.1　基元反应速率与温度的关系

基元反应是可以一步直接转化为产物的反应。通常大多数的基元反应中相互作用的分子数是 2 或 3，若超过这个数目，分子通过相互碰撞发生反应的概率会很小。

基元反应的化学表达式可以用下面的一般表达式来描述

$$aA + bB \longrightarrow cC + dD \tag{3-1}$$

式中：a、b、c、d 为各自的化学计量系数，通常为 1 或 2。

反应速率可以表示为反应物浓度减小的速率或产物浓度增大的速率。本书规定：用中括号表示某物质的浓度，如 [A] 表示物质 A 的浓度，单位是 mol/cm^3 或者 kg/cm^3。

基元反应速率遵循质量作用定律，即

$$\dot{q}_{rxn} = k[A]^a[B]^b = -\frac{d[A]}{a\,dt} = -\frac{d[B]}{b\,dt} \tag{3-2}$$

式中：k 为阿伦尼乌斯（Arrhenius）速率常数。理论和实验表明，阿伦尼乌斯速率常数 k 仅依赖于温度，与浓度无关，表达式为

$$k = A_0 \exp\left(-\frac{E_a}{\hat{R}_u T}\right) = A_0 \exp\left(-\frac{T_a}{T}\right) \tag{3-3}$$

式中：A_0 为指前因子；E_a 为活化能；$\hat{R}_u$ 为通用气体常数。$E_a/\hat{R}_u$ 的单位是温度单位，$E_a/\hat{R}_u$ 称为活化温度 T_a。A_0 表示反应物分子相互碰撞的频率。E_a 可看作在分子碰撞过程中化学键断裂所需能量。根据阿伦尼乌斯理论，只有能量大于 E_a 的分子碰撞才会发生反应，即在热条件下，只有获得必要的额外能量的高能量活化分子碰撞，才可能发生反应生成产物。因此，指数项 $\exp(-T_a/T)$ 表示碰撞成功生成产物的概率。

基元反应可以正向进行也可以逆向进行。如果式（3-1）所示反应的能量与反应坐标的关系如图 3-1 所示，那么该反应的正向反应是放热反应，可以释放 ΔH 的热量，并且正向反应的活化能是 E_f；该反应的逆向反应则是吸热反应，并且逆向反应的活化能是 E_b，它要比正向反应活化能 E_f 大得多。

A_0 和 E_a 的值是利用激波管或流动反应器通过实验来确定的。通过实验得到的数据样例如图 3-2 所示。通过实验数据可以计算阿伦尼乌斯速率常数 k，再根据式（3-2）进行拟

合——$\lg k$ 与 $1/T$ 线性相关,就可以很容易地获得活化能,如图 3-3 所示。

图 3-1　能量与反应坐标的关系

图 3-2　甲烷与空气反应速率的实验测量

需要指出的是,在燃烧反应的较大温度范围内,并不是所有反应的速率常数都遵循阿伦尼乌斯定律。再链反应和低活化能自由基反应并不适用于式(3-2)。而且近年来,研究发现,这种"非阿伦尼乌斯"现象对于燃烧反应而言往往是规律而不是例外。因此,在燃烧化学反应动力学中,采用了改进的阿伦尼乌斯方程形式,即

$$k = A T^n \exp\left(-\frac{E}{RT}\right) \tag{3-4}$$

例如,反应 $CO + OH \longrightarrow CO_2 + H$ 的正向反应速率常数 $k_f = 1.51 \times 10^7 T^{1.3} \exp(381/T)$,其中温度关系项为 $T^{1.3}$。

需要指出的是,许多反应的活化能是 0,因此这些反应对温度并不敏感(事实上,这些反应与温度的关联非常弱)。这类反应主要是一些三体反应,如 $H + H + M \longrightarrow H_2 + M$ 和 $H + OH + M \longrightarrow H_2O + M$。在三体反应中三体分子的作用是将过多热量带走,因为这些反应

图 3-3　甲烷-空气燃烧的主要反应路径的速率常数

通常会产生大量的热量,是燃烧释放热量的主要来源之一。

　　自由基是在链激发反应中通过反应物的离解产生的。这些离解反应是强吸热的,因此其反应速率相当小。这些反应的活化能为 160～460 kJ/mol。链传播反应很重要,因为它们决定了链的传播速度。对于燃烧中大多数重要的链传播反应,其活化能通常为 0～40 kJ/mol。显然,链分支反应是链传播反应的一种特殊情况,正如上文提到的,这类反应会导致爆炸。由于乘法效应,链分支反应不需要快速发生,因此,它们的活化能可能比与之竞争的线性链传播反应的活化能高。

3.2.2　反应速率与压力的关系

　　除了具有很强的温度依赖性以外,反应速率也与压力有关。根据理想气体状态方程,反应速率可以表示为

$$\dot{q}_{rxn} = A_0 \exp\left(-\frac{E_a}{\hat{R}_u T}\right) [\text{fuel}]^a [O_2]^b = A_0 \exp\left(-\frac{E_a}{\hat{R}_u T}\right) x_{fuel}^a x_{O_2}^b \left(\frac{p}{\hat{R}_u T}\right)^{a+b} \propto p^{a+b}$$

(3-5)

式中:x_i 为组分 i 的摩尔分数;p 为系统压力。反应速率与压力成指数函数关系,指数为反应物化学计量系数之和。根据表 3-1 中的一步化学反应模型,$a+b$ 的和总是正值,范围为 1.0～1.75。

表 3-1　碳氢化合物燃料的总包反应速率常数

燃料	A_0[①]	E_a(kcal[②]/mol)	a	b
CH_4[③]	1.3×10^9	48.4	−0.3	1.3
CH_4	8.3×10^5	30	−0.3	1.3
C_2H_6	1.1×10^{12}	30	0.1	1.65
C_3H_8	8.6×10^{11}	30	0.1	1.65
C_4H_{10}	7.4×10^{11}	30	0.15	1.6

燃料	$A_0^{①}$	E_a(kcal^{②}/mol)	a	b
C_5H_{12}	$6.4×10^{11}$	30	0.25	1.5
C_6H_{14}	$5.7×10^{11}$	30	0.25	1.5
C_7H_{16}	$5.1×10^{11}$	30	0.25	1.5
C_8H_{18}	$4.6×10^{11}$	30	0.25	1.5
C_9H_{20}	$4.2×10^{11}$	30	0.25	1.5
$C_{10}H_{22}$	$3.8×10^{11}$	30	0.25	1.5
CH_3OH	$3.2×10^{11}$	30	0.25	1.5
C_2H_5OH	$1.5×10^{12}$	30	0.15	1.6
C_6H_6	$2.0×10^{11}$	30	−0.1	1.85
C_7H_8	$1.6×10^{11}$	30	−0.1	1.85

注：①A_0 的单位为 $(mol/cm^3)^{1-(a+b)} \cdot s^{-1}$。

②1 cal=4.186 J。

③对于甲烷，与高活化能相关的常数只适用于激波管和湍流。

当燃烧系统的压力增大一倍且 $a+b=1.75$ 时，反应速率可增大约 3 倍。燃料消耗时间可以表示为

$$t_{chem} = \frac{[fuel]}{-d[fuel]/dt} \propto \frac{p}{p^{a+b}} \propto p^{1-(a+b)} \propto p^{-0.75} \tag{3-6}$$

当 $a+b=1.75$ 时，1.013 MPa 下的消耗时间比 101.3 kPa 下的消耗时间减少了五分之三。

尤其要提及的是，单分子分解反应和再链反应同压力有非常强的关联，因为这些反应实际上并不是基元反应。根据林德曼模型(Lindemann model)，单分子分解反应只有在分子能量足够大导致键断裂时，才可以发生。因此，在分解反应发生之前，必须有其他高能分子 M（分子振动激发）通过碰撞将能量传递给反应分子。受激发的反应分子或者分解为产物，或者通过碰撞失活(deactivate)。

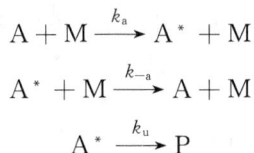

$$A+M \xrightarrow{k_a} A^*+M$$

$$A^*+M \xrightarrow{k_{-a}} A+M$$

$$A^* \xrightarrow{k_u} P$$

这样，反应速率可以记为

$$\frac{d[P]}{dt} = k_u[A^*] \tag{3-7}$$

$$\frac{d[A^*]}{dt} = k_a[A][M] - k_{-a}[A^*][M] - k_u[A^*] \tag{3-8}$$

假定中间产物 A^* 处于准稳态，那么

$$\frac{d[A^*]}{dt} \approx 0 \tag{3-9}$$

我们可以得到 A^* 的浓度和产物速率分别为

$$[A^*] = \frac{k_a[A][M]}{k_{-a}[M] + k_u} \tag{3-10}$$

$$\frac{\mathrm{d}[P]}{\mathrm{d}t} = \frac{k_u k_a [A][M]}{k_{-a}[M] + k_u} \tag{3-11}$$

显然,在低压范围内,碰撞分子 M 的浓度很小,$k_{-a}[M] \ll k_u$,因此

$$\frac{\mathrm{d}[P]}{\mathrm{d}t} = k_a [A][M] = k_0 [A][M] \tag{3-12}$$

在低压范围内,反应速率正比于反应物浓度$[A]$和三体分子浓度$[M]$,因此有低压速率常数k_0,且反应速率小。

在高压范围内,M 的浓度很大,有$k_{-a}[M] \gg k_u$,因此有高压速率常数k_∞,则

$$\frac{\mathrm{d}[P]}{\mathrm{d}t} = \frac{k_u k_a}{k_{-a}}[A] = k_\infty [A] \tag{3-13}$$

反应速率不再与 M 的浓度有关,这是因为高压碰撞频率非常高。A^*的分解速率是整个反应的控制速率。

单分子反应$C_2H_6 \longrightarrow CH_3 + CH_3$的反应速率衰减曲线见图 3-4。当$p \rightarrow \infty$时,反应速率常数趋近于$k_\infty$,而在低压时,反应速率呈线性衰减,正比于$[M]$。

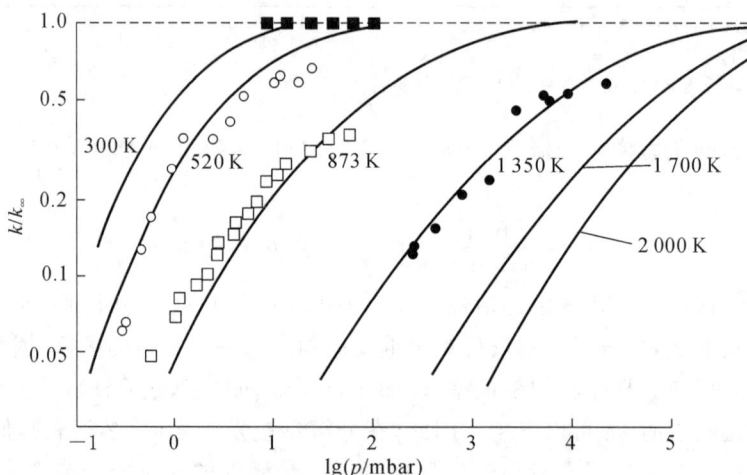

图 3-4　单分子反应中速率常数与压力的关系

通过化学热力学的学习,我们还知道另一个平衡常数K_p,那么K与K_p的关系是怎样的呢?

考虑一个一般的化学反应系统:

$$aA + bB + \cdots \rightleftharpoons eE + fF + \cdots \tag{3-14}$$

以压力为基的平衡常数可以表示为

$$K_p = \frac{(p_E / p^0)^e (p_F / p^0)^f \cdots}{(p_A / p^0)^a (p_B / p^0)^b \cdots} \tag{3-15}$$

以摩尔浓度为基的平衡常数可以表示为

$$K = \frac{[E]^e [F]^f \cdots}{[A]^a [B]^b \cdots} \tag{3-16}$$

而组分摩尔浓度和组分分压的关系为

$$[A] = x_A \left(\frac{p}{\hat{R}_u T} \right) = \frac{p_A}{\hat{R}_u T} \tag{3-17}$$

$$p_A = [A] \hat{R}_u T \tag{3-18}$$

因此 K 与 K_p 的关系可以表示为

$$K_p = K \left(\frac{\hat{R}_u T}{p^0}\right)^{e+f+\cdots-a-b-\cdots} \tag{3-19}$$

对于没有体积变化的基元反应，$K = K_p$。

例 3-1　Hanson 和 Salimian 要通过实验测量 N-H-O 系统的速率常数，对于反应 NO+
O $\longrightarrow$ N+O$_2$，他们建议用下面的速率常数：

$$k_f = 3.80 \times 10^9 T^{1.0} \exp(-20\,820/T) [=] cm^3/(mol \cdot s)$$

求逆反应的速率常数 k_b，即 2 300 K 时，N+O$_2$ $\longrightarrow$ NO+O。

解　首先求出 2 300 K 时反应的平衡常数：

$$K_p = \exp\left(\frac{-\Delta G_T^0}{R_u T}\right)$$

$$\Delta G_{2\,300\,K}^0 = [\overline{g}_{f,N}^0 + \overline{g}_{f,O_2}^0 - \overline{g}_{f,NO}^0 - \overline{g}_{f,O}^0]_{2\,300\,K}$$

$$= 326\,331 + 0 - 61\,243 - 101\,627 = 163\,461\,(kJ/kmol)$$

（表 A.8，表 A.9，表 A.11，表 A.12）

$$K_p = \exp\left(\frac{-163\,461}{8.314 \times 2\,300}\right) = 1.94 \times 10^{-4}$$

然后求出 2 300 K 时逆向反应的速率常数：

$$k_f = 3.8 \times 10^9 \times 2\,300 \exp\left(\frac{-20\,820}{2\,300}\right) = 1.024 \times 10^9 [cm^3/(mol \cdot s)]$$

$$k_b = k_f/K_p = \frac{1.024 \times 10^9}{1.94 \times 10^{-4}} = 5.28 \times 10^{12} [cm^3/(mol \cdot s)]$$

基元反应的速率常数测量是非常困难的，而且误差也比较大。基于热力学测量和计算
的平衡常数在许多情况下是非常准确的，因此常常利用基于热力学计算的平衡常数来解决
化学反应动力学中的问题。

3.2.3　热释放速率

燃烧速率确定以后，燃烧系统的热释放速率(heat release rate，HRR)可通过下式计算：

$$HRR = -\frac{d[fuel]}{dt} \cdot M_{fuel} \cdot Q_c \tag{3-20}$$

式中：Q_c 为第 2 章中介绍的燃烧热($Q_c = -Q_{rxn,p}$)；M_{fuel} 为燃料的摩尔质量。热释放速率为燃
烧系统化学能转换为热能的速率，是燃烧系统的一个重要参数。在燃烧发生意外时，需要控
制热释放速率来抑制燃烧。

3.2.4　时间尺度

燃烧反应系统是一个复杂系统，存在大量的基元反应。对于反应的分析和简化，需要进
行不同反应的尺度对比。化学反应时间尺度为 A 的浓度从初始值下降到初始值的 $1/e$ 所需
要的时间。

对于单分子反应 A→P，有

$$\frac{d[A]}{dt} = -k[A]$$

$$[A]_{(t)} = [A]_0 \exp(-kt)$$

根据化学反应时间尺度的定义,有

$$\frac{[A]_{\tau_{chem}}}{[A]_0} = \frac{1}{e}$$

$$\tau_{chem} = \frac{1}{k} \tag{3-21}$$

对于双分子反应 $A+B \longrightarrow C+D$,有

$$-\frac{d[A]}{dt} = k[A][B]$$

$$\tau_{chem} = \frac{\ln\left[e+(1-e)\left(\frac{[A]_0}{[B]_0}\right)\right]}{([B]_0-[A]_0)k}, 当[B]_0 \gg [A]_0 时, \tau_{chem} = \frac{1}{[B]_0 k}。$$

对于三分子反应 $A+B+M \longrightarrow C+M$,有

$$-\frac{d[A]}{dt} = k[A][B][M]$$

$$\tau_{chem} = \frac{\ln\left[e+(1-e)\left(\frac{[A]_0}{[B]_0}\right)\right]}{([B]_0-[A]_0)[M]k}, 当[M]是常数且[B]_0 \gg [A]_0 时, 则 \tau_{chem} = \frac{1}{[B]_0[M]k}。$$

3.3　稳态近似与局部平衡假设

3.3.1　稳态近似

考虑一个简单的由两步基元反应组成的反应链:

$$S_1 \xrightarrow{k_{12}} S_2 \xrightarrow{k_{23}} S_3 \tag{3-22}$$

组分 S_1、S_2 和 S_3 的反应速率分别为

$$\frac{d[S_1]}{dt} = -k_{12}[S_1]$$

$$\frac{d[S_2]}{dt} = k_{12}[S_1] - k_{23}[S_2]$$

$$\frac{d[S_3]}{dt} = k_{23}[S_2]$$

假定在 $t=0$ 时刻,只有组分 S_1,即 $[S_1]_{t=0}=[S_1]_0$,$[S_2]_{t=0}=0$,$[S_3]_{t=0}=0$,则上述方程组的解为

$$[S_1] = [S_1]_0 \exp(-k_{12}t)$$

$$[S_2] = [S_1]_0 \frac{k_{12}}{k_{12}-k_{23}}[\exp(-k_{23}t) - \exp(-k_{12}t)]$$

$$[S_3] = [S_1]_0 \left[1 - \frac{k_{12}}{k_{12}-k_{23}}\exp(-k_{23}t) + \frac{k_{23}}{k_{12}-k_{23}}\exp(-k_{12}t)\right]$$

假定 S_2 是一个活性非常高的物质,即其存在时间非常短,则有 $k_{23} \gg k_{12}$。于是,我们令 $k_{12}/k_{23}=0.1$,将上面的解绘制成图,如图 3-5 所示。

从图 3-5 中可以看到,由于 S_2 的活性非常高,经过一段时间以后,S_2 的浓度几乎不随时

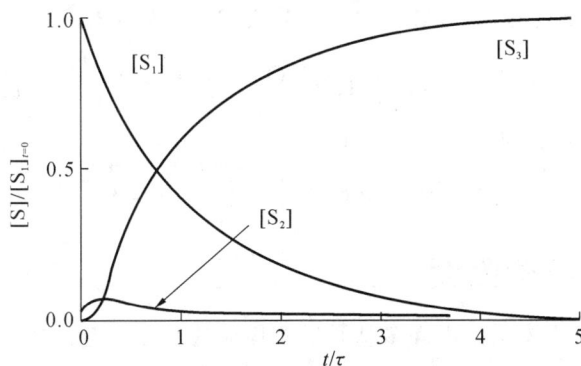

图 3-5　反应过程中各组分随时间的变化规律（解析解）

间变化，其生成速率和反应速率几乎相等，我们称之为准稳态近似，即

$$\frac{d[S_2]}{dt} = k_{12}[S_1] - k_{23}[S_2] \approx 0 \tag{3-23}$$

利用准稳态近似，可得

$$[S_1] = [S_1]_0 \exp(-k_{12}t) \tag{3-24}$$

对于组分 S_3，利用准稳态近似，有

$$\frac{d[S_3]}{dt} = k_{12}[S_1]_0 \exp(-k_{12}t)$$

积分后可得

$$[S_3] \approx [S_1]_0 [1 - \exp(-k_{12}t)] \tag{3-25}$$

将上述三个解绘制成图，如图 3-6 所示，从图 3-6 中可以看到：除了在反应开始时，有一些偏差外，准稳态近似的结果与实际结果非常相符。因此，在反应链中，当中间组分具有很强的活性时，准稳态近似对实际过程来说是很好的近似。

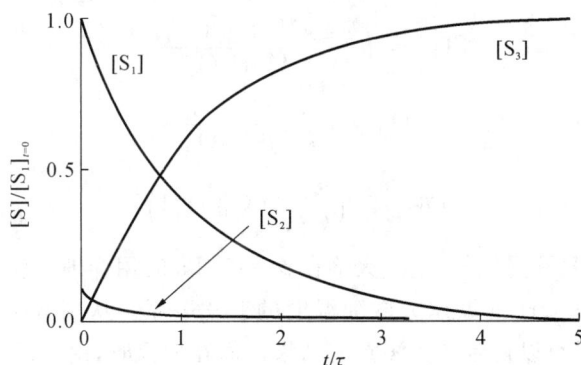

图 3-6　反应过程中各组分随时间的变化规律（稳态近似解）

准稳态近似在直链反应中得到了成功的应用。由于在大多数直链反应中，链传播反应速率远远超过链激发和链终止反应速率，因此近似总是有效的。然而，在链反应的起始或终止阶段使用准稳态近似，由于在此阶段自由基浓度迅速增大或减小，可能会导致很大的误差。

例 3-2　思考下列两个一氧化氮的生成反应（Zeldovich 机理）：

$$N_2 + O \longrightarrow NO + N, \quad k_1 = 1.8 \times 10^{14} \exp(-38\,370/T)$$

$$N + O_2 \longrightarrow NO + O, \quad k_2 = 1.8 \times 10^{10} \exp(-4\,680/T)$$

假设氮原子处于准稳态,通过其他物质推导出[N]的表达式。

解　　$\dfrac{d[N]}{dt} = k_1[N_2][O] - k_2[N][O_2] \approx 0 \rightarrow [N] = \dfrac{k_1[N_2][O]}{k_2[O_2]}$

近似地,NO 生成速率为

$$\frac{d[NO]}{dt} = k_1[N_2][O] + k_2[N][O_2] \approx 2k_1[N_2][O]$$

3.3.2　局部平衡假设

我们知道,一个反应体系是由许多基元反应构成的。在一定的条件下,一组反应将迅速进行并达到准平衡状态。也就是说,反应的正反应速率与逆反应速率近似相等,这样的燃烧反应状态称为局部平衡状态。

对于 H_2-O_2 反应体系,实验和模拟表明,在高温时($T > 1\ 800$ K,$p = 10^5$ Pa),下面三个反应达到了局部平衡状态:

$$H + O_2 \underset{k_2}{\overset{k_1}{\rightleftharpoons}} OH + O$$

$$O + H_2 \underset{k_4}{\overset{k_3}{\rightleftharpoons}} OH + H$$

$$OH + H_2 \underset{k_6}{\overset{k_5}{\rightleftharpoons}} H_2O + H$$

由于每一个反应的正反应速率等于逆反应速率,则有

$$k_1[H][O_2] = k_2[OH][O]$$
$$k_3[O][H_2] = k_4[OH][H]$$
$$k_5[OH][H_2] = k_6[H_2O][H]$$

求解上述方程组,可以获得[H]、[O]和[OH],分别为

$$[H] = \left(\frac{k_1 k_3 k_5^2 [O_2][H_2]^3}{k_2 k_4 k_6^2 [H_2O]^2} \right)^{\frac{1}{2}}$$

$$[O] = \frac{k_1 k_5 [O_2][H_2]}{k_2 k_6 [H_2O]}$$

$$[OH] = \left(\frac{k_1 k_3}{k_2 k_4} [O_2][H_2] \right)^{\frac{1}{2}}$$

图 3-7 所示为当量预混氢气-空气火焰在 $p = 10^5$ Pa 时用详细反应动力学机理和局部平衡假设计算的 H、O 和 OH 的摩尔分数随温度的变化关系。从图 3-7 中可以看到,在高温时,利用局部平衡假设可以得到较为满意的结果。而在低温时,由于反应时间短于燃烧特征时间(火焰厚度与平均气体速度的比值),反应体系难以达到局部平衡状态。

局部平衡假设非常类似于上文讨论的准稳态近似。不同之处在于,在准稳态近似中,我们考虑的是特定的物质,而在局部平衡假设中,我们考虑的是特定的反应。因此,从本质上说,当正、逆反应速率非常大时,就会出现局部平衡。因此,可以通过局部平衡假设,确定某个慢反应的速率或速率常数,以及该反应含有的难以测量的物质。

一个具体的例子可以说明如何使用局部平衡假设。例如,考虑氧化介质中发生复杂反应的碳氢化合物。通过测量 CO 和 CO_2 的浓度,得到反应速率常数的估计值,已知反应:

$$CO + OH \longrightarrow CO_2 + H$$

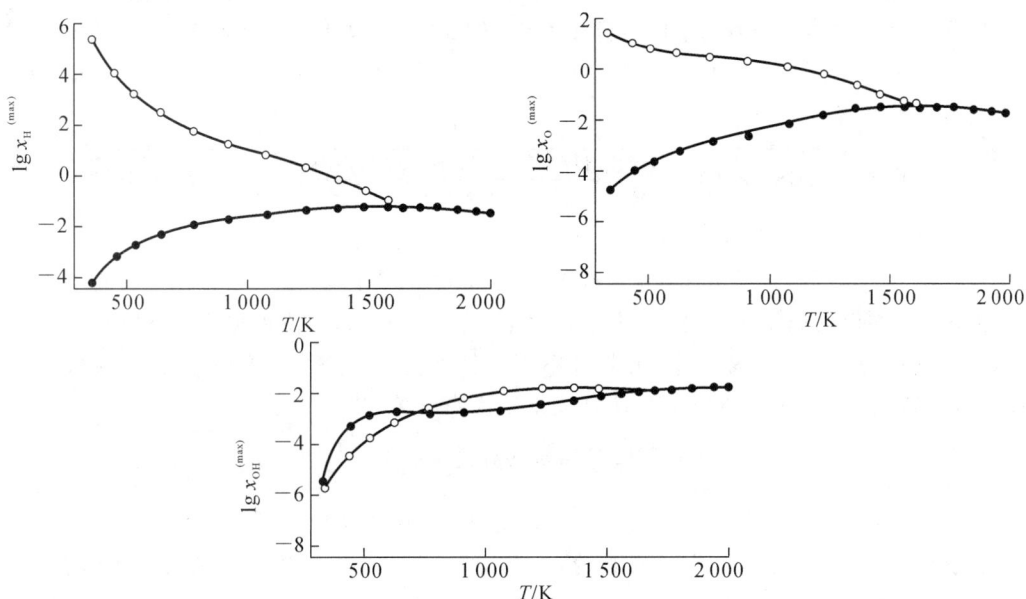

图 3-7　当量预混氢气-空气火焰在 $p = 10^5$ Pa 时用详细反应动力学机理(空心点)
和局部平衡假设(实心点)计算的 H、O 和 OH 的摩尔分数随温度的变化关系

该反应速率表达式为

$$\frac{d[CO_2]}{dt} = -\frac{d[CO]}{dt} = k[CO][OH] \tag{3-26}$$

那么问题是如何在不测量 OH 浓度的情况下估算速率常数 k。如果我们假设 H_2-O_2 反应体系中存在局部平衡,则 OH 的浓度为

$$[OH] = \left(\frac{k_1 k_3}{k_2 k_4}[O_2][H_2]\right)^{\frac{1}{2}}$$

速率表达式变为

$$\frac{d[CO_2]}{dt} = -\frac{d[CO]}{dt} = k\left(\frac{k_1}{k_2}\frac{k_3}{k_4}\right)^{\frac{1}{2}}[CO][H_2]^{\frac{1}{2}}[O_2]^{\frac{1}{2}} \tag{3-27}$$

因此,我们注意到,速率表达式可以用容易测量的稳定组分的浓度来表示。但是,在应用这一假设时必须小心谨慎。烃类燃烧系统中 H_2-O_2 反应体系中的平衡并不总是存在,比如在烃类燃烧系统 CO 氧化过程中是否存在平衡就是一个问题。

例 3-3　氧原子是热 NO 生成过程中的重要物质(Zeldovich 机理 $N_2 + O \longrightarrow NO + N$)。当空气被加热到 2 000 K 时估计氧原子的摩尔分数。

解　在 2 000 K 时,设反应 $O_2 \Longleftrightarrow 2O$ 达到平衡,利用平衡关系 $k_f[O_2] = k_b[O]^2$,估计氧原子浓度为

$$[O] = \sqrt{\frac{k_f}{k_b}[O_2]} = \sqrt{K_c[O_2]} = \sqrt{K_p\left(\frac{\hat{R}_u T}{p}\right)^{-1}[O_2]}$$

计算 $K_p(T = 2\ 000\ K)$ 的值,为

$$\ln K_p(T = 2\ 000\ K) = \frac{\hat{g}_{O_2}^0}{\hat{R}_u T} - 2\frac{\hat{g}_O^0}{\hat{R}_u T} = 0 - \frac{2 \times 121\ 709}{8.314 \times 2\ 000} = -14.639$$

$$K_p(T = 2\ 000\ K) = \exp(-14.639) = 4.389 \times 10^{-7}$$

空气中氧气的体积分数为 21%，当压力为 101 kPa，温度为 2 000 K 时，其浓度为

$$[O_2] = 0.21 \times 101 \times 10^3/(8.314 \times 10^3 \times 10^3 \times 2\,000) = 1.276 \times 10^{-6} (mol/cm^3)$$

利用上述计算值可得

$$[O] = \sqrt{4.389 \times 10^{-7} \times \left(\frac{8.314 \times 10^3 \times 10^3 \times 2\,000}{101 \times 10^3}\right)^{-1} \times 1.276 \times 10^{-6}}$$

$$= 1.844 \times 10^{-9} (mol/cm^3)$$

总浓度为 6.076×10^{-6} mol/cm³，则 $x_O = 3.035 \times 10^{-4}$。

例 3-4　在燃气轮机燃烧器中，火焰温度估计为 2 200 K，希望能够降低 NO 的产率。由于 NO 生成反应对温度非常敏感，因此减小 NO 排放量的一个方法就是将少量的水注入燃烧器中，以降低火焰温度。NO 的产率可以用下式来计算：

$$\frac{d[NO]}{dt} \approx 2k[O][N_2]$$

$$k = 1.8 \times 10^{14} \exp(-38\,000/T)$$

在燃烧器中，由于注入的水是少量的，因此 O 和 N_2 的摩尔分数在注入水后保持不变。请估计：如果需要把火焰温度为 2 200 K 时 NO 的产率降低 50%，那么需要通过注水把火焰温度降低到多少？

解　由于需要很高的活性温度，NO 的生成反应对温度非常敏感。根据题意，两个温度下的 NO 产率的比值为 0.5，于是有

$$\frac{d[NO]}{dt}\bigg|_{water} \bigg/ \frac{d[NO]}{dt}\bigg|_{dry} \approx \frac{\exp(-38\,000/T_{water})}{\exp(-38\,000/T_{dry})} = 0.5$$

可以得到

$$T_{water} = 2\,115.12 \text{ K}$$

当温度降低约 85 K 时，NO 的产率可以降低 50%。根据经验，火焰温度每降低 100 K，NO 的产率会减小百分之五十。联合例 3-3 得到的[O]的局部平衡假设的结果和例 3-2 得到的[N]准稳态近似的结果，热力 NO 的产率可以估计为

$$\frac{d[NO]}{dt} \approx 2k_1[N_2][O] \approx 1.476 \times 10^{15}[N_2][O_2]^{\frac{1}{2}} \exp\left(-\frac{67\,520}{T}\right)$$

一般这样的表达式称为总包反应速率表达式。这类表达式可以应用于工程实际中。

例 3-5　氢气燃烧时，一个重要的链传播反应是

$$H_2O_2 + M \longrightarrow OH + OH + M$$

如果在发动机的一个冲程后期，氢气在 $T = 1\,000$ K 并且 $p = 4.052$ MPa 下燃烧，那么 H_2O_2 会出现多久？假定该反应的指前因子是 1.2×10^{17} 并且活化温度为 22 750 K。

解　假定 H_2O_2 的消耗速率为

$$\frac{d[H_2O_2]}{dt} = -k[H_2O_2][M]$$

那么，H_2O_2 的存在时间可以是

$$\tau = \frac{[H_2O_2]}{|d[H_2O_2]/dt|} = \frac{[H_2O_2]}{k[H_2O_2][M]} = \frac{1}{k[M]}$$

已知速率常数为

$$k_f = 1.2 \times 10^{17} \exp(-22\,750/T)$$

因此，有

$$\tau = 8.3 \times 10^{-18} \exp\left(\frac{22\ 750}{T}\right)[M]^{-1}$$

由于 M 是任意可能与 H_2O_2 相撞的分子,因此,根据理想气体方程,M 的摩尔浓度为

$$\frac{n}{V} = \frac{p}{\hat{R}_u T} = \frac{4.052 \times 10^6}{83.14 \times 10^5 \times 1\ 000} = 4.87 \times 10^{-4}\ (\text{mol/cm}^3)$$

于是,时间估计为

$$\tau = 8.3 \times 10^{-18} \exp\left(\frac{22\ 750}{1\ 000}\right) \times \frac{1}{4.87 \times 10^{-4}} = 1.29 \times 10^{-4}\ (\text{s})$$

3.4　化学反应动力学模型详细描述

上文介绍的不同类型的基元反应构成了燃料燃烧的详细化学反应动力学模型,有的书也称为之为反应动力学机理。燃料燃烧化学反应动力学机理一直以来都是燃烧学基础研究的重点内容之一。对燃料的研究范围也从小分子燃料(H_2、CO,以及 CH_4、C_2H_6、C_3H_8、C_4H_{10} 等烷烃)扩大到大分子燃料($5 \sim 16$ 个碳的烷烃、烯烃、酮和醛等)。目前,对于小分子燃料,比较知名的详细化学反应动力学模型有:美国斯坦福大学王海教授提出的 FFCM-1,爱尔兰国立大学 Curran 教授团队提出的 Aramco3.0 反应动力学模型,意大利米兰理工大学 Ranzi 教授团队提出的 CRECK3.0 反应动力学模型,以及由以加州大学伯克利分校为首的团队提出的 GRI3.0 反应动力学模型。

3.4.1　H_2 和 CO 的氧化机理

H_2 和 CO 的氧化机理的重要性在于:H_2 和 CO 是分子结构最简单的燃料;它们的氧化机理是碳氢燃料氧化机理的基础部分。

在表 3-2 中,H_2-O_2 链反应序号为 $1 \sim 4$,H_2-O_2 分解与生成反应序号为 $5 \sim 8$。序号 $9 \sim 13$ 是过氧化羟基基团 HO_2 的分解与生成反应,与过氧化氢 H_2O_2 有关的反应的序号为 $14 \sim 19$。

表 3-2　H_2-CO 混合物的氧化机理

序号	反应	B[1] $[\text{cm,mol,s}]$	α[2]	$E_a/(\text{kcal/mol})$
	H_2-O_2 反应链			
1	$H + O_2 \rightleftharpoons O + OH$	1.9×10^{14}	0	16.44
2	$O + H_2 \rightleftharpoons H + OH$	5.1×10^4	2.67	6.29
3	$OH + H_2 \rightleftharpoons H + H_2O$	2.1×10^8	1.51	3.43
4	$O + H_2O \rightleftharpoons OH + OH$	3.0×10^6	2.02	13.40
	H_2-O_2 分解与生成			
5	$H_2 + M \rightleftharpoons H + H + M$	4.6×10^{19}	-1.40	104.38
6	$O + O + M \rightleftharpoons O_2 + M$	6.2×10^{15}	-0.50	0
7	$O + H + M \rightleftharpoons OH + M$	4.7×10^{18}	-1.0	0

序号	反应	$B^{①}$ [cm,mol,s]	$\alpha^{②}$	E_a/(kcal/mol)
8	$H+OH+M \rightleftharpoons H_2O+M$	2.2×10^{22}	-2.0	0
	HO_2 的分解与生成			
9	$H+O_2+M \rightleftharpoons HO_2+M$	6.2×10^{19}	-1.42	0
10	$HO_2+H \rightleftharpoons H_2+O_2$	6.6×10^{13}	0	2.13
11	$HO_2+H \rightleftharpoons OH+OH$	1.7×10^{14}	0	0.87
12	$HO_2+O \rightleftharpoons OH+O_2$	1.7×10^{13}	0	-0.40
13	$HO_2+OH \rightleftharpoons H_2O+O_2$	1.9×10^{16}	-1.00	0
	H_2O_2 的分解与生成			
14	$HO_2+HO_2 \rightleftharpoons H_2O_2+O_2$	4.2×10^{14}	0	11.98
		1.3×10^{11}	0	-1.629
15	$H_2O_2+M \rightleftharpoons OH+OH+M$	1.2×10^{17}	0	45.50
16	$H_2O_2+H \rightleftharpoons H_2O+OH$	1.0×10^{13}	0	3.59
17	$H_2O_2+H \rightleftharpoons H_2+HO_2$	4.8×10^{13}	0	7.95
18	$H_2O_2+O \rightleftharpoons OH+HO_2$	9.5×10^{6}	2.0	3.97
19	$H_2O_2+OH \rightleftharpoons H_2O+HO_2$	1.0×10^{12}	0	0
		5.8×10^{14}	0	9.56
	CO 的氧化			
1	$CO+O+M \rightleftharpoons CO_2+M$	2.5×10^{13}	0	-4.54
2	$CO+O_2 \rightleftharpoons CO_2+O$	2.5×10^{12}	0	47.69
3	$CO+OH \rightleftharpoons CO_2+H$	1.5×10^{7}	1.3	-0.765
4	$CO+HO_2 \rightleftharpoons CO_2+OH$	6.0×10^{13}	0	22.95

注:① B 为指前因子。

② α 为温度指数。

在 H_2 的氧化机理中,反应(H1)~(H3)构成了链载体净产生的反应,这会导致整个反应速率急剧增大,链载体大量累积,从而导致爆炸。

$$H+O_2 \longrightarrow OH+O \tag{H1}$$

$$O+H_2 \longrightarrow OH+H \tag{H2}$$

$$OH+H_2 \longrightarrow H_2O+H \tag{H3}$$

在这个反应过程中,O、H 和 OH 就是链载体。在反应(H1)和反应(H2)中,一个链载体作为反应物可以产生两个链载体。因此,链循环反应(H1)~(H3)的净反应为

$$3H_2+O_2 \longrightarrow 2H_2O+2H$$

这表明每次循环有两个 H 产生。

1. H_2-O_2 混合物的爆炸极限

初始反应只与燃料组分有关,在 H_2-O_2 系统中有 3 个可能的初始反应,分别为 H_2 的分解反应、O_2 的分解反应、H_2 和 O_2 之间的反应,即

$$H_2 + M \longrightarrow H + H + M \tag{H4}$$

$$O_2 + M \longrightarrow O + O + M \tag{H5}$$

$$H_2 + O_2 \longrightarrow HO_2 + H \tag{H6}$$

三个反应的吸热量分别是 104 kcal/mol,118 kcal/mol 和 55 kcal/mol。由于分解反应的活化能粗略等于其吸热量,因此反应(H6)在所有条件下几乎都是最重要的初始反应。反应(H4)只是在高温时可能对初始阶段有贡献。反应(H5)要弱于反应(H4)和反应(H6),因为 O_2 的分解能比 H_2 的分解能高。

在反应(H4)和反应(H6)生成 H 后,反应(H1)~(H3)会接着发生。反应(H1)和反应(H2)的逆反应在这个阶段并不是很重要,因为这个阶段的两个低浓度基团组分之间的膨胀频率非常低。反应(H3)的逆反应也不重要,因为产物 H_2O 在爆炸初期的浓度也很低。

对于足够低的温度和压力,即使添加一定浓度的 H 或者 OH,爆炸也不可能发生。这主要是因为关键的链分支反应(H1)是一个吸热反应(吸热量为 17 kcal/mol),因此低温并不利于其反应。另外,在低压时,这些活化组分可能快速地扩散到燃烧室壁面,并在壁面上淬灭;或者在有限的停留时间内,其反应太过缓慢,因此无法发生爆炸。

随着压力增大,膨胀频率升高,反应被促进。当跨过第一爆炸极限后,链分支反应的反应速率压倒性地大于活化组分在壁面上的淬灭速度,同时,在有限的停留时间内,活化组分急剧增加,于是发生爆炸。

随着压力进一步增大,三体反应:

$$H + O_2 + M \longrightarrow HO_2 + M \tag{H7}$$

开始变得频繁并最终替代反应(H1),在 H 和 O_2 的反应中占主导地位。由于 HO_2 活性相对不高,因此它可以在许多碰撞中得以幸存,最终扩散到壁面并在壁面上淬灭,或者在有限的停留时间中流动被带出系统。因此,反应(H7)是链反应体系中的一个有效终止步骤,导致链载体净产生循环反应(H1)~(H3)被打断。

因此,第二爆炸极限是由反应(H1)~(H3)的 H 增长和反应(H7)的 H 消耗之间的竞争决定的。为了确定第二爆炸极限的 p-T 关系,我们写出 H、O 和 OH 的速率方程,分别为

$$\frac{d[H]}{dt} = -k_1[H][O_2] + k_2[O][H_2] + k_3[OH][H_2] - k_7[H][O_2][M]$$

$$\frac{d[O]}{dt} = k_1[H][O_2] - k_2[O][H_2]$$

$$\frac{d[OH]}{dt} = k_1[H][O_2] + k_2[O][H_2] - k_3[OH][H_2]$$

假定 O 和 OH 处于准稳态,即 $d[O]/dt=0$ 和 $d[OH]/dt=0$,于是

$$k_2[O][H_2] = k_1[H][O_2]$$

$$k_3[OH][H_2] = k_1[H][O_2] + k_2[O][H_2] = 2k_1[H][O_2]$$

将它们带入 H 的速率方程,有

$$\frac{d[H]}{dt} = 2k_1[H][O_2] - k_7[H][O_2][M]$$

$$= (2k_1 - k_7[M])[H][O_2]$$

这个式子表明[H]随时间呈指数变化：当$(2k_1 - k_7[M]) > 0$时,呈指数增大,反之,呈指数衰减。于是,第二爆炸极限为

$$2k_1 = k_7[M] \tag{3-28}$$

如果反应(H7)中的三体组分的衰减系数(fall-off parameter)相同,又有$p = [M]RT$,那么第二爆炸极限的p-T关系可以表示为

$$p = \frac{2k_1}{k_7}RT \tag{3-29}$$

基于速率常数表达式,我们可以从图3-8中看到,式(3-29)很好地描述了第二爆炸极限,这个关系也称为跨界温度。虽然上式意味着$\mathrm{d}[H]/\mathrm{d}t = 0$,但是这并不是[H]准稳态近似的结果。事实上,[O]和[H]的准稳态条件在很宽的范围内是成立的,而$\mathrm{d}[H]/\mathrm{d}t = 0$只是在跨界温度线上才成立。

图 3-8　化学计量的 H_2-O_2 混合物的爆炸极限

当压力进一步增大,跨过了第三爆炸极限,HO_2的浓度则会变得更高。反应:

$$HO_2 + H_2 \longrightarrow H_2O_2 + H \tag{H8}$$

$$H_2O_2 + M \longrightarrow OH + OH + M \tag{H9}$$

将会发生得更加频繁,并超过HO_2的稳定性。因此,HO_2不会在壁面上湮灭或被流动带离,而是会跟H_2反应生成活性组分 H、O 和 OH,进而再次诱发爆炸。

在高温时,即约 900 K 时,更多的活性组分会产生,而且它们之间的反应会更重要。HO_2也可能跟自己反应,即

$$HO_2 + HO_2 \longrightarrow H_2O_2 + O_2$$

继而发生反应(H9),或者同 H 和 O 反应:

$$HO_2 + H \longrightarrow OH + OH \tag{H10}$$
$$HO_2 + O \longrightarrow OH + O_2 \tag{H11}$$

在这样的情况下,反应(H7)只是链传播过程的一个部分,因此爆炸总是发生。

由表 3-2 可知,一些反应有负的活化能。这些反应没有固有能垒,通常是两个基团之间的反应。这意味着两个冷的基团之间结合比两个热的基团之间结合更容易,因为两个热的基团动能太大,碰撞时可能飞走而不生成化学键。

如果接触的初始点不同,反应发生的路径也不同。在低温条件下,一个反应占主导地位,而在高温条件下,另一个反应占主导地位。因此,总的反应速率是两者之和。

2. CO 的氧化

点燃干燥的 CO 和 O_2 混合气体,并维持其燃烧是非常困难的。由于 CO 和 O_2 的反应:
$$CO + O_2 \longrightarrow CO_2 + O$$
具有很高的活化能(48 kcal/mol),因此即使在高温下反应速率也很小。而且,生成的 O 也不会导致快速的链分支反应。但是,当 H 出现时,即使很小的量,OH 可以通过反应(H1)和反应(H2)生成,然后 CO_2 可以通过下面的反应生成:
$$CO + OH \longrightarrow CO_2 + H \tag{CO1}$$
该反应是 CO 氧化最主要的反应。该反应生成的 H 又供给反应(H1),从而增大 CO 氧化速率。

在潮湿空气中,水也可以催化 CO 氧化反应,其过程为
$$O_2 + M \longrightarrow O + O + M$$
随后
$$O + H_2O \longrightarrow OH + OH$$
该反应提供了反应(CO1)所需的 OH。

在高压条件下,反应:
$$CO + HO_2 \longrightarrow CO_2 + OH \tag{CO2}$$
提供了另外一个 CO 转化为 CO_2 的路径。因此,反应(CO1)和反应(CO2)也添加在 H_2-O_2 机理中。

实际上,空气总是有一定的水分,因此 CO 能够较快地氧化为 CO_2。

3. 火焰中的初始反应

火焰中的燃料氧化机理,包括 H_2 和 CO,是非常不同于均匀反应混合物的着火机理的,因为火焰中基团池(由 O、H 和 OH 组成)的浓度常常要比均匀着火诱导期中基团池浓度大很多。另外,均质着火中的初始反应在火焰中并没有那么重要,这是因为大量的基团可以从高温火焰区域反向扩散到温度较低、未燃的燃料和氧化剂区域,导致不同的初始反应发生。在 H_2 燃烧火焰中,占主导地位的初始反应是 H 与 O_2 的链分支反应,因为大量高活性 H 会从高温区反向扩散到冷的、未燃的燃料和氧化剂区域。

3.4.2　甲烷-空气燃烧机理

1. 碳氢燃料氧化的一般特点

近十几年来,碳氢燃料的详细反应动力学机理的研究得到了很大的发展。一般认为在碳氢燃料的燃烧过程中最重要的两个反应是

$$H + O_2 \longrightarrow OH + O \tag{H1}$$

$$CO + OH \longrightarrow CO_2 + H \tag{CO1}$$

反应(CO1)几乎是 CO 转换为 CO_2 的唯一反应,并产生一些反应(H1)需要的 H。

此外,尽管初始的碳氢燃料断键反应有着各自的特点,但是,一般来说,这些断键反应因速率太快而不是燃烧反应的控制步骤。另外,初始的碳氢燃料断键反应会产生 C_1、C_2 和 C_3 的碎片。因此,碳氢燃料氧化机理具有显著的分层特性,即复杂碳氢燃料的氧化机理含有简单燃料的氧化机理。碳氢燃料氧化机理的讲解必须从最简单的碳氢燃料的氧化机理开始。甲烷是分子量最小的烃类化合物,因此我们首先讲解甲烷的氧化机理。

在讲解之前,需要强调的是,通常燃烧发生的条件是非常宽泛的,因此在不同热力学状态下,燃烧过程中起主导作用的氧化机制是不一样的。反应(H1)有非常大的活化能,而反应(H7)的活化能为 0。因此,链分支反应(H1)在高温火焰中占主导地位,而在中温到低温范围内,生成 HO_2 的反应(H7)和氢气氧化初始反应(H6)占主导地位。因此,燃料的高温(常压、1 100 K 以上)氧化机理与中低温氧化机理是有明显的差异的。

这节我们将讲解甲烷着火和甲烷火焰的化学反应动力学机理,还会对甲烷燃烧过程中的主要成分甲醛(CH_2O)的氧化机理进行详细讲解。

2. 甲烷自动着火

甲烷着火延迟时间(ignition delay time),也称为诱导时间(induction time),可以采用经验公式计算:

$$\tau = 2.5 \times 10^{-15} \exp(26\,700/T)[CH_4]^{0.32}[O_2]^{-1.02} \tag{3-30}$$

式中:τ 为着火延迟时间,s;$[CH_4]$ 和 $[O_2]$ 分别为 CH_4 和 O_2 的摩尔浓度,mol/cm^3。该经验公式表明,在着火过程中,CH_4 和 O_2 反应的总阶数是负值,总体上甲烷是具有阻滞作用的。这个是尤其需要注意的。

点火前甲烷的化学反应动力学是由基团累积速率决定的,初始反应主要是

$$CH_4 + M \rightleftharpoons CH_3 + H + M \tag{M1}$$

$$CH_4 + O_2 \rightleftharpoons CH_3 + HO_2 \tag{M2}$$

由于反应(M1)是一个活化能很高的单分子反应,在高温条件下其反应速率大于反应(M2)的反应速率。因此,如果反应(M1)在初始阶段占主导地位,接着的反应是

$$H + O_2 \rightleftharpoons OH + O \tag{H1}$$

$$CH_4 + (H,O,OH) \rightleftharpoons CH_3 + (H_2,OH,H_2O) \tag{M3,M4,M5}$$

反应(M3)在着火过程中起阻滞作用,因为它与链分支反应(H1)竞争 H,并且将高活性的 H 转化为活性次一级的 CH_3。这就是前面提及 CH_4 的抑制着火特性的主要原因。初始反应(M1)也可以对着火起阻滞作用,因为当基团池开始建立时,它们的逆反应变得快速增加,导致增加的基团池浓度下降。

当反应(M2)占主导地位时,下面的反应产生将进一步促进基团池增长:

$$CH_4 + HO_2 \rightleftharpoons CH_3 + H_2O_2 \tag{M6}$$

$$H_2O_2 + M \rightleftharpoons OH + OH + M \tag{H9}$$

反应(M6)和反应(H8)的相似性需要注意。

接近着火时,反应:

$$CH_3 + HO_2 \rightleftharpoons CH_3O + OH \tag{M7}$$

成为 CH_3 氧化的主导反应。生成的 CH_3O 具有高活性,因此它非常快地转化为 CH_2O:

$$CH_3O + M \Longleftrightarrow CH_2O + H + M \tag{M8}$$

$$CH_3O + O_2 \Longleftrightarrow CH_2O + HO_2 \tag{M9}$$

这两个反应生成的 CH_2O 随后同 OH 和 O_2 反应:

$$CH_2O + OH \Longleftrightarrow HCO + H_2O \tag{M10}$$

$$CH_2O + O_2 \Longleftrightarrow HCO + HO_2 \tag{M11}$$

生成高活性 HCO,类似甲氧基团,HCO 通过下面的反应快速生成 CO:

$$HCO + M \Longleftrightarrow H + CO + M \tag{M12}$$

$$HCO + O_2 \Longleftrightarrow CO + HO_2 \tag{M13}$$

着火之后,CO 进一步通过反应(CO1)生成 CO_2。尽管燃烧混合物的最终温度与 CO 转化为 CO_2 有关,但诱导时间对反应(CO1)并不敏感。

我们可以非常清晰地看到,CH_4 的氧化过程是一个不断减小其氢含量的过程,即 CH_4—CH_3O—CH_2O—HCO,最后生成 CO。不同的脱氢阶段产生的 H 最后氧化为 H_2O。

对于甲烷的氧化路径,除了不断脱氢的路径以外,还有另外一个燃料分子增大的路径。具体而言,就是两个 CH_3 的再链反应:

$$CH_3 + CH_3 + M \Longleftrightarrow C_2H_6 + M \tag{M14}$$

$$CH_3 + CH_3 \Longleftrightarrow C_2H_5 + H \tag{M15}$$

反应(M14)是基团终止反应,它阻止着火,而反应(M15)是链载反应,生成 C_2H_5 和高活性的 H。反应(M14)是 3 阶基团与基团的再链反应,使得反应(M14)在高压下更为重要,但它在常压下对着火也有强烈的敏感性。生成的 C_2 组分也将经历各自的氧化过程。

因此甲烷的氧化机理不仅包含较小组分(CH_2O 和 CO)的氧化机理,还包含较大的 C_2 组分的氧化机理,而且 C_2 组分的化学反应动力学在富燃料条件下尤其重要,因为此时有大量的 CH_3 存在。

理论上,系统中 C_2H_5 自身的再链反应也可以生成 C_4H_{10},以及类似的再链反应可以生成更大的含碳组分,因此 CH_4 的氧化机理(任何碳氢燃料)必须包括几乎所有的碳氢大分子。实际上,这些大分子的浓度非常小(除了第一级再链反应的生成物)以至于它们对整个反应的影响是可以忽略的。

3. 甲烷火焰

与 H_2-O_2 系统相似,甲烷火焰与其自动着火在化学反应动力学方面的主要差异在于火焰中产生的大量 O,H 和 OH 扩散到火焰上游,导致甲烷分子主要与 H、O 和 OH 发生脱氢反应,生成 CH_3。CH_3 随后主要被 O 和 HO_2 消耗:

$$CH_3 + O \Longleftrightarrow CH_2O + H \tag{M16}$$

$$CH_3 + HO_2 \Longleftrightarrow CH_3O + OH$$

CH_2O 同 H 和 OH 发生脱氢反应生成 HCO。HCO 快速分解生成 CO 和 H,或者同 H 和 O_2 发生脱氢反应:

$$CH_2O + H \longrightarrow HCO + H_2 \tag{M17}$$

$$CH_2O + OH \Longleftrightarrow HCO + H_2O \tag{M10}$$

一些 CH_3 也会与 OH 反应生成高活化的 CH_2^*:

$$CH_3 + OH \Longleftrightarrow CH_2^* + H_2O \tag{M18}$$

CH_2^* 没有未配对电子,但有空轨道,这使得它成为一个高能和高活化组分。大多数 CH_2^* 通过与其他分子碰撞失去能量成为更稳定的、有两个未配对电子的 CH_2:

$$CH_2^* + M \longrightarrow CH_2 + M \tag{M19}$$

CH_2^* 也会跟 O_2 反应提供第二个链分支反应,生成高活化的 H 和 OH,从而提高总氧化速率:

$$CH_2^* + O_2 \longrightarrow CO + H + OH \tag{M20}$$

即使反应(M19)在 CH_2^* 的消耗反应中占主导地位,其生成的 CH_2 依然具有很高的活性。它与 O_2 反应也可以提供第二个链分支反应:

$$CH_2 + O_2 \longrightarrow HCO + OH \tag{M21}$$

一些 CH_2 也将通过脱氢反应生成 CH:

$$CH_2 + H \Longrightarrow CH + H_2 \tag{M22}$$

CH 被 H_2O 和 O_2 快速消耗:

$$CH + H_2O \longrightarrow CH_2O + H \tag{M23}$$

$$CH + O_2 \longrightarrow HCO + O \tag{M24}$$

在富燃料条件下,相对多的 CH_3 会增强再链反应(M14)和反应(M15)生成 C_2 组分,或者与 CH_2 反应生成乙炔:

$$CH_3 + CH_2 \Longrightarrow C_2H_4 + H \tag{M25}$$

这些 C_2 组分或者经历进一步的氧化过程,或者在与含氧组分碰撞中幸存下来,最终生成乙炔。乙炔对碳烟(soot)的形成是至关重要的。

3.4.3 C_2 烃类的氧化

这节我们将讲述 C_2 烃类,即乙烷(C_2H_6)、乙烯(C_2H_4)和乙炔(C_2H_2)的氧化机理。乙烷不仅是甲烷火焰中的主要中间产物,而且是天然气中含量第二的组分。乙烯和乙炔也是燃料,而且它们也是乙烷和高分子量碳氢燃料氧化过程中的主要中间产物。我们主要讨论这三种 C_2 烃类在高温火焰中的氧化机理。

乙烷的氧化过程开始于 C_2H_6 同 H、O 和 OH 的脱氢反应:

$$C_2H_6 + (H, O, OH) \Longrightarrow C_2H_5 + (H_2, OH, H_2O) \tag{C_21}$$

C_2H_5 非常不稳定,很快地同 H、O_2 反应,或者分解为 C_2H_4 和 H:

$$C_2H_5 + (H, O_2) \Longrightarrow C_2H_4 + (H_2, HO_2) \tag{C_22}$$

$$C_2H_5 + M \Longrightarrow C_2H_4 + H + M \tag{C_23}$$

C_2H_5 也会与 O_2 反应生成 CH_3CHO:

$$C_2H_5 + O_2 \longrightarrow CH_3CHO + OH \tag{C_24}$$

CH_3CHO 随后同 H、O 和 OH 反应,生成 CH_3CO,接着 CH_3CO 分解为 CH_3 和 CO:

$$CH_3CHO + (H, O, OH) \Longrightarrow CH_3CO + (H_2, OH, H_2O) \tag{C_25}$$

$$CH_3CO + M \Longrightarrow CH_3 + CO + M \tag{C_26}$$

在贫燃料条件下,C_2H_5 也会与 O 反应生成 CH_3 和 CH_2O:

$$C_2H_5 + O \longrightarrow CH_3 + CH_2O \tag{C_27}$$

乙烯氧化与烷烃氧化的区别在于:在氧化前乙烯不发生脱氢反应。具体而言,当乙烯与 O 反应时,它的双键很容易断裂,生成 CH_3 和 HCO:

$$C_2H_4 + O \longrightarrow CH_3 + HCO \tag{C_28}$$

上述反应的产物是两个自由基,因此反应($C_2$8)提供了第二个链分支反应,这显著地加快了氧化进程。

在富燃料条件下,乙烯是可以在 O 的撞击下幸存的,即可以不发生反应。这时,C_2H_4 同 H、OH 的脱氢反应是消耗乙烯的主要反应,生成 C_2H_3:

$$C_2H_4 + (H, OH) \Longleftrightarrow C_2H_3 + (H_2, H_2O) \tag{$C_2$9}$$

与 C_2H_5 类似,C_2H_3 也是非常活跃的,它主要与 O_2 反应生成 CH_2O 和 HCO,或者 CH_2CHO 和 O:

$$C_2H_3 + O_2 \longrightarrow CH_2O + HCO \tag{$C_2$10a}$$

$$C_2H_3 + O_2 \longrightarrow CH_2CHO + O \tag{$C_2$10b}$$

随后 CH_2CHO 通过反应会生成 C_1 组分。C_2H_3 也可以经历下面的反应生成乙炔:

$$C_2H_3 + (H, O_2) \longrightarrow C_2H_2 + (H_2, HO_2) \tag{$C_2$11}$$

$$C_2H_3 + M \Longleftrightarrow C_2H_2 + H + M \tag{$C_2$12}$$

图 3-9 显示乙炔是甲烷在富燃料条件下燃烧的主要中间产物。考虑一个典型的在饱和烷烃分子中的官能团—CH_2—,其通过下面的反应转化为乙炔:

$$-CH_2- \Longleftrightarrow \frac{1}{2}C_2H_2 + \frac{1}{2}H_2$$

该反应是典型的吸热反应,在 1 600 K 时,吸热量为 32 kcal/mol。为什么乙炔更容易生成呢? 答案在于过程的熵变。氢气在 1 600 K 下的熵为 30.8 cal/(mol·K),这就导致系统的吉布斯自由能为负值,$\Delta G = 32 - 30.8 \times 10^{-3} \times 1\,600 \approx -17$ (kcal/mol)。因此,平衡趋于产物方向,生成 C_2H_2。乙炔是一种能量密度很高的气体燃料,其绝热火焰温度远高于其他燃料的绝热火焰温度。即使在没有氧气的环境中,它依然可以自发聚合,是一种高能的危险燃料。

与乙烯类似,乙炔的氧化过程也不是从脱氢反应开始。部分原因是乙炔中的 C—H 键的键能为 131 kcal/mol,比烷烃中的 C—H 键的键能(乙烷中的为 101 kcal/mol)高。此外,C_2H_2 与 O 的反应速率很大:

$$C_2H_2 + O \longrightarrow CH_2 + CO \tag{$C_2$13a}$$

$$C_2H_2 + O \longrightarrow HCCO + H \tag{$C_2$13b}$$

HCCO 活性极高,因此非常快地与 H 反应生成 CH_2^*:

$$HCCO + H \longrightarrow CH_2^* + CO \tag{$C_2$14}$$

在富燃料条件下,C_2H_2 也可以与 H 结合生成 C_2H_3。在有氧条件下,C_2H_3 被快速氧化:

$$C_2H_3 + O_2 \longrightarrow CH_2O + HCO \tag{$C_2$10a}$$

$$C_2H_3 + O_2 \longrightarrow CH_2CHO + O \tag{$C_2$10b}$$

乙烷、乙烯和乙炔的燃烧反应至此进入 C_1 阶段,即 CH_3、CH_2、CH_2O、CHO 和 CO 等组分都包含在甲烷的氧化机理中,因此,随后可以采用 CH_4-O_2 反应机理来描述了。

图 3-9 所示为甲烷燃烧的路径图解,用以说明燃烧的复杂性。图中只包含了 C_2 组分(具有两个碳原子的物质,如 C_2H_6、C_2H_4、C_2H_2)的部分化学反应路径,其在高压或富燃料条件下较为重要。涉及 C_2 组分的化学反应通过重组反应 $CH_3 + CH_3 + M \longrightarrow C_2H_6 + M$ 被激发,因此高压条件很重要。

图 3-9　甲烷燃烧的路径图解

3.4.4　大饱和烷烃燃料的高温氧化机理

这节我们将对大饱和烷烃燃料的高温氧化机理的主要特点进行介绍。

在介绍大饱和烷烃燃料的高温氧化机理前,首先需要介绍一下 β-断裂(β-scission)法则。

在结构化学中,键离解能(bond dissociation energy,BDE)是指化学键断裂时需要的能量,因此,分子中的化学键的键离解能越小,通常化学键更容易断裂。

物理上,自由基活性位点上的未配对电子会强化相邻的化学键,从而导致隔位相邻的化学键最容易断裂。以丙基为例,其化学键键能如图 3-10 所示。显然,β-C—C 键有最低的键离解能,为 24 kcal/mol,因此它最容易断裂,生成 C_2H_4 和 CH_3。按键离解能从低到高的顺序,排在第二的化学键是 β-C—H 键(34 kcal/mol),其断裂会生成 C_3H_6 和 H。

图 3-10　丙基自由基的化学键键能

因此 β-断裂法则是指对于一个自由基,与自由基活性位点相隔的化学键往往最容易断裂。

与甲烷和乙烷相似,均质大饱和烷烃燃料与氧化剂混合物的高温氧化的初始反应也是断键反应。对于直链饱和烷烃燃料,初始的断键反应发生在最可能断裂的 C—C 键上。

在火焰中,初始反应则是脱氢反应:

$$RH + (H, O, OH) \longrightarrow R + (H_2, OH, H_2O)$$

这里,R 是饱和烷烃脱氢后的自由基(如 C_3H_7)。脱氢反应的反应速率一定程度上与烷烃分子中的 C—H 键的类型有关。图 3-11 所示为正丁烷的 C—H 键类型。

图 3-11　正丁烷的 C—H 键类型

依据 C 原子的相邻情况,C—H 键可以分为三种类型,分别用 p(primary)、s(secondary)和 t(tertiary)表示。第一类 C—H 键是指 C 原子分别与 1 个 C 原子和 3 个 H 原子成键;第二类 C—H 键是指 C 原子分别与 2 个 C 原子和 2 个 H 原子成键;第三类 C—H 键是指 C 原子分别与 3 个 C 原子和 1 个 H 原子成键。因此 C_2H_6 只有第一类 C—H 键,丙烷有 6 个第一类 C—H 键和 2 个第二类 C—H 键。

第二、三类 C—H 键通常比第一类 C—H 键弱(见表 3-3)。因此,发生在第一类 C—H 键上的脱氢反应的活化能大于第二、三类的。另一方面,与第二、三类 C—H 键相比,发生在第一类 C—H 键上的脱氢反应常常有较大的指前因子 A。因此,在这三类 C—H 键上发生的脱氢反应的反应速率是相近的。

表 3-3　p、s、t 三种 C—H 键键离解能对比

C—H 键的类型	化合物	BDE/(kcal/mol)
p	C_2H_6	101.1 ± 0.4
s	C_3H_8	98.6 ± 0.4
	$n\text{-}C_4H_8$	98.3 ± 0.5
t	$i\text{-}C_4H_{10}$	96.4 ± 0.4

显然,在 p、s 和 t 三种 C—H 键上发生脱氢反应,会生成不同的产物。例如,丙烷在第一类 C—H 键上脱氢会生成 $n\text{-}C_3H_7$:

$$C_3H_8 + (H, O, OH) \longrightarrow n\text{-}C_3H_7 + (H_2, OH, H_2O)$$

在第二类 C—H 键上脱氢则生成 $i\text{-}C_3H_7$:

$$C_3H_8 + (H, O, OH) \longrightarrow i\text{-}C_3H_7 + (H_2, OH, H_2O)$$

$n\text{-}C_3H_7$ 发生 β-断裂生成 C_2H_4 和 CH_3:

$$n\text{-}C_3H_7 \longrightarrow C_2H_4 + CH_3$$

$i\text{-}C_3H_7$ 则断键生成 C_3H_6 和 H。

理论上丙烯的氧化与乙烯的氧化类似,即丙烯的 C=C 键被 O 撞击断裂:

$$C_3H_6 + O \longrightarrow C_2H_5 + HCO$$
$$C_3H_6 + O \longrightarrow CH_2CO + CH_3 + H$$

或者丙烯发生脱氢反应，生成 C_3H_5。C_3H_5 再进一步被 O、OH、O_2 和 HO_2 氧化，生成含氧和不含氧的 C_1 和 C_2 组分。

至此，反应就进入了 H_2-CO-O_2、CH_2-O_2 和 C_2H_x-O_2 反应体系了。

图 3-12 所示为利用 FFCM-1 计算的甲烷-空气当量燃烧过程中主要物质的摩尔分数随时间的变化关系，温度 T 为 1 600 K，压力 p 分别为 101.3 kPa 和 1.013 MPa。在 101.3 kPa 下，主要反应物 CH_4 和 O_2 在约 0.000 8 s 内消耗绝大部分。水的生成与主要物质的消耗密切相关。随着甲烷的消耗，中间产物 CO 生成，CO 的摩尔分数在约 0.000 83 s 处达到峰值。接着 CO 在约 0.000 5 s 处氧化生成 CO_2。显然，CO 氧化为 CO_2 的反应相比其他反应是比较缓慢的。1.013 MPa 下的氧化过程与 101.3 kPa 下的类似，只是反应速率增大了 4 倍左右。

图 3-12　甲烷-空气当量燃烧过程中主要物质的摩尔分数随时间的变化关系

甲烷燃烧过程中中间组分及自由基的摩尔分数随时间的变化关系如图 3-13 所示。在 101.3 kPa 下，CH_4 立即分解为 CH_3，CH_3 在 0.000 8 s 内消耗完毕。其他中间组分 CH_2O 和 CHO 也随之生成。当所有的燃料都消耗完毕时，O、H、OH 等自由基就会大量生成。当压力升至 1.013 MPa 时，中间组分和自由基的含量降低到 1/4 左右。在燃烧学研究中，通常把 H、OH 和 O 统称为基团池(radical pool)。从图 3-13 中可以看到，基团池的结构发生了很大的变化，这表明自由基的相对重要性发生了变化。

图 3-13　甲烷燃烧过程中中间组分及自由基的摩尔分数随时间的变化关系

图 3-12 和图 3-13 也可以用来说明化学反应动力学对污染物形成的重要性。在诸如汽车发动机等实际应用中,通常只有有限的时间以供化学反应发生。这个时间通常称为停留时间,它是发动机每分钟转数(revolutions per minute,RPM)的函数——RPM 值越大,可供燃料和空气完全燃烧的时间越短。假设发动机在停留时间为 0.000 12 s 的条件下运行,燃烧过程中的压力为 1.013 MPa,图 3-12(右)和图 3-13(右)表明燃料完全燃烧大约需要 0.000 2 s,此时停留时间小于"化学"时间,发动机排出气体中含有 CO 和未燃烧的碳氢化合物。然而,如果发动机在停留时间为 0.000 25 s 的条件下运行,那么"化学"时间将小于停留时间,从而实现更充分的燃烧且几乎不排放 CO 和未燃烧的碳氢化合物。

3.4.5　碳氢燃料的低温氧化机理

本节我们讲述碳氢燃料的低温(<1 000 K)氧化机理,它主要与着火有关,如发动机爆震。碳氢燃料也存在爆炸极限。但是,碳氢燃料的爆炸极限 p-T 曲线与 H_2 的明显不一样。

一般来说,均质着火温度会随着饱和碳氢化合物分子量的增大而降低,这意味着大分子碳氢燃料更容易发生爆炸。通过分析不同饱和烷烃分子中的 C—H 键的键离解能来解释这个现象。甲烷中的 C—H 键的键离解能比乙烷中的 C—H 键的键离解能大 4 kcal/mol,而乙烷中的 C—H 键的键离解能又比丙烷和其他大分子碳氢燃料的第二类 C—H 键的键离解能大 2~3 kcal/mol。由于爆炸过程与燃料分子的初始撞击(被 O_2 或者其他活性基团)有密切关系,键离解能的差异导致了这些反应的活化能的差异。甲烷的脱氢反应比乙烷的困难,乙烷的脱氢反应比大分子碳氢燃料的困难,因此甲烷-氧气混合物的爆炸需要更高的温度。

如图 3-14 所示,甲烷的 p-T 关系曲线很简单,较大分子碳氢燃料的则要复杂得多。甲烷的爆炸温度随着压力的升高而平滑单调地下降。而乙烷的爆炸温度开始时随着压力的升高而缓慢下降,之后又随着压力进一步升高而急剧下降。

图 3-14　甲烷、乙烷和丙烷的爆炸极限

丙烷的爆炸极限 p-T 关系曲线就更复杂了。在一定压力范围内,随着温度的升高,出现 A、B、C、D 四个状态,如图 3-14 所示。混合状态 A 在温度为 530 K 时,几乎没有什么变化。这个温度机制属于一种化学合成,可以产生一些含氧有机分子。这个机制下氧化反应只有通过催化剂或者其他的促进剂才可以发生,没有它们,均质氧化速率很小,甚至可以忽略。因此,从燃烧的观点来看,这个机制不重要。

随着温度升高,到达位于一个 570~650 K 温度范围半岛内的 B 状态,在这个低温半岛机制内,可以观察到过氧化物和甲醛发出泛白的蓝色光,在高温机制中 C_2 组分会发出绿色光、CH 会发出紫罗兰色光。这些化学发光现象并不需要温度和/或压力的急剧升高。这个现象称为"冷焰"(cool flame)。冷焰或者出现在预混火焰的上游,或者以均质混合物爆炸发生的前驱物的形式出现,其反应速率通常比高温氧化的速率低很多,只会消耗 5%~10% 的碳氢燃料。冷焰常常是以周期性的方式发生。冷焰期间,温度可以升高 100~200 K。随着温度进一步升高,反应速率却快速减小。从容器的壁面发生的瞬时热损失会导致混合物冷却。温度下降后,反应速率增大,当温度达到某个值时,反应放热又使得混合物温度升高。如此往复,循环发生。

随着温度的升高,B 状态变为 C 状态,与冷焰一样,反应速率减小直到反应完全停止。这种反应速率与温度的关系称为负温度系数(negative temperature coefficient,NTC)。进一步升高温度,C 状态变为 D 状态,爆炸将会在一个狭窄机制下发生,并伴随明亮蓝色火焰。

图 3-15 所示为正庚烷-氧气-氮气混合物在激波管中的着火延迟时间与温度的关系。该图显示了 NTC 机制的存在和影响。

图 3-15　正庚烷的着火延迟时间与温度的关系

冷焰的行为和与之关联的反应速率的 NTC 机制如下。燃料与氧气燃烧的初始反应为

$$RH + O_2 \longrightarrow R + HO_2 \tag{R1}$$

生成的 R 进一步与氧气反应:

$$R + O_2 + M \Longrightarrow RO_2 + M \tag{R2}$$

$$R + O_2 \longrightarrow 烯烃 + HO_2 \tag{R3}$$

$$RO_2 + RH \longrightarrow RO_2H + R \tag{R4}$$

$$RO_2H + M \longrightarrow RO + OH + M \tag{R5}$$

$$RH + (OH, HO_2, RO) \longrightarrow R + (H_2O, H_2O_2, ROH) \tag{R6}$$

R 与 O_2 的反应路径有两条。第一条路径是链传播路径,即放热反应(R2),有 39 kcal/mol 的放热量。接着通过反应(R4),将生成的基团 R 提供给反应(R2)。RO_2H 很容易分解为 RO 和 OH,因此导致链分支反应减弱。该路径对应冷焰的氧化过程。第二条路径是反应(R3),生

成烯烃并有 9 kcal/mol 的放热量。HO_2 与 RH 反应生成 H_2O_2，H_2O_2 在温度低于750 K时处于亚稳定状态，因此不能继续发生链分支反应。

当温度超过 600 K 时，反应(R3)的速率快速增大，而反应(R2)的速率会减小，这是因为 k_{R2} 会随着温度升高而减小，且其逆反应会变得逐渐重要。因此，反应(R4)的反应物 RO_2 的量会快速下降，从而导致 RO_2H 的产率下降，以及后续链分支反应(R5)的速率减小直到反应停止。最终，整个反应系统停止反应。这就解释了反应速率的负温度系数现象。

如果混合物被加热到 700 K，链分支反应(H9)变得很重要，它产生大量的 OH 加强中温机理中的基元反应。

3.5　敏感性分析与产率分析

3.5.1　敏感性分析

对于复杂的燃烧化学反应体系，敏感性分析(sensitivity analysis)是一个非常重要且经常使用的分析手段。敏感性分析可以获得控制反应体系的速率或者控制反应进程的关键基元反应。

假设某一个反应体系有 R 个基元反应和 S 个组分，那么组分 i 的反应速率(即单位时间的浓度变化)可以表示为

$$\begin{cases} \dfrac{dc_i}{dt} = F_i(c_1,\cdots,c_S;k_1,\cdots,k_R), & i = 1,2,\cdots,S \\ c_i(t=t_0) = c_i^0 \end{cases}$$

式中：c_i 为组分 i 的浓度，上标 0 代表 t_0 时刻的初始状态；F 表示函数关系。

这里只有化学反应速率常数可以作为系统参数。如果需要，初始浓度、压力等也可以作为系统参数。上述微分方程的解同初始条件和系统参数有关。

我们想知道，哪些反应是组分 i 生成(或者消耗)的关键反应，换句话说，哪些反应对组分 i 的浓度会产生关键性的影响，这就需要采用敏感性分析方法来鉴别。组分 i 对于反应 r 的敏感性定义为组分 i 的浓度对于反应 r 的变化率：

$$E_{i,r} = \frac{\partial c_i}{\partial k_r} \tag{3-31}$$

为了使变化率能够比较，需要对它进行归一化。相对敏感性的表达式为

$$E_{i,r}^{\text{ref}} = \frac{k_r}{c_i}\frac{\partial c_i}{\partial k_r} = \frac{\partial \ln c_i}{\partial \ln k_r} \tag{3-32}$$

式(3-32)表示在给定的时间 t，反应 r 的百分比变化导致物质浓度的百分比变化。

我们以 3.3.1 节中介绍的反应链 $S_1 \xrightarrow{k_{12}} S_2 \xrightarrow{k_{23}} S_3$ 为例来讲解敏感性分析。

利用准稳态近似，S_3 的浓度可表示为

$$[S_3] = [S_1]_0 \left[1 - \frac{k_{12}}{k_{12}-k_{23}}\exp(-k_{23}t) + \frac{k_{23}}{k_{12}-k_{23}}\exp(-k_{12}t) \right]$$

根据定义，$[S_3]$ 对 k_{12} 和 k_{23} 的导数分别是其对两个反应的敏感性系数，有

$$E_{S_3,k_{12}}(t) = \frac{\partial [S_3]}{\partial k_{12}} = [S_1]_0 \frac{k_{23}}{(k_{12}-k_{23})^2}[(k_{23}t - k_{12}t - 1)\exp(-k_{12}t) + \exp(-k_{23}t)]$$

$$E_{S_3,k_{23}}(t) = \frac{\partial[S_3]}{\partial k_{23}} = [S_1]_0 \frac{k_{12}}{(k_{12}-k_{23})^2}[\exp(-k_{12}t) + (k_{12}t - k_{23}t - 1)\exp(-k_{23}t)]$$

则相对敏感性为

$$E_{S_3,k_{12}}^{\mathrm{rel}}(t) = \frac{k_{12}}{[S_3]}E_{S_3,k_{12}}(t)$$

$$E_{S_3,k_{23}}^{\mathrm{rel}}(t) = \frac{k_{23}}{[S_3]}E_{S_3,k_{23}}(t)$$

假设 $k_{12}=\tau^{-1}$、$k_{23}=100\tau^{-1}$ 和 $[S_1]_0=1$,将相对敏感性系数与 $[S_3]/[S_1]_0$ 同时间的关系绘制成图,如图 3-16 所示,可以看到,速率较大的反应的敏感性系数在很短的时间内就衰减为 0,而速率较小的反应的敏感性系数在整个反应过程中都有较大的数值。因此,敏感性系数清楚地显示了产物 S_3 的浓度对慢反应有高敏感性,而对快反应有低敏感性。

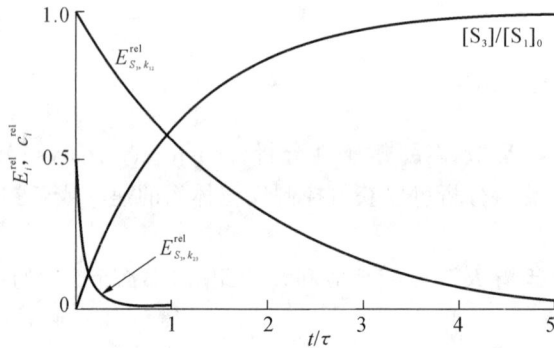

图 3-16　反应链 $S_1 \rightarrow S_2 \rightarrow S_3$ 的敏感性系数随时间的变化关系

敏感性分析由于可以鉴别出速率控制反应,因此是一个很有价值的工具,可用于深入理解复杂反应机理。需要说明的是,上述例子采用的是局部敏感性分析,反映的是在系统参数上的细小变化对组分浓度的影响。与之对应的是全局敏感性,其反映的是整个可能范围内的系统参数变化对组分浓度的影响。常常采用"暴力"、FAST 和蒙特卡罗等方法来求解。

用得比较多的是局部敏感性系数,根据其定义,有

$$\frac{\partial}{\partial k_r}\left(\frac{\partial c_i}{\partial t}\right) = \left(\frac{\partial}{\partial k_r}\right)F_i(c_1,\cdots,c_S;k_1,\cdots,k_R)$$

$$\frac{\partial}{\partial t}\left(\frac{\partial c_i}{\partial k_r}\right) = \left(\frac{\partial F_i}{\partial k_r}\right)_{c_l,k_{l\neq r}} + \sum_{n=1}^{S}\left[\left(\frac{\partial F_i}{\partial c_n}\right)_{c_{l\neq n},k_l}\left(\frac{\partial c_n}{\partial k_r}\right)_{k_{l\neq j}}\right]$$

$$\frac{\partial}{\partial t}E_{i,r} = \left(\frac{\partial F_i}{\partial k_r}\right)_{c_l,k_{l\neq r}} + \sum_{n=1}^{S}\left[\left(\frac{\partial F_i}{\partial c_n}\right)_{c_{l\neq n},k_l}E_{n,r}\right]$$

对于一个复杂的反应体系,得到上述微分方程的解析解几乎是不可能的。但是,利用计算机可以得到上述微分方程的数值解。

燃烧过程中基元反应之间速率的差异很大。敏感性分析表明,只有一部分反应属于速率控制反应,这部分反应的速率常数需要通过试验或者量子化学计算等方法来精确地确定。

图 3-17 所示为预混当量条件下的 CH_4 和 C_2H_6 在空气气氛中的基元反应对火焰传播速度的敏感性图。没有在图中出现的基元反应,实际上对火焰传播速度的影响是非常微弱的。而在图中出现的基元反应中,可以看到,对于不同的燃料(CH_4 和 C_2H_6),$H+O_2 \longrightarrow OH+O$ 和 $CO+OH \longrightarrow CO_2+H$ 两个反应都具有较大的敏感性系数。上文关于这两个反应在碳氢燃料高温氧化中的作用就是通过这样的分析得到的。

图 3-17　预混当量条件下的 CH_4 和 C_2H_6 在空气气氛中的基元反应对火焰传播速度的敏感性图

3.5.2　产率分析

产率分析（rate-of-production analysis）是指计算不同反应对特定化学物质的生成或消耗所起的作用的百分比。

反应 i 对物质 j 的生成的贡献可以用下式表示：

$$C_{ji}^{p} = \frac{\max{(v_{ji}, 0)}\, q_i}{\sum\limits_{i=1}^{m} \max{(v_{ji}, 0)}\, q_i} \tag{3-33}$$

而反应 i 对物质 j 的消耗的贡献可以用下式表示：

$$C_{ji}^{p} = \frac{\min{(v_{ji}, 0)}\, q_i}{\sum\limits_{i=1}^{m} \min{(v_{ji}, 0)}\, q_i} \tag{3-34}$$

函数 $\max{(x, y)}$ 表示在计算中使用两个参数 x 和 y 之间的最大值，函数 $\min(x, y)$ 则表示在计算中使用两个参数 x 和 y 之间的最小值。局部反应流分析关注的是物质在局部的生成和消耗。所谓局部指的是，在与时间相关的问题（如均质自动着火）中，取特定的时间节点；而在与空间相关的稳定问题（如预混火焰）中，取特定的位置。

除了局部反应流分析以外，还有整体反应流分析。整体反应流分析关注的是燃烧过程中的整体生成或消耗，其目的是构建该燃烧过程的整体反应流图。例如，图 3-18 所示为预混合化学当量甲烷-空气火焰的整体反应流图，而图 3-19 所示为预混合富甲烷-空气火焰的整体反应流图。图中箭头旁边的组分表示此路径上的主要反应，粗细反映该反应速率的大小。对比两个不同当量比下的整体反应流可以看到，尽管整体的反应路径几乎一样，但由于当量比的不同，整体反应流有着明显的差异。在当量火焰中，大多数甲烷直接被氧化，而在富燃料火焰中，CH_3 发生再链反应生成 C_2H_6，再进行氧化。

图 3-18　预混合化学当量甲烷-空气火焰的整体反应流图

图 3-19　预混合富甲烷-空气火焰的整体反应流图

3.6　污染物生成机理

据估计,约 90% 的空气污染物来自化石燃料燃烧。理解污染物生成机理是研发减小污染物排放量合理策略的第一步。

化石燃料燃烧主要产生三种污染物:氮氧化物(NO 和 NO_2)、硫氧化物(SO_x)和碳烟。现在由于全球气候变暖日益严重,CO_2 也被认为是化石燃料燃烧产生的主要污染物。NO_x 直接导致光化学烟雾;SO_x 导致酸雨;而碳烟是城市里面小颗粒大气气溶胶的主要来源。由于 SO_x 中的 S 主要来自化石燃料,而且 SO_x 的减少主要是在燃后处理烟气中实现的,因此,本节只讲解氮氧化物和碳烟的生成与控制机理。

3.6.1　氮氧化物的生成

1. NO 的生成机理

大气中的 N_2 生成氮氧化物的机理有三个:热力 NO(thermal NO)机理、快速 NO(prompt NO)机理和 N_2O 机理。热力 NO 机理由下面三个反应组成:

$$N_2 + O \longrightarrow NO + N \tag{N1}$$

$$O_2 + N \longrightarrow NO + O \tag{N2}$$

$$N + OH \longrightarrow NO + H \tag{N3}$$

热力 NO 机理称为泽尔多维奇(Zeldovich)机理。该机理的速率控制反应是反应(N1),因为该反应需要打断非常紧密的 $N \equiv N$,所以该反应需要在高温下进行。该反应对于 O_2 浓度是弱关联。发动机中 NO 排放量的峰值稍微偏向贫燃料侧。粗略地讲,热力 NO 生成在温度低于 1 800 K 时就不那么重要了。

人们在预混碳氢火焰的上游、较冷的区域发现了一定量的 NO,这部分区域的 O 浓度相对较小,泽尔多维奇机理难以解释这个现象。而且人们还观察到,火焰锋面中 NO 在富燃料区生成更多。Fenimore 提出的由 N_2 和碳氢组分之间的反应构成的快速 NO 机理很好地解释了这个现象。现在,快速 NO 机理已经被扩展并包含了大量的反应。快速 NO 是湍流碳氢燃烧扩散火焰 NO 的重要来源,甚至可能是主要来源。

快速 NO 始于 CH_n 基团撞击 N_2 的反应。早期的机理研究认为 $CH + N_2$ 的反应是最重要的初始反应。很长一段时间里,人们认为这个反应的产物是 HCN+N。直到 1999 年和 2000 年,Cui 和 Moskaleva 的研究改变了这个认识,他们发现 CH 实际上嵌入到了 N_2 的氮氮三键中,最终生成了 NCN 和 H。

$$N_2 + CH \longrightarrow NCN + H \tag{N4}$$

生成的 NCN 主要有三条反应路径(见图 3-20):① 通过反应(N5)生成 NO 和 CN,而 CN 通过反应(N12)和反应(N11)生成 NH;② 通过反应(N6)和反应(N8)生成 HCN,HCN 则通过反应(N9)和反应(N11)生成 NH;③ 通过反应(N6)和反应(N7)生成 N。路径①和路径②生成的 NH 或者通过反应(N13)生成 N,最终通过反应(N2)和反应(N3)生成 NO;或者通过反应(N14)生成 NO。

$$NCN + O \longrightarrow CN + NO \tag{N5}$$

图 3-20　快速 NO 的生成路径

$$NCN + H \longrightarrow HCN + N \qquad (N6)$$

$$NCN + H \longrightarrow HNC + N \qquad (N7)$$

$$NCN + OH \longrightarrow HCN + NO \qquad (N8)$$

$$HCN + O \longrightarrow NCO + H \qquad (N9)$$

$$NCN + OH \longrightarrow NCO + NH \qquad (N10)$$

$$NCO + H \longrightarrow NH + CO \qquad (N11)$$

$$CN + O \longrightarrow NCO \qquad (N12)$$

$$NH + (H, OH) \longrightarrow N + (H_2, H_2O) \qquad (N13)$$

$$NH + O \longrightarrow NO + H \qquad (N14)$$

由于 O、CH 和 CH_2 的浓度随着温度升高而增大，因此快速 NO 依然会随着火焰温度升高而增加。

通过 N_2O 路径生成 NO 的机理为

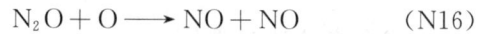

$$N_2 + O + M \longrightarrow N_2O + M \qquad (N15)$$

$$N_2O + O \longrightarrow NO + NO \qquad (N16)$$

该机理需要 O 和三体再链反应(N15)，因此 N_2O 路径更倾向于压力和过剩空气系数高的工况。

在含氮燃料中，含氮组分常常是带有一个或者多个氮原子的芳香族和多环化合物。通过热解，大多数含氮组分生成 HCN 和少量 NH_3。因此，NO 生成机理包含 HCN 和 NH_3 的氧化机理。

2. NO 的控制

由于 NO 的生成常常需要高温，因此抑制 NO 生成的常用策略就是降低燃烧温度。可以通过增大燃烧混合物中的惰性气体含量，如烟气再循环(exhaust gas recirculation，EGR)降低燃烧温度。注水被认为是一个有效的方法，因为水不仅可以降低燃烧温度，还可以通过下面的反应消耗 O，从而减小泽尔多维奇机理中的速率控制反应(N1)的反应速率。

$$O + H_2O \longrightarrow OH + OH$$

分级燃烧也是抑制 NO 生成的一个有效策略。燃烧首先发生在富燃料区($\Phi \approx 1.4$)，使得生成的 NO 被还原。在第二段中，加入空气以消耗燃料。虽然引入空气会使得氧气浓度增大、燃烧温度升高，有利于 NO 的生成，但是由于停留时间短，整体 NO 的生成速率会减小。

还有一个技术是脱除在燃烧过程中生成的 NO。首先是将燃料添加到燃烧产物中，形成富燃料条件，从而通过下面的一系列反应还原 NO：

$$CH + NO \longrightarrow HCN + O \qquad (N17)$$

$$CH + NO \longrightarrow HCO + N \qquad (N18)$$

$$CH_3 + NO \longrightarrow HCN + H_2O \qquad (N19)$$

$$CH_3 + NO \longrightarrow H_2CN + OH \qquad (N20)$$

$$HCCO + NO \longrightarrow HCN + CO_2 \qquad (N21)$$

$$HCCO + NO \longrightarrow HCNO + CO \qquad (N22)$$

$$N + NO \longrightarrow N_2 + O \qquad (-N1)$$

生成的 HCN 进而与 O 反应。

燃烧化学反应通常需要高活化温度，因此反应速率对温度非常敏感。反应(N13)生成的 N 供给反应(－N1)完成 NO 的还原,然后添加空气将燃料消耗完。

选择性非催化还原(selective non-catalytic reduction,SNCR)技术也是常用的减小 NO 排放量的技术。在燃烧产物中喷入含氮添加剂,从而引发一系列的 NO 还原反应以减小 NO 排放量。例如,在温度窗口 1 100～1 400 K 范围内,添加 NH_2,经过如下还原反应:

$$NH_2 + NO \longrightarrow NNH + OH \tag{N23}$$

$$NH_2 + NO \longrightarrow N_2 + H_2O \tag{N24}$$

生成的 NNH 发生分解反应:

$$NNH \longrightarrow N_2 + H \tag{N25}$$

或者与 O_2 反应:

$$NNH + O_2 \longrightarrow N_2 + HO_2 \tag{N26}$$

3. NO_2 和 N_2O 的生成与脱除

NO_2 最主要的生成反应是

$$NO + RO_2 \longrightarrow NO_2 + RO \tag{N27}$$

RO_2 是过氧化基团。但是,尤其在高温并有充足的 H 和 O 的情况下,生成的 NO_2 会很快地转化为 NO:

$$NO_2 + H \longrightarrow NO + OH \tag{N28}$$

$$NO_2 + O \longrightarrow NO + O_2 \tag{N29}$$

反应(N15)生成的 N_2O 可以通过反应(N16)和下面的反应脱除:

$$N_2O + H \longrightarrow N_2 + OH \tag{N30}$$

$$N_2O + O \longrightarrow N_2 + O_2 \tag{N31}$$

3.6.2　碳烟的生成

碳氢燃料燃烧时经常会有碳颗粒或者碳烟生成。煤或者木头燃烧时,我们会观察到淡黄色的火焰,这就是火焰中的碳烟通过热辐射发出的光。从汽车尾气中或者从烟囱中冒出的黑烟就是燃烧气体中碳烟颗粒弥散导致的。锅炉火焰中的碳烟可以增强锅炉的辐射换热,而在空气中燃烧的碳烟会形成气溶胶。

碳烟并不是一种特殊定义的化学物质,主要成分是碳,还包括超过 10%(摩尔比)的氢。C/H 原子比约为 8/1。碳烟的密度约为 2 g/cm^3。当用有机溶剂萃取碳烟时,可以观察到溶剂中高浓度的稠环芳烃(PAHs)。

通过电子显微镜观察发现,碳烟颗粒通常由近似球形的颗粒以类似链状集聚而成。这些近似球形颗粒也称为初次颗粒(primary particle),有 10^5～10^6 个碳原子,通常直径为 20～50 nm。X 光衍射测量表明初次颗粒是由大量的随机组织的小粒子组成的。每个小粒子又由 5～10 层近似平行结构组成,每层间隔约 1～2 nm,并含有 50 个左右的碳原子。内层间隔约为 0.35 nm,与石墨有相同的量级。

广泛认可的观点是,早期的碳烟源于 PAHs 的物理化学凝聚。碳烟颗粒成长到在燃烧烟气中可以观测到的碳烟颗粒则源于较小的早期碳烟颗粒的凝聚、PAHs 表面冷凝及碳烟与气相组分(如乙炔)的表面反应。火焰形成的碳烟可以被 OH、O 和 O_2 氧化。火焰中水蒸气和二氧化碳可以强化碳烟的氧化,这是因为水蒸气可以增大 OH 的浓度,CO_2 可以跟 C 直接反应生成 CO。

　　由于 PAHs 是碳烟的前驱物，对碳烟生成机理的基本理解始于 PAHs 的生成。我们知道在富燃料条件下，大量乙炔生成，它通过聚合生成 PAHs。具体而言，由非芳香组分生成第一个芳香环的过程如图 3-21 所示。从图 3-21 中可以看到，在第一个芳香环(苯和苯基)的生成过程中，H 也是至关重要的。

图 3-21　碳氢燃料燃烧中苯的生成机理

　　当长链饱和碳氢燃料燃烧时，CH_2 可以通过 C_2H_2 和 O 反应生成，因此它的出现与乙炔直接相关。只有在富燃料甲烷或者天然气火焰中，CH_2 可以直接来自 CH_3 和 OH 的反应，即反应(M18)，这能强化丙炔基 C_3H_3 再链生成苯。

　　芳香烃通过氢脱除乙炔添加(H-abstraction-C_2H_2-addition，HACA)机制进一步成长。如图 3-22 所示，将乙炔添加到芳香基团(如苯基)上，即—C≡C—H 官能团链接到芳香环上。与邻环的结构有关，形成的新环或者是一个基团，与乙炔反应很容易继续成长；或者是一个分子组分，分子组分在经历与乙炔反应进一步成长之前，必须通过脱氢反应产生一个 PAHs 基团，从而具有活性。

图 3-22　PAHs 形成的 HACA 机制

如果芳香组分的浓度非常大,则 PAHs 通过环环凝聚实现成长是可能的。例如,苯和苯基可以生成联二苯。联二苯通过脱氢反应生成联苯基,联苯基与乙炔反应生成三环芳烃,或者与苯反应生成四环芳烃,如图 3-23 所示。

图 3-23　一种可替代的 PAHs 生成机理

HACA 机理与芳香凝聚机理之间的竞争取决于乙炔与苯的浓度的比值。如果乙炔的浓度明显大于苯的浓度,则 HACA 机理占主导地位。但是,如果乙炔的浓度与苯的浓度相当,如预混苯火焰,则芳香凝聚机理占主导地位。

上文讨论的 PAHs 生成和成长的三种机理的可逆性是很强的。当温度超过约 1 800 K时,一些反应可能朝着生成物的反向发生。因此,导致 PAHs 生成和成长的反应也会导致 PAHs 发生高温裂解反应,事实上,这也是在预混火焰的燃后区域 PAHs 浓度减小的原因。

当 PAHs 成长为芘(四环芳烃)或者更大分子时,它们能够通过碰撞而彼此凝聚并形成小簇。这些簇按照 PAHs 成长机理可以与乙炔反应,或者凝聚生成更大的簇。这些物理化学过程的最终结果是形成碳烟颗粒。当 PAHs 浓度非常大时,表面凝聚可能是碳烟质量增大的主要方式。

参 考 文 献

[1] GLASSMAN I , YETTER R A,GLUMAC N G. Combustion[M]. 5th ed. San Diego:Elsevier,2015.

[2] DRYER F L, GLASSMAN I. High-temperature oxidation of CO and CH₄[J]. Symposium(International) on Combustion,1973,14(1):987-1003.

[3] WESTBROOK C K , DRYER F L. Chemical kinetic modeling of hydrocarbon combustion[J]. Progress in Energy and Combustion Science,1984,10(1):1-57.

[4] KIM T J, YETTER R A,DRYER F L. New results on moist CO oxidation:high pressure,high temperature experiments and comprehensive kinetic modeling[J]. Symposium(International) on Combustion,1994,25(1):759-766.

[5] LEWIS B, ELBE G V. Combustion, flames and explosions of gases[M]. 2nd ed. New York:Academic Press,1961.

［6］ LAW C K. Combustion physics[M]. New York:Cambridge University Press, 2006.

［7］ TURNS S R. An Introduction to combustion: concepts and applications[M]. 2nd ed. New York:The McGraw-Hill Companies,Inc. ,2000.

［8］ WARNATZ J,MAAS U,DIBBLE R W. Combustion: physical and chemical fundamentals, modeling and simulation, experiments, pollutant formation[M]. 4th ed. Berlin: Springer,2006.

［9］ MCALLISTER S,CHEN J Y,FERNANDEZ-PELLO A C. Fundamentals of combustion processes[M]. New York:Springer,2011.

第4章

着 火

燃料和氧化剂在混合后由无化学反应、缓慢化学反应向稳定的强烈放热状态过渡,最终在某个瞬间,空间中某个部分出现火焰,这个过程就是着火过程。因此,着火是导致剧烈燃烧反应开始的一种机制,其特征表现为反应速率的急剧增大,以及物质温度的急剧上升。无论是实际燃烧器的设计,还是火灾的预防,对着火机制的理解都是非常重要的。

影响着火的因素较多,如环境温度、环境压力、环境冷却条件、燃料属性等。但这些因素从微观机理上只分为两类:传热学因素和化学反应动力学因素。因此,着火可以分为两类:热着火和链式着火。

热着火通常又分为两类:一类是自发着火,即通常所说的自燃,自燃通过反应物自身的热堆积发生;另一类是强迫点燃,又称为引燃,强迫点燃需要依靠外部热源才能发生。

根据反应动力学内容,我们知道,化学反应速率与反应物温度强相关。在非常低的环境温度下,与燃烧相关的化学反应也会发生,只是反应速率非常小。如果这种缓慢进行的化学反应所产生的热量能及时散去,那么反应物就不会着火。如果化学反应所产生的热量比损失的热量大,那么,反应产生的热量就会在系统内累积,导致反应系统的内在温度自发地不断升高,直到反应物自燃。

在强迫点燃中,着火是被外部热源引发的,在外部热源的作用下,反应系统的局部温度逐渐升高直至达到着火温度。强迫点燃可以通过多种方式引发,如火花塞、引燃火焰、摩擦、电热塞、激光束等。

4.1 自 燃

可燃物的自燃同内燃机燃烧和火灾预防等方面息息相关。在柴油发动机中,柴油被喷射到高温空气中,整个缸内的燃烧过程就是通过柴油的自燃来引发的。尤其在均质充量压燃式(homogeneous charge compression ignition, HCCI)发动机中,当其内的气缸压力和温度达到特定值时,混合好的油气混合物就会自燃,从而引发发动机的缸内燃烧并对外做功。在汽油发动机中,汽油点燃着火,在正常的燃烧中不应包含燃油的自燃,末端混合气自燃引起的发动机爆震会产生强烈震荡冲击,这种现象对发动机具有较强的破坏作用,在汽油机设计中应重点避免。对于火灾预防,可燃物的存储需要考虑燃料自燃的可能性。例如,干草堆的大小是有限制的,干草堆越大,其内部与外界的隔热性越好。当干草堆内部产生的热量比损失的热量大时,干草堆内部就开始形成热积累,当热积累到一定量时,干草堆就可能自燃。油布的存放是一个需要注意的问题,油布的绝热性很好,导致其内部反应产生的热量很难传导出去,除非将油布放置在良好的通风环境中,或者密封在缺氧环境中,否则油布很容易自燃。

我们用以下例子来阐述热自燃的基本机制。在一个装满了可燃混合物的容器中,其内部温度为 T,该容器与温度为 T_∞ 的外界环境直接接触。根据能量守恒方程,我们可以用以下公式表达可燃混合物的温度变化:

$$\rho c_p \frac{\partial T}{\partial t} = \underbrace{\left(-\rho c_p u \frac{\partial T}{\partial x} + k \frac{\partial^2 T}{\partial x^2}\right)}_{\text{热损失}} + \underbrace{\hat{\dot{r}}_{\text{fuel}} \hat{Q}_c}_{\text{热生成}} \tag{4-1}$$

使用集总参数法,上述公式可以简化为

$$\rho c_p \frac{\partial T}{\partial t} = -\dot{q}'''_{\text{L}} + \dot{q}'''_{\text{R}} \tag{4-2}$$

式中:$\dot{q}'''_{\text{L}}$ 为从容器表面损失的热量;$\dot{q}'''_{\text{R}}$ 为容器内化学反应在单位体积和单位时间内产生的热量。后续,我们将上述可燃混合物系统称为一个反应系统。

接下来,我们可以根据各种实际情况求取式(4-2)中的各项。在没有辐射散热的情况下,$\dot{q}'''_{\text{L}}$ 可由单位体积内的整体对流换热来确定,表达式为

$$\dot{q}'''_{\text{L}} = \frac{\tilde{h}A}{V}(T - T_\infty) \tag{4-3}$$

式中:$\tilde{h}$ 为换热系数;A 为容器与外界环境接触的表面积;V 为容器的体积。

$\dot{q}'''_{\text{R}}$ 可用全局阿伦尼乌斯公式来表示:

$$\dot{q}'''_{\text{R}} = A_0[\text{F}]^a[\text{O}]^b \exp\left(-\frac{E_a}{\hat{R}_u T_c}\right)\hat{Q}_c \tag{4-4}$$

式中:A_0 为指前因子;E_a 为活化能;$\hat{R}_u$ 为通用气体常数,大小为 1.987 cal/(mol·K)。

可燃混合物系统的内部温度主要由 $\dot{q}'''_{\text{L}}$ 和 $\dot{q}'''_{\text{R}}$ 的平衡关系决定。如果系统内化学反应产生的热量小于系统损失的热量,则系统的内部温度将逐渐降低。如果系统内化学反应产生的热量大于系统损失的热量,则系统的内部温度将逐渐升高。着火的极(差)限状态也要求系统内化学反应产生的热量和系统损失的热量相等,即 $\dot{q}'''_{\text{L}} = \dot{q}'''_{\text{R}}$。

当可燃系统的 $\tilde{h}$、A 和 V 保持不变,仅 T_∞ 变化时,由式(4-3)可知,系统损失的热量与环境温度成线性关系。由阿伦尼乌斯公式可知,系统中可燃混合物的消耗率随温度变化以指数形式增大,即系统内化学反应产生的热量与环境温度成指数关系。图 4-1 给出了不同环境温度下 $\dot{q}'''_{\text{L}}$ 和 $\dot{q}'''_{\text{R}}$ 随温度的变化关系,我们可以根据图 4-1 中 $\dot{q}'''_{\text{L}}$ 和 $\dot{q}'''_{\text{R}}$ 的变化趋势来形象地分析自燃的可能性。

从图 4-1 中的最高环境温度 $T_{\infty,3}$ 开始分析,此时,无论系统的内部温度是多少,系统内化学反应产生的热量都一直大于该系统损失的热量,系统会经历自加热过程,系统的内部温度会逐渐升高,自燃总会发生。当环境温度逐渐降低,直至环境温度 $T_{\infty,2}$ 时,系统存在一个内部温度 T_c,在该温度下,系统能同时满足 $\dot{q}'''_{\text{L}} = \dot{q}'''_{\text{R}}$ 和 $\frac{\text{d}\dot{q}'''_{\text{L}}}{\text{d}T} = \frac{\text{d}\dot{q}'''_{\text{R}}}{\text{d}T}$ 的条件,T_c 又称为临界自燃温度。临界自燃温度是可燃混合物在没有引燃火焰或其他点火方式协助的情况下,能自行着火的最低温度。在临界自燃温度下,系统内化学反应产生的热量与系统损失的热量刚好相等,任何微小的温度升高都将使系统经历自加热过程,从而引发自燃。但当系统的内部温度低于 T_c 时,即使系统内化学反应产生的热量比系统损失的热量大,自燃也不会发生。

当环境温度进一步降低直到 $T_{\infty,1}$ 时,由图 4-1 可知,在两个不同的温度 T_1 和 T_2 下,系

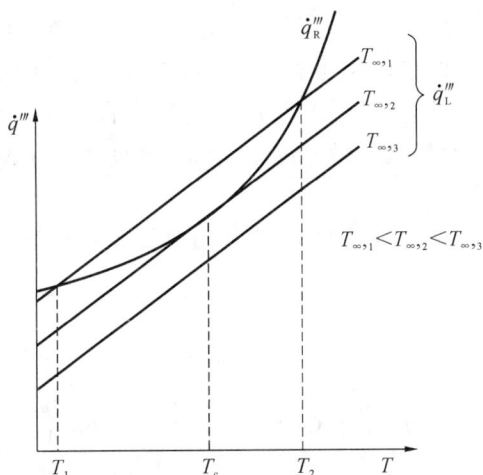

图 4-1　不同环境温度下 $\dot{q}_L'''$ 和 $\dot{q}_R'''$ 随温度的变化关系

统内化学反应产生的热量和系统损失的热量相等。温度为 T_1 时,系统是稳定的,自燃不会发生。系统的内部温度稍有升高,就会导致 $\dot{q}_L'''$ 大于 $\dot{q}_R'''$,从而使系统的内部温度降低至 T_1。类似地,当系统的内部温度稍有降低,就会导致 $\dot{q}_L'''$ 小于 $\dot{q}_R'''$,从而使系统的内部温度升高至 T_1。相反,温度为 T_2 时,系统是不稳定的,系统温度的轻微变化都会驱使系统内部温度远离 T_2。在 T_2 附近,任何微小的系统温度升高,都会导致 $\dot{q}_L'''$ 小于 $\dot{q}_R'''$,系统将经历自加热过程,从而使系统的内部温度越来越高;类似地,任何微小的系统温度降低,就会导致 $\dot{q}_L'''$ 大于 $\dot{q}_R'''$,从而使系统的内部温度越来越低。由此可知,只有当系统的内部温度大于自加热开始温度(T_2)时,自燃才会发生。

由图 4-1 可知,当系统的内部温度超过某一确定值时,$\dot{q}_R'''$ 将一直大于 $\dot{q}_L'''$,这种状态一旦出现,系统就会经历自加热过程,其内部温度将会迅速上升,如果此时系统中没有额外的热量损失,自燃将会发生。这一过程又称为热失控现象。

接下来,我们分析其他因素对着火的影响。保持环境温度 T_∞ 不变而改变传热过程中的 $\tilde{h}$ 或 A/V(面容比),也可以得到一个与图 4-1 类似的着火趋势分析图。图 4-2 则给出了不同换热系数下 $\dot{q}_L'''$ 和 $\dot{q}_R'''$ 随温度的变化关系。由图 4-2 可知,换热系数的不同会使 $T\text{-}\dot{q}_L'''$ 曲线的斜率发生变化,从而导致系统发生自燃的趋势不同。

图 4-2　不同换热系数下 $\dot{q}_L'''$ 和 $\dot{q}_R'''$ 随温度的变化关系

综上可知，系统中的 $\dot{q}'''_L$ 和 $\dot{q}'''_R$ 与系统所处的状态有关(如燃料属性、环境温度、对流换热系数、面容比等)，因此，系统的自燃温度也取决于系统当时所处的状态。除了关注环境温度和换热系数对自燃的影响以外，我们还需要关注 A/V 对自燃的影响。随着 A/V 的减小，系统损失的热量也会减小，从而导致自燃温度 T_2 降低，这就体现了限制干草堆或破布堆的尺寸对于火灾预防的重要性。

从上文对自燃趋势的分析中可以看出，临界自燃温度可以通过临界状态条件 $\dot{q}'''_L = \dot{q}'''_R$ 和 $\dfrac{\mathrm{d}\dot{q}'''_L}{\mathrm{d}T} = \dfrac{\mathrm{d}\dot{q}'''_R}{\mathrm{d}T}$ 来获得：

$$\dot{q}'''_L = \dot{q}'''_R \rightarrow$$

$$\frac{\tilde{h}A_s}{V}(T_c - T_\infty) = \hat{\dot{r}}_{fuel}\,\hat{Q}_c = A_0[F]^a[O]^b\exp\left(-\frac{E_a}{\hat{R}_u T_c}\right)\hat{Q}_c \tag{4-5}$$

$$\frac{\mathrm{d}\dot{q}'''_L}{\mathrm{d}T} = \frac{\mathrm{d}\dot{q}'''_R}{\mathrm{d}T} \rightarrow$$

$$\frac{\tilde{h}A_s}{V} \approx A_0[F]^a[O]^b\exp\left(-\frac{E_a}{\hat{R}_u T_c}\right)\frac{E_a}{\hat{R}_u T_c^2}\hat{Q}_c \tag{4-6}$$

在式(4-5)中，由于自燃前的反应速率较小，可以假设系统的活化能较大，此时，与温度对指数项 $\exp\left(-\dfrac{E_a}{\hat{R}_u T_c}\right)$ 的影响相比，温度对浓度项 $[F]$ 和 $[O]$ 的影响可以忽略不计。将式(4-6)代入式(4-5)中，可以得到以下公式，从而可以求得临界自燃温度 T_c：

$$(T_c - T_\infty)\frac{E_a}{\hat{R}_u T_c^2} = 1$$

$$T_c = T_\infty + \frac{\hat{R}_u T_c^2}{E_a} = T_\infty + \frac{T_c^2}{E_a/\hat{R}_u} = T_\infty + \frac{T_c^2}{T_a}$$

最终可得

$$T_c = \frac{T_a - \sqrt{T_a^2 - 4T_\infty T_a}}{2} \tag{4-7}$$

式中：T_a 为活化温度，$T_a = E_a/\hat{R}_u$。

由上文可知，当系统的 $\dot{q}'''_L$ 和 $\dot{q}'''_R$ 相同且 T-$\dot{q}'''_L$ 和 T-$\dot{q}'''_R$ 曲线斜率也相同，即当两个条件 $\dot{q}'''_L = \dot{q}'''_R$ 和 $\dfrac{\mathrm{d}\dot{q}'''_L}{\mathrm{d}T} = \dfrac{\mathrm{d}\dot{q}'''_R}{\mathrm{d}T}$ 同时得到满足时，求得的温度必然为临界自燃温度 T_c。

对于许多活化能较大的燃烧过程，$T_a \gg T_c$，因此，通过式(4-7)获得的临界自燃温度 T_c 非常接近 T_∞。例如，当 $T_a = 10\,000$ K、$T_\infty = 500$ K 时，通过式(4-7)获得的 T_c 为 527.9 K。因此，在工程中，可以将临界自燃温度粗略地估算为环境温度，即 $T_c \approx T_\infty$。需要注意的是，在上述公式推导过程中，这种低的临界自燃温度需要一些特定的热生成条件和热损失条件。但在实际生活中，系统内部温度和热损失的自然变化情况往往不满足上述特定条件，如散热量非线性变换，从而导致实际的临界自燃温度与通过上述方法求取的临界自燃温度存在差异。因此，式(4-7)仅用于理解自燃的一般趋势。表 4-1 给出了不同燃料的实际临界自燃温度。

表 4-1 1 atm 下不同燃料在空气中的临界自燃温度

燃料	临界自燃温度/℃
甲烷	537
乙烷	472
丙烷	470
正丁烷	365
正辛烷	206
异辛烷	418
甲醇	464
乙醇	423
乙炔	305
一氧化碳	609
氢气	400
汽油	370
柴油#2	254
纸	232

本节主要基于着火由系统热能控制这一基本假设,定性分析了着火临界条件。由反应动力学可知,燃烧也可以由几乎不释放热量的支链反应引起。对于正庚烷之类的大型直链分子,自燃过程中的燃烧化学反应动力学往往表现出同环境温度和压力复杂相关的两级着火特性。

4.2 压力对自燃温度的影响

4.1 节主要从系统热损失端来分析自燃温度的影响因素,本节则从系统热生成端来分析自燃温度的影响因素。

由于反应速率和系统内化学反应产生的热量随着系统压力的变化而变化,因此自燃温度是系统压力的函数。随着系统压力的增大,反应速率将增大,打破了系统中原有的热生成项和热损失项的平衡。如果系统正处某一临界自燃状态,此时增大系统压力,将会增大系统的热生成量,系统将经历自加热过程,导致系统热失控和着火。换句话说,着火不仅有一个临界自燃温度,还有一个临界自燃压力。为了确定临界自燃温度和临界自燃压力这两个量的关联性,本节通过式(4-6)中的临界自燃温度项来求解临界自燃压力,即

$$\frac{\tilde{h} A_s}{V} \frac{\hat{R}_u T_c^2}{E_a} = \hat{Q}_c A_0 [F]^a [O]^b \exp\left(-\frac{E_a}{\hat{R}_u T_c}\right) = \hat{Q}_c A_0 x_f^a x_{O_2}^b \left(\frac{P_c}{\hat{R}_u T_c}\right)^{a+b} \exp\left(-\frac{E_a}{\hat{R}_u T_c}\right)$$

然后,推导临界自燃压力与临界自燃温度的关系,具体函数为

$$P_c = \hat{R}_u T_c \left[\frac{\dfrac{\tilde{h} A_s}{V} \dfrac{\hat{R}_u T_c^2}{E_a}}{\hat{Q}_c A_0 x_f^a x_{O_2}^b \exp\left(-\dfrac{E_a}{\hat{R}_u T_c}\right)} \right]^{\frac{1}{a+b}}$$

$$P_c = \hat{R}_u T_c \exp\left[\frac{E_a}{(a+b)\hat{R}_u T_c} \right] \left(\frac{\dfrac{\tilde{h} A_s}{V} \dfrac{\hat{R}_u T_c^2}{E_a}}{\hat{Q}_c A_0 x_f^a x_{O_2}^b} \right)^{\frac{1}{a+b}} \qquad (4\text{-}8)$$

式(4-8)是由谢苗诺夫提出的,通常称为谢苗诺夫公式。对于大多数活化能较大的燃烧反应而言,公式中 $\exp\left[\dfrac{E_a}{(a+b)\hat{R}_u T_c}\right]$ 项占有支配地位,因此,随着临界自燃温度的升高,临界自燃压力逐渐减小,如图4-3所示。

图 4-3　临界自燃压力和临界自燃温度的关系

图4-3中实线上方区域为可能发生自燃的区域,下方区域为不会发生自燃的区域。当 $a+b>0$ 时,随着系统压力的增大,反应速率逐渐增大,这表明高压条件下燃烧反应进行得更快,因此,随着系统压力的增大,临界自燃温度相应降低。系统压力增大可导致燃油自燃甚至爆震,这一结论对内燃机和其他设备的燃烧设计具有重要的意义。在柴油机中,可以通过增大气缸内的压缩压力来促进柴油自燃;在汽油机中,可以通过适当减小气缸内的压缩压力来防止汽油自燃导致的汽油机爆震。

4.3　强 迫 点 燃

强迫点燃,是通过外部热源将局部区域内的可燃混合物加热至高温,从而引发燃烧的过程。强迫点燃和自燃在本质上没有什么差别,但在着火方式上却存在较大的差别。自燃时,可燃混合物的整体温度较高,热反应和着火在整个空间内进行;而强迫点燃时,可燃混合物的整体温度较低,只有局部区域内的可燃混合物受到外部热源的加热,导致局部温度升高,反应较快,但在其他区域内,可燃混合物温度仍然较低,反应较慢。强迫点燃成功的标准是:在强迫点燃着火后,将点火源移除,燃烧反应仍能继续进行。这就要求在其他区域内能形成稳定的火焰传播条件,因此,强迫点燃比自燃更复杂。

4.3.1　火花塞点火

强迫点燃可以通过电火花、火焰、电热塞或者其他有效热源来实现。下面我们以汽油机的火花塞点火为例,阐述强迫点燃的过程和机理。火花塞结构如图 4-4 所示。火花塞由间距为 d 的两个电极组成,通过在这两个电极之间施加高电压来产生电火花。

图 4-4　火花塞结构

施加在两个电极之间的高电压会击穿电极,使电极之间形成电弧,并加热电极之间的可燃混合物。此时,点燃可燃混合物所需的点火能量是比较重要的参数,其对汽油机工程、爆炸、消防安全等领域都很重要。因此,本文将重点通过理论分析来估算点燃可燃混合物所需的点火能量。分析中,假定火花塞点火能量能够将电极间气体加热到绝热火焰温度。以下公式利用能量守恒方程的集总形式来描述强迫点燃过程:

$$\rho c_p V \frac{\partial T}{\partial t} = -\dot{Q}_{loss} + \hat{r}_{fuel} \hat{Q}_c V + \dot{Q}_{pilot} \tag{4-9}$$

式中:$\dot{Q}_{pilot}$ 为火花塞的能量生成速率;$\hat{r}_{fuel} \hat{Q}_c V$ 为燃料反应的能量生成速率;$\dot{Q}_{loss}$ 为热流损失速率,该项包括热传导至电极的热流损失速率和对流至周围环境的热流损失速率。在本节分析中,由于着火过程很快,着火过程中燃烧反应产生的热量可以忽略不计,即 $\hat{r}_{fuel} \hat{Q}_c V = 0$。对式(4-9)进行积分,并假定着火后电极间气体温度能达到绝热火焰温度,可以得到

$$E_{ignition} = \rho c_p V (T_f - T_r) + Q_{loss} \tag{4-10}$$

式中:$E_{ignition} = \int \dot{Q}_{pilot} dt$;$T_f$ 为火焰温度;T_r 为系统初始温度。由上述公式可知,所需的点火能量随着可燃混合物体积和对周围环境的热损失的增大而增大。增大电极间距会增大受热可燃混合物体积,从而增大 $E_{ignition}$ 的需求。另外,火花塞点火的热损失主要是通过热传导传给电极的,因此,减小电极间距,会增大热传导的面容比,从而增大热损失。按照该思路,式(4-10)可以改写为电极间距的函数,具体为

$$E_{ignition} \propto V + Q_{loss} \propto (c_1 d^3 + c_2/d) \tag{4-11}$$

最佳的电极间距对应最小点火能量(minimum ignition energy,MIE),所需的点火能量和电极间距的关系如图 4-5 所示。实际上,最佳电极间距 d_{opt} 还与整个反应区的厚度有关,因为初始反应区中电极表面的散热也会对其产生影响。

假设点火区域为直径为 d 的球体,电极间距也为 d,那么可燃混合物的最小点火能量可以按下式估算:

$$MIE = \rho c_p \frac{\pi d_{opt}^3}{6} (T_f - T_r) + Q_{loss}$$

图 4-5　所需的点火能量与电极间距的关系

为了便于分析,假定可燃混合物系统没有热量损失,那么最小点火能量的计算公式就转化为

$$\text{MIE} \approx \rho c_p \frac{\pi d_{\text{opt}}^3}{6}(T_{\text{f}} - T_{\text{r}}) \tag{4-12}$$

式中:d_{opt}为最佳电极间距;T_{f}为火焰温度;T_{r}为反应物初始温度。

式(4-12)只考虑了可燃混合物所需的最小点火能量,但不能保证着火后可燃混合物燃烧火焰能继续传播。燃烧火焰传播所需的能量通常比简单着火所需的能量要大。

表 4-2 列出了几种典型燃料的最小点火能量。由表 4-2 可知,氢气的最小点火能量明显小于其他燃料,这也是氢气被当作危险燃料的原因之一。另外,还需注意的是,与相应燃烧过程释放的热能相比,点火能量非常小。

表 4-2　理论当量比下燃料-空气混合气的最小点火能量(p＝1 atm,T＝293.15 K)

燃料	MIE/mJ
甲烷	0.30
乙烷	0.42
丙烷	0.40
正己烷	0.29
异辛烷	0.95
乙炔	0.03
氢气	0.02
甲醇	0.21

例 4-1　一个火花塞的电极间距是 0.1 cm,系统条件为 T＝300 K、p＝101.3 kPa。当 0.33 mJ 能量加入火花塞之间的空气时,系统温度升高多少?

解　火花塞中气体所占据的体积是

$$V = \frac{\pi d^3}{6} = \frac{\pi \times 0.1^3}{6} = 5.24 \times 10^{-4} (\text{cm}^3)$$

系统温升为

$$\Delta T \approx \frac{E_{\text{deposited}}}{\rho c_p V} = \frac{0.33 \times 10^{-3}}{1.2 \times 10^{-3} \times 1.00 \times 5.24 \times 10^{-4}} = 525 (\text{K})$$

注意,如果加入 10 倍的能量(即 3.3 mJ),系统温度将会超过 5 000 K!

4.3.2 着火延迟时间

除了外加热源导致着火外,压缩或者激波(shock wave)也可以导致着火。当可燃混合气被压缩到一定的压力和温度条件时,可燃混合气会着火。显然,混合气被压缩至一定温度和压力到着火发生,中间存在一段着火诱导期,这段诱导期称为着火延迟时间(ignition delay time)。

在着火发生时,温度会急剧上升,一些基团的浓度会急剧增大。因此,研究中可以用温度的急剧上升或者基团浓度的急剧增大来确定着火的发生。在着火诱导期,燃料会发生分解反应,以及后续的链式反应,导致自由基团($\ddot{O}$、$\dot{O}H$ 和 $\dot{H}$)的浓度不断增大。可见,着火诱导期涉及非常丰富的燃烧反应动力学内容,而对于均匀混合气,着火延迟时间完全由燃烧化学反应决定,因此均匀混合气的着火延迟时间是验证和发展燃烧反应动力学的一个重要实验参数。

建立激波是一个创造高温高压环境的理想手段。在激波管(shock tube)实验中,可以利用激波将均匀可燃混合气加热至目标温度和压力工况,并测量均匀可燃混合气在该工况下的着火延迟时间。图4-6给出了一个激波管实验中混合气压力和 OH^* 浓度变化的例子,可以看出,可燃混合气经入射和反射激波加热后,压力快速升高并在着火诱导期基本保持稳定,着火发生后压力和自由基浓度急剧升高。

图4-6 激波管实验中可燃混合气着火过程中的压力和 OH^* 信号

注:1 bar=100 000 Pa。

4.4 液体和固体燃料的强迫点燃

在原理上,液体燃料和固体燃料的强迫点燃具有共通属性。本节重点研究液体燃料和固体燃料的着火特性。

本节所涉及的固体燃料含有挥发分,不包括纯碳以及金属燃料。液体和固体燃料的一个重要属性是易燃性,无论是对于燃料的利用,还是对于消防安全,易燃性都是一个非常重要的燃烧参数。液体与含有挥发分的固体燃料都具有易挥发性:液体燃料通过蒸发产生气相燃料;固体燃料则通过热解过程产生含有可燃气体的挥发分。当足够的气相燃料与空气混合,形成当量比处于可燃极限之内的可燃混合物时,在燃料上方的气相可燃混合物一旦被点燃,燃料上方就形成了一个可持续燃烧的非预混火焰。液体燃料和固体燃料的燃烧过程示意图如图 4-7 所示。

图 4-7   液体燃料和固体燃料的燃烧过程示意图

4.4.1   液体燃料的蒸发与强迫点燃

对于液体燃料,液体表面的燃料蒸气分压处于气液平衡状态。通过液体的饱和蒸气压 p_{sat} 就可以计算出液体表面的气相燃料的摩尔分数:

$$x_s = p_{sat} T_{sat}/P$$

式中:P 为气相燃料的总压。大多数燃料的饱和蒸气压都可通过饱和蒸气压-温度表来查询,也可以使用 Clausius-Claperon 方程或者 Antoine 方程来计算燃料在不同温度下的饱和蒸气压。

随着液体燃料蒸发的进行,气相燃料和空气在液体燃料表面上方就产生了图 4-7 所示的浓度梯度。气相燃料主要以扩散和浮力对流的方式融入周围空气中,因此,随着高度的增大,气相燃料的摩尔分数逐渐减小。相反,空气逐渐向液体燃料表面扩散,从而使液体燃料表面空气的摩尔分数随着高度的减小而逐步减小。从逻辑上说,液体燃料表面上方必然存在一个区域,在该区域中,气相燃料和空气的摩尔分数之比正好处于可燃极限之内。在这个区域下方,气相燃料的摩尔分数太大,无法点燃;而在这个区域上方,气相燃料的摩尔分数太小,也无法点燃。只有在液体燃料表面上方的可燃区域中放置火花塞或引燃火焰,才可以使该燃料着火。

4.4.2   液体燃料的闪点、着火点与着火延迟时间

液体燃料的蒸发温度越低,就越容易点燃。描述液体燃料着火特性的两个常用术语分别为闪点(flash point)和着火点(fire point)。闪点定义为液体燃料在火花塞或引燃火焰的帮助下,可以看见火焰的最低液体温度。因此,闪点为在液体燃料池上方形成的气相燃料混合物达到贫燃极限的液体燃料温度。由于达到闪点的可燃混合气中燃料浓度太低,火焰燃烧产生的热量不足以抵消向周围环境散失的热量,导致可燃混合气仅能出现"闪光"而不能持续燃烧。着火点则是指使液体燃料持续燃烧的最低温度。在该温度下,液体燃料上方火焰释放热量的速率等于向周围环境的散热的速率。

由化学反应动力学可知,燃烧反应释放热量的速率在贫燃状态下随着当量比的增大而增大。着火点通常比闪点高,这是因为在着火点时,气相燃料混合物中有更多的燃料,提高了混合物的当量比,导致燃烧反应释放热量的速率增大。图 4-8 显示了闪点和着火点与燃

料饱和蒸气压以及可燃极限的对应关系。由图 4-8 可知,如果液体燃料的温度足够高,则可能发生自燃。固体燃料的挥发性通常比液体燃料的差,所以固体燃料通常比液体燃料更难点燃。与液体燃料类似,闪点和着火点也可用来描述固体燃料的着火特性。对于固体燃料来说,着火点通常就是着火温度。

图 4-8 闪点和着火点

在液体燃料着火之前,燃料要先经历部分燃料的蒸发、气相燃料和氧化剂的混合、可燃混合气的点燃等过程。这些过程所需要的时长通常称为着火延迟时间。着火延迟时间在许多方面,特别是在消防安全方面,都是很重要的燃烧参数。

如果液体燃料的蒸发温度高于环境温度,液体燃料着火之前,必须先被加热直至其温度达到蒸发温度。燃料加热到蒸发温度所需的时间 t_g 可以通过能量平衡公式来确定。

在瞬态导热分析中,液体燃料内部的温度梯度分布一般有两种简化假设:一种是燃料的内部温度是均匀的,对应集总参数模型;另一种是燃料的远端温度保持为初始温度,对应半无限模型。由于液体燃料的导热性能较差,因此本节主要采用半无限模型,并且假定液体燃料的物性和表面热流保持恒定。图 4-9 所示为半无限模型的能量平衡。

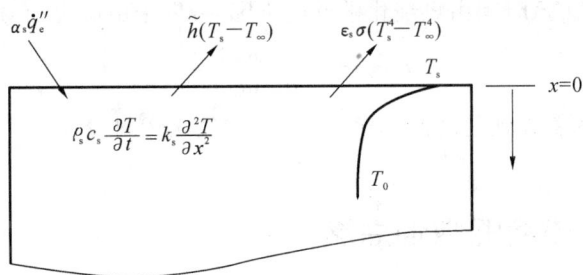

图 4-9 半无限模型的能量平衡

能量方程:

$$\rho_s c_s \frac{\partial T}{\partial t} = k_s \frac{\partial^2 T}{\partial x^2} \tag{4-13}$$

边界条件:

$$-k_s \frac{\partial T}{\partial x}\Big|_{x=0} = \dot{q}_s'' \tag{4-14}$$

$$T(\infty, t) = T_0$$

初始条件:

$$T(x \leqslant 0, t = 0) = T_0$$

式中:c_s 为比热容;k_s 为燃料表面的导热率;x 为外部热源与燃料表面的距离;T_0 为燃料的远端温度;$\dot{q}_s''$ 是燃料表面的总热流。通常而言,燃料表面的总热流包括来自外部热源的热辐射 $\dot{q}_e''$、对环境空气的热对流损失 $\dot{q}_{conv,cool}''$ [$\dot{q}_{conv,cool}'' = \tilde{h}(T_s - T_\infty)$],以及燃料表面的二次热辐射损失 $\dot{q}_{sr}''$ [$\dot{q}_{sr}'' = \varepsilon_s \sigma(T_s^4 - T_\infty^4)$],因此,燃料表面的总热流为 $\dot{q}_s'' = \alpha_s \dot{q}_e'' - \dot{q}_{conv,cool}'' - \dot{q}_{sr}''$,其中,$\alpha_s$ 为外部热源对燃料表面的热辐射率,ε_s 为物体的黑度,σ 为辐射系数。

在上述边界条件和初始条件下,求解能量方程:

$$T(x,t) - T_0 = \frac{2\dot{q}_s''\left(\frac{\alpha_s t}{\pi}\right)^{\frac{1}{2}}}{k_s}\exp\left(\frac{-x^2}{4\,\alpha_s t}\right) - \frac{\dot{q}_s''x}{k_s}\mathrm{erfc}\left(\frac{x}{2\sqrt{\alpha_s t}}\right) \tag{4-15}$$

式中:$\mathrm{erfc}(\xi) = 1 - \mathrm{erf}(\xi)$,$\mathrm{erf}(\xi)$ 为误差函数。当 $\xi = 0$ 时,$\mathrm{erf}(\xi)$ 为 0,当 $\xi \to \infty$ 时,$\mathrm{erf}(\xi)$ 为 1。因为加热是从燃料上表面开始的,燃料上表面的温度会最先升到着火温度。该上表面($x = 0$)的温度升到着火温度 T_{ig} 的时间可通过以下公式计算:

$$T_{ig} - T_0 = \frac{2\dot{q}_s''\left(\frac{\alpha_s t_g}{\pi}\right)^{\frac{1}{2}}}{k_s}$$

$$t_g = \frac{\pi}{\alpha_s}\frac{k_s^2(T_{ig} - T_0)^2}{4\dot{q}_s''^2} = \frac{\pi}{4}k_s\rho_s c_s\frac{(T_{ig} - T_0)^2}{\dot{q}_s''^2} \tag{4-16}$$

随着温度的升高,液体表面燃料蒸气分压增大,气相燃料会进一步与周围的空气混合,以形成可燃混合物。假定气相燃料与周围的空气单纯通过扩散方式来混合,这样就可以计算扩散时间来保守地估算混合时间。扩散时间的具体计算公式为

$$t_{mix} = \frac{L^2}{D}$$

式中:L 为扩散距离;D 为扩散系数。

液体燃料着火的最后一个过程是气相燃料混合物的着火,这部分的时间即气相燃料混合物的着火延迟时间。该时间由燃烧化学反应决定,可以采用反应动力学方法来估算:

$$t_{chem} = \frac{[\mathrm{fuel}]_i}{-\mathrm{d}[\mathrm{fuel}]/\mathrm{d}t}$$

因此,液体燃料的着火延迟时间是蒸发、混合和气相燃料着火三个过程的时间之和,即 $t_g + t_{mix} + t_{chem}$。

4.4.3　固体燃料的强迫点燃

固体燃料的强迫点燃比液体燃料复杂。比如煤粉的着火,其着火过程分为均相着火、非均相着火和联合着火。所谓均相着火是指煤粉的挥发分首先着火的过程;非均相着火则是指煤粉的焦首先着火的过程;而联合着火则是指煤粉的挥发分和焦同时着火的过程。本小节只涉及均相着火。

固体燃料表面上方气相燃料摩尔分数的估算过程要比液体燃料复杂得多。固体燃料的气化不是简单的物理相变过程,而是被称为高温热解的化学分解过程。固体燃料单位体积内的热解率可以用下式估计:

$$\dot{m}_F''' = A_0\exp\left(-\frac{E_a}{RT}\right)$$

式中:A_0 为指前因子;E_a 是热解的活化能。这两者都是燃料的内在属性。需要注意的是,这

个公式与阿伦尼乌斯方程相似,这是因为热解反应具有阿伦尼乌斯特性和典型的高活化能特性。热解速率对温度十分敏感,在低温下热解速率非常小,只有在足够高的温度下,热解速率才会显著增大,对应的高温称为热解温度。如果固体燃料内的温度分布已知,则可以通过下式来计算离开固体燃料表面的气相燃料的质量流量:

$$\dot{m}'''_F = \int_0^{\delta_{py}} A_0 \exp\left(-\frac{E_a}{RT}\right) dx$$

式中:δ_{py} 为固体燃料的加热层深度。

随着气化或者热解的进行,气相燃料和空气在固体燃料表面上方就产生了图 4-7 所示的浓度梯度。与液体燃料表面上方的气相燃料和空气的混合过程相似,固体燃料表面上方也必然存在一个区域,在这个区域中气相燃料和空气的摩尔分数之比正好处于可燃极限之内。在这个区域下方,气相燃料的摩尔分数太大,导致无法点燃;而在这个区域上方,气相燃料的摩尔分数过小,也无法点燃。只有在固体燃料上方的可燃区域放置火花塞或引燃火焰,才可以使该燃料着火。

下面,以典型的火源旁边放置的木材着火为例,通过上述公式,计算木材从加热到气化的时间:

$$k_s \rho_s c_s = 0.67 \; [\text{kW}/(\text{m}^2 \cdot \text{K})]^2 \cdot \text{s}$$

$$T_{ig} = 354 \; \text{°C}$$

$$\dot{q}''_s = 20 \; \text{kW}/\text{m}^2$$

$$t_g = \frac{\pi}{4} \times 0.67 \times \frac{(354-25)^2}{20^2} = 142.4(\text{s})$$

加热到气化温度后,固体燃料开始气化,这些气相燃料会进一步与周围的空气混合,形成可燃混合物。挥发分扩散时间同样可以采用 4.4.2 节中的公式 $t_{mix} = \dfrac{L^2}{D}$ 估算。接下来通过一个典型数据的例子来说明扩散时间大致会多长。气相燃料仅通过扩散的方式传质,会在固体燃料受热表面上方形成一个边界层,该例子中边界层参数如下:

$$\delta \approx 3 \; \text{mm}$$

$$D \approx 1 \times 10^{-5} \; \text{m}^2/\text{s}$$

$$t_{mix} \approx \frac{9 \times 10^{-6}}{1 \times 10^{-5}} = 0.9 \; \text{s}$$

气相燃料的着火延迟时间,可以采用以下方式来估算。

假设固体燃料的挥发分中可燃气体是甲烷,着火通常在可燃极限的贫燃部分发生。燃料燃烧的平均温度为 1 600 K。

化学计量比下甲烷-空气燃烧的化学反应方程式为

$$CH_4 + 2(O_2 + 3.76N_2) \longrightarrow CO_2 + 2H_2O + 7.52N_2$$

总反应速率为

$$\dot{q}_{rxn} = A_0 \exp\left(-\frac{E_a}{\widehat{R}T}\right) [\text{fuel}]^a [O_2]^b$$

由甲烷燃烧的反应机理可知,$A_0 = 8.3 \times 10^5$,$E_a = 30 \; \text{kcal/mol}$,$a = -0.3$,$b = 1.3$,$E_a/\widehat{R}_u = 15\;101 \; \text{K}$,则甲烷的总反应速率为

$$\frac{d[CH_4]}{dt} = -\dot{q}_{rxn} = -8.3 \times 10^5 \times \exp\left(-\frac{15\;101}{T}\right)[CH_4]^{-0.3}[O_2]^{1.3}$$

其中,甲烷和氧气在 $T=437$ K(一种典型固体燃料的裂解温度)下的浓度可以通过理想气体状态方程及贫燃极限值求得:

$$P_iV = N_i\hat{R}T \longrightarrow C_i = \frac{N_i}{V} = \frac{P_i}{\hat{R}T} = \frac{P_{xi}}{\hat{R}T}$$

甲烷可燃下限的当量比大约为 0.5,因此甲烷-空气的可燃混合气中,O_2 的摩尔分数为

$$X_{O_2} = (2/0.5)/[1 + (2/0.5) \times 4.76] = 0.2$$

$$[O_2] = \frac{101.3 \times 10^3 \times 0.2}{8.314 \times 10^6 \times 1\,600} = 1.52 \times 10^{-6}\,(\text{mol/cm}^3)$$

同样地,可以求出 $X_{CH_4} = 1/[1 + (2/0.5) \times 4.76] = 0.05$,$[CH_4] = 0.38 \times 10^{-6}$ mol/cm³,因此甲烷的反应速率为

$$-\frac{d[CH_4]}{dt} = 8.3 \times 10^5 \times \exp\left(-\frac{15\,101}{1\,600}\right)(0.38 \times 10^{-6})^{-0.3}\,(1.52 \times 10^{-6})^{1.3}\,\text{mol/(cm}^3 \cdot \text{s)}$$

$$= 1.522\,7 \times 10^{-4}\,\text{mol/(cm}^3 \cdot \text{s)}$$

假设反应是不可逆的,消耗所有燃料所需的时间为

$$t_{\text{chem}} = \frac{[CH_4]}{-d[CH_4]/dt} = \frac{0.38 \times 10^{-6}}{1.522\,7 \times 10^{-4}}\,\text{s} = 0.002\,5\,\text{s} = 2.5\,\text{ms}$$

通过固体燃料的气化、混合和着火三个过程花费时长的对比可知,固体燃料的裂解气化时间最长,远长于气相燃料混合和着火过程的时间。因此,固体燃料的着火延迟时间一般用热解气化时间来大致估算,即

$$t_{\text{ig}} \approx t_{\text{g}} \tag{4-17}$$

表 4-3 给出了一些典型固体可燃物的燃烧属性。

表 4-3　一些典型固体可燃物的燃烧属性

固体可燃物	$k/[\text{W}/(\text{m} \cdot \text{K})]$	$\rho/(\text{kg/m}^3)$	$c/[\text{J}/(\text{kg} \cdot \text{K})]$	有效的 $k\rho c$	$T_{\text{ig}}/℃$	$L_v^①/(\text{kJ/g})$
毛毯	0.074	350	—	0.25	435	—
棉花	0.06	80	1 300	—	254	—
花旗松	0.11	502	2 720	0.25	384	1.81
枫树	0.17	741	2 400	0.67	354	—
纸张	0.18	930	1 340	—	229	3.6
胶合板	0.12	540	2 500	0.16	390	—
防火胶合板	—	—	—	0.76	620	0.95
塑料桌椅	0.02	32	1 300	0.03	378	1.52
红木	—	354	—	0.22	375	3.14
橡木	0.17	753	2 400	1	305	—
一次性塑料杯	0.23	1 060	2 080	0.51	374	2.03

注:①L_v 为蒸发潜热。

例 4-2　一支香烟点燃了垃圾桶,向它附近的棉布窗帘提供了 35 kW/m² 的外部辐射热,那么窗帘需要多久才能着火?假设窗帘通过自然对流方式进行传热,并且 $\hat{h}=10$ W/(m² · K),房间温度为 25 ℃,窗帘厚度 L 为 0.5 mm,$\varepsilon=\alpha=0.9$,$\sigma=5.67 \times 10^{-8}$ W/(m² · K⁴)。

解　窗帘的主要成分为棉,从表 4-3 中可以找到该材料的相关属性。首先计算毕奥数

(Biot number),以确定窗帘内温度分布采用哪种模型更合适。

$$\mathrm{Bi} = \frac{\tilde{h}L}{k} = \frac{10 \times 0.5 \times 10^{-3}}{0.06} = 0.083$$

　　计算获得的毕奥数小于阈值 0.1,因此可认为该材料的内部温度是均匀的,对应集总参数模型。估算窗帘着火延迟时间,主要采用集总参数能量平衡公式(能量输入＝能量储存),具体为

$$\dot{q}''_{\mathrm{s}} = \rho_{\mathrm{s}} c_{\mathrm{s}} d \frac{\mathrm{d}T}{\mathrm{d}t}$$

初始条件为

$$T(t = 0) = T_0 = 25 \ ℃$$

式中:d 为窗帘的厚度;$\dot{q}''_{\mathrm{s}}$ 为窗帘外表面总热流。假设表面热流率和材料性能是恒定的,窗帘加热到着火温度时会着火,分离变量并进行积分:

$$\int_0^{t_{\mathrm{ig}}} \dot{q}''_{\mathrm{s}} \mathrm{d}t = \rho_{\mathrm{s}} c_{\mathrm{s}} d \int_{T_0}^{T_{\mathrm{ig}}} \mathrm{d}T$$

$$\dot{q}''_{\mathrm{s}} (t_{\mathrm{ig}} - 0) = \rho_{\mathrm{s}} c_{\mathrm{s}} d (T_{\mathrm{ig}} - T_0)$$

$$t_{\mathrm{ig}} = \frac{\rho_{\mathrm{s}} c_{\mathrm{s}} d (T_{\mathrm{ig}} - T_0)}{\dot{q}''_{\mathrm{s}}}$$

　　表面总热流包括垃圾桶燃烧产生的辐射传热、自然对流冷却和再辐射冷却,所以表面总热流为

$$\dot{q}''_{\mathrm{s}} = \alpha \dot{q}''_{\mathrm{ext}} - \dot{q}''_{\mathrm{conv}} - \dot{q}''_{\mathrm{reradiation}}$$

$$= \alpha \dot{q}''_{\mathrm{ext}} - \tilde{h} (T_{\mathrm{s}} - T_0) - \varepsilon \sigma (T_{\mathrm{s}}^4 - T_0^4)$$

　　随着窗帘的温度持续升高,对流和辐射造成的实际热量损失会发生变化。然而,本题已经假设了窗帘表面的对流换热系数是恒定的。这样,对流传热损失为

$$\dot{q}''_{\mathrm{conv,max}} = 10 \times 10^{-3} \times (254 - 25) = 2.29 \ (\mathrm{kW/m^2})$$

$$\dot{q}''_{\mathrm{rad,max}} = 0.9 \times 5.67 \times 10^{-8} \times 10^{-3} \times [(254 + 273.15)^4 - (25 + 273.15)^4] = 3.54 \ (\mathrm{kW/m^2})$$

　　当窗帘表面温度达到着火温度 $T_{\mathrm{s}} = T_{\mathrm{ig}} = 254 \ ℃$ 时,总热损失最大为 5.83 kW/m²,仅占垃圾桶燃烧的辐射热流的 18%。由于外部辐射源的辐射热流远大于热损失,为了计算方便,我们可以忽略热损失项,假设表面总热流完全是由外部辐射源的辐射热流引起的。着火延迟时间为

$$t_{\mathrm{ig}} = \frac{\rho_{\mathrm{s}} c_{\mathrm{s}} d (T_{\mathrm{ig}} - T_0)}{\dot{q}''_{\mathrm{s}}} = \frac{\rho_{\mathrm{s}} c_{\mathrm{s}} d (T_{\mathrm{ig}} - T_0)}{\alpha \dot{q}''_{\mathrm{ext}}}$$

$$= \frac{80 \times 1\,300 \times 0.5 \times 10^{-3} \times (254 - 25)}{0.9 \times 35\,000} = 0.38 \ (\mathrm{s})$$

4.4.4　临界热流

　　由式(4-16)可知,着火延迟时间是固体燃料和液体燃料加热表面净热流密度的函数。当燃料加热表面净热流密度较大时,着火延迟时间相对较短。当其净热流密度较小时,着火延迟时间就相对较长。当然,燃料加热表面净热流密度也可能不足以把燃料加热到着火点。因此,要想把燃料加热到着火点,就必然有一个外部热流密度的临界值,高于此临界值,固体燃料接受的热量才能足以克服散热损失,并最终把燃料加热到着火点。这种能够使燃料着

火的热流临界值称为"临界热流"(critical heat flux,CHF)。

图 4-10 所示为不同对流冷却速度下着火延迟时间与外部热流密度的关系。由图可知:在相同的对流冷却速度下,随着外部热流密度的减小,着火延迟时间延长;随着对流冷却速度的增大,燃料的对流散热损失增大,因此着火延迟时间延长,所需的外部热流密度也增大。图 4-10 中各趋势线的渐近虚线表示着火临界热流密度,任何低于此临界值的外部热流密度都不会导致着火。由于着火是由固体表面的能量平衡引起的,因此临界热流密度也是对流冷却速度的函数。在较强冷却对流条件下,需要更大的外部热流密度才能将燃料加热到着火点。

图 4-10   不同对流冷却速度下着火延迟时间与外部热流密度的关系

着火的临界热流密度与环境条件密切相关,它随着对流冷却条件和二次辐射热量损失的变化而变化。需要指出的是,在着火温度附近,二次辐射造成的热损失可能远大于对流冷却造成的损失,此时,二次辐射热损失项不能忽略。

例 4-3   将着火温度 T_{ig} 为 315 ℃的燃料,放在环境温度 T_{∞} 为 30 ℃,自然对流冷却系数 $\tilde{h}$ 为 10 W/(m² • K)的环境中,则该燃料着火的临界热流密度是多少?假设发射率=吸收率=0.9。

解   着火的临界热流密度是指能够将燃料加热到着火点的最小外部热流密度。在着火延迟时间为无限长的极限条件下,材料温度可以达到一个与着火温度相等的稳定值。这样,临界热流密度求解问题可以看作一个稳态热传导问题。此外,在如此长的加热时间下,最厚的材料的受热情况也与薄壁固体加热情况类似。根据薄壁固体的能量平衡公式可知,着火时,损失的热量=获得的热量,其中,损失的热量= $\dot{q}''_{conv} + \dot{q}''_{reradiation}$,获得的热量= $\dot{q}''_{ext}$ = $\dot{q}''_{critical}$。

$$\dot{q}''_{conv} = \tilde{h}(T_{ig} - T_{\infty}) = 10 \times 10^{-3} \times (315 - 30) = 2.85 \text{ (kW/m}^2)$$

$$\dot{q}''_{reradiation} = \varepsilon\sigma(T_s^4 - T_{\infty}^4) = 0.9 \times 5.67 \times 10^{-8} \times 10^{-3} \times [(315 + 273.15)^4 - (30 + 273.15)^4]$$
$$= 5.68 \text{ (kW/m}^2)$$

$$\dot{q}''_{critical} = \dot{q}''_{conv} + \dot{q}''_{reradiation} = 2.85 + 5.68 = 8.53 \text{ (kW/m}^2)$$

在例 4-3 的求解过程中,并没有用到材料的特性(如热导率和密度),而是严格采用能量平衡公式来计算临界热流密度。例 4-3 中得出的结论对上述环境状态下具有相同着火温度的任何材料都适用。但不同材料的着火温度往往相差甚远(见表 4-3),这就是在相同的条件下有些材料会着火,有些材料不会着火的原因。

习 题

4-1 如何定义临界自燃温度和临界自燃压力？列出求解这两个变量的条件和方程式，并绘制临界自燃温度和临界自燃压力的定性图。

4-2 一个直径为 10 cm、内部环境压力为 1 atm 的球形定容弹内装满了化学计量甲烷和空气的混合物。系统的初始温度为 T_i，定容弹对外的散热速率为 $\dot{q}'''_L = \dfrac{\tilde{h}A_s}{V}(T-T_\infty)$，其中，$T$ 为系统温度，V 为定容弹体积，A_s 为定容弹的表面积，$\tilde{h}$ 为传热系数[15 W/(m²·K)]，T_∞ 为环境温度（300 K）。系统的热生成速率为 $\dot{q}'''_G$，$\dot{q}'''_G = Q_c \tilde{r}$，其中，$Q_c$ 为混合气的燃烧热（MJ/mol），$\tilde{r}$ 为燃料消耗率[mol/(m³·s)]。

(1)计算混合气的燃烧热 Q_c。

(2)当 $\tilde{h} = 15$ W/(m²·K)时，画出 $\dot{q}'''_L$ 和 $\dot{q}'''_G$ 随系统初始温度（$T_i \geqslant 300$ K）的变化曲线，不用计算系统如何随时间变化，只需关注其初始状态。

(3)当 $\tilde{h} = 15$ W/(m²·K)时，求系统中热量产生项能抵消热量散失项的最低系统初始温度。

(4)计算系统的临界自燃温度 T_c。

4-3 画出表 4-1 中直链碳氢燃料的碳原子个数与自燃温度的关系曲线，并对所画关系曲线进行分析。

4-4 估算大气环境下，一个在化学计量异辛烷-空气混合气氛围中工作的 400 mL 汽油机的最小着火能与散热量的大致比例。

4-5 在 2 cm 厚胶合板的上方，放置均匀热通量为 50 kW/m² 的热流，试估算胶合板的着火延迟时间。

参 考 文 献

[1] MCALLISTER S，CHEN J Y，FERNANDEZ-PELLO A C. Fundamentals of combustion processes[M]. New York：Springer，2011.

[2] TURNS S R. An introduction to combustion：concepts and applications[M]. 2nd ed. New York：The McGraw-Hill Companies，Inc. ，2000.

[3] TURNS S R. 燃烧学导论：概念与应用[M]. 3 版. 姚强，李水清，王宇，译. 北京：清华大学出版社，2015.

[4] 徐通模，惠世恩. 燃烧学[M]. 2 版. 北京：机械工业出版社，2017.

[5] 蒋德明. 内燃机燃烧与排放学[M]. 西安：西安交通大学出版社，2001.

[6] 解茂昭. 内燃机计算燃烧学[M]. 大连：大连理工大学出版社，1995.

[7] HUGGETT C. Estimation of rate of heat release by means of oxygen consumption measurements[J]. Fire and Materials，1980，4(2)：61-65.

[8] 刘江虹，廖光煊，范维澄，等. 典型固体可燃物燃烧特性的实验研究[J]. 中国科学技术大学学报，2002，32(6)：738-742.

[9] 陈鹏. 典型木材表面火蔓延行为及传热机理研究[D]. 合肥：中国科学技术大学，2006.

[10] 胡国威. 五种固体可燃物阴燃过程特性实验研究[D]. 淄博：山东理工大学，2012.

第5章

层流预混燃烧

5.1 引　言

　　预混燃烧是指燃料与氧化剂在进入燃烧设备之前已经混合在一起。我们知道,预混的燃料和氧化剂混合物在室温和常压下通常是不会发生燃烧的。如果用点火源使混合物的局部温度大幅升高,或局部形成高浓度的自由基,并且混合物的组成在一定范围内,那么,在该局部就会发生着火和燃烧(爆炸),而且爆炸反应区域会通过气体混合物传播。燃料与氧化剂混合物可以发生燃烧的组成范围称为可燃极限。

　　在一根长管中,充满了在可燃极限内的预混燃料-氧化剂气体混合物,如果在管的一端点火,我们可以观察到燃烧波将沿管向管的另一端传播。如果管道两端都是开放的,燃烧波的传播速度通常在 $20\sim200$ cm/s 范围内。大多数碳氢燃料-空气混合物的燃烧波的传播速度约为 40 cm/s。在燃烧波的传播过程中,相伴发生的热传导和自由基扩散过程控制着燃烧波的传播速度,因此,观测到的燃烧波的传播速度通常远小于未燃气体混合物中的声速。这种燃烧波通常称为火焰,可被视为流动实体。由于这种燃烧波的传播速度大于正常燃烧速度、小于声速,这种现象也称为爆燃(deflagration),可能伴随爆炸现象。

　　如果把管子的一端封闭并在这里点火,在初始压力和温度足够高的条件下,燃烧波的传播速度可能会从亚声速转变到超声速。这种超声速燃烧波称作爆震(detonation)。在爆震中,热传导和自由基扩散过程并不控制燃烧波的传播速度,相反,充分发展的超声速波的激波结构使温度和压力大幅上升,从而引发爆炸和能量释放,继而维持燃烧波的传播。爆震不是本节主要讲授的内容,对这部分内容感兴趣的同学可以参考相关的专业书籍。

　　如果燃烧波在管道中传播,未燃气体流动速度与燃烧波传播速度相等,方向相反,那么燃烧波相对管道是静止的(见图5-1)。在该过程中,与燃烧相关的物理量在燃烧波处会发生阶跃,是不连续的,我们需要建立质量守恒方程(5-1)、动量守恒方程(5-2)、能量守恒方程(5-3),以及相对应的状态方程(5-4)和(5-5):

$$\rho_1 u_1 = \rho_2 u_2 \tag{5-1}$$

$$p_1 + \rho_1 u_1^2 = p_2 + \rho_2 u_2^2 \tag{5-2}$$

$$c_p T_1 + \frac{1}{2}u_1^2 + q = c_p T_2 + \frac{1}{2}u_2^2 \tag{5-3}$$

$$p_1 = \rho_1 R T_1 \tag{5-4}$$

$$p_2 = \rho_2 R T_2 \tag{5-5}$$

式中:下标1指定未燃气体条件;下标2指定已燃气体条件。

$-u_2$　　0　　$-u_1$

| 已燃气体 | 燃烧波的传播方向→ | 未燃气体 |

u_1-u_2　　u_1　　　　　　　0

图 5-1　燃烧波固定在管道内

在这些方程中,物理量的符号与流体力学和传热学中的常用符号相同,这里不再一一标注。方程(5-4)中的未燃气体压力、温度和密度都是已知变量,因此它不是一个独立的方程。对于燃烧波而言,u_1 是未燃气体进入燃烧波中的速度,u_2 则是已燃气体从燃烧波中离开的速度。因此,系统中的未知变量是 u_1、u_2、p_2、T_2 和 ρ_2,而独立方程只有 4 个,因此,我们必须再找出另外一个关系条件——爆震速度关系式。

由式(5-1)可以得到速度的表达式:

$$u_2 = \left(\frac{\rho_1}{\rho_2}\right)u_1$$

将上式代入式(5-2)中,有

$$\rho_1 u_1^2 - (\rho_1^2/\rho_2)u_1^2 = p_2 - p_1$$

两边同时除以 ρ_1^2 并进行变换,可以得到

$$u_1^2 = \frac{1}{\rho_1^2}\left[(p_2 - p_1)/\left(\frac{1}{\rho_1} - \frac{1}{\rho_2}\right)\right]$$

声速 c_1 定义为

$$c_1^2 = \gamma R T_1 = \gamma p_1(1/\rho_1)$$

且马赫数 Ma 为

$$Ma = u_1/c_1$$

则可以得到

$$\gamma Ma_1^2 = \frac{\dfrac{p_2}{p_1} - 1}{1 - \dfrac{1/\rho_2}{1/\rho_1}} \tag{5-6a}$$

$$\gamma Ma_2^2 = \frac{1 - \dfrac{p_1}{p_2}}{\dfrac{1/\rho_1}{1/\rho_2} - 1} \tag{5-6b}$$

为简单起见,假设定压比热容为常数(即 $c_{p1}=c_{p2}$)。γ 与 c_p 均同物质的种类和温度有关,但与 c_p 相比,γ 同物质的种类和温度的关系更弱,因此,也可以假设已燃气体和未燃气体的 γ 相等。

将 $c_p=R[\gamma/(\gamma-1)]$(其中 γ 是绝热指数)代入式(5-3)中,得到

$$R[\gamma/(\gamma-1)]T_1 + \frac{1}{2}u_1^2 + q = R[\gamma/(\gamma-1)]T_2 + \frac{1}{2}u_2^2 \tag{5-7}$$

假设 c_p 和 γ 为常数,则有

$$\frac{\gamma}{\gamma-1}\left(\frac{p_2}{\rho_2} - \frac{p_1}{\rho_1}\right) - \frac{1}{2}(u_1^2 - u_2^2) = q \tag{5-8}$$

由上述 u_1^2 和 u_2^2 可以得到

$$u_1^2 - u_2^2 = \left(\frac{1}{\rho_1^2} - \frac{1}{\rho_2^2}\right)\left[\frac{p_2 - p_1}{(1/\rho_1) - (1/\rho_2)}\right] = \frac{\rho_2^2 - \rho_1^2}{\rho_1^2 \rho_2^2}\left[\frac{p_2 - p_1}{(1/\rho_1) - (1/\rho_2)}\right]$$

$$= \left(\frac{1}{\rho_1} + \frac{1}{\rho_2}\right)(p_2 - p_1) \tag{5-9}$$

将式(5-9)代入式(5-8)中,可以得到

$$\frac{\gamma}{\gamma - 1}\left(\frac{p_2}{\rho_2} - \frac{p_1}{\rho_1}\right) - \frac{1}{2}(p_2 - p_1)\left(\frac{1}{\rho_1} + \frac{1}{\rho_2}\right) = q \tag{5-10}$$

方程(5-8)称为于戈尼奥(Hugoniot)关系,给定初始条件$(p_1, 1/\rho_1, q)$,可以得到一套完整的解族$(p_2, 1/\rho_2)$,如图5-2所示。在图5-2中从初始条件点$(p_1, 1/\rho_1)$作两条解族曲线的切线。显然,对于不同的q,可以得到不同的曲线。对于$q = 0$,即对于没有能量释放的情况,得到的曲线将穿过初始条件点,因为它给出了简单激波的解,所以其称为激波 Hugoniot 解。

图 5-2　反应系统$(q > 0)$ Hugoniot 曲线

通过初始条件点绘制水平线和垂直线。当然,这些线分别表示定压和定比容$(1/\rho)$的条件。它们进一步把 Hugoniot 曲线分成三段。第一、二段通过切点(点 J 和点 K),点 J、点 K 和其他特定点进一步将曲线分为若干部分。

利用方程(5-6a)分析区域 I 和区域 II 的马赫数 Ma_1 的特征。在区域 I 中,p_2 比 p_1 大得多,因此方程(5-6a)的分子比 1 大得多。此外,在该区域中 $1/\rho_2$ 略小于 $1/\rho_1$,因此它们的比值略小于 1,这使得方程(5-6a)的分母非常小,远远小于 1。因此,方程(5-6a)的右边是正的,并且比 1 大得多,显然要比 1.4 大得多。如果保守地假设 $\gamma = 1.4$(通常双原子气体的绝热指数为 1.4),那么 Ma_1^2 和 Ma_1 都大于 1。区域 I 定义了超声速燃烧波,为爆震区。因此,爆震可以定义为由能量释放(燃烧)维持传播的超声速燃烧波。

在区域 II 中,由于 p_2 略小于 p_1,方程(5-6b)的分子是一个小的负数,又由于 $1/\rho_2$ 远大于 $1/\rho_1$,分母是一个绝对值接近 1 的负数,因此方程(5-6b)右边小于 1,Ma_2 小于 1。区域 II 定义了亚声速燃烧波,为爆燃区。缓燃波是由燃烧维持传播的亚声速燃烧波。

在区域 III 中,$p_2 > p_1$ 且 $1/\rho_2 > 1/\rho_1$,方程(5-6)的分子为正,分母为负。因此,Ma 在区域 III 中是虚的,不代表物理上的真实解。

Hugoniot 曲线表明,在爆燃区内,压力变化很小。在本生灯中气体流动是层流。由于在水平管试验中产生的燃烧波与本生火焰非常相似,因此它也是层流。在此条件下,爆燃速度称为层流火焰传播速度。

因此,爆燃是一种由燃烧维持传播的亚声速燃烧波。火焰则被认为是在一个离散的反应区内(离散是指物理量在这个区域会发生阶跃性变化)发生的一种快速的、自维持的化学反应。是反应物被诱导进入反应区内,还是反应区向反应物方向移动,这取决于未燃气体的

速度是大于还是小于火焰(爆燃)速度。

5.2　预混火焰结构

我们现在研究一个标准预混火焰的结构和传播:如图 5-3(a)所示,火焰稳定在固定的位置,上游混合气体以与火焰传播速度相等的速度 $u_u^0(u_u^0=s_u^0)$ 和温度 T_u 接近火焰,并以速度 u_b^0 和温度 T_b^0 离开火焰。假设反应物中氧气是充足的,那么燃料的量会影响燃烧反应进行的程度、释放的能量和产物的量,因此,可以用一个单反应物反应式来表示:

$$R(反应物) \longrightarrow P(产物)$$

(a) 流体动力、火焰片级

(b) 运输、反应片级

(c) 包括反应区在内的详细结构

图 5-3　预混火焰结构示意图

在图 5-3 中,Y_u 表示未燃反应物中燃料的浓度,$Y_b^0=0$ 表示经过火焰时燃料完全消耗。此外,由于 s_u^0 远小于声速,在微弱的亚声速燃烧波上压力发生很小的变化,因此可以假设燃烧过程是定压过程。

下面将从三个层次来讨论火焰结构。

(1)阶跃界面的火焰。将火焰看作一个阶跃界面,即将未燃气体(处于热力学平衡状态)和已燃气体的两种流体动力学状态分开的界面,如图 5-3(a)所示。在该火焰面上,温度和反应物浓度分别发生 $T_u \rightarrow T_b^0$ 和 $Y_u \rightarrow Y_b^0(Y_b^0=0)$ 的不连续变化,但是它们依然遵循质量、动量和能量的整体守恒方程。

(2)考虑热量和质量扩散输运的火焰,于是图 5-3(a)中的没有厚度的火焰面就被展开,形成图 5-3(b)所示的特征厚度为 ℓ_D^0 的预热区。预热区受热量和质量扩散过程的控制。在预热区内,当混合物接近火焰时,会被从化学放热区域传递到上游的热量逐渐加热,导致温度持续升高,直到达到 T_b^0。由于对流传热的存在,升温曲线不是线性的。需要强调的是,这里的反应区依然只是一个没有厚度的面,只有当反应气体混合物的温度接近最大值时,反应才会被激活,并释放热量。而且,反应一旦开始,就会很快完成,燃料即刻耗尽。

可以看到,在该反应面上,温度和反应物浓度的变化是连续的,并在下游呈现出它们各自的燃烧状态值。然而,曲线斜率的变化是不连续的,这是在反应面上反应物突然消失及大量热量突然释放导致的。

因为在反应面上燃料即刻耗尽,所以在反应面上燃料浓度为 0,这就使得在预热区内燃料浓度,因燃料扩散而逐渐下降。此外,对于刘易斯数(Le)为 1 的混合物,热扩散系数和质量扩散系数相等意味着,温度上升的速率应与浓度下降的速率相对应。对于 $Le=1$ 的混合物,当适当归一化时,速度和温度的变化曲线是彼此镜像的,如图 5-3(b)所示。

考虑输运的预混火焰使得我们能够很好地理解火焰面上热量和质量的扩散输运,但也可能造成一个误解,即认为预混火焰由扩散过程控制。实际上,这种看法是不正确的。因此,需要对反应过程进行更全面的描述。

(3)考虑输运与反应过程的火焰。如图 5-3(c)所示,由于考虑了反应过程,图 5-3(b)中的反应面在这里被展开,形成特征厚度为 ℓ_R^0 的反应区,且反应区的特征厚度 $\ell_R^0 \ll \ell_D^0$。在反应区中,根据阿伦尼乌斯关系式,反应速率分布曲线呈现出一个尖峰。尖峰区域内反应速率的快速变化意味着,由二阶微分描述的扩散输运对反应速率的影响比由一阶微分描述的对流输运对反应速率的影响更大。

因此,可以认为火焰结构由两个截然不同的区域组成,即对流和扩散相平衡并共同主导的预热区,以及反应和扩散相平衡的反应区。由于 $\ell_R^0 \ll \ell_D^0$,因此代表反应和扩散非平衡过程的整个火焰厚度可以基本确定为 ℓ_D^0。

对于整个火焰,质量和能量的整体守恒方程是成立的。因此,从连续性出发,$d(\rho u)/dx = 0$,有

$$f^0 = \rho u = \rho_u^0 u_u^0 = \rho_b^0 u_b^0$$

式中:f^0 为恒定质量通量,称为层流燃烧通量。上式表明,表征火焰传播速度的基本参数是质量通量 f^0,而不是其本身的传播速度 u_u^0 或 s_u^0。

从整个火焰的能量守恒来看,由于所有燃料被消耗,如果我们进一步假设没有热损失,那么对于恒定的 c_p,有

$$c_p(T_b^0 - T_u) = q_c Y_u \tag{5-11}$$

式(5-11)意味着释放出的所有化学热都被用来加热进入的气体。因此,下游温度 T_b^0 正好是绝热火焰温度 T_{ad},由下式给出:

$$T_b^0 = T_{ad} = T_u + q_c Y_u / c_p$$

为了确定层流燃烧通量 f^0 和火焰特征厚度 ℓ_D^0,需要考虑火焰结构内扩散和反应的非平衡过程。下面将通过一个实际的例子来介绍典型的预混火焰结构。由于预混火焰的厚度较小(在 1 atm 下只有几毫米),很难准确测量火焰中各组分浓度。描述典型的预混火焰结构的方法是:用详细的化学和输运方程来计算预混火焰结构。图 5-4 给出了在室温条件下计算的化学当量甲烷-空气的预混火焰结构。

(a) 温度 T、密度 ρ 和流体速度 u 与距离的变化关系

(b) 组分的分布

(c) 组分的净反应速率的分布

图 5-4　在室温条件下计算的化学当量甲烷-空气的预混火焰结构

图 5-4 中未燃反应物从左向右流动。图 5-4(a) 显示了温度 T、密度 ρ 和流体速度 u 与距离的变化关系。经过火焰面后，未燃流体的密度从 1.13 kg/m³ 左右降至 0.17 kg/m³ 左右。未燃流体相对于火焰的速度约为 39 cm/s，燃烧区相应的流体速度约为 270 cm/s。在箭头标出的位置，温度达到自燃温度 ($537\ ℃\approx810$ K)。通常，用一定温升的范围所对应的距离来表征火焰厚度。例如，当温度达到总温升的 10% 和 90% 时，可以定义两个参考点，这两个参考点之间的距离则为火焰厚度。在右侧纵轴上还显示了平衡火焰温度（约为 $2\,250$ K），在这一有限区域内火焰的最高温度约为 $2\,000$ K，但计算结果显示，在下游约 5 cm 处，火焰温度达到了 $2\,250$ K。达到平衡态的时间可以估计为 0.019 s。

图 5-4(b) 给出了主要组分 (CH_4、H_2O、CO_2) 和主要中间组分 (CO) 的摩尔分数的分布。它们的平衡值被标记在右侧的纵轴上。图 5-4(c) 显示了主要组分和 CO 的净反应速率的分布，可以看出，甲烷的净反应速率是负的，因为它是反应物。两种主要的组分 (H_2O 和 CO_2) 的净反应速率都是正的。主要中间组分 CO，在距离为 $0.075\sim0.1$ cm 时的净反应速率是正的，说明在该区域中 CO 是生成物；在距离大于 0.1 cm 的产热区中，CO 的净反应速率是负的，说明在该区域中 CO 被氧化为 CO_2。

　　图 5-5 给出了计算的化学当量甲烷-空气预混火焰的自由基分布及其净产率。在 0.07 ～0.09 cm 范围内 CH_3 是 CH_4 分解产生的第一个中间产物。在 0.09 cm 处 OH、H 和 O 三种自由基开始大量消耗 CH_3。由于大多数 CO 通过反应 $CO+OH\longrightarrow CO_2+H$ 被氧化,因此,H、O 和 OH 开始增加的位置与 CO 开始减少的位置有很好的相关性。在 OH、H、O 三种自由基中,H 向未燃区扩散速度最大,这是因为它具有较高的扩散率(低分子质量)。NO 是一种浓度小但对环境影响大的污染物。NO 是通过热路径生成的,其生成速率与当前 O 和 OH 的浓度密切相关。

(a) 自由基分布

(b) 净产率

图 5-5　计算的化学当量甲烷-空气预混火焰的自由基分布及其净产率

5.3　火焰传播速度和火焰厚度

　　简单的热理论可以用来估计火焰传播速度、火焰厚度及其与运行工况的相关性。我们先来考虑一下预热区。由于温度低于自燃温度,化学反应产生的影响可以忽略不计。在预热区周围考虑控制体积,直到温度升至点火温度(图 5-6 所示预热区右侧)。稳态能量方程为

$$\rho c_p u \frac{\partial T}{\partial x}=k\frac{\partial^2 T}{\partial x^2}$$

　　将其在从预热区起始位置到温度达到 T_{ig} 的位置的区间内进行积分:

$$\int_0^{x_{ig}}\rho c_p u \frac{\partial T}{\partial x}\mathrm{d}x=\int_0^{x_{ig}}k\frac{\partial^2 T}{\partial x^2}\mathrm{d}x$$

$$\rho_r c_p S_L(T_{ig}-T_r)=k\frac{\partial T}{\partial x}\Big|_{x_{ig}}\approx k\frac{T_p-T_{ig}}{\delta} \tag{5-12}$$

式中:S_L 为火焰传播到未燃反应物的传播速度($u=S_L$);T_{ig} 为点火温度;T_r 和 ρ_r 分别为反应

图 5-6 燃料燃烧对应的区域

物的温度和密度；c_p 为定压比热容（假定为常数）；k 为导热系数（假定为常数）；T_p 为燃烧产物的温度。温度梯度近似表示为 $(T_p - T_{ig})/\delta$，δ 为反应区的厚度，通常称为火焰厚度。考虑包括预热区和反应区在内的整体能量平衡，对能量方程进行积分可以得到

$$\int_0^{x_f} \rho c_p u \frac{\partial T}{\partial x} dx = \int_0^{x_f} k \frac{\partial^2 T}{\partial x^2} dx + \int_0^{x_f} \hat{\dot{r}}_{fuel,ave} \hat{Q}_c dx$$

$$\rho_r c_p S_L (T_p - T_r) = 0 + \delta \cdot \hat{\dot{r}}_{fuel,ave} \hat{Q}_c$$

$$\rho_r c_p S_L (T_p - T_r) = \delta \cdot \hat{\dot{r}}_{fuel,ave} \hat{Q}_c \tag{5-13}$$

式中：$\hat{\dot{r}}_{fuel,ave}$ 为整个火焰的平均燃料消耗速率；$\hat{Q}_c$ 为单位物质的量的燃料燃烧释放的热量。通过式（5-12）和式（5-13），就可以解出两个未知数 S_L 和 δ，从而得到

$$\rho_r c_p S_L (T_{ig} - T_r) \cdot \rho_r c_p S_L (T_p - T_r) = k (T_p - T_{ig}) \hat{\dot{r}}_{fuel,ave} \hat{Q}_c$$

$$\rho_r c_p S_L = \left[\frac{k (T_p - T_{ig}) \hat{\dot{r}}_{fuel,ave} \hat{Q}_c}{(T_{ig} - T_r)(T_p - T_r)} \right]^{1/2}$$

$$S_L = \left[\frac{k (T_p - T_{ig}) \hat{\dot{r}}_{fuel,ave} \hat{Q}_c}{\rho_r c_p (T_{ig} - T_r) \rho_r c_p (T_p - T_r)} \right]^{1/2}$$

燃烧热与火焰温度的关系可以近似写为 $\hat{Q}_c \cdot [fuel] = \rho_r c_p (T_p - T_r)$，$[fuel]$ 是燃料浓度，单位为 mol/cm^3，$\hat{Q}_c$ 的单位为 kJ/mol，则火焰传播速度的表达式变为

$$S_L = \left[\frac{k (T_p - T_{ig}) \hat{\dot{r}}_{fuel,ave}/[fuel]}{\rho_r c_p (T_{ig} - T_r)} \right]^{1/2} = \left[\frac{\alpha (T_p - T_{ig})}{\tau_{chem} (T_{ig} - T_r)} \right]^{1/2} \tag{5-14}$$

式中：$\alpha = k/(\rho_r c_p)$，为热扩散系数，单位为 cm^2/s；$\tau_{chem} = [fuel]/\hat{\dot{r}}_{fuel,ave}$，为化学反应动力学中的时间尺度。利用 $\hat{Q}_c \cdot [fuel] = \rho_r c_p (T_p - T_r)$，式（5-13）变为

$$\delta = S_L \cdot \tau_{chem} \tag{5-15}$$

由式（5-15）可知，在给定的火焰传播速度下，火焰厚度与化学反应动力学中的时间尺度成正比。如果化学反应很快，则火焰厚度应该很小。将式（5-14）代入式（5-15）中得

$$\delta = S_L \cdot \tau_{chem} = \left[\frac{\alpha(T_p - T_{ig})}{\tau_{chem}(T_{ig} - T_r)} \right]^{1/2} \tau_{chem}$$

$$\delta = \left[\frac{\alpha \tau_{chem}(T_p - T_{ig})}{T_{ig} - T_r} \right]^{1/2} \tag{5-16}$$

火焰厚度通常同热扩散系数和火焰传播速度相关。这种相关性是通过将式(5-14)和式(5-16)相乘得到的,即

$$\delta \cdot S_L = \frac{\alpha(T_p - T_{ig})}{T_{ig} - T_r} \tag{5-17}$$

式(5-17)等号的右边取决于燃烧系统的热力学参数。对于给定的燃料,我们可以估计相关参数的值。对于甲烷-空气的燃烧,$T_r = 300$ K,$T_p = 2\ 250$ K,以及 $T_{ig} \approx 810$ K,可以得到$\delta \cdot S_L \approx 2.82\alpha$。由于平均燃料消耗速率$\hat{r}_{fuel,ave}$具有很高的温度依赖性,因此,温度选择对火焰传播速度和火焰厚度的估计结果有很大的影响。因此式(5-14)～式(5-16)只是对S_L和δ的粗略估计。然而,对于考察火焰传播速度与各种参数的关系(包括传质特性、温度、压力和反应速率量级),式(5-14)显得非常有价值。我们将使用δ对火焰厚度的数量级进行估计。必须注意的是,这些方程是通过简单的分析推导出来的,只能进行数量级的估计。更精确的解决方案是使用详细的化学反应动力学和一维火焰的输运方程。对于大多数碳氢燃料,参考状态下化学当量混合物燃烧的火焰传播速度约为 40 cm/s。然而,氢气燃烧的火焰传播速度是 220 cm/s。

例 5-1　利用总包反应(见表 3-1)和式(5-14)的简单热理论,估算丙烷-空气混合物在300 K 和 1 atm 初始状态下的层流燃烧速度。绝热火焰温度为 2 240 K,点火温度为 743 K。

解　已知式(5-14):

$$S_L = \left[\frac{k(T_p - T_{ig})\hat{r}_{fuel,ave}/[fuel]}{\rho_r c_p(T_{ig} - T_r)} \right]^{1/2} = \left[\frac{\alpha(T_p - T_{ig})}{\tau_{chem}(T_{ig} - T_r)} \right]^{1/2}$$

丙烷-空气燃烧的总包反应为

$$C_3H_8 + 5(O_2 + 3.76N_2) =\!=\!= 3CO_2 + 4H_2O + 18.8N_2$$

计算包括 N_2 在内的反应物(reactants)的总浓度:

$$[reactants] = \frac{p}{\hat{R}_u T} = \frac{1}{82.05 \times 300} = 4.06 \times 10^{-5}\ (mol/cm^3)$$

$$[C_3H_8] = x_{C_3H_8}[reactants]$$

$$x_{C_3H_8} = \frac{1}{1 + 5 \times (1 + 3.76)} = 0.040\ 3$$

$$[C_3H_8] = 0.040\ 3 \times 4.06 \times 10^{-5} = 1.636 \times 10^{-6}\ (mol/cm^3)$$

$$[O_2] = 5 \times [C_3H_8] = 8.18 \times 10^{-6}\ mol/cm^3$$

$$\dot{q}_{rxn} = 8.6 \times 10^{11} \exp\left(-\frac{30\ 000}{1.987T}\right)[C_3H_8]^{0.1}[O_2]^{1.65}\ mol/(cm^3 \cdot s)$$

已知 $T_p = 2\ 240$ K,$T_{ig} = 743$ K,$T_r = 300$ K,我们需要估计 α 和 τ_{chem},由于 α 和 τ_{chem} 都依赖于温度(特别是反应速率),因此需要确定近似温度以估计这两个量。对于 α,我们可以用反应物和产物之间的平均温度[$T_{1,ave} = (T_p + T_r)/2 = 1\ 270$ K]来估计,由于大多数混合物中氧化剂是空气,可使用空气特性(见表 C.1)来估计 α,由表 C.1 可知:$k = 78.5 \times 10^{-3}$ W/(m·K),$\rho = 0.282\ 4$ kg/m³,$c_p = 1.182$ kJ/(kg·K),则

$$\alpha = k/(\rho \cdot c_p) = 7.85 \times 10^{-5}/(0.282\ 4 \times 1.182)\ m^2/s = 2.35 \times 10^{-4}\ m^2/s$$

$$= 2.35 \ \mathrm{cm^2/s}$$

　　其次,根据平均反应速率来估计化学反应的时间尺度。由于化学反应对温度非常敏感,可尝试使用 $T_{1,\mathrm{ave}}(T_{1,\mathrm{ave}}=1\,270\ \mathrm{K})$。同时,由于反应物浓度随时间而减小,我们假设平均反应物浓度是初始值的一半。

$$\dot{q}_{\mathrm{rxn}} = 8.6 \times 10^{11} \exp\left(-\frac{30\,000}{1.987 T_{1,\mathrm{ave}}}\right)\left(\frac{[\mathrm{C_3H_8}]}{2}\right)^{0.1}\left(\frac{[\mathrm{O_2}]}{2}\right)^{1.65}$$

$$\hat{r}_{\mathrm{C_3H_8,ave}} = \dot{q}_{\mathrm{rxn}} = 8.6 \times 10^{11} \exp\left(-\frac{30\,000}{1.987 T_{1,\mathrm{ave}}}\right)\left(\frac{[\mathrm{C_3H_8}]}{2}\right)^{0.1}\left(\frac{[\mathrm{O_2}]}{2}\right)^{1.65}$$

$$= 8.6 \times 10^{11} \times 6.87 \times 10^{-6} \times \left(\frac{1.636 \times 10^{-6}}{2} \times \frac{300}{1\,270}\right)^{0.1}\left(\frac{8.18 \times 10^{-6}}{2} \times \frac{300}{1\,270}\right)^{1.65}$$

$$= 1.5 \times 10^{-4}\,[\mathrm{mol/(cm^3 \cdot s)}]$$

　　需要注意的是,在上面的计算中,需要根据理想方体的盖-吕萨克定律,将 $\mathrm{C_3H_8}$ 和 $\mathrm{O_2}$ 在 300 K 下的摩尔浓度换算为在 1 270 K 下的摩尔浓度。

$$\tau_{\mathrm{chem}} = [\mathrm{fuel}]/\hat{r}_{\mathrm{fuel,ave}} = 1.636 \times 10^{-6}/(1.5 \times 10^{-4}) = 1.1 \times 10^{-2}\,(\mathrm{s})$$

$$S_{\mathrm{L}} = \left[\frac{\alpha(T_{\mathrm{p}} - T_{\mathrm{ig}})}{\tau_{\mathrm{chem}}(T_{\mathrm{ig}} - T_{\mathrm{r}})}\right]^{\frac{1}{2}} = \left[\frac{2.35 \times (2\,240 - 743)}{1.1 \times 10^{-2} \times (743 - 300)}\right]^{\frac{1}{2}} = 26.9\,(\mathrm{cm/s})$$

　　另外,我们可以用 $T_{2,\mathrm{ave}} = (T_{\mathrm{ig}} + T_{\mathrm{p}})/2 \approx 1\,490\ \mathrm{K}$ 重复上述计算,得到

$$\hat{r}_{\mathrm{C_3H_8,ave}} = 6.56 \times 10^{-4}\ \mathrm{mol/(cm^3 \cdot s)}$$

$$\tau_{\mathrm{chem}} = 1.636 \times 10^{-6}/(6.56 \times 10^{-4}) = 2.5 \times 10^{-3}\,(\mathrm{s})$$

$$S_{\mathrm{L}} = \left[\frac{\alpha(T_{\mathrm{p}} - T_{\mathrm{ig}})}{\tau_{\mathrm{chem}}(T_{\mathrm{ig}} - T_{\mathrm{r}})}\right]^{\frac{1}{2}} = \left[\frac{2.35 \times (2\,240 - 743)}{2.5 \times 10^{-3} \times (743 - 300)}\right]^{\frac{1}{2}} = 56.4\,(\mathrm{cm/s})$$

　　值得注意的是,火焰传播速度实际的测量值约为 38.9 cm/s。因此,简化的热理论只能提供一个粗略的估计。

5.4　火焰传播速度的测量方法

　　预混火焰的层流燃烧速度是燃烧学中非常重要的基础特性参数。但火焰传播速度的测量不是很方便,一个主要原因是获得平面的、静止的且绝热的火焰比较困难。待测量的火焰的上游流动往往不是均匀的,这会导致火焰移动或弯曲。因此,测得的往往是瞬时局部火焰传播速度 s_{u},不是平面的、静止的且绝热的火焰传播速度 s_{u}^{0}。

　　对于没有火焰结构的本生火焰,我们可以画一条瞬时流线,如图 5-7 所示。上游未燃气体以速度 u_{u} 和角度 α_{u} 接近火焰前锋,穿过火焰后,气流发生折射,燃烧产物以速度 u_{b} 和角度 α_{b} 离开火焰。如果假设质量通量在沿火焰面法向上具有连续性,且速度在沿火焰面切向上具有连续性,那么层流火焰传播速度可定义为速度 u_{u} 的法向分量,其方向指向火焰面内。

　　测量火焰传播速度的另一个难点是如何定义和确定火焰锋面。在几何上,由于火焰本身具有一定的厚度和结构,因此在确定火焰传播速度 s_{u} 的预热区的上游边界时,存在很大的不确定性。如果火焰是弯曲的,定义局部切平面又会增大测量的不确定性,在选择表征火焰锋面的特定参数时也会带来不确定性。特别是在确定等温面和等密度面时,这种不确定性尤为明显。对于等密度面的确定,照相记录的火焰厚度和结构还取决于所使用的光学方法,

图 5-7　作为本生火焰一部分的瞬时、准平面火焰段上下游层流火焰传播速度的定义

如阴影照相法、纹影照相法、干涉测量法。利用激光诊断法时,某些关键基团的等浓度面则被用来表征具有特定特征的火焰锋面。

　　火焰传播速度的测量方法有两种:一种是在固定燃烧器中测量,其中上游气流是固定的;另一种是在开放或封闭的燃烧室中测量,其中火焰可以在空间中自由传播。下面讨论几种通用且相当准确的技术。

5.4.1　本生火焰法

　　在这种方法中,预混燃料沿圆形或二维管道流动,离开管道后燃烧。如果管子足够长,其横截面积不变,则出口处混合气体速度分布曲线为抛物线,因此火焰是弯曲的。火焰弯曲和火焰厚度会给精确确定局部倾角和局部燃烧速度带来困难。

　　一种确定火焰传播速度 s_u 的方法称为平均法。这里假设 s_u 在总面积为 A_f 的火焰锋面上是恒定的。如果气体的质量流率是 m,根据质量守恒,可以得到

$$s_u = \frac{m}{\rho_u A_f} \tag{5-18}$$

拍摄到的火焰锋面的面积可以很容易地用图形来确定。因此,可以粗略地测算出火焰传播速度。

　　一种精确测量火焰传播速度 s_u 的本生火焰法是采用空气动力学流线的喷嘴。在这种喷嘴出口处可以得到均匀分布的出口速度。于是,可以在火焰的肩部区域获得近乎笔直的火焰锥。如果喷嘴出口处的速度为 u_o,半锥角为 α,$\alpha = \alpha_u$,则火焰传播速度由下式给出:

$$s_u = u_o \sin\alpha_u$$

　　因此可以用激光多普勒测速仪、粒子图像测速仪和间歇照明等方法沿着火焰测量其局部火焰传播速度。图 5-8 所示为在本生火焰表面上测量的火焰传播速度。从图 5-8 中可以看出,在火焰锥大部分位置,s_u 是一个常数。在径向距离较大的位置,即靠近燃烧器边缘,由于热损失,火焰传播速度 s_u 减小。燃烧器边缘的温度相对于火焰的温度总是低的,因此在火焰和燃烧器边缘之间总存在一个"死"空间。而在径向距离较小的位置,即靠近火焰顶部,火

焰传播速度s_u急剧增大。这是因为火焰顶部不是尖的,而是圆的。因此,当$\alpha = \pi/2$时,有

$$s_u = u_o$$

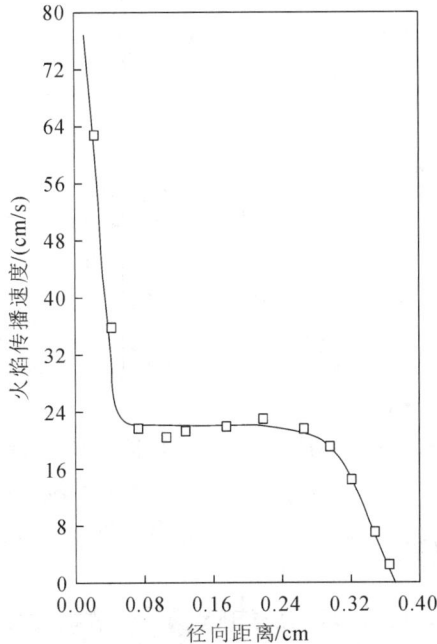

图 5-8　在本生火焰表面上测量的火焰传播速度

　　我们通常认为火焰传播速度主要取决于燃料和氧化剂的热化学特性,理论上,如果这些特性保持不变,火焰传播速度应该在整个火焰上是均匀的,特别是在远离燃烧器边缘的地方。然而,实际情况是,火焰顶部的传播速度有时会突然增大,这表明火焰传播速度并非完全由热化学性质决定,还受到火焰位置的影响。

　　对于绝热平面无拉伸火焰传播速度为s_u^0的混合物,肩部区域的火焰可以自由调整其倾斜角α_u,以适应u_o的变化,但这种灵活性在火焰顶部是不存在的。因为肩部区域的火焰会通过弯曲来应对火焰结构和燃烧速率的影响,换句话说,肩部区域存在着火焰拉伸效应。

　　注意,在上面的讨论中,我们用s_u而不用s_u^0来表示火焰传播速度,这是因为本节所述的火焰结构不符合绝热的一维平面火焰的要求。

5.4.2　一维平焰燃烧器方法

　　使用本生火焰法的一个主要困难是火焰面的识别,这是因为本生火焰的来流不是自由流,使用平焰燃烧器可以产生自由流,如图 5-9 所示。点火以后,通过调整预混合物流量,平焰燃烧器可以产生垂直于上游流动方向的平面火焰。向平焰燃烧器通惰性气体的目的是在火焰周围形成保护气体层,使周围环境对火焰的影响最小。平焰燃烧器产生的火焰面积很容易被确定,用混合物的体积流速除以火焰面积,就可以得到层流火焰传播速度。

　　火焰能稳定在一维平焰燃烧器上,是因为火焰向燃烧器传热,所以这种火焰本质上是非绝热的。这是一维平焰燃烧器方法的主要缺陷。因此,一维平焰燃烧器测量的燃烧速度小于基于自由流特性测量的s_u^0。许多研究人员通过控制或者精确测量燃烧器的散热率,并通过线性外推来获得高精度的绝热平面无拉伸火焰传播速度,如图 5-10 所示。

图 5-9　平焰燃烧器的典型设计示意图

图 5-10　采用平焰燃烧器,通过线性外推
使热损失为零,确定层流火焰传播速度 s_u^0

5.4.3　球形火焰法

在这种方法中,半径为 R 的球形燃烧室中充满了可燃混合物,用火花在燃烧室中心点燃混合物,产生的球形火焰以层流火焰传播速度向外传播。随着产物的增加,燃烧室压力也会均匀增大,同时火焰上游的未燃气体因受到压缩而被加热。如果在火焰尺寸不太大的情况下采集数据,那么燃烧室压力和火焰前方的温度可被视为初始状态下的压力和温度,否则需要单独测量。

由于燃烧产物在球形燃烧室内是固定的,因此测得的火焰半径增加率 dr_f/dt 可被定义为燃烧状态下的火焰传播速度。从连续性出发,假设火焰是准稳态和准平面的,则有

$$s_u = s_b(\rho_b/\rho_u) \tag{5-19}$$

由于该方法在操作上是静态的,因此设计相对简单,耗气量小。它也非常适合用于测定中等高压下的火焰传播速度。潜在的问题是:在火焰发展的初期电极的热损失;对于缓慢燃烧的火焰,浮力造成的火焰弯曲;以及固有的脉动的发展和火焰表面胞状不稳定性。火焰后面大量燃烧气体的辐射热损失也会降低火焰温度,从而减小火焰传播速度。此外,火焰是弯曲的、非平稳的,与用于定义层流火焰传播速度的一维空间稳定传播的平面火焰不符,因此会受到与上文讨论的本生火焰尖端相同的火焰拉伸效应的影响。其不仅影响火焰传播速度,还与混合气体的有效刘易斯数定性相关。例如,图 5-11 所示为当量比分别为 0.6 和 3.0 的氢气-空气混合物的火焰传播速度。这两种混合物的有效 Le 分别小于 1 和大于 1。拉伸强度由定义为 $(2/r_f)(dr_f/dt)$ 并且单位为 s^{-1} 的拉伸率来表示。结果表明,拉伸对下游火焰传播速度有明显的影响,随着拉伸率的增大,下游火焰传播速度近似呈线性变化,而对于贫燃料和富燃料的混合气体,其变化趋势正好相反,这些都是 Le 偏离 1 的结果。火焰传播速度随拉伸率的线性变化,使得我们可以将这些燃烧状态下的拉伸火焰传播速度 s_b 外推到零拉伸率下的火焰传播速度 s_b^0,随后通过 $s_u^0 = (\rho_b/\rho_u)s_b^0$ 公式获得未燃烧状态下的火焰传播速度。Dowdy 等人还导出了非线性外推表达式,考虑了受拉伸影响的火焰传播速度的轻微非线性。

图 5-11 1 atm 下向外传播的稀薄富氢-空气火焰的下游火焰传播速度

5.4.4 滞止火焰法

滞止火焰法采用两个完全相同的喷嘴,并且将其相向放置,由喷嘴喷出的两股可燃混合物气流对冲撞击,形成一个滞止流,如图 5-12 所示。点火以后,在滞止平面两侧形成对称的两个平面火焰。从图 5-13 中可以看到,混合物流体在到达主要预热区之前,速度呈线性减小,$v=ay$,其中 $a=\mathrm{d}v/\mathrm{d}y$ 为速度梯度。这符合滞流区的特点。然而,当流体进入预热区后,强烈的加热所导致的热膨胀,逆转了速度减小的趋势并导致速度增大。最终,在接近滞止火焰面时,热量几乎完全释放,速度再次减小。

因此,根据速度分布可以确定速度梯度 a、可以近似认为最小速度点 $v_{\min}$ 是在稳定火焰预热区的上游边界处的参考火焰传播速度($s_{u,\mathrm{ref}}$),最大速度点 $v_{\max}$ 为在反应

图 5-12 典型的逆流、双火焰结构

区的下游边界处的参考火焰传播速度,如图 5-13 所示。这些值也可以认为是在绝热条件下获得的,因为喷管产生的流动上游的热损失很小,而由于对称性,下游的热损失也很小,尽管少量的辐射热损失总是存在的。

与传播的球形火焰相似,滞止火焰也是拉伸的,但在非均匀流动中,其拉伸强度由速度梯度 a 表示。对于较小的 a,变化近似为线性,如图 5-14 所示。因此,通过将 v 外推到零拉伸率,可以将 $a=0$ 处的 $v_{\min}$ 的截距识别为 s_u^0,在上游边界进行评估,因为热损失和流动不均匀性都被消除了。

高阶分析表明,对于较小的 a,这种变化是略微非线性的。通过增大喷嘴分离距离可以最大限度地减小这种不精确度,这样火焰就可以更好地近似为一个表面。或者,将本生火焰撞击到平板上,创建零伸展的火焰段,形成一个正伸展的滞止流,其正伸展效应可以抵消火焰尖端的负伸展效应。

图 5-13 逆流双火焰结构中其中一个火焰的典型轴向速度分布

图 5-14 用逆流双火焰方法通过线性外推到零拉伸率来确定层流火焰传播速度 s_u^0

5.5 当量比、温度和压力对火焰传播速度的影响

由于火焰传播速度 S_L 与化学反应速率密切相关,因此 S_L 强烈依赖于温度和当量比。图 5-15(a)所示为燃料-空气的火焰温度与当量比的变化关系,当燃料略过量时,火焰温度达到峰值。燃烧热与燃烧产物热容之间的关系是导致在燃料略过量时火焰温度达到峰值的主要原因:当当量比超过 1 时,燃烧热和燃烧产物热容均下降,但燃烧产物热容下降的速度略快于燃烧热下降的速度,因此,火焰温度还会轻微上升。需要指出的是,该特征对应的当量比的范围不大,因此火焰温度的峰值只是轻微地偏向富燃料侧。火焰传播速度与当量比的关系同火焰温度与当量比的关系类似。图 5-15(b)所示为测量的甲烷-空气的火焰传播速度与当量比的变化关系,在轻微偏向富燃料侧的位置,出现火焰传播速度的峰值。

未燃混合气体初始温度 T_r 对火焰传播速度的影响是多方面的。温度升高会导致更快的化学反应,因此化学反应时间越短,火焰传播速度越大。对于理想气体,热扩散系数同温度和压力有如下关系:

$$\alpha = \frac{k(T)}{\rho c_p} = \frac{RTk(T)}{pc_p} \propto T^{1.5}p^{-1} \tag{5-20}$$

(a) 温度与当量比的变化关系　　　　(b) 火焰传播速度与当量比的变化关系

图 5-15　温度和火焰传播速度与当量比的变化关系

温度升高会增大热扩散系数,从而增大火焰传播速度。图 5-16 所示为在 1 atm、不同初始温度下丙烷-空气的火焰传播速度与当量比的变化关系。正如理论预测的那样,初始温度越高,火焰传播速度越大。

图 5-16　在 1 atm、不同初始温度下丙烷-空气的火焰传播速度与当量比的变化关系

接下来我们考虑压力对火焰传播速度的影响。对于大多数碳氢燃料来说,压力增大实际上会导致火焰传播速度减小。同样地,根据式(5-14),我们考察各个参数的压力依赖性,热扩散系数与压力成反比,$\alpha \propto p^{-1}$。由于在高压下离解较少,火焰温度通常随压力的升高而略有升高。但是,这种影响并不明显,因此不被考虑。考虑化学时间尺度的定义,可以分析压力对化学时间尺度的影响:

$$\tau_{\text{chem}} = \frac{[\text{fuel}]}{\hat{r}_{\text{fuel,ave}}} \propto p/p^{(a+b)} \propto p^{1-a-b}$$

式中:a 和 b 分别为燃料和氧化剂的指数,用于一步总包反应。根据以上关系,火焰传播速度与压力有如下关系:

$$S_{\text{L}} = \left[\frac{\alpha(T_{\text{p}} - T_{\text{ig}})}{\tau_{\text{chem}}(T_{\text{ig}} - T_{\text{r}})} \right]^{\frac{1}{2}} \propto \sqrt{p^{-1}/p^{1-a-b}} \propto p^{[(a+b)/2]-1} \propto p^{(n/2)-1} \qquad (5\text{-}21)$$

式中:$n = a + b$,n 为化学反应总级数。如果 $n = 2$,则火焰传播速度对压力不敏感。对于 $n < 2$ 的烃类燃烧反应,火焰传播速度具有负压依赖性,如图 5-17 所示,这可能会给高压下的燃烧应用带来困难。幸运的是,对于大多数碳氢燃料来说,和压力相比,火焰传播速度对温度更敏感,所以提高未燃气体的温度可以抵消压力导致的火焰传播速度的下降。在燃气轮机和内燃机中,燃料-空气混合物在点火前都被压缩至一个较高的温度。在许多工程应用中,根据参考状态(通常是标态)下的火焰传播速度,使用经验公式来关联火焰传播速度。例如,汽

图 5-17　化学当量甲烷-空气的火焰传播速度随压力的变化关系

车工程师可能使用下式来关联火焰传播速度：

$$S_L(\Phi, T, p) = S_{L,ref}(\Phi) \left(\frac{T_r}{T_{ref}}\right)^\alpha \left(\frac{p}{p_{ref}}\right)^\beta (1 - 2.5\Psi) \qquad (5-22)$$

式中：$T_{ref} = 300\ \text{K}$；$p_{ref} = 1\ \text{atm}$；$S_{L,ref}(\Phi) = Z \cdot W \cdot \Phi^\eta \cdot \exp[-\xi(\Phi - 1.075)^2]$；$\Psi$ 为残余燃烧气体的质量分数；Φ 为当量比。层流火焰传播速度的经验系数见表 5-1。

表 5-1　层流火焰传播速度的经验系数

燃料	Z	$W/(\text{cm/s})$	η	ξ	α	β
C_8H_{18}	1	46.58	-0.326	4.48	1.56	-0.22
C_2H_5OH	1	46.50	0.250	6.34	1.75	$-0.17/\sqrt{\Phi}$
$C_8H_{18} +$ C_2H_5OH	$1 + 0.07X_E^{0.35}$	46.58	-0.326	4.48	$1.56 + 0.23X_E^{0.35}$	$X_G\beta_G + X_E\beta_E$

注：X_E 为燃料混合物中乙醇的体积百分比，%；X_G 为燃料混合物中异辛烷的体积百分比，%；β_E 为乙醇的 β 值；β_G 为异辛烷的 β 值。

图 5-18 所示为惰性气体稀释对 H_2-O_2 火焰传播速度的影响，这些燃料混合物中燃料的浓度是保持一致的。空气中 N_2 和 O_2 的体积分数之比是 3.76。用 Ar 或 He 来代替 N_2（Ar 和 He 与 O_2 的体积分数之比也是 3.76），可以发现火焰传播速度增大了。用 He 稀释时，火焰传播速度最大。使用不同的稀释剂，火焰的最高温度和热扩散系数是不同的。表 5-2 列

图 5-18　惰性气体稀释对 H_2-O_2 火焰传播速度的影响

出了在 1 atm 下 H_2-O_2-N_2、H_2-O_2-Ar、H_2-O_2-He 的绝热火焰温度和 1 300 K 下热扩散系数 α 的计算值。当用 Ar 代替 N_2 时，由于 Ar 的热容较低，火焰温度升高对热扩散系数的影响可以忽略不计，因此火焰传播速度增大。当 He 被用作稀释剂时，因为这些稀有气体有相同的热容，混合物火焰温度与用 Ar 稀释时的相同。但由于分子质量小，He 的热扩散系数大于 Ar，火焰传播速度进一步增大。

表 5-2　在 1 atm 下绝热火焰温度和热扩散系数的计算值

混合物	绝热火焰温度/K	1 300 K 下热扩散系数 α/(cm²/s)
H_2-O_2-N_2	2 384	2.65
H_2-O_2-Ar	2 641	2.59
H_2-O_2-He	2 641	12.59

5.6　层流预混火焰传播速度的计算

5.6.1　预混火焰方程

适用于稳态、等压、准一维火焰传播速度的控制方程为

$$\dot{M} = \rho u A \tag{5-23}$$

$$\dot{M}\frac{dT}{dx} - \frac{1}{c_p}\frac{d}{dx}\lambda A \frac{dT}{dx} + \frac{A}{c_p}\sum_{k=1}^{K}\rho Y_k V_k c_{pk}\frac{dT}{dx} + \frac{A}{c_p}\sum_{k=1}^{K}\dot{\omega}_k h_k M_k = 0 \tag{5-24}$$

$$\dot{M}\frac{dY_k}{dx} + \frac{d}{dx}(\rho A Y_k V_k) - A\dot{\omega}_k M_k = 0, \quad k = 1,2,\cdots,K \tag{5-25}$$

$$\rho = \frac{p\overline{M}}{R_u T} \tag{5-26}$$

上述 4 个方程分别是质量守恒方程、能量守恒方程、组分守恒方程和状态方程。其中：x 为空间坐标；$\dot{M}$ 为质量流量；T 为温度；Y_k 代表组分 k 的质量分数（这里有 K 种物质）；p 为压力；u 为流体混合物的速度；ρ 为质量密度；M_k 为组分 k 的相对分子质量；$\overline{M}$ 为混合物平均相对分子质量；R_u 为通用气体常数；λ 是混合物的导热系数；c_p 为混合物的恒压比热容；c_{pk} 是组分 k 的恒压比热容；$\dot{\omega}_k$ 为单位体积内组分 k 的净产率；h_k 为组分 k 的比焓；V_k 为组分 k 的扩散速率；A 为流管围绕火焰的横截面积（通常因热膨胀而增大）。

单位体积内组分 k 的净产率 $\dot{\omega}_k$ 与涉及该组分的化学反应之间的竞争有关。我们假定每个反应都遵循质量作用定律，并且正反应速率采用修正的阿伦尼乌斯形式：

$$k_f = AT^\beta \exp\left(\frac{-E_a}{RT}\right) \tag{5-27}$$

有关化学反应方程式和热化学性质的详细信息可参见 CHEMKIN-Ⅲ 用户手册。除了化学反应速率以外，物质的输运特性，即热传导和热扩散系数也非常重要。有关输运特性计算的详细信息可参见 TRANSPORT 手册。

5.6.2　边界条件

通常,计算火焰传播速度考虑两种不同类型的火焰:稳定的燃烧器火焰和绝热自由传播的火焰。这两种火焰的守恒方程相同,但边界条件不同。对于稳定的燃烧器火焰,$\dot{M}$ 是一个已知的常数,温度和质量通量分数($\varepsilon_k = Y_k + \rho Y_k V_k A / \dot{M}$)在冷边界处根据计算条件确定,在热边界处则取其梯度为零。

对于绝热自由传播的火焰,$\dot{M}$ 是一个特征值,必须作为解的一部分来确定。因此,需要固定并确定某一点的温度,以确保温度和组分梯度在冷边界处为零。如果不满足此条件,表明 $\dot{M}$ 太小,导致一些热量通过冷边界散失。需要重新设置并迭代计算,直至满足所需的边界条件。

5.7　预混火焰的稳定

5.7.1　可燃极限

如图 5-19 所示,当可燃混合物过浓或过稀时,火焰温度降低,导致火焰传播速度明显减小。最终,如果当量比对应的燃料体积分数大于某个上限值或小于某个下限值时,火焰不能传播。这两个极限分别称为富可燃极限(RFL)和贫可燃极限(LFL),它们通常表示为燃料在混合物中的体积,如图 5-19 所示。在某些工程应用中,这些极限也称为爆炸极限。对于碳氢燃料:在 RFL 条件下,混合物中燃料的含量约为化学当量条件下的两倍;而在 LFL 条件下,混合物中燃料的含量约为化学当量条件下的一半。通常用一根一端带有火花塞的管子在环境压力下测量可燃极限。当温度和压力改变时,可燃极限也会改变,这是因为温度和压力会影响反应的速率。向可燃混合物中添加惰性气体或稀释气体将减小可燃范围。表 5-3 列出了一些常用燃料的可燃极限。

图 5-19　LFL、RFL 示意图

表 5-3　一些常用燃料的可燃极限

燃料蒸气	LFL/(%)	RFL/(%)	燃料蒸气	LFL/(%)	RFL/(%)
氢气	4	75	乙醇	3.3	19
甲烷	5	15	正庚烷	1.2	6.7
汽油	1.4	7.6	异辛烷	1	6.0
柴油	0.3	10	丙烷	2.1	9.5
乙烷	3.0	12.4	正戊烷	1.4	7.8
正丁烷	1.8	8.4	二甲基乙醚	3.4	27
正己烷	1.2	7.4			

在消防安全方面,可燃极限非常有用。例如,可燃极限有助于确定在油箱中储存燃料是

否安全。汽油很容易挥发,其蒸气会充满储罐内的空间。汽油的蒸发压力随温度而变化,在 25 ℃ 左右的环境温度下,其蒸发压力的正常范围为 48.2~103 kPa。储罐都有充装系数,即储罐中需要留有一定空间不装汽油。汽油的挥发性使得这部分预留空间中含有一定量的汽油分子,因此,这部分预留空间因汽油含量太大而无法燃烧(按体积计,汽油的可燃极限分别为 1.4% 和 7.5%)。油箱打开后,汽油蒸气开始与周围的空气混合,形成可燃气体混合物,在打开装有汽油的储罐时必须小心谨慎。由于蒸气压取决于温度,所以当天气很冷时,储罐中的汽油混合物可能会因蒸发压力大幅降低而使汽油的体积分数达到爆炸极限,从而变成可燃物。

相比之下,柴油和煤油的蒸气压较低,常温下约为 0.05 kPa,在其与空气的混合物中的体积分数约为 0.05%。这低于 2 号柴油的可燃下限(体积分数约为 0.3%)。2 号柴油的可燃上限的体积分数是 10%。因此,在 25 ℃ 左右的室温下将柴油储存在油箱中是安全的。如果温度升高,蒸气压就会升高,这将导致柴油和空气混合物可燃。

5.7.2　温度和压力对可燃极限的影响

当温度或压力升高时,可燃当量比的范围变大。图 5-20 所示为温度和压力对可燃极限的影响。如图 5-20(a)所示,随着温度的升高,RFL 增大,而 LFL 减小,因此 RFL 和 LFL 所包围的可燃区域随温度升高而增大。压力对可燃极限的影响也有类似的趋势,如图 5-20(b)所示。对于甲烷,压力对 RFL 的影响比对 LFL 的影响更为显著。

图 5-20　温度和压力对可燃极限的影响

5.7.3　火焰的猝熄

火焰会向邻近导热材料传递热量(热损失),使反应温度降低,从而导致反应速率减小。如果热损失显著,反应可能无法继续,火焰会熄灭。因此,火焰猝熄与否取决于燃烧反应产生的热量与向邻近材料传递的热量之间的平衡关系。消防员往火上倒水是生活中常见的熄火例子之一。

从消防安全到污染物排放,火焰猝熄有许多应用。关于火焰猝熄的一个重要参数是在熄火前火焰距离材料表面的最小距离 d_0,这个距离称为"熄火距离",根据熄火距离可以确定阻火器的间距或留在发动机气缸壁上的未燃燃料量等参数。这里,让我们考虑预混火焰传播到具有 1 个单位深度、两壁间距为 d_0 的二维管道中的情况,如图 5-21 所示。

火焰产生的能量为

$$\dot{Q}_{generation} = V \cdot \dot{Q}^m = \delta \cdot d_0 \cdot 1 \cdot \hat{r}_{fuel} \cdot \hat{Q}_c \qquad (5\text{-}28)$$

通过壁面损失的能量为

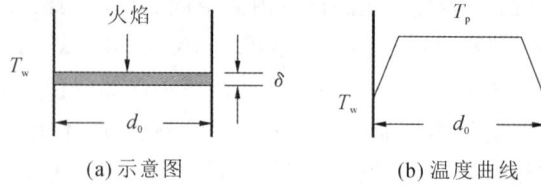

(a) 示意图　　　　　　　　(b) 温度曲线

图 5-21　预混火焰在距离为 d_0 的两壁间通道中传播

$$\dot{Q}_{loss} = 2\delta \cdot 1 \cdot k \frac{T_p - T_{wall}}{d_0} \tag{5-29}$$

火焰熄灭的标准是 $\dot{Q}_{loss} \geqslant \dot{Q}_{generation}$。假设 $\dot{Q}_{loss} = \dot{Q}_{generation}$，有

$$\delta \cdot d_0 \cdot 1 \cdot \widehat{r}_{fuel} \cdot \widehat{Q}_c = 2\delta \cdot 1 \cdot k \frac{T_p - T_{wall}}{d_0}$$

求解 d_0，得到

$$d_0 = \sqrt{\frac{2k(T_p - T_{wall})}{\widehat{r}_{fuel} \cdot \widehat{Q}_c}} \tag{5-30}$$

d_0 也被称为熄火直径。由式(5-30)可知影响 d_0 的因素。图 5-22 所示为阻火器，阻火器的作用是阻止火焰进入气体输送系统。在燃烧系统中，通常使用金属格栅或金属网格阻隔火焰，金属格栅或金属网格的尺寸必须小于所考虑的燃烧条件下的熄火直径。

(a) 阻火器外观　　　　　　　　(b) 阻火器内部

图 5-22　阻火器

若用化学时间尺度来表示熄火距离，就可以确定 d_0 与 δ 之间的关系。同样地，由 $\widehat{Q}_c \cdot [fuel] = \rho_r c_p (T_p - T_r)$，可得 $\widehat{Q}_c = \rho_r c_p (T_p - T_r)/[fuel]$。将其代入式(5-30)中可得

$$d_0 = \sqrt{\frac{2k[fuel](T_p - T_{wall})}{\widehat{r}_{fuel}\rho_r c_p (T_p - T_r)}} = \sqrt{2\alpha \tau_{chem} \frac{T_p - T_{wall}}{T_p - T_r}} \tag{5-31}$$

当 $T_{wall} \approx T_r$ 时，有

$$d_0 \approx \sqrt{2\alpha \tau_{chem}} \tag{5-32}$$

将式(5-32)与式(5-16)中的火焰厚度进行比较，可得

$$d_0 \approx \sqrt{\frac{2(T_{ig} - T_r)}{T_p - T_{ig}}} \delta = O(\delta) \tag{5-33}$$

这意味着熄火距离与火焰厚度的数量级相同，即在环境条件下为几个毫米。更重要的是，d_0 对混合物温度和压力的依赖关系与 δ 的相同。如图 5-23 所示，d_0 对当量比的 U 形依赖关系与 δ 的相似。通过 $\delta \propto p^{-n/2}$，可以预测 $d_0 \propto p^{-n/2}$，这种依赖关系如图 5-24 所示。

图 5-23　甲烷-空气的火焰厚度和熄火距离与当量比的变化关系

图 5-24　熄火距离与压力的变化关系

通过分析预混火焰的熄火直径的试验数据,有

$$d_0 \approx 8\frac{\alpha}{S_L} \tag{5-34}$$

利用式(5-17),得到

$$d_0 \approx 8\frac{T_{ig} - T_r}{T_p - T_{ig}}\delta \tag{5-35}$$

5.7.4　火焰稳定与吹熄

一种给定的燃料-空气混合物具有一定的火焰传播速度 s_u^0,而且火焰传播速度是由燃料-空气混合物的热化学特性决定的。因此一旦燃料-空气混合物被点燃,火焰就会以一个与其传播速度接近的速度向上游未燃的燃料-空气混合物传播。在实际应用中,我们非常希望这种火焰在空间中保持稳定,以便在燃烧器(如燃气轮机和工业炉膛)内实现连续的运行模式。为了达到这一目的,未燃燃料-空气混合物必须具有完全相同的速度,以平衡火焰传播速度,从而使火焰保持稳定。这基本上是不可能做到的,即使可以做到,在燃烧器的工作范围内要求也是十分苛刻的。研究火焰稳定原理相当于研究火焰燃烧强度的自动调整机制,在该机制中,火焰在非均匀的、瞬时变化的流场中可以灵活地调整其位置、方向和形状。因此火焰不仅可以在局部区域内实现出流速度与传播速度的静态平衡,而且还具有足够的灵活性来适应运行条件的变化,从而达到动态平衡。

1. 平焰燃烧器

平焰燃烧器(flat-flame burner)在燃烧学研究中具有广泛的应用,特别是与火焰化学结构相关的研究。如图 5-25 所示,可燃混合物从多孔板中流出,形成平面火焰。若火焰与燃烧器之间的换热较多,可以在多孔板上设置内部冷却系统。

图 5-25　平焰燃烧器的原理及温度分布

火焰能够在燃烧器上方稳定存在,这是因为火焰产生的热量通过预热区传递到多孔板,从而在燃烧器上方形成了一个稳定的火焰区域。火焰底部与燃烧器出口之间的距离被称为相隔距离。由于热量是通过导热传递给多孔板的,因此多孔板必须和预热区接触。那么在绝热条件下,反应区的相隔距离小于预热区厚度,但二者处于同一量级。因为在燃烧器表面的传热是有限的,流场中的温度通常会低于基于自由流混合物的绝热极限温度,那么此系统的火焰的质量燃烧通量 f 相应地小于绝热自由传播火焰的质量燃烧通量。只有在热损失完全消失的极限情况下,火焰才能达到绝热状态。

非绝热自由传播火焰的稳定性分析表明:正如图 5-26 所示的那样,对于特定的热损失率,可能存在两种不同的火焰传播速度,即典型的双火焰传播速度异常现象。然而试验中转折点的存在经常被用来验证斯伯丁(Spalding)的理论,特别是将转折点视为熄灭状态或者是可燃极限的标志。Ferguson 等人的研究发现了双火焰传播速度异常现象的另一种表现,即在相同的熄火距离下存在两种火焰传播速度。

图 5-26　双火焰传播速度异常现象示意图

可燃混合物的温度为 T_u、浓度为 Y_u,从具有表面温度为 T_s 的多孔板中以质量流 f 形式流出。由于多孔板的热损失,所产生的火焰温度 T_f 低于基于 T_u 和 Y_u 的绝热火焰温度 T_{ad}。

然而,燃烧器表面的火焰的下游区域的热损失可以忽略不计。总能量守恒方程在无量纲形式下为

$$\widetilde{f}\frac{\mathrm{d}(\widetilde{T}+\widetilde{Y})}{\mathrm{d}\widetilde{x}} - \frac{\mathrm{d}^2(\widetilde{T}+\widetilde{Y})}{\mathrm{d}\widetilde{x}^2} = 0 \tag{5-36}$$

式中:$\widetilde{x}=[f^0/(\rho D)]x$;$\widetilde{Y}=Y/Y_u$;$\widetilde{T}=c_p T/(q_c Y_u)$。对式(5-36)从燃烧器表面$\widetilde{x}=0^+$到下游$\widetilde{x}=\infty$进行积分,并且运用边界条件($\widetilde{L}_s$为表面热损失率参数):

$$\widetilde{x}=0^+:\quad \widetilde{T}=\widetilde{T}_s,\quad \widetilde{f}\widetilde{Y}-\frac{\mathrm{d}\widetilde{Y}}{\mathrm{d}\widetilde{X}}=\widetilde{f},\quad (\frac{\mathrm{d}\widetilde{T}}{\mathrm{d}\widetilde{x}})_{0^+}=(\frac{\mathrm{d}\widetilde{T}}{\mathrm{d}\widetilde{x}})_{0^-}=\widetilde{L}_s \tag{5-37}$$

$$\widetilde{x}=\infty:\quad \widetilde{T}=\widetilde{T}_f,\quad \widetilde{Y}=0,\quad \frac{\mathrm{d}\widetilde{T}}{\mathrm{d}\widetilde{x}}=0 \tag{5-38}$$

可得

$$\widetilde{f}[\widetilde{T}_{ad}+(\widetilde{T}_s-\widetilde{T}_u)]-\widetilde{L}_s=\widetilde{f}\widetilde{T}_f \tag{5-39}$$

由式(5-39)可知,当总能量为$\widetilde{f}\widetilde{T}_{ad}$的混合物通过多孔板被加热到$\widetilde{T}_s$时获得额外的显热$\widetilde{f}(\widetilde{T}_s-\widetilde{T}_u)$,同时因为冷却损失了$\widetilde{L}_s$的能量。式(5-39)等号右边的项表示剩下的能量。可以将上式简化,混合物温度加热到$\widetilde{T}_f$,注意$Y_s\ne Y_u$。

通过求解预热区温度分布的方程($\widetilde{f}\widetilde{T}'-\widetilde{T}''=0$)可以很容易地确定热损失量,从而得到

$$\widetilde{T}=\widetilde{T}_s+(\widetilde{T}_f-\widetilde{T}_s)\left(\frac{\mathrm{e}^{\widetilde{f}\widetilde{x}}-1}{\mathrm{e}^{\widetilde{f}\widetilde{x}_f}-1}\right),\quad \widetilde{x}\ll\widetilde{x}_f \tag{5-40}$$

$$\widetilde{L}_s=(\frac{\mathrm{d}\widetilde{T}}{\mathrm{d}\widetilde{x}})_{0^+}=\frac{\widetilde{f}(\widetilde{T}_f-\widetilde{T}_s)}{\mathrm{e}^{\widetilde{f}\widetilde{x}_f}-1} \tag{5-41}$$

$$\widetilde{f}^2=\left(\frac{\widetilde{T}_f}{\widetilde{T}_{ad}}\right)^4\exp\left[-\widetilde{T}_a\left(\frac{1}{\widetilde{T}_f}-\frac{1}{\widetilde{T}_{ad}}\right)\right] \tag{5-42}$$

式中:$\widetilde{T}_f$由式(5-39)给出。

对于给定的流量,此时质量通量$\widetilde{f}$、火焰温度$\widetilde{T}_f$、热损失率$\widetilde{L}_s$及火焰位置$\widetilde{x}_f$由式(5-39)、式(5-41)、式(5-42)给出。标准预混火焰与具有体积热损失的标准预混火焰不同,其火焰温度$\widetilde{T}_f$仅略低于$\widetilde{T}_{ad}$,根据燃烧器表面的传热程度,$\widetilde{T}_f$降低的程度可以是相当大的。

具体而言,在绝热极限$\widetilde{f}\to1$,出现适当极限表现$\widetilde{T}_f\to\widetilde{T}_{ad}$、$\widetilde{x}_f\to\infty$及$\widetilde{L}_s\to0$,而在不反应极限$\widetilde{f}\to0$时,极限表现为$\widetilde{T}_f\to\widetilde{T}_u$、$\widetilde{x}_f\to\infty$及$\widetilde{L}_s\to0$。此外,对于给定的热损失率$\widetilde{L}_s$及给定的熄火距离,$\widetilde{f}$有两个解,因此存在一个最大的热损失率$\widetilde{L}_{s,max}$及最小的熄火距离$\widetilde{x}_{f,min}$,超出这个范围就没有解了。这些存在双解的情况与上文讨论的试验观察情况相符。

然而,重要的是,需要明确区分两种火焰:一种是具有体积热损失的非绝热自由传播火焰,另一种是燃烧器中稳定火焰,后者存在传热到上游边界的情况。尽管在燃烧通量$\widetilde{f}$与热损失参数的曲线图上,这两种火焰都可能显示出双火焰传播速度和转折点行为,但它们之间存在本质的不同,如图5-27所示。对于自由传播火焰,可独立设定热损失率。通过改变传热系数$\widetilde{h}$来连续增大热损失率,可以使火焰达到熄灭状态。然而,对于燃烧器稳定火焰(burner-stabilized flame),在燃烧器表面温度固定的情况下,火焰可通过改变其位置来调节

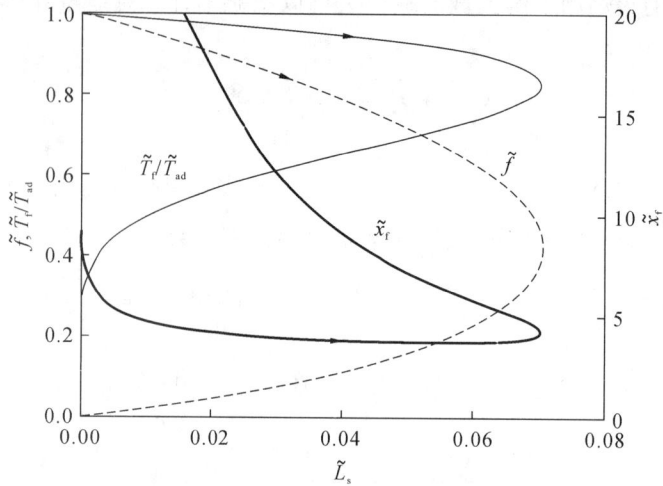

图 5-27 平板燃烧器火焰在不同工况下燃烧通量对热损失率的
响应曲线图(箭头表示不同响应下的变化趋势)

与燃烧器表面的热传递量,因此在实际操作中很难精确控制热损失率。相反,可独立控制质量通量 $\tilde{f}$。如图 5-28 所示,对于一个给定的 $\tilde{f}$,仅有一个热损失率 $\tilde{L}_s$ 和火焰位置 $\tilde{x}_f$。因此,系统响应是单调变化的。此外,因为很难控制热损失率,燃烧器稳定火焰通过增大热损失率并不容易实现熄火。事实上,"消除"火焰最可行的方法是不断增大放热速率,直到它超过绝热自由传播火焰的放热速率。在这种情况下,火焰并非被熄灭,而是被吹离,这是因为出流速度超过了火焰传播速度。

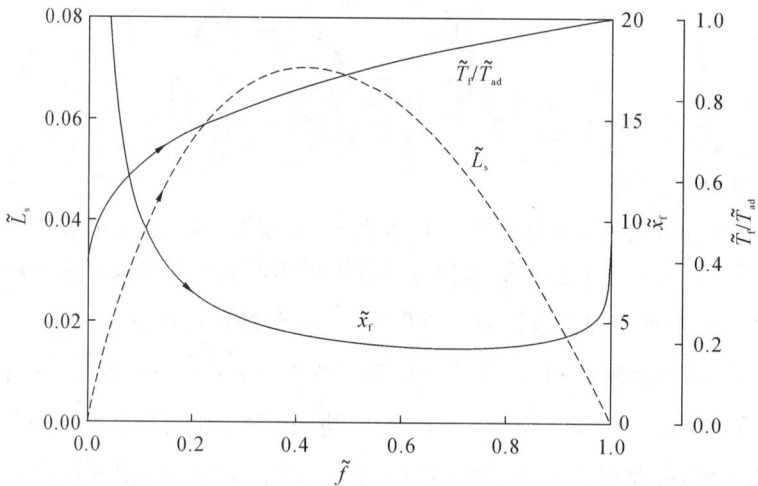

图 5-28 在质量通量 $\tilde{f}$ 为独立参数下获得的类似于图 5-27 的结果图

因此,平面燃烧器火焰响应曲线中出现的转折点可以被理解为火焰对流量的变化作出非单调响应的表现形式。因此,$\tilde{f}$-$\tilde{L}_s$ 曲线的转折点不对应熄灭状态,$\tilde{x}_f$-$\tilde{f}$ 曲线的转折点也不对应特定的熄火距离。

因此,经典的双火焰传播速度异常现象是一种人为反常现象,因为非绝热自由传播火焰和平面燃烧器火焰是基准不同的两种系统。当尝试使用基于前者的理论来解释后者的试验结果时,会出现反常现象。当使用平面燃烧器火焰理论解释时,不会出现反常现象。值得注意的是,转折点的出现并不意味着熄灭状态的存在,热损失的存在也不意味着火焰将在某种状态下熄灭。

上述概念的可行性已经通过其他试验及详尽的化学和传输过程数值计算的进一步验证,试验数据与数值计算结果之间显示出高度的一致性。

2. 燃烧器边缘的预混火焰的稳定

接下来讨论热损失及非均匀流动对火焰稳定性的影响,以本生火焰为例。本生火焰可在较大的流速和混合物浓度变化下稳定地停留在燃烧器出口上方。这种稳定性主要出现在燃烧器的边缘。图 5-29 所示为本生火焰的稳定机理。

图 5-29　本生火焰的稳定机理

在本生燃烧器中,如果燃烧器管道内的流动已经充分发展,出口处的速度分布会呈现抛物线形状,而靠近边缘的狭窄区域的速度变化则近似线性。在这个区域中,火焰的局部速度 s_u 与层流火焰传播速度 s_u^0 不同,主要受两个因素的影响:一是边缘的冷却作用;二是周围空气的扩散和卷吸导致的混合物浓度变化。对于贫燃料混合物,由于混合物较稀薄,火焰传播速度会降低;而对于富燃料混合物,由于其与空气混合的比例接近化学计量比,燃烧过程更为剧烈。本节主要讨论贫燃料情况下的火焰稳定性。在流动的中心区域,火焰受到上游气流的强烈对流作用,因此火焰会根据上游的气流速度形成其层流火焰传播速度 s_u^0,并根据局部速度分布调整其构型。

图 5-29 展示了贫燃料混合物的三种火焰构型。在火焰构型 1 中,火焰过于靠近边缘,导致过多的热损失。由于火焰的局部速度 s_u 小于气流速度 u_u,火焰被推回到燃烧器中心。在火焰构型 2 中,火焰远离边缘,从而减小了热损失。因此,火焰的局部速度 s_u 在大部分区域都是增大的,除了最外层边缘。最外层边缘由于空气的夹带作用变得重要,这稀释了混合物,进一步降低了火焰的局部速度 s_u。因此,在火焰段的某一点上,火焰的局部速度 s_u 与气流速度 u_u 精确平衡,使得整个火焰稳定在这一点上。在火焰构型 3 中,火焰离边缘太远,导致某些位置的火焰的局部速度 s_u 大于气流速度 u_u,这使得火焰向平衡位置前移。

当气流速度发生变化时,火焰通过调整其局部速度,可以移动到燃烧器的特定位置,以实现局部的速度平衡,从而适应这些变化。然而,如果无法达到这种平衡,可能会导致火焰不稳定,出现回火或吹离现象。

减小混合物流速或者提高其反应性,使火焰位于更靠近边缘的位置。当混合物流速减小到一定程度时(表征为速度梯度),气流中某一点的气体速度就会小于火焰传播速度。于是,火焰将会逆流传播进入管道从而导致回火的发生。

图 5-30 定性地给出了本生火焰发生回火的条件。可以看到,如果混合物流速大于火焰传播速度(曲线 3),则火焰就会从管内喷出。反之,会发生回火(曲线 1)。而曲线 2 给出了能够发生回火的临界状态。

图 5-30　本生火焰的回火机理

对于吹离,可参考图 5-31。通过增大混合物流速,火焰会被提升到相对于边缘更高的位置。由于减少了边缘的热损失,火焰底部的火焰传播速度也会增大。然而,火焰传播速度有一个上限,超过这个上限就不能进一步增大了。当混合物流速过大时(曲线 4),火焰就会发生吹离。因此,曲线 3 给出了可以发生吹离的临界状态。

图 5-31　本生火焰的吹离机理

值得注意的是,火焰的吹离和熄火是两种完全不同的现象。吹离是火焰传播速度和出流速度的动态失衡导致的。当出流速度增大时,火焰在稳定点的燃烧强度会达到临界吹离条件的最大值,从而发生吹离,在吹离发生后的有限时间内火焰仍会保持其结构。相反,熄火是化学反应性的骤然下降导致的,火焰会完全消失,火焰强度会达到临界熄火条件的最小值。

图 5-32 展示了层流预混火焰中的吹离、回火,以及稳定燃烧区域的划分。本生火焰稳定的范围是处于回火和吹离曲线之间的区域。从图 5-32 中可以看到,贫燃料和富燃料混合

物都能够抑制回火发生。由于吹离曲线不存在这种对称性,随着燃料浓度的增大,吹离变得越来越困难,从而增大了火焰的燃烧强度。

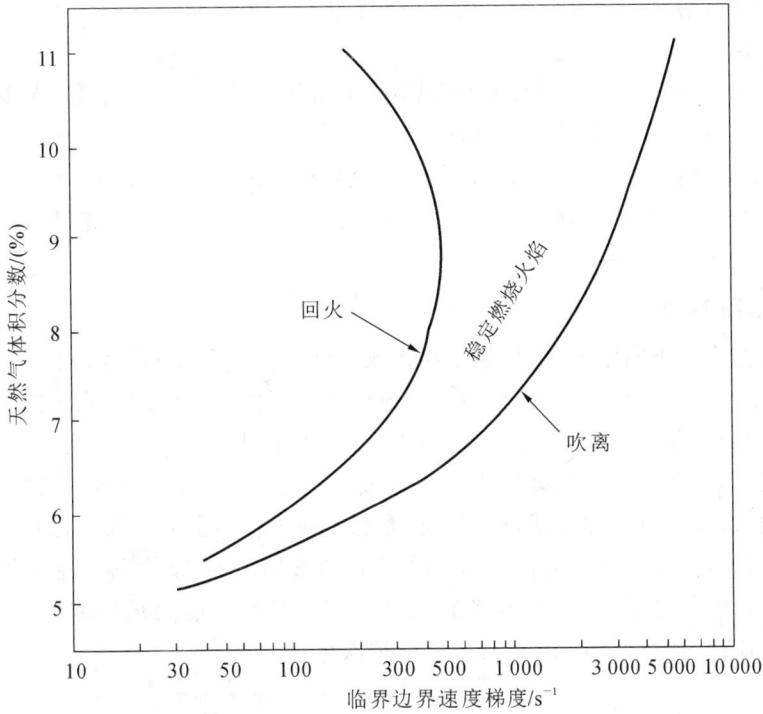

图 5-32　层流预混火焰中的吹离、回火,以及稳定燃烧区域的划分

3. 燃烧器边缘的非预混火焰的稳定

由于在低温下燃烧器边缘会存在一个死区(dead space),并且在足够大的流速下会出现吹离现象。越来越多的证据表明,通过火焰底部的预混火焰段可以稳定非预混合本生火焰(见图 5-33)。

图 5-33　通过火焰底部的预混火焰段来稳定非预混本生火焰的示意图

气体燃料从燃烧器管中排出,首先与燃烧器边缘区域的环境中的空气混合,而在该区域由于低温反应无法发生。因此当反应真正发生时,燃烧器边缘的火焰段呈现出预混火焰的特征。远离燃烧器边缘的大部分火焰仍是非预混火焰。但是整个火焰的稳定仍由预混火焰段的稳定性决定。

这种预混火焰段有一个相当有趣的火焰结构,如图 5-33 所示。在燃烧器边缘下游燃料和氧化剂迅速混合,产生了由贫燃料到富燃料的分层混合物。因此,从贫燃料到富燃料的火焰段仅由氧气和燃料组成。基于氧气和燃料的燃烧产物依次形成强度不断增大的非预混火焰段,最终它们会合并成为整体火焰构型中显示的大块非预混火焰。这种火焰结构称为三重火焰或三臂火焰。

4. 托举火焰的稳定

随着燃料浓度的不断增大,火焰越来越难发生吹离。图 5-34 显示了本生火焰完整的稳定范围,涵盖了空气中燃料浓度的整个范围,还标明了惰性环境中的吹离极限。需要注意的是,在富燃料混合物条件下,火焰在空气中的行为表现得更像非预混火焰。因此,当燃料浓度超过一定值时,有理由把火焰处理为一个扩散火焰,这样的火焰不容易发生吹离。相反,随着流速的增大,火焰将从燃烧器边缘升起,并悬浮在燃烧器上方的某个位置。在这种情况下,由于流速较大,流动状态变为湍流。在流动到达火焰之前,富燃料射流和周围环境之间已经有相当程度的预混了。因此,最终的火焰会同时具有预混火焰和非预混火焰的特点。再进一步增大流速,托举火焰(lifted flame)会被吹熄。

图 5-34　本生火焰的完整稳定图

逐渐降低托举火焰的流速,托举火焰最终会回落到燃烧器边缘。在惰性环境中,不论是贫燃料混合物,还是富燃料混合物,火焰被吹离的特征是相似的。吹离速度在化学计量比附近达到峰值。此外,回火不会因周围气体的卷入而受到影响。

参 考 文 献

[1] MCALLISTER S,CHEN J Y,FERNANDEZ-PELLO A C. Fundamentals of combustion processes[M]. New York:Springer,2011.

[2] LAW C K. Combustion physics[M]. New York:Cambridge University Press, 2006.

[3] ANDREWS G E , BRADLEY D. The burning velocity of methane-air mixtures[J]. Combustion and Flame,1972,19(2):275-288.

[4] BAYRAKTAR H. Experimental and theoretical investigation of using gasoline-ethanol blends in spark-ignition engines[J]. Renewable Energy,2005,30(11):1733-1747.

[5] BLANC M V , GUEST P G ,ELBE G V, et al. Ignition of explosive gas mixtures by electric sparks. I. minimum ignition energies and quenching distances of mixtures of methane, oxygen, and inert gases[J]. The Journal of Chemical Physics,1947,15 (11):798-802.

[6] BOSSCHAART K J,GOEY L P H D. Detailed analysis of the heat flux method for measuring burning velocities[J]. Combustion and Flame,2003,132(1-2):170-180.

[7] FENN J B. Lean flammability limit and minimum spark ignition energy[J]. Industrial & Engineering Chemistry, 1951, 43(12):2865-2869.

[8] GREEN K A , AGNEW J T. Quenching distances of propane-air flames in a constant-volume bomb[J]. Combustion and Flame, 1970, 15(2):189-191.

[9] KWON O C,FAETH G M. Flame/stretch interactions of premixed hydrogen-fueled flames:measurements and predictions[J]. Combustion and Flame, 2001, 124(4): 590-610.

[10] LAW C K. Combustion at a crossroads:status and prospects[J]. Proceedings of the Combustion Institute, 2007, 31(1):1-29.

[11] TURNS S R. An Introduction to combustion:concepts and applications[M]. 2nd ed. New York:The McGraw-Hill Companies,Inc. ,2000.

[12] WARNATZ J, MAAS U , DIBBLE R W. Combustion:physical and chemical fundamentals, modeling and simulation, experiments, pollutant formation[M]. 4th ed. Berlin:Springer,2006.

[13] GLASSMAN I , YETTER R A,GLUMAC N G. Combustion[M]. 5th ed. San Diego: Elsevier,2015.

[14] DOWDY D R, SMITH D B, TAYLOR S C, et al. The use of expanding spherical flames to determine burning velocities and stretch effects in hydrogen/air mixtures [J]. Symposium (International) on Combustion,1991,23(1): 325-332.

第6章

层流扩散火焰

6.1 概　述

按照燃料与氧化剂混合方式分类,燃烧分为扩散燃烧、预混燃烧和部分预混燃烧。扩散燃烧(diffusion combustion)是指燃料与氧化剂(一般是空气)被分开送入燃烧室的燃烧方式,也称为非预混燃烧(non-premixed combustion)。扩散燃烧是人类最早使用的一种燃烧方式,比如木柴的燃烧。这种直接发生在大气中的扩散燃烧也被称为大气式燃烧。

由于扩散燃烧不会出现回火现象,安全性较好,结构简单(不需要预先混合装置),因此在工业上被广泛采用。在火灾中,扩散燃烧也是主要的燃烧方式之一。但是扩散燃烧容易导致较多的 CO 和碳烟(soot)排放。因此,扩散燃烧研究对实际燃烧器的开发设计是极其重要的。

在扩散燃烧中,燃烧发生于燃料与空气的混合层内,火焰则位于化学当量比处;燃料与空气分别从火焰内外两侧向火焰扩散。由于火焰是燃烧最为明显的特征,因此扩散燃烧的主要研究对象是扩散火焰。而且,流动与扩散过程和化学反应共同决定着扩散火焰的特性。

射流是扩散火焰的主要流动方式,常用于研究的扩散火焰大致分为以下三种类型。

(1)自由射流扩散火焰。气体燃料从喷口射入大气空间中的静止空气,在燃料射流的界面上形成扩散火焰。

(2)平行流扩散火焰。燃料与空气分别从与轴线平行的两个或多个喷口分别射出,且射出方向相同,因此它也是一种扩散火焰。与自由射流扩散火焰不同的是,它一般发生在受限空间内,受到燃烧室壁面的影响。

(3)对冲扩散火焰。燃料喷口与空气喷口分开、相对布置,以对冲的方式射出,扩散火焰在两个喷口之间的混合层中形成。

流动分为层流与湍流,因此射流扩散火焰也可分为层流射流扩散火焰和湍流射流扩散火焰。由于湍流混合效果比层流好,因此湍流射流扩散火焰的长度比层流射流扩散火焰小很多。但是湍流相对层流而言要复杂得多,因此,本章只介绍气体燃料的层流射流扩散火焰和对冲扩散火焰。

6.2　传　质　基　础

由于流动与扩散过程和化学反应共同决定着扩散火焰的特性,因此,首先介绍传质的基本速率定律和控制质量传递的守恒原理,然后深入探讨传质问题的求解方法。

6.2.1　菲克扩散定律(Fick law of diffusion)

考虑一个仅包含两种分子组分(组分 A 和组分 B)且相互之间不会发生反应的气体混合物。菲克扩散定律描述了一种组分在另一种组分中扩散的速率。对于一维双组分扩散的情况,以质量为基准的菲克扩散定律被描述为:单位面积上组分 A 的质量流量等于,由宏观流体流动引起的单位面积的组分 A 的质量流量与由微观分子扩散引起的单位面积的组分 A 的质量流量之差。详细的计算公式如下:

$$\dot{m}''_A = Y_A(\dot{m}''_A + \dot{m}''_B) - \rho D_{AB} \frac{\mathrm{d}Y_A}{\mathrm{d}x} \tag{6-1}$$

式中:$\dot{m}''_A$ 是组分 A 的质量通量,单位是 kg/(m²·s);Y_A 是组分 A 的质量分数;D_{AB} 是二元扩散系数,是混合物的一个特性参数,单位是 m²/s。等号右边第一项表示由宏观流体流动引起的单位面积的组分 A 的质量流量,等号右边第二项表示由微观分子扩散引起的单位面积的组分 A 的质量流量。本书中,**质量通量**定义为组分 A 在垂直于流动方向上的单位面积的质量流量:

$$\dot{m}''_A = \dot{m}_A/A \tag{6-2}$$

传热学对"通量"的概念有所涉及,"热通量"表示单位面积上能量传输的速率,也就是 $\dot{Q}'' = \dot{Q}/A$,单位为 J/(m²·s)或 W/m²。1 atm 下一些二元扩散系数的值见表 D.1。

式(6-1)表明组分 A 以两种方式传输:宏观流体流动引起的 A 组分输运和微观分子扩散引起的 A 组分输运。在扩散不存在的情况下,组分 A 的质量流量恒等于组分 A 宏观流动的通量:

$$\dot{m}''_A = Y_A(\dot{m}''_A + \dot{m}''_B) = Y_A\dot{m}'' \tag{6-3}$$

式中:$\dot{m}''$ 是混合物的质量通量。组分 A 的扩散质量通量 $\dot{m}''_{A,\text{diff}}$ 表示为

$$\dot{m}''_{A,\text{diff}} \equiv -\rho D_{AB} \frac{\mathrm{d}Y_A}{\mathrm{d}x} \tag{6-4}$$

由式(6-4)可以看出,组分 A 的**扩散质量通量**正比于质量分数梯度,其比例常数为 $-\rho D_{AB}$。组分 A 从高浓度区域向低浓度区域的运动,类似于能量从高温向低温的传递。注意,负号是指当浓度梯度为负时,组分 A 朝 x 轴的正向流动。通过对比没有宏观流动时的菲克扩散定律(6-4)和傅里叶导热定律,我们可以将质量扩散过程和热量扩散(导热)过程进行类比。傅里叶导热定律表示为

$$\dot{Q}'_x = -k \frac{\mathrm{d}T}{\mathrm{d}x} \tag{6-5}$$

菲克扩散定律和傅里叶导热定律两个表达式都表示通量($\dot{m}''_{A,\text{diff}}$ 或 $\dot{Q}'_x$)与一个标量的梯度($\mathrm{d}Y_A/\mathrm{d}x$ 或 $\mathrm{d}T/\mathrm{d}x$)成正比。

式(6-1)的一维形式可以表示为

$$\dot{m}''_A = Y_A(\dot{m}''_A + \dot{m}''_B) - \rho D_{AB} \nabla Y_A \tag{6-6}$$

在许多情况下,式(6-6)常以摩尔形式表达:

$$\dot{N}''_A = \chi_A(\dot{N}''_A + \dot{N}''_B) - c D_{AB} \nabla \chi_A \tag{6-7}$$

式中:$\dot{N}''_A$ 是组分 A 的**摩尔通量**,kmol/(m² · s);χ_A 是组分 A 的摩尔分数;c 是混合物的浓度,kmol/m³。

将双组分混合物的总质量通量表示为组分 A 的质量通量和组分 B 的质量通量之和,我们就能更清楚地理解宏观流动和微观扩散的意义。

$$\dot{m}'' = \dot{m}''_A + \dot{m}''_B \tag{6-8}$$

为方便起见,假设双组分混合物的流动是一维流动,将单组分质量通量的表达式(6-1)代入式(6-8)可得

$$\dot{m}'' = Y_A \dot{m}'' - \rho D_{AB} \frac{dY_A}{dx} + Y_B \dot{m}'' - \rho D_{BA} \frac{dY_B}{dx} \tag{6-9}$$

或

$$\dot{m}'' = (Y_A + Y_B)\dot{m}'' - \rho D_{AB} \frac{dY_A}{dx} - \rho D_{BA} \frac{dY_B}{dx} \tag{6-10}$$

对于双组分混合物($Y_A + Y_B = 1$),组分 A 和组分 B 的扩散质量通量之和等于零:

$$-\rho D_{AB} \frac{dY_A}{dx} - \rho D_{BA} \frac{dY_B}{dx} = 0 \tag{6-11}$$

也就是说,所有组分扩散质量通量之和为零:

$$\sum \dot{m}''_{i,\text{diff}} = 0 \tag{6-12}$$

在此要着重说明的是,目前讨论的是双组分混合物,且组分的扩散仅是由浓度梯度引起的,这种扩散称为普通扩散。燃烧中所涉及的实际混合物包含的组分更多。然而,双组分的假设使我们易于理解许多基本的物理过程,不涉及多组分扩散存在的固有复杂性。温度梯度和压力梯度也可能引起组分的扩散,即热扩散和压力扩散效应。在本书涉及的许多系统中,这些效应通常是很小的,忽略这些效应可以让我们更清晰地理解一个问题的基本物理过程。

根据分子动力学分析,可以得到 D_{AB} 与温度和压力的关系:

$$D_{AB} = \frac{2}{3} \left(\frac{k_B^3 T}{\pi^3 m_A} \right)^{1/2} \frac{T}{\sigma^2 p} \tag{6-13}$$

即

$$D_{AB} \propto T^{3/2} p^{-1} \tag{6-14}$$

由此可见,二元扩散系数与温度强相关,呈现 3/2 的指数关系,与压力成反比。值得注意的是,组分 A 的质量通量与 ρD_{AB} 相关。代入理想气体状态方程 $p = \rho RT/M$,有

$$\rho D_{AB} \propto T^{1/2} p^0 = T^{1/2} \tag{6-15}$$

由式(6-15)可以看出,ρD_{AB} 与温度的平方根成正比而与压力无关,即 ρD_{AB} 与温度弱相关。因此,在对许多燃烧过程的分析中,为了降低问题的复杂性,常常将 ρD 当作常数。

6.2.2　组分守恒方程

首先应用组分输运速率定律(菲克扩散定律)来导出最基本的质量守恒方程。考虑一维控制体,其水平厚度为 Δx,如图 6-1 所示。组分 A 在宏观流动和微观扩散的共同作用下流

入或流出控制体。在控制体内,组分 A 也可以由化学反应产生或消耗。

图 6-1　分析组分 A 的一维守恒控制体

在控制体内,组分 A 的质量净增加率与质量流量和反应速率的关系为

$$\frac{dm_{A,cv}}{dx} = \left[\dot{m}''_A A\right]_x - \left[\dot{m}''_A A\right]_{x+\Delta x} + \dot{m}'''_A V \tag{6-16}$$

式中:第一项表示控制体内组分 A 的质量净增加率;第二项表示流入控制体的组分 A 的质量流量;第三项表示流出控制体的组分 A 的质量流量;第四项表示由化学反应引起的组分 A 的质量生成率。组分 A 的质量通量 $\dot{m}''_A$ 由式(6-1)给定,$\dot{m}'''_A$ 是单位体积中组分 A 的质量生成率,单位是 $kg/(m^3 \cdot s)$。注意,控制体内组分 A 的质量 $m_{A,cv} = Y_A m_{cv} = Y_A \rho V_{cv}$,控制体的体积 $V_{cv} = A\Delta x$,则式(6-16)可改写为

$$A\Delta x \frac{\partial(\rho Y_A)}{\partial t} = A\left(Y_A \dot{m}'' - \rho D_{AB}\frac{\partial Y_A}{\partial x}\right)_x - A\left(Y_A \dot{m}'' - \rho D_{AB}\frac{\partial Y_A}{\partial x}\right)_{x+\Delta x} + \dot{m}'''_A A\Delta x \tag{6-17}$$

式(6-17)两边同时除以 $A\Delta x$,并让 $\Delta x \to 0$,则式(6-17)变为

$$\frac{\partial(\rho Y_A)}{\partial t} = -\frac{\partial}{\partial x}\left(Y_A \dot{m}'' - \rho D_{AB}\frac{\partial Y_A}{\partial x}\right) + \dot{m}'''_A \tag{6-18}$$

在稳态流动情况下,有 $\frac{\partial(\rho Y_A)}{\partial t} = 0$,则

$$\dot{m}'''_A - \frac{d}{dx}\left(Y_A \dot{m}'' - \rho D_{AB}\frac{dY_A}{dx}\right) = 0 \tag{6-19}$$

式(6-19)是稳态的、双组分气体混合物组分守恒的一维形式,且假设组分扩散仅由浓度梯度引起,即只考虑普通扩散。对于多维情形,其通用公式为

$$\dot{m}'''_A - \nabla \cdot \dot{m}''_A = 0 \tag{6-20}$$

式中:第一项表示单位体积内由化学反应引起的组分 A 的净生成率;第二项表示单位体积内组分 A 的净流出率。

6.2.3　传质应用:无反应常密度射流

1. 物理描述

在一个无限大的容器中,静止的流体(氧化剂)充满整个空间,一股流体(燃料)被喷入,这是大气燃烧流动的典型情况。假定没有化学反应发生,我们来分析层流射流中的基本流

动和扩散过程。

　　图 6-2 描述了燃料从半径为 R 的喷嘴中射入静止空气中时射流的基本特性。为了简化分析,假设出口气体流速均匀分布。在靠近喷嘴的地方,存在一个气流核心区域。在气流核心区域,由于黏性力和质量扩散作用可以忽略不计,流体的速度和质量分数保持不变,且均匀分布,等于喷嘴出口处的初始值。

图 6-2　无限大静止空气中无反应的燃料层流射流

　　在气流核心和射流边界之间,由于黏性力和质量扩散作用,燃料的速度和质量分数都单调递减,并在边界处减小为零。

　　在整个流场中,初始的射流动量是守恒的。当燃料射入周围的空气中时,燃料的一部分动量传给了空气,卷吸空气进入射流区域。因此,随着燃料向下游流动,进入射流区域的空气越来越多,射流的质量越来越大,导致射流的速度越来越小。燃料在任意 x 处的动量流量 J 等于喷嘴出口处动量流量 J_e,这种关系可以用动量守恒的积分表达式来表示:

$$2\pi \int_0^\infty \rho(r,x) v_x^2(r,x) r dr = \rho_e v_e^2 \pi R^2 \tag{6-21}$$

式中:ρ_e 和 v_e 分别是喷嘴出口处燃料的密度和速度。图 6-2(b)描述了气流核心区域外中心线上速度随轴向距离递减的趋势,而图 6-2(c)则描述了速度沿径向从中心线的最大值到射流边界处的零值的衰减趋势。

　　影响速度场的是动量的对流和扩散,影响燃料浓度场的是组分的对流和扩散,这两者具有相似性。因此,燃料的质量分数 $Y_F(r,z)$ 和无量纲速度 $v_x(r,z)/v_e$ 也应该具有相似的分布规律,如图 6-2 所示。由于燃料在射流中心的浓度比较高,根据菲克扩散定律,燃料分子会沿径向向外扩散。然而,沿轴向的流动增加了扩散所需的时间,因此随着轴向距离 x 的增大,燃料和空气的混合区域会逐渐扩大,这导致中心线上燃料的浓度不断减小。与初始射流动量类似,从喷嘴出口流入的燃料的质量也是守恒的,即

$$2\pi \int_0^\infty \rho(r,x) v_x(r,x) Y_F(r,x) r dr = \rho_e v_e \pi R^2 Y_{F,e} \tag{6-22}$$

其中,$Y_{F,e}=1$。需要进一步确定速度场和燃料质量分数的具体分布。

2. 假设

为了尽量简化无反应层流射流的分析,做出下列假设。

(1) 燃料射流及其周围流体的摩尔质量相等。基于这个假设和理想气体性质,可进一步假设压力和温度都是常数,即整个流场内流体的密度为常数。

(2) 组分的分子输运遵循菲克扩散定律的简单二元扩散原则。

(3) 动量和组分扩散系数都是常数且相等,这两个量的比值即施密特数($Sc=\nu/D$)等于 1。

(4) 只考虑径向的动量和组分扩散,忽略轴向扩散。由于在喷嘴出口处轴向扩散起着很重要的作用,因此得出的结论仅适用于喷嘴出口下游一定距离的区域。

3. 守恒方程

在上述假设条件下,无反应常密度射流的质量、轴向动量和组分守恒方程分别如下。

质量守恒方程为

$$\frac{\partial v_x}{\partial x}+\frac{1}{r}\frac{\partial(v_r r)}{\partial r}=0 \tag{6-23}$$

轴向动量守恒方程为

$$v_x\frac{\partial v_x}{\partial x}+v_r\frac{\partial v_x}{\partial r}=\nu\frac{1}{r}\frac{\partial}{\partial r}\left(r\frac{\partial v_x}{\partial r}\right) \tag{6-24}$$

组分守恒方程(对于燃料射流)为

$$v_x\frac{\partial Y_F}{\partial x}+v_r\frac{\partial Y_F}{\partial r}=D\frac{1}{r}\frac{\partial}{\partial r}\left(r\frac{\partial Y_F}{\partial r}\right) \tag{6-25}$$

此外,由于只存在燃料和氧化剂两种组分,因此二者的质量分数之和为 1,即

$$Y_{Ox}=1-Y_F \tag{6-26}$$

4. 边界条件

由式(6-23)～式(6-26)求解 $v_x(r,z)$、$v_r(r,x)$ 和 $Y_F(r,x)$,一共需要 7 个边界条件。

沿着中心线($r=0$),有

$$v_r(0,x)=0 \tag{6-27}$$

$$\frac{\partial v_x}{\partial r}(0,x)=0 \tag{6-28}$$

$$\frac{\partial Y_F}{\partial r}(0,x)=0 \tag{6-29}$$

式(6-27)意味着在射流轴线上,流体既不产生也不消失;因为对称性,式(6-28)和式(6-29)在此处偏导数为零。在半径无穷大处,流体静止且没有燃料,即

$$v_x(\infty,x)=0 \tag{6-30}$$

$$Y_F(\infty,x)=0 \tag{6-31}$$

在喷嘴出口($x=0$)处,假设喷嘴内部($r\leqslant R$)燃料的轴向速度和质量分数都均匀分布,而在喷嘴外部其值均为零,即

$$\begin{cases} v_x(r\leqslant R,0)=v_e \\ v_x(r>R,0)=0 \end{cases} \tag{6-32}$$

$$\begin{cases} Y_F(r\leqslant R,0)=Y_{F,e}=1 \\ Y_F(r>R,0)=0 \end{cases} \tag{6-33}$$

式中：v_e 表示喷嘴出口处的流速。

5.速度场和浓度场求解

1）速度场

速度场可以通过相似性原理来求解，相似性是指在相似流动中，速度场的分布模式在不同位置或不同尺度上是一致的。对于无反应常密度射流，$v_x(r,x)$ 用射流中心线上的速度 $v_x(0,x)$ 无量纲化后，得到的无量纲速度仅仅是相似变量 r/x 的通用函数。轴向速度和径向速度的解分别为

$$v_x = \frac{3}{8\pi} \frac{J_e}{\mu x} \left(1 + \frac{\xi^2}{4}\right)^{-2} \tag{6-34}$$

$$v_r = \left(\frac{3J_e}{16\pi\rho_e}\right)^{1/2} \frac{1}{x} \frac{\xi - \frac{\xi^3}{4}}{\left(1 + \frac{\xi^2}{4}\right)^2} \tag{6-35}$$

式中：J_e 是射流初始动量流量，即

$$J_e = \rho_e v_e^2 \pi R^2 \tag{6-36}$$

ξ 包含着相似变量 r/x，即

$$\xi = \left(\frac{3\rho_e J_e}{16\pi}\right)^{1/2} \frac{1}{\mu} \frac{r}{x} \tag{6-37}$$

将式（6-36）代入式（6-34）可得到轴向速度分布的无量纲形式：

$$\frac{v_x}{v_e} = 0.375 \left(\frac{\rho_e v_e R}{\mu}\right) \left(\frac{x}{R}\right)^{-1} \left(1 + \frac{\xi^2}{4}\right)^{-2} \tag{6-38}$$

令 $r=0(\xi=0)$，可得到中心线上速度的衰减关系式：

$$\frac{v_{x,0}}{v_e} = 0.375 \left(\frac{\rho_e v_e R}{\mu}\right) \left(\frac{x}{R}\right)^{-1} \tag{6-39}$$

式（6-38）表明，v_x/v_e 与轴向距离成反比，与燃料射流的雷诺数（$Re_j = \rho_e v_e R/\mu$）成正比。从式（6-39）还可以看出，$v_{x,0}/v_e$ 在靠近喷嘴的地方并不适用，因为 v_x/v_e 不能大于 1。由式（6-39）计算的中心线上速度的衰减曲线如图 6-3 所示。从图中可以看出，燃料射流的雷诺数越小，中心线上速度衰减得就越快。这是由于雷诺数减小时，燃料射流的初始动量减小，黏性力作用更容易影响到中心线上速度，导致中心线上速度衰减更快。

图 6-3　层流射流中心线上速度的衰减曲线

其他常用的燃料射流参数有**扩张率**和**扩张角** α。先引入射流半宽这一概念，它是指在射流的某一轴向距离处，当射流速度减小到该轴向距离处中心线上速度的一半时所对应的径向距离为此轴向距离处的射流半宽，如图 6-4 所示。射流半宽 $r_{1/2}$ 的表达式可以通过联合式(6-38)和式(6-39)，并令 $v_x/v_{x,0}=1/2$ 得到。扩张率是射流半宽与轴向距离的比值，它的正切值等于扩张率的角度，即扩张角。

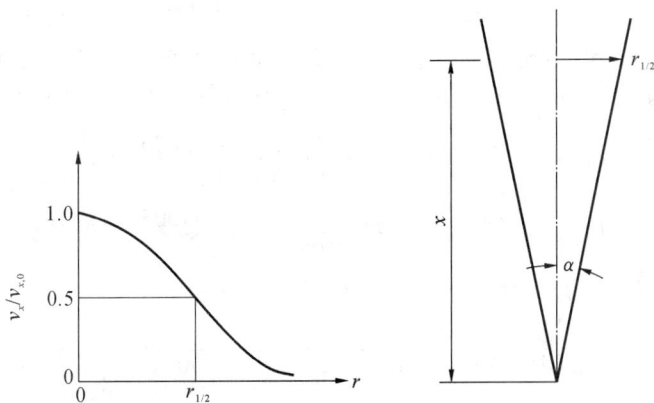

图 6-4　射流半宽 $r_{1/2}$ 和扩张角 α 的定义

扩张率和扩张角的表达式分别如下：

$$\frac{r_{1/2}}{x} = 2.97\left(\frac{\mu}{\rho v_e R}\right) = 2.97 Re_j^{-1} \tag{6-40}$$

$$\alpha \equiv \arctan\left(\frac{r_{1/2}}{x}\right) \tag{6-41}$$

从这两个公式可以看出，高雷诺数射流的射流半宽比低雷诺数射流的射流半宽小，这和前面得出的速度衰减与雷诺数之间的关系是一致的。

2）浓度场

对比式(6-24)和式(6-25)可以看出，如果 $\nu=D$，则燃料质量分数 Y_F 和无量纲速度 v_x/v_e 的数学表达式完全相同。而 $\nu=D$ 正是本章开始时做的简化假设之一：$Sc=\nu/D=1$，则浓度场 Y_F 的解的形式和无量纲速度场 v_x/v_e 的解的形式完全相同：

$$Y_F = \frac{3}{8\pi}\frac{Q_F}{Dx}\left(1+\frac{\xi^2}{4}\right)^{-2} \tag{6-42}$$

式中：Q_F 是燃料在喷嘴出口处的体积流量，$Q_F=v_e\pi R^2$。

对于式(6-42)，由 $Sc=1(\nu=D)$ 可以得到以射流雷诺数为参数的表达式：

$$Y_F = 0.375 Re_j\left(\frac{x}{R}\right)^{-1}\left(1+\frac{\xi^2}{4}\right)^{-2} \tag{6-43}$$

中心线上燃料的质量分数为

$$Y_{F,0} = 0.375 Re_j\left(\frac{x}{R}\right)^{-1} \tag{6-44}$$

同前面的速度解一样，浓度场解只在离喷嘴一定距离以外的范围才适用，这个范围的无量纲轴向距离和雷诺数的关系为

$$\left(\frac{x}{R}\right) > 0.375 Re_j \tag{6-45}$$

由于式(6-44)和式(6-39)是一样的，因此图 6-3 也表示中心线上燃料质量分数的衰减

曲线。

例 6-1　一股乙烯(C_2H_4)射流从一个直径为 10 mm 的喷口射入静止的空气中,温度为 300 K,压力为 101 325 Pa。射流初始速度分别为 10 cm/s 和 1 cm/s。请分别比较其扩张角的大小和当射流中心线上的燃料质量分数下降到化学当量比条件下的轴向距离。乙烯在 300 K 下的黏度为 102.3×10^{-7} Pa·s。

解　因为乙烯的摩尔质量 MW_F 和空气的摩尔质量 MW_A 基本相同,分别为 28.05 kg/kmol 和 28.85 kg/kmol,因此可以用常密度射流的解来求解此问题。设速度为 10 cm/s 的情况为工况 I,速度为 1 cm/s 的情况为工况 II,计算得到的雷诺数分别为

$$Re_{j,\,I} = \frac{\rho v_{e,\,I} R}{\mu} = \frac{1.14 \times 0.10 \times 0.005}{102.3 \times 10^{-7}} = 55.7$$

$$Re_{j,\,II} = \frac{\rho v_{e,\,II} R}{\mu} = \frac{1.14 \times 0.01 \times 0.005}{102.3 \times 10^{-7}} = 5.57$$

其中,密度 ρ 通过理想气体状态方程计算:

$$\rho = \frac{p}{(R_u/MW_F)T} = \frac{101\,325}{(8\,315/28.05) \times 300} = 1.14\,(\mathrm{kg/m^3})$$

(1)扩张角计算。

将式(6-40)和式(6-41)相结合可得

$$\alpha = \arctan(2.97/Re_j)$$

则

$$\alpha_I = \arctan(2.97/55.7) = 3.05°$$

$$\alpha_{II} = \arctan(2.97/5.57) = 28.1°$$

从计算结果可以看出,低速射流要宽得多,其扩张角可达高速射流的 9 倍。

(2)燃料质量分数计算。

化学当量比条件下的计算公式如下:

$$Y_{F,\,stoic} = \frac{m_F}{m_A + m_F} = \frac{1}{(A/F)_{stoic} + 1}$$

式中:

$$(A/F)_{stoic} = [\alpha + (\beta/4)] \times 4.76 \times \frac{MW_A}{MW_F} = [2 + (4/4)] \times 4.76 \times \frac{28.85}{28.05} = 14.7$$

则

$$Y_{F,\,stoic} = \frac{1}{14.7 + 1} = 0.063\,7$$

要找到化学当量比条件下中心线上的燃料质量分数对应的轴向距离,可以在式(6-44)中令 $Y_{F,0} = Y_{F,\,stoic}$,则 x 的计算公式为

$$x = \left(\frac{0.375 Re_j}{Y_{F,\,stoic}}\right)R$$

两个工况下 x 的值分别为

$$x_I = \frac{0.375 \times 55.7 \times 0.005}{0.063\,7} = 1.64\,(\mathrm{m})$$

$$x_{II} = \frac{0.375 \times 5.57 \times 0.005}{0.063\,7} = 0.164\,(\mathrm{m})$$

从上述结果可以看出,低速射流的燃料质量分数衰减到与高速射流相同时,其轴向距离

只是高速射流的 1/10。

例 6-2　将例 6-1 中的工况 Ⅱ（$v_{e,1}=1$ cm/s，$R_1=5$ mm）作为基本工况，并将射流初始速度提高 10 倍，即 10 cm/s，但维持同样的燃料流量，求此时的喷口半径 R_2。同时求此条件下 $Y_{F,0}=Y_{F,stoic}$ 时的轴向距离并与基本工况进行比较。

解　（1）速度和喷口半径与流量的关系为

$$Q = v_{e,1}A_1 = v_{e,2}A_2$$

$$v_{e,1}\pi R_1^2 = v_{e,2}\pi R_2^2$$

则有

$$R_2 = \left(\frac{v_{e,1}}{v_{e,2}}\right)^{1/2} R_1 = \left(\frac{1}{10}\right)^{1/2} \times 5 = 1.58 (\text{mm})$$

（2）对于高速、小直径的射流，其雷诺数为

$$Re_j = \frac{\rho v_{e,2} R_2}{\mu} = \frac{1.14 \times 10 \times 10^{-2} \times 1.58 \times 10^{-3}}{102.3 \times 10^{-7}} = 17.6$$

根据式（6-44），有

$$x = \left(\frac{0.375 Re_j}{Y_{F,stoic}}\right) R_2 = \frac{0.375 \times 17.6 \times 1.58 \times 10^{-3}}{0.063\,7} = 0.164 (\text{m})$$

此条件下计算的轴向距离与例 6-1 中工况 Ⅱ 计算的轴向距离是完全相同的，表明对于给定的燃料（μ/ρ 为常数），燃料质量分数的空间分布只与初始的体积流量有关。

6.3　扩散火焰的物理描述

层流射流扩散火焰与等温射流在流动与扩散方面有许多共同之处。层流射流扩散火焰的一些基本特征如图 6-5 所示。当燃料沿火焰轴向流动时，燃料向外沿径向扩散，而氧化剂（如空气）则向内沿径向扩散。火焰面定义为化学当量比 Φ 为 1 的空间区域，即

火焰面≡化学当量比 Φ 为 1 的空间区域　　　　　　　　　　　　（6-46）

尽管燃料和氧化剂在火焰中被消耗，但化学当量比 Φ 仍然具有意义，因为产物的组成与 Φ 有关。火焰面生成的产物向内和向外均呈放射状扩散。对于过度通风的火焰，当周围环境中有足够多的氧化剂持续供给燃料燃烧时，火焰长度 L_f 仅由轴向距离决定，其中

$$\Phi(r=0, x=L_f) = 1 \tag{6-47}$$

化学反应发生的区域一般比较狭窄。如图 6-5 所示，高温反应区出现在环形区域，并一直延伸至火焰顶端。在一个简单的实验中，金属屏幕垂直于未充气的本生火焰的轴线放置，可以证明火焰区是一个圆环。

在火焰的上部区域，气体受热导致浮力效应变得更加显著。浮力效应加速了气体流动并导致火焰变窄。因为根据质量守恒定律，随着流速的增加，流线必须相互靠近。火焰变窄增大了燃料浓度梯度 $\frac{dY_F}{dr}$，从而增强了扩散作用。这两种现象对从圆形（和方形）喷嘴喷出的火焰长度有影响，但它们往往相互抵消，因此忽略浮力的简单热理论能够相对准确地预测圆形（和方形）喷嘴的火焰长度。

对于碳氢燃料火焰，碳烟的形成使火焰呈橙色或黄色。在时间充足的情况下，碳烟会在反应区的燃料侧形成，并在进入氧化区域时被消耗。图 6-6 表示简单层流射流扩散火焰中

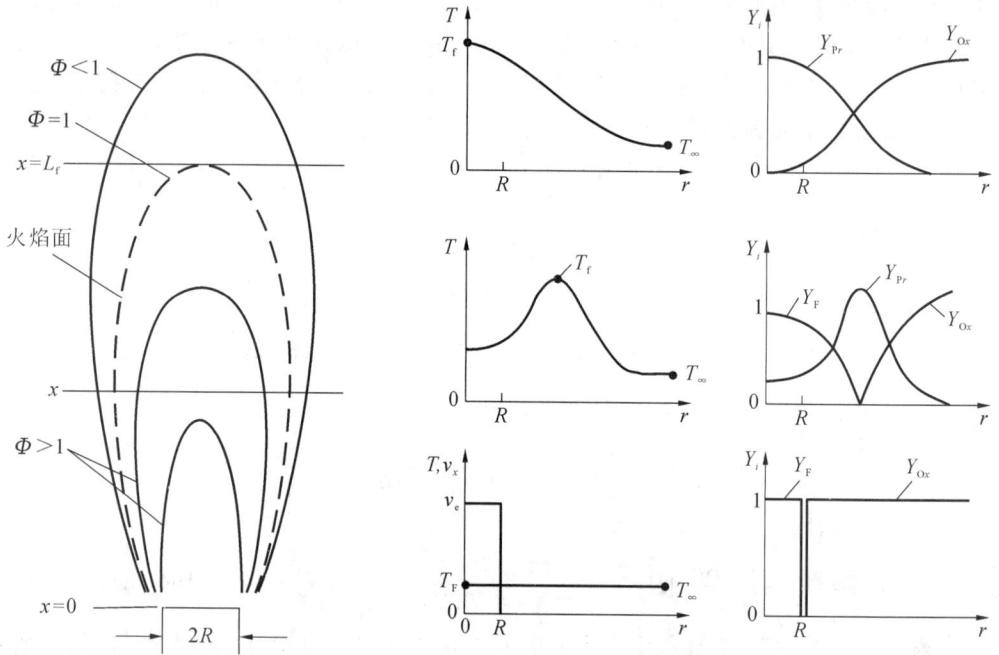

图 6-5　层流射流扩散火焰结构

碳烟的形成和消耗区域。由于燃料类型和火焰停留时间不同,并不是所有生成的碳烟在经过高温氧化区域时都会被氧化。在这种情况下,可能会出现碳烟"翼",即碳烟会穿过火焰。这种穿过火焰的碳烟通常被称为烟炱。图 6-7 所示为乙烯层流射流扩散火焰的照片,在火焰尖端的两侧有明显的碳烟"翼"。

图 6-6　层流射流扩散火焰中碳烟的形成和消耗区域

图 6-7　乙烯层流射流扩散火焰

　　层流射流扩散火焰的一个特征是火焰长度与初始条件之间的关系。对于圆形喷嘴的火焰,火焰长度并不取决于初始速度或直径,而是取决于初始体积流量 Q_F。由于 $Q_F = v_e \pi R^2$,

不同的喷嘴出口燃料流速 v_e 和喷嘴半径 R 的组合会产生相同的火焰长度 L_f，可以通过参考之前无反应层流射流的分析来证明这一点是合理的。忽略反应释放的热量的影响，当 Y_F 等于 $Y_{F,stoic}$ 时，燃料质量分数可由式(6-48)粗略计算：

$$Y_F = \frac{3}{8\pi} \frac{Q_F}{Dx} \left(1 + \frac{\xi^2}{4}\right)^{-2} \tag{6-48}$$

其中

$$\xi = \left(\frac{3\rho_e J_e}{16\pi}\right)^{1/2} \frac{1}{\mu} \frac{r}{x} \tag{6-49}$$

当 $r=0$ 时，火焰长度可由式(6-50)计算：

$$L_f \approx \frac{3}{8\pi} \frac{Q_F}{DY_{F,stoic}} \tag{6-50}$$

式中：D、x、ρ_e、J_e、r 和 μ 分别表示扩散系数、轴向距离、喷嘴出口处燃料密度、喷嘴出口处燃料初始动量、径向距离和黏度。可以看出，火焰长度确实与体积流量成正比。此外，火焰长度与化学当量比燃料质量分数成反比，这意味着需要较少空气就能完全燃烧的燃料会产生较短的火焰。

6.4　层流射流扩散火焰的数学模型

预混火焰理论主要分析质量扩散、热扩散和反应机理等因素，因为这些因素影响均相反应的速率。由于燃料和氧化剂的主要混合过程在扩散火焰的燃烧过程中占主导地位，因此在理论推导这种火焰的特性时，强调了混合(扩散)速率的重要性。

在乙烯-氧气预混火焰中，反应物的平均消耗速率约为 4 mol/(cm^3 · s)，而扩散火焰中反应物的平均消耗速率仅为 6×10^{-5} mol/(cm^3 · s)。因此，预混火焰的反应物消耗速率和放热量远远大于扩散火焰。

应该基于一个稳定的气体流动系统来求解扩散火焰问题的理论解，其中扩散过程和化学过程都起作用。在液滴燃烧的过程中，也存在因蒸发而产生的燃料流。如果沿着扩散方向的 x 轴选择一个微分元，则可以得到热量和质量守恒的通量，如图 6-8 所示。根据菲克扩散定律，有

$$j = -D(\partial \rho_A/\partial x) \tag{6-51}$$

假设 ρ 不随 x 变化，即 ρ 在 x 方向上为定值，则可以推导出：

$$j = -\rho D \frac{\partial (\rho_A/\rho)}{\partial x} = -\rho D \frac{\partial m_A}{\partial x} \tag{6-52}$$

式中：m_A 为组分 A 的质量分数。在图 6-8 中，q 为由傅里叶导热定律得到的热流密度，$\dot{m}_A$ 为体积元(Δx · 1)中组分 A 的质量减少速率，H 为体积元(Δx · 1)中的化学能释放速率。

根据上述定义，对于图 6-8 中定义的一维问题，组分 A(以氧化剂为例)的质量守恒表达式为

$$\frac{\partial \rho_A}{\partial t} = \frac{\partial}{\partial x}\left[(\rho D) \frac{\partial m_A}{\partial x}\right] - \frac{\partial (\rho_A v)}{\partial x} - \dot{m}_A \tag{6-53}$$

式中：ρ 是总密度；ρ_A 是组分 A 的密度；v 是 x 方向的体相速度。事实上，大多数实际的燃烧问题中燃料的质量输入是恒定的，因此对于稳态燃烧问题，这意味着燃料的质量消耗和流量

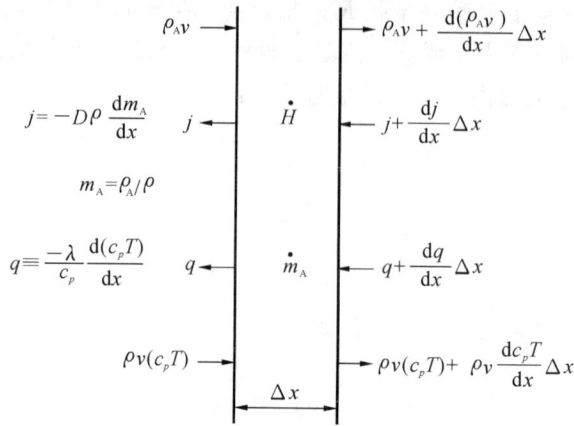

图 6-8　控制体的质量和热量守恒

也必须是恒定的,我们不仅可以取 $\partial \rho_A / \partial t$ 为零,还可以使用以下公式进行替换:

$$\frac{\mathrm{d}(\rho_A v)}{\mathrm{d}x} = \frac{\mathrm{d}[(\rho v)(\rho_A/\rho)]}{\mathrm{d}x} = (\rho v)\frac{\mathrm{d}m_A}{\mathrm{d}x} \tag{6-54}$$

由于没有源和汇,因此 ρv 是常数。基于简单的动力学理论,进一步假设 ρD 与温度无关,因此其与 x 无关,则式(6-53)变为

$$\rho D \frac{\mathrm{d}^2 m_A}{\mathrm{d}x^2} - (\rho v)\frac{\mathrm{d}m_A}{\mathrm{d}x} = \dot{m}_A \tag{6-55}$$

显然,即使组分 B 的梯度与组分 A 的梯度相反,仍然可以使用相同的表达式来描述组分 B(比如燃料)的扩散过程,因此,有

$$\rho D \frac{\mathrm{d}^2 m_B}{\mathrm{d}x^2} - (\rho v)\frac{\mathrm{d}m_B}{\mathrm{d}x} = \dot{m}_B = i\dot{m}_A \tag{6-56}$$

式中:$\dot{m}_B$ 为体积元($\Delta x \cdot 1$)中组分 B 的质量减少速率;i 为质量化学计量系数,定义为

$$i \equiv m_B/m_A \tag{6-57}$$

能量方程可以表达为

$$\frac{\lambda}{c_p}\frac{\mathrm{d}^2(c_p T)}{\mathrm{d}x^2} - (\rho v)\frac{\mathrm{d}(c_p T)}{\mathrm{d}x} = +\dot{H} = -i\dot{m}_A H \tag{6-58}$$

式中:$\dot{H}$ 为单位体积化学能释放的速率;H 为消耗单位质量燃料放出的热量,单位为 kJ/g。

$$-\dot{m}_B H = \dot{H}, \quad -i\dot{m}_A H = \dot{H} \tag{6-59}$$

$\dot{m}_B$ 必须为负值,这样放热反应才会发生。

虽然式(6-55)～式(6-58)的形式与处理预混火焰时相应公式的形式相同,但区别在于边界条件不同。将式(6-55)乘以 iH,再与式(6-58)结合,在 $Le=1$ 或 $\rho D = \lambda c_p$ 的条件下,可得

$$\rho D \frac{\mathrm{d}^2}{\mathrm{d}x^2}(c_p T + i m_A H) - (\rho v)\frac{\mathrm{d}}{\mathrm{d}x}(c_p T + i m_A H) = 0 \tag{6-60}$$

由式(6-55)得到式(6-60)的过程有时被称为 Schvab-Zeldovich 变换。在数学上,通过这种变换可以消除非齐次变量($\dot{m}$ 和 $\dot{H}$),从而得到齐次微分方程。

式(6-61)和式(6-62)可以在广义坐标系中推导出来:

$$\nabla \cdot [(\rho v)(c_p T) - (\lambda/c_p)\nabla(c_p T)] = -\dot{H} \tag{6-61}$$

$$\nabla \cdot \left[(\rho v)m_j - \rho D \nabla m_j\right] = +\dot{m}_j \tag{6-62}$$

这些方程可以进一步扩展，只需简单地用 $\sum h_j^0 \dot{m}$ 表示，而不是替换 $\dot{H}$，其中 h_j^0 代表每种物质在基准温度下的单位质量生成焓。然而，为了简化符号，并且因为能量释放对大多数燃烧和推进系统是至关重要的，下面给出的反应总速率表达式已经足够：

$$F + \phi O \rightarrow P \tag{6-63}$$

式中：F 是燃料；O 是氧化剂；P 是产物；ϕ 是摩尔化学计量指数。则式（6-61）和式（6-62）可写为

$$\nabla \cdot \left[(\rho v)\frac{m_j}{MW_j \nu_j} - (\rho D)\nabla \frac{m_j}{MW_j \nu_j}\right] = \dot{M} \tag{6-64}$$

$$\nabla \cdot \left[(\rho v)\frac{c_p T}{HMW_j \nu_j} - (\rho D)\nabla \frac{c_p T}{HMW_j \nu_j}\right] = \dot{M} \tag{6-65}$$

式中：MW 为分子量；$\dot{M} = \dot{m}_j/(MW_j \nu_j)$，$\nu_j = \phi$。将式（6-64）和式（6-65）统一成一个形式：

$$\nabla \cdot \left[(\rho v)\alpha - (\rho D \nabla \alpha)\right] = \dot{M} \tag{6-66}$$

式（6-66）可以表示为

$$L(\alpha) = \dot{M} \tag{6-67}$$

其中，$L(\alpha)$ 定义为

$$L(\alpha) = \nabla \cdot \left[(\rho v)\alpha - (\rho D)\nabla \alpha\right] \tag{6-68}$$

利用 $L(\alpha) = \dot{M}$ 的关系可以消除式（6-68）中的非线性项拉普拉斯算子 ∇，例如：

$$L(\alpha_1) = \dot{M} \tag{6-69}$$

通过式（6-69）求解 α_1，而其他变量可通过简单耦合函数求解：

$$L(\Omega) = 0 \tag{6-70}$$

其中，$\Omega = (\alpha_j - \alpha_1) \equiv \Omega_j (j \neq 1)$。系统包括燃料和氧化剂，如果下标 1 表示燃料，则通过令 $j=1$ 求解出 $\Omega=0$。

6.5　扩散火焰数值求解方法

6.5.1　Burke-Schumann 方法

随着扩散火焰理论的发展，需要进一步探究同轴射流扩散火焰的形状和高度。同轴射流扩散火焰最初由 Burke 和 Schumann 两位研究学者提出，然后由 Lewis 和 von Elbe 进行了详细描述。对同轴射流扩散火焰的描述是通过以下特定假设给出的。

(1)在喷嘴出口处，空气和燃料的速度是恒定且相等的，并且均匀地通过各自的管道。这一条件可以通过改变管道半径来获得。摩尔燃料率由下式给出：

$$\frac{r_j^2}{r_s^2 - r_j^2} \tag{6-71}$$

式中：r_j 为射流半径；r_s 为外部流半径。

(2)燃料和空气在管内火焰区域的速度与在喷嘴出口处的速度相同。

(3)两种气流的相互扩散系数是恒定的。

Burke 和 Schumann 认为假设(2)和假设(3)的影响相互抵消,从而最小化误差。尽管 D 随着 $T^{1.67}$ 的增加而增大,ν 也随着 T 的增加而增大,但由此产生的差异不应该成为主要的反对依据。主要的争议点应该是火焰的热传导致 D 随 T 在水平方向上的变化。

(4)相互扩散是沿着径向进行的,混合过程仅通过扩散进行,即不存在径向的速度分量。当然,化学计量关系占主导作用。

有了这些假设,就可以很容易地解决同轴射流问题。考虑的唯一微分方程是

$$L(\Omega) = 0 \tag{6-72}$$

其中

$$\Omega = \alpha_F - \alpha_O \tag{6-73}$$

式中:$\alpha_F = \dfrac{+m_F}{MW_F\nu_F}$,$\alpha_O = \dfrac{+m_O}{MW_O\nu_O}$。在柱坐标下,生成方程:

$$\frac{\nu}{D}\left(\frac{\partial\Omega}{\partial y}\right) - \frac{1}{r}\frac{\partial}{\partial r}\left(r\frac{\partial\Omega}{\partial r}\right) = 0 \tag{6-74}$$

由于对称性,$\frac{\partial}{\partial\theta}$ 中的柱坐标项被设为零。边界条件如下:

在 $y=0, 0 \leqslant r \leqslant r_j$ 时,有

$$\Omega = \frac{m_{F,0}}{MW_F\nu_F} \tag{6-75}$$

在 $y=0, r_j \leqslant r \leqslant r_s$ 时,有

$$\Omega = -\frac{m_{O,0}}{MW_O\nu_O} \tag{6-76}$$

当 $r=r_s, y>0$ 时,$\frac{\partial\Omega}{\partial r}=0$。为了获得对耦合函数 Ω 的一些物理认识,我们应该把它看作一个浓度,或者更确切地说,看成一个摩尔分数。当 $y=0$ 时,径向浓度差为

$$\Omega_{r<r_j} - \Omega_{r>r_j} = \frac{m_{F,0}}{MW_F\nu_F} + \frac{m_{O,0}}{MW_O\nu_O} \tag{6-77}$$

式(6-75)、式(6-76)和式(6-77)对应耦合函数的差异表明,在给定的化学计量比条件下,氧的作用就像负燃料浓度的作用一样,反之亦然。当然,这个结果是耦合函数基于燃料和氧化剂按化学计量比计算得到的。

引入无量纲坐标:

$$\xi \equiv \frac{r}{r_s} \tag{6-78}$$

$$\eta \equiv \frac{yD}{\nu r_s^2} \tag{6-79}$$

定义参数 $c \equiv r_j/r_s$,初始摩尔混合物强度 γ 为

$$\gamma \equiv \frac{m_{O,0}MW_F\nu_F}{m_{F,0}MW_O\nu_O} \tag{6-80}$$

化简后得

$$\gamma = \Omega\left(\frac{MW_F\nu_F}{m_{F,0}}\right) \tag{6-81}$$

式(6-74)的另一种形式为

$$\frac{\partial \gamma}{\partial \eta} = \left(\frac{1}{\xi}\right)\frac{\partial}{\partial \xi}\left(\xi \frac{\partial \gamma}{\partial \xi}\right) \tag{6-82}$$

边界条件如下。当 $\eta = 0, 0 \leqslant \xi < c$ 时,$\gamma = 1$;当 $\eta = 0, c \leqslant \xi < 1$ 时,$\gamma = -\nu$;当 $\eta > 0, \xi = 1$ 时,有

$$\frac{\partial \gamma}{\partial \xi} = 0 \tag{6-83}$$

在这些新的边界条件下,式(6-83)有已知解:

$$\gamma = (1+\nu)c^2 - \nu + 2(1+\nu)c\sum_{n=1}^{\infty}\left(\frac{1}{\phi_n}\right)\left\{\frac{J_1(c\phi_n)}{[J_0(\phi_n)]^2}\right\} \times J_0(\phi_n\xi)\exp(-\phi_n^2\eta) \tag{6-84}$$

式中:J_0 和 J_1 为第一类贝塞尔函数(分别为 0 阶和 1 阶);ϕ_n 表示方程 $J_1(\phi) = 0$ 的连续根(约定 $\phi_n > \phi_{n-1}, \phi_0 = 0$)。

火焰的形状由燃料和氧化剂消耗殆尽的区域决定,这对应于 $\Omega = 0$ 的位置。通过设定 $\gamma = 0$,我们可以得到一个与 n 有关的方程,这个方程描述了火焰的形状。对于过通风火焰,我们设 $\xi = 0$;对于欠通风火焰,我们设 $\xi = 1$(即 $y = 0$)。通过求解式(6-84),我们可以得到火焰高度方程。

然而,这个方程通常非常复杂。由于火焰高度通常很大,随着 n 的增加,$\exp(-\phi_n^2\eta)$ 这个因子会迅速减小。因此,在实际计算中,我们通常只保留基本方程中和的前几项,以简化计算过程。当 $n \neq 1$ 时,可以获得近似解:

$$\eta = \left(\frac{1}{\phi_1^2}\right)\ln\left\{\frac{2(1+\nu)cJ_1(c\phi_1)}{[\nu - (1+\nu)c]\phi_1 J_0(\phi_1)}\right\} \tag{6-85}$$

对于过通风火焰的无因次高度,当 $\phi_1 = 3.83$ 时,$J_1(\phi)$ 获得第一个零点。

如图 6-9 所示,使用 Burke-Schumann 理论预测的火焰的形状和高度与试验结果吻合较好。

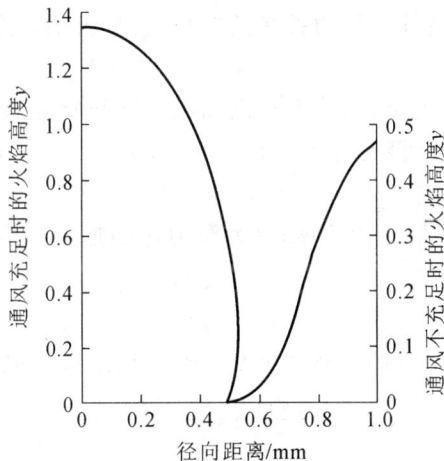

图 6-9 圆柱形燃料喷射系统的 Burke-Schumann 理论预测火焰形状

实际上,需要注意的是,式(6-85)中无因次火焰高度可以写成

$$\eta = f(c,\nu), \qquad \frac{y_F D}{vr_s^2} = f(c,\nu) \tag{6-86}$$

因此,由于 $c = r_j/r_s$,火焰高度也可以表示为

$$y_F = \frac{v r_j^2}{D c^2} f(c, \nu) = \frac{\pi r_j^2 v}{\pi D} f'(c, \nu) = \frac{Q}{\pi D} f'(c, \nu) \tag{6-87}$$

式中：v 为燃料平均流速；Q 为燃料体积流量；$f' = (f/c^2)$。因此，圆柱形燃料射流的火焰高度与燃料的体积流量成正比。

Roper 对 Burke-Schumann 方法进行了显著的改进，使其不仅适用于圆形喷嘴，还适用于方形喷嘴和槽式燃烧器。Roper 的工作之所以重要，是因为原始的 Burke-Schumann 方法忽略了浮力的影响，并且假设质量流速在任何地方都是恒定的，并且与火焰轴平行以满足连续性条件。该方法认为，这种假设带来的误差在圆形燃烧器的火焰高度计算中可以相互抵消，但对于其他几何形状的燃烧器则不行。Roper 考虑到燃料离开燃烧器喷嘴后，由于浮力的作用，质量流速会增大。随着质量流速的增大，流线之间的距离会减小。因此，所有的体积元素都会向火焰轴方向移动，导致浓度曲线的宽度减小，扩散速率增大。

气体燃料的速度因加热而增大，在扩散控制的火焰区域，离开燃烧器喷嘴的气体的温度很快就达到恒定值 T，则同一区域内的扩散系数为

$$D = D_0 (T_f/T_0)^{1.67} \tag{6-88}$$

式中：D_0 是扩散系数的环境值或初始值。考虑温度对速度的影响，Roper 建立了火焰高度的关系式：

$$y_F = \frac{Q}{4\pi D_0} \frac{1}{\ln[1 + (1/S)]} \left(\frac{T_0}{T_f}\right)^{0.67} \tag{6-89}$$

式中：S 是空气体积与燃料体积的化学计量比。虽然上述公式不能用来计算火焰形状，但它确实是一个用来描述火焰高度的简单表达式。

由于浮力作用，燃气离开喷嘴后会在火焰区域获得上升速度，则连续性要求有效径向扩散距离为 r。显然，连续性要求喷嘴处与火焰区域处的 ρ 相同，因此：

$$r_j^2 v = r_b^2 v_b \tag{6-90}$$

因此，无论是动量控制的还是浮力控制的燃料射流，火焰高度 y_F 与从喷嘴离开的燃料的体积流量成正比。

在浮力起重要作用的情况下，气体燃料以轴向速度开始流动，并且由于浮力作用，继续保持向上的加速度 g。气体燃料的速度 v 由下式给出：

$$v = (v_0^2 + v_b^2)^{1/2} \tag{6-91}$$

式中：v 为实际速度；v_0 为动量驱动速度；v_b 为浮力作用速度。然而，浮力项可以近似地表示为

$$v_b^2 = 2g y_F \tag{6-92}$$

将式(6-92)代入式(6-91)，将结果展开为二项式表达式，得到

$$v = v_0 \left[1 + \left(\frac{g y_F}{v_0^2}\right) - \frac{1}{2}\left(\frac{g y_F}{v_0^2}\right)^2 + \cdots\right] \tag{6-93}$$

其中，括号中的项是修改后的弗劳德数的倒数：

$$Fr \equiv \left(\frac{v_0^2}{g y_F}\right) \tag{6-94}$$

因此，式(6-93)可以写为

$$v = v_0 \left[1 + \left(\frac{1}{Fr}\right) - \left(\frac{1}{2Fr^2}\right) + \cdots\right] \tag{6-95}$$

对于较大的弗劳德数，扩散火焰高度由动量控制，且 $v = v_0$。然而，大多数层流燃烧过程

中燃料射流具有非常小的弗劳德数且 $v=v_b$,也就是说,大多数层流燃烧的燃料射流是由浮力控制的。

然而,燃料到达火焰顶端的时间取决于哪种力在起主导作用。如果火焰是由动量控制的,那么扩散的特征时间 t_D 必须等于流体控制单元从喷嘴出口移动到火焰顶端的时间 t_s。

$$t_D \sim \left(\frac{r_j^2}{D}\right) = \left(\frac{y_F}{v}\right) \sim t_s \tag{6-96}$$

当然,由式(6-96)还可以得到

$$y_F \sim \frac{r_j^2 v}{D} \sim \frac{\pi r_j^2 v}{\pi D} \sim \frac{Q}{\pi D} \tag{6-97}$$

式(6-97)显示了与 Burke-Schumann 方法中式(6-85)~式(6-87)相同的依赖关系。对于由动量控制的燃料射流火焰,扩散距离为射流半径 r_j。从式(6-96)可以明显看出,流体控制单元到达火焰顶端的时间与燃料的体积流量无关。对于由浮力控制的火焰,t_s 正比于 y_F/v。然而,由于 $v=(2gy_F)^{1/2}$:

$$t \sim \frac{y_F}{v} \sim \frac{y_F}{(y_F)^{1/2}} \sim y_F^{1/2} \sim Q^{1/2} \tag{6-98}$$

因此,燃料控制单元在由浮力控制的层流扩散火焰中的停留时间与燃料的体积流量的平方根成正比。对于小弗劳德数的情况,燃料离开圆形喷嘴口后立即受到浮力的影响,火焰形状由该条件和燃料的消耗速率决定。从本质上讲,燃料射流的轴向速度与其在喷嘴出口上方的高度成正比,因为气流受浮力控制。因此,当燃料射流接近火焰顶端时,轴向速度增大。质量守恒要求 $\dot{m}=\rho v A$,其中 $\dot{m}$ 是质量流率,ρ 是气体燃料(或燃料添加剂)的密度。因此,火焰不仅因燃料被消耗而收缩,还因轴向速度的增大而收缩,最终在喷嘴出口上方形成了一个锥形火焰形状。

对于等质量流量的浮力系统,$v \sim y_F^{1/2} \sim Q_F^{1/2}$,因此 $v \sim P^{-1/2}$,由于质量流量必须恒定而且不受压力变化的影响,因此 $\dot{m}=\rho v A \sim P P^{-1/2} P^{-1/2}=$ 常数。这个比例关系表明,随着试验压力的提高,扩散火焰任何部分的横截面积都会减小,并且火焰会呈更窄的锥形。

前面的分析只适用于圆形燃料喷嘴,动量控制和浮力控制的槽式燃烧器的火焰高度不相同。考虑狭缝燃烧器,狭缝宽度为 x,长度为 l。如前所述,在浮力控制的情况下,扩散距离不是 x,而是更小的 x_b。按照式(6-91),对于动量控制的槽式燃烧器,有

$$t \sim \frac{x^2}{D} \sim \frac{y_F}{v_0} \tag{6-99}$$

$$y_F \sim \frac{v_0 x^2/D}{L/L} \sim \left(\frac{Q}{D}\right)\left(\frac{x_b}{L}\right) \tag{6-100}$$

对于浮力控制的槽式燃烧器,有

$$t \sim \frac{(x_b)^2}{D} \sim \frac{y_F}{v_b} \tag{6-101}$$

$$y_F \sim \frac{v_b(x_b)^2/D}{L/L} \sim \left(\frac{Q}{D}\right)\left(\frac{x_b}{L}\right) \tag{6-102}$$

由于 x_b 是浮力的函数,可得

$$x_b L v_b \sim Q \tag{6-103}$$

$$x_b \sim \frac{Q}{v_b L} \sim \frac{Q}{(2gy_F)^{1/2}L} \tag{6-104}$$

因此,式(6-102)变为

$$y_F \sim \left(\frac{Q^2}{DL^2 (2g)^{1/2}} \right)^{2/3} \sim \left(\frac{Q^4}{D^2 L^4 2g} \right)^{1/3} \tag{6-105}$$

可以注意到,在给定 Q 的动量控制情况下,火焰高度与槽宽成正比,而在给定 Q 的浮力控制情况下,火焰高度与槽宽无关。

6.5.2　守恒标量和混合分数

前文介绍的简单耦合函数 Ω 是一个守恒标量,它在整个流场中都具有守恒的性质,不受化学反应的影响。如前一节所述,解决扩散火焰问题的经典方法是通过获得守恒标量的解来描述混合过程。在假设化学反应快速发生的情况下,物质的浓度和温度仅仅是守恒标量的函数。当化学反应简化为一步反应时,可以使用简单守恒标量。如果一步反应用质量表示(而不是用摩尔系数表示),则化学反应方程式为

$$F + rO \rightarrow (r+1)P \tag{6-106}$$

其中 $MW_F \nu_F = 1$,$MW_O \nu_O = r$。质量通量可以表示为

$$\dot{m}_F = \frac{\dot{m}_O}{r} = \frac{\dot{m}_P}{r+1} \tag{6-107}$$

燃料、氧化剂和产物之间的守恒标量定义如下:

$$\begin{cases} \Omega_{FO} \equiv m_F - \dfrac{m_O}{r} \\[2mm] \Omega_{FP} \equiv m_F + \dfrac{m_P}{r+1} \\[2mm] \Omega_{OP} \equiv m_O + \dfrac{rm_P}{r+1} \end{cases} \tag{6-108}$$

简单的守恒标量都是线性相关的,所以一个解会得到所有其他解。

对于一步反应,混合分数 Z 也是一个守恒标量,在燃料流中被定义为 1,在氧化剂流中被定义为 0。混合分数可以采用燃料-氧化剂耦合函数来表示:

$$Z = \frac{\Omega - \Omega_{O,0}}{\Omega_{F,0} - \Omega_{O,0}} \tag{6-109}$$

式中:$\Omega_{F,0}$ 和 $\Omega_{O,0}$ 分别是在燃料流和氧化剂流中的 Ω 值,$\Omega = \alpha_F - \alpha_O$。

对于更复杂的系统,例如具有非等扩散率的系统、具有多种燃料或氧化剂的系统或具有复杂化学反应的系统,应当对守恒标量进行合理的选择。对于多步反应机理,通常使用多种元素的守恒标量。元素 j 的局部混合分数可以定义为

$$Z_j = \sum_{i=1}^{N} \left(\frac{MW_j}{MW_i} \right) \nu_i^j m_i \tag{6-110}$$

式中:MW_j 为元素 j 的原子量;MW_i 为物质 i 的分子量;ν_i^j 为物质 i 中元素 j 的原子数。将混合分数定义为源自燃料流的质量与混合物的质量之比:

$$Z = \frac{Z_j - Z_{j,O,0}}{Z_{j,F,0} - Z_{j,O,0}} \tag{6-111}$$

元素 j 的 Z 值在燃料流和氧化剂流中不相同。在燃料流中元素 j 的 Z 值是 1,而在氧化剂流中元素 j 的 Z 值是 0。相对于 x 或 r,使用混合分数坐标,温度和组分浓度的分布与流动形态的耦合要弱得多。混合分数是描述扩散火焰的一个重要参数,在描述湍流火焰结构方面也具有重要作用。

6.6　层流射流扩散火焰结构

　　预混火焰的反应区域很窄,而扩散火焰的反应区域相对较宽,在这个区域内,组分发生了变化,化学反应也相应发生变化。显然,这些变化主要是由反应物和生成物的相互扩散导致的。在燃料喷嘴上方的固定高度处气体燃料-空气扩散火焰的组分变化如图 6-10 所示。以甲烷为燃料的 Wolfharde-Parker 燃烧器上,组分变化如图 6-11 和图 6-12 所示。

图 6-10　在燃料喷嘴上方的固定高度处气体燃料-空气扩散火焰的组分变化

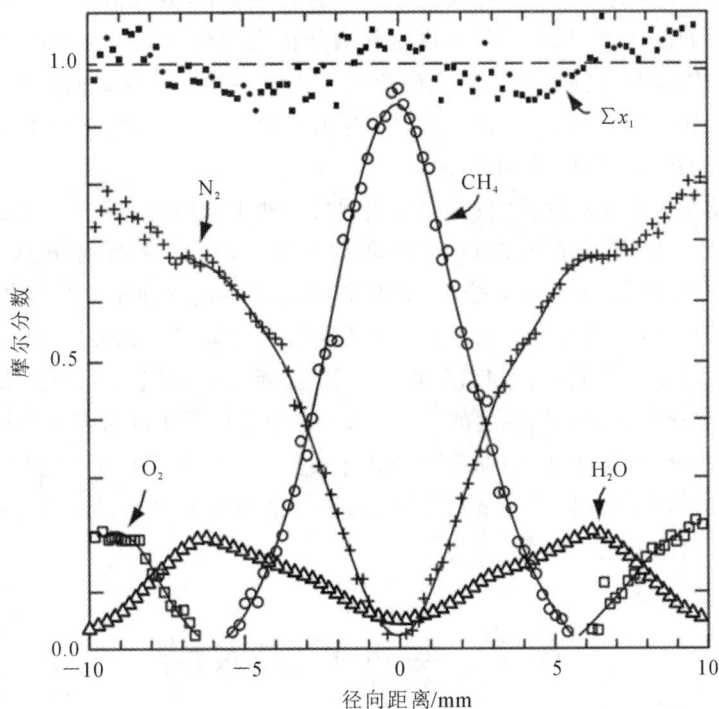

图 6-11　Wolfharde-Parker 甲烷-空气扩散火焰中的主要组分变化

　　火焰锋面可以假定存在于最高温度点处,事实上,这一点与主要产物(CO_2 和 H_2O)的最高浓度相对应。对于静止空气中喷射的简单燃油射流,也存在相同类型的剖面。反应物在垂直于流动气流的方向上扩散,形成最大浓度。对于同轴结构,分子扩散在径向上建立速

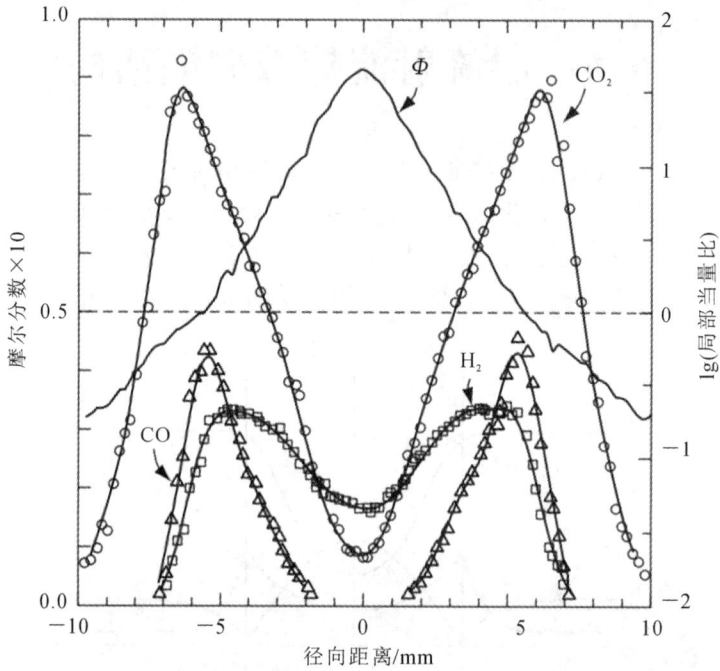

图 6-12　Wolfharde-Parker 甲烷-空气扩散火焰中的其他组分变化

度分量,导致氧气和少量氮气向中心线流动。在稳定状态下,生成物的总体积速率通常大于甲烷和氧气的总和。因此,观察到的速度是从火焰前沿向外移动的。外部气流和火焰前沿之间的氧气随后以与整体气流相反的方向流动。在中心线和火焰锋面之间,速度必须从中心线向外流动。在稳定状态下,产物的浓度在中心线处达到一定值,这个值是由产物向内的扩散速率和向外的输送速率共同决定的。

　　由于反应物在火焰锋面处被消耗殆尽,表明反应速率无限快,反应物浓度径向分布如图 6-10 中的虚线所示。即使在有限的反应速率条件下,火焰锋面也相当薄。图 6-11 和图 6-12所示的结果表明,在扩散火焰中,燃料和氧化剂以化学计量比相互扩散。由于燃料和氧化剂以化学计量比共同扩散,火焰温度与混合物的总体强度无关,因此火焰温度接近绝热化学计量火焰温度。然而,由于反应速率有限,实际的火焰温度可能会略低于这个理论值,通常约为绝热化学计量火焰温度的 90%,这一现象不仅限于碳氢燃料。这一观察揭示了实际扩散火焰的一个有趣特性,即在绝热条件下,燃料会经历两个基本的温度阶段:一个是在火焰锋面前方,与燃料的化学计量值相对应;另一个是在产物与过量空气混合后,产生与初始混合强度相对应的绝热温度。

6.7　对冲扩散火焰

　　当燃料和氧化剂两股射流相对射出,且两个喷嘴同轴时,就会形成图 6-13 所示的扩散火焰。这种燃烧器结构非常简单,容易制作,且可以通过改变两侧速度对气体在火焰区的滞留时间进行调节,因此受到从事基础研究的广大学者的青睐。相对于前文介绍的层流射流扩散火焰(二维轴对称),平面是这种火焰的重要特点(对于圆形喷嘴,它是一个圆盘),并且这种火焰是一维的,即使采用详细的化学反应动力学进行计算,也不需要花费太多时间,便于对火焰结构和熄火等基础燃烧特性进行系统而深入的研究。

图 6-13　对冲扩散火焰装置

在两个喷嘴之间存在一个滞止面,该平面上每一点的轴向速度为零。滞止面的位置取决于燃料侧和氧化剂侧动量的相对大小。如果两侧动量相等,即 $\dot{m}_F v_F = \dot{m}_{Ox} v_{Ox}$,那么该滞止面就位于两个喷嘴之间的中点处。否则,它就位于动量较小的那一侧。火焰应位于混合物分数等于化学当量比下取值的位置。对于常见的碳氢化合物,如果氧化剂为空气,火焰一般位于氧化剂侧。

6.7.1　数学模型

Giovangigli 和 Smooke 给出了对向流燃烧的守恒方程组,为了使求解过程更为简单,他们还将偏微分方程组转换为常微分方程组。下面对守恒方程组的处理过程和求解方法进行简单介绍。

(1)连续性方程。

$$\frac{\partial(\rho v_x)}{\partial x} + \frac{\partial(r\rho v_r)}{r\partial r} = 0 \tag{6-112}$$

(2)动量守恒方程。

①轴向(x):

$$\frac{\partial(r\rho v_x v_x)}{\partial x} + \frac{\partial(r\rho v_x v_r)}{\partial r} = \frac{\partial(r\tau_{rx})}{\partial r} + r\frac{\partial \tau_{xx}}{\partial x} - r\frac{\partial p}{\partial x} + \rho g_x r \tag{6-113}$$

②径向(r):

$$\frac{\partial(r\rho v_r v_x)}{\partial x} + \frac{\partial(r\rho v_r v_r)}{\partial r} = \frac{\partial(r\tau_{rr})}{\partial r} + r\frac{\partial \tau_{rx}}{\partial x} - r\frac{\partial p}{\partial r} \tag{6-114}$$

引入流函数 ψ,它满足连续性方程(6-112):

$$\psi \equiv r^2 F(x) \tag{6-115}$$

其中

$$\frac{\partial \psi}{\partial r} = r\rho v_x = 2rF \tag{6-116}$$

为了降低径向动量方程的阶次,再引入一个新的变量 G,其定义如下:

$$\frac{\mathrm{d}F}{\mathrm{d}x} = G \tag{6-117}$$

将式(6-115)、式(6-116)和式(6-117)代入式(6-113)和式(6-114)中,同时忽略浮升力的作用,则可以得到

$$\frac{\partial p}{\partial x} = f_1(x) \tag{6-118}$$

$$\frac{1}{r} \frac{\partial p}{\partial r} = f_2(x) \tag{6-119}$$

经数学运算,式(6-18)和式(6-19)中等号左边的项之间的关系为

$$\frac{\partial}{\partial x}\left(\frac{1}{r}\frac{\partial p}{\partial r}\right) = \frac{1}{r}\frac{\partial}{\partial x}\left(\frac{\partial p}{\partial r}\right) = \frac{1}{r}\frac{\partial}{\partial r}\left(\frac{\partial p}{\partial x}\right) \tag{6-120}$$

由于对冲扩散火焰是一维的,式(6-120)应该等于零,即

$$\frac{\partial}{\partial x}\left(\frac{1}{r}\frac{\partial p}{\partial r}\right) = \frac{1}{r}\frac{\partial}{\partial r}\left(\frac{\partial p}{\partial x}\right) = 0 \tag{6-121}$$

因此

$$\frac{1}{r}\frac{\partial p}{\partial r} = 常数 = H \tag{6-122}$$

式中:H 为径向压力梯度的特征值,且有

$$\frac{\mathrm{d}H}{\mathrm{d}x} = 0 \tag{6-123}$$

对于低马赫数燃烧来说,可以近似认为流场各处的压力相等,因此可以去掉轴向动量方程(6-118),而仅保留径向动量方程(6-119)。将式(6-122)代入式(6-119)中,并将 $f_2(x)$ 项表达完整,经整理可得

$$\frac{\mathrm{d}}{\mathrm{d}x}\left[\mu\frac{\mathrm{d}}{\mathrm{d}x}\left(\frac{G}{\rho}\right)\right] - 2\frac{\mathrm{d}}{\mathrm{d}x}\left(\frac{FG}{\rho}\right) + \frac{3}{\rho}\frac{G^2}{\rho} + H = 0 \tag{6-124}$$

相应地,可获得能量守恒方程和组分守恒方程:

$$2Fc_p\frac{\mathrm{d}T}{\mathrm{d}x} - \frac{\mathrm{d}}{\mathrm{d}x}\left(k\frac{\mathrm{d}T}{\mathrm{d}x}\right) + \sum_{i=1}^{N}\rho Y_i v_{i,\text{diff}}\,c_{p,i}\frac{\mathrm{d}T}{\mathrm{d}x} - \sum_{i=1}^{N}h_i\dot{\omega}_i MW_i = 0 \tag{6-125}$$

$$2Fc_p\frac{\mathrm{d}Y_i}{\mathrm{d}x} - \frac{\mathrm{d}}{\mathrm{d}x}(\rho Y_i v_{i,\text{diff}}) - \dot{\omega}_i MW_i = 0, \quad i = 1,2,\cdots,N \tag{6-126}$$

式(6-117)、式(6-123)~式(6-126)组成了对冲扩散火焰模型的常微分方程组,其中含有四个未知函数 F、G、T、Y_i 和一个特征值 H。除此之外,还需要用到以下关系及数据:

(1)理想气体状态方程;

(2)扩散速度关系式;

(3)各组分物性参数与温度之间的关系式,即 $h_i(T)$、$c_{p,i}(T)$、$k_i(T)$ 和 $D_{i,j}(T)$;

(4)混合物的物性参数,如 MW_{mix} 和 k;

(5)详细的化学反应动力学机理;

(6)摩尔分数、质量分数与浓度之间的转换关系式。

求解时,还需要给出氧化剂出口($x≡0$)和燃料出口($x≡L$)处的边界条件,包括流体速度(F 体现)、速度梯度(G 体现)、温度以及各组分的质量分数(或质量通量分数)。

$x≡0$ 处:

$$F = \rho_O v_{Ox}/2; \quad G = 0; \quad T = T_{Ox}; \quad \rho Y_i v_x + \rho Y_i v_{i,\text{diff}} = (\rho Y_i v_x)_{Ox} \quad (6\text{-}127)$$

$x≡L$ 处:

$$F = \rho_F v_{e,F}/2; \quad G = 0; \quad T = T_F; \quad \rho Y_i v_x + \rho Y_i v_{i,\text{diff}} = (\rho Y_i v_x)_F \quad (6\text{-}128)$$

6.7.2　甲烷-空气扩散火焰结构

Sung 等人对甲烷-空气的对冲扩散火焰进行了系统的试验和计算研究。他们采用的渐缩喷嘴的出口直径为 14 mm,间距为 13 mm。喷嘴外围用氮气作为惰性气体来隔离外界空气和稳定火焰,其流量在试验过程中保持不变。甲烷和氧气的体积分数在两侧射流中均为 23%,且甲烷和氧气在两个喷嘴出口处的平均速度相等。试验中采用了三个速度,即 25.5 cm/s、45.0 cm/s 和 64.5 cm/s,对应的拉伸率分别为 42 s^{-1}、56 s^{-1} 和 90 s^{-1}。气体温度和组分用自发拉曼光谱仪(spontaneous Raman spectroscopy,SRS)来测量。图 6-14 给出了拉伸率为 56 s^{-1} 时计算和测量的温度和主要组分(CH_4、O_2、CO_2、H_2O、CO)的分布曲线。其中,横坐标的起点为氧化剂喷嘴出口。由于氧化剂侧的密度大于甲烷侧的密度,故氧化剂侧的动量较大,滞止面将位于中间平面偏燃料侧($x>6.5$ mm)。从图 6-14 中可以看出,温度峰值(火焰位置)位于氧化剂侧($x<6.5$ mm)。在火焰面两侧不远处,甲烷和氧气的摩尔分数开始急剧下降,说明它们在燃烧过程中被消耗。主要燃烧产物 CO_2 和 H_2O 的摩尔分数曲线基本上关于火焰面对称分布,在火焰面处有一个峰值,然后在火焰面两侧逐渐降低,这表明它们在浓度梯度的作用下发生了扩散。中间产物 CO 的摩尔分数曲线关于火焰面不对称,在氧化剂侧的浓度比在燃料侧的浓度大。

图 6-14　拉伸率 $a=56$ s^{-1} 时计算和测量的温度和主要组分的分布曲线

图 6-15 给出了不同拉伸率($a=$ 42 s^{-1}、56 s^{-1} 和 90 s^{-1})下计算和测量获得的温度分布

曲线。随着拉伸率的增大,火焰厚度变小,这是驻留时间缩短导致的。根据理论分析可近似得知,火焰厚度与拉伸率的平方根($\sqrt{a}$)成反比。此外,最高火焰温度随着拉伸率的增大有所降低,这是因为较大的拉伸率使得反应速率减小。由于燃料喷嘴和氧化剂喷嘴的流速始终保持相同,火焰位置受拉伸率改变的影响很小。

图 6-15　不同拉伸率下计算和测量的温度的分布曲线

图 6-16 给出了不同拉伸率下的热释放速率的分布曲线。从图 6-16 中可以看出,热释放速率的最大值均位于火焰面的氧化剂侧,该处也是温度峰值的位置。此外,在主峰的氧化剂侧还观察到了另外一个较小的峰值。图 6-17 画出了拉伸率为 56 s^{-1} 时总热释放速率的分布曲线(虚线)及 8 个重要基元反应的热释放速率的分布曲线。由图 6-17 可知,热释放速率的主峰主要归功于三个放热基元反应(R1)~(R3)的贡献,其中,反应(R1)也是甲烷-空气预混火焰最重要的放热基元反应。第二个峰值则主要由另外三个放热基元反应(R4)~(R6)释放的热量造成,其中,反应(R4)在火焰的氧化剂侧还释放了较多的热量,这使得甲烷-空气扩散火焰结构不同于其预混火焰结构。此外,两个吸热基元反应为反应(R7)和(R8)。

$$CH_3 + O \longrightarrow CH_2O + H \tag{R1}$$

$$CH_3 + H + M \longrightarrow CH_4 + M \tag{R2}$$

$$OH + H_2 \longrightarrow H + H_2O \tag{R3}$$

$$H + O_2 + M \longrightarrow HO_2 + M \tag{R4}$$

$$H + OH + M \longrightarrow H_2O + M \tag{R5}$$

$$CO + OH \longrightarrow CO_2 + H \tag{R6}$$

$$HCO + M \longrightarrow H + CO + M \tag{R7}$$

$$H + O_2 \longrightarrow O + OH \tag{R8}$$

图 6-16　不同拉伸率下的热释放速率的分布曲线（箭头代表化学当量的混合物分数 f_{stoic} 所处的位置）

图 6-17　拉伸率为 $56\ s^{-1}$ 时总热释放速率的分布曲线（虚线）及 8 个重要基元反应的热释放速率的分布曲线

6.7.3　对冲扩散火焰的熄火极限

　　Maruta 等人基于上文介绍的数学模型对甲烷-空气的对冲扩散火焰进行了数值模拟，其中考虑了气体（CO_2 和 H_2O）辐射散热的影响。化学反应动力学模型采用 C_1 机理，包含 18 种组分、58 个基元反应。同时，他们在自由落塔产生的微重力环境下对熄火极限进行了试验研究，这主要是为了排除小拉伸率下浮升力对火焰的影响。图 6-18 给出了不同燃料体积分数下（用氮气对甲烷进行了稀释）最高火焰温度与拉伸率之间的关系。从中可以看出，当拉伸率较大时，最高火焰温度随着拉伸率的增大而降低，最终火焰因拉伸效应而熄火，此时的拉伸率称为"拉伸熄火极限（stretch extinction limit）"。与之相反的是，当拉伸率较小时，最高火焰温度随着拉伸率的减小而降低，最终火焰因辐射散热损失而熄火，此时的拉伸率称为"辐射熄火极限（radiation extinction limit）"。计算表明：在拉伸熄火极限附近，通过辐射传热方式从火焰散失的热量只占总散热量的1%左右;而在辐射熄火极限附近,辐射散热比例高达20%以上,如图6-19所示。辐射散热比例增大的原因有两个:①随着拉伸率的减小,火焰厚度变大,导致单位体积内的热释放量减小;②辐射散热量与辐射组分的体积分数成正比,但后者并不随拉伸率发生显著变化。因此,辐射散热量与热释放量的比值随着拉伸率的减小而增大。

图 6-18　不同燃料体积分数下最高火焰温度与
拉伸率之间的关系

图 6-19　辐射份额与拉伸率之间的关系

图 6-20 给出了发生熄火时滞止点的速度梯度与燃料体积分数之间的关系,其中黑色实点代表测量结果,空心点线代表计算结果。从图 6-20 中可见,虽然计算结果与测量结果不完全吻合,但变化规律是一致的。此外,熄火极限与燃料体积分数之间的关系曲线为 C 形曲线,除转折点之外,任意燃料体积分数对应两个熄火极限,即上文提到的拉伸熄火极限和辐射熄火极限。在转折点处,两者合二为一,主要是因为辐射散热导致熄火,此时燃料体积分数太小。

图 6-20　发生熄火时滞止点的速度梯度(代表拉伸率)
与燃料体积分数之间的关系

习　题

6-1　扩散火焰如何分类?

6-2　混合物分数的定义是什么?

6-3　推导射流扩散火焰的组分质量分数 $Y_F(f)$、$Y_{Ox}(f)$、$Y_{Pr}(f)$ 以及混合物温度 $T(f)$ 的简化状态关系式。

6-4　Burke 和 Schumann 在对层流射流扩散火焰进行数学建模时做了哪些假设?

6-5　重力对自由空间内的射流扩散火焰的结构有何影响?

6-6　为了便于求解,需要对对冲扩散火焰的数学模型进行什么样的处理?

6-7　对冲扩散火焰有几种熄火极限? 它们的熄火机理分别是什么?

6-8　利用等温射流理论,估计初始速度为 5 cm/s 的乙烷-空气扩散火焰的长度。孔口直径为 10 mm,射流速度分布均匀,空气和乙烷的温度均为 300 K,压力为 101 325 Pa,乙烷的黏度约为 9.5×10^{-6} N·s/m²。将用空气和乙烷的平均黏度($\mu_{空气} + \mu_{乙烷}$)/2 计算的火焰长度与试验测量值进行比较。

6-9　假设圆口燃烧器和方口燃烧器燃料出口的平均流速相同,会产生相同的火焰长度,那么圆口燃烧器直径 D 与方口燃烧器边长 b 的比是多少?(燃料为甲烷)

6-10　假设一个槽式燃烧器的长宽比 $h/b=10$、槽宽 $b=2$ mm。槽内有一个曲面口,其产生均匀的出口流速。燃料为甲烷时,燃烧器释放的热量为 500 W,求此时的火焰长度。

6-11　假设两个圆口燃烧器具有相同的平均燃料流速 $\bar{v}_e$,一个燃烧器的速度分布是均匀的,而另一个燃烧器的速度分布呈抛物线形,$v(r) = 2\bar{v}_e[l-(r/R)^2]$。求两个燃烧器流体动量的比值。

6-12　在一项关于层流火焰 NO 形成的研究中,用 N_2 稀释 C_3H_8 燃料以抑制碳烟的形成。燃烧器喷嘴为圆形喷嘴,喷嘴处 N_2 的质量分数为 60%,燃料、N_2 和空气的温度均为 300 K,压力为 101 325 Pa。分别比较以下两种情况下的火焰长度与未稀释时的火焰长度 ($\dot{m}_F = 5 \times 10^{-6}$ kg/s),并讨论结果的物理意义。

(1)稀释燃料($C_3H_8 + N_2$)的总流量为 5×10^{-6} kg/s。

(2)稀释燃料中 C_3H_8 的流量为 5×10^{-6} kg/s。

6-13　估计 298 K 和 101 325 Pa 条件下空气中 O_2 的路易斯数和施密特数,假设该条件下 $D_{O_2-air} = 2.1 \times 10^{-5}$ m²/s,计算并讨论结果的物理含义。

6-14　计算下列条件下空气的普朗特数 Pr、施密特数 Sc 和路易斯数 Le。

(1)$p = 101\ 325$ Pa,$T = 298$ K。

(2)$p = 101\ 325$ Pa,$T = 2\ 000$ K。

(3)$p = 1\ 013\ 250$ Pa,$T = 298$ K。

假设在 101 325 Pa 和 298 K 条件下的二元扩散系数 $D_{O_2-air} = 2.1 \times 10^{-5}$ m²/s。

参 考 文 献

[1] 张英华，黄志安. 燃烧与爆炸学[M]. 北京：冶金工业出版社，2010.

[2] TURNS S R. 燃烧学导论：概念与应用[M]. 2 版. 姚强，李水清，王宇，译. 北京：清华大学出版社，2009.

[3] GLASSMAN I, YETTER R A, GLUMAC N G. Combustion[M]. 5th ed. Amsterdam：Elsevier，2014.

[4] GAYDON A G, WOLFHARD H G, PENNER S S. Flames, their structure, radiation and temperature[M]. New York：Macmillan，1960.

[5] LAW C K. Combustion physics[M]. New York：Cambridge University Press，2006.

[6] DIXON-LEWIS G. Combustion chemistry[M]. New York：Springer-Verlag，1984.

[7] WILLIAMS F A. Combustion theory[M]. Menlo Park：Cummings，1985.

[8] LINAN A, WILLIAMS F A. Fundamental aspects of combustion[M]. Oxford：Oxford University Press，1993.

[9] MCALLISTER S, CHEN J Y, FERNANDEZ-PELLO A C. Fundamentals of combustion processes[M]. New York：Springer，2011.

[10] REID R C, PRAUSNITZ J M, POLING B E. The properties of gases and liquids [M]. 4th ed. New York：McGraw-Hill，1987.

[11] SMYTH K C, MILLER J H, DORFMAN R C, et al. Soot inception in a methane/air diffusion flame as characterized by detailed species profiles[J]. Combustion and flame，1985，62(2)：157-181.

[12] KANG K T, HWANG J Y, CHUNG S H, et al. Soot zone structure and sooting limit in diffusion flames：comparison of counterflow and co-flow flames[J]. Combustion and Flame，1997，109(1-2)：266-281.

[13] DU J, AXELBAUM R L. The effect of flame structure on soot-particle inception in diffusion flames[J]. Combustion and Flame，1995，100(3)：367-375.

[14] BOEDEKER L R, DOBBS G M. CARS temperature measurements in sooting, laminar diffusion flames [J]. Combustion science and technology，1986，46 (3-6)：301-323.

[15] BURKE S P, SCHUMANN T E W. Diffusion flames[J]. Industrial & Engineering Chemistry，1928，20(10)：998-1004.

[16] ROPER F G. The prediction of laminar jet diffusion flame sizes：Part I. Theoretical model[J]. Combustion and Flame，1977，29：219-226.

[17] ROPER F G, SMITH C, CUNNINGHAM A C. The prediction of laminar jet diffusion flame sizes：Part II. Experimental verification[J]. Combustion and Flame，1977，29：227-234.

[18] FLOWER W L, BOWMAN C T. Soot production in axisymmetric laminar diffusion flames at pressures from one to ten atmospheres[J]. Symposium(International) on

Combustion，1988，21(1)：1115-1124.

[19] BILGER R W. Effects of kinetics and mixing in turbulent combustion[J]. Combustion Science and Technology，1979，19(3-4)：89-93.

[20] SUNG C J，LIU J B，LAW C K. Structural response of counterflow diffusion flames to strain rate variations[J]. Combustion and Flame，1995，102(4)：481-492.

[21] GIOVANGIGLI V，SMOOKE M D. Extinction of strained premixed laminar flames with complex chemistry[J]. Combustion Science and Technology，1987，53(1)：23-49.

[22] MARUTA K，YOSHIDA M，GUO H S，et al. Extinction of low-stretched diffusion flame in microgravity[J]. Combustion and Flame，1998，112(1-2)：181-187.

[23] HWANG J Y，LEE W，KANG H G，et al. Synergistic effect of ethylene-propane mixture on soot formation in laminar diffusion flames[J]. Combustion and Flame，1998，114(3-4)：370-380.

[24] GÜLDER Ö L. Effects of oxygen on soot formation in methane，propane，and n-butane diffusion flames[J]. Combustion and Flame，1995，101(3)：302-310.

[25] SUNG C J，LI B，WANG H，et al. Structure and sooting limits in counterflow methane/air and propane/air diffusion flames from 1 to 5 atmospheres[J]. Symposium(International) on Combustion，1998，27(1)：1523-1529.

第7章

液滴蒸发和燃烧

由于易于运输和储存,液体燃料广泛应用于各种燃烧系统。液体燃料含有较大的化学能,是运输行业中最为常见的燃料。液体燃料在发生燃烧之前,必须先进行气化并和氧化剂混合。为了实现液体燃料的气化和混合,液体燃料往往被高压喷入或者辅以气体低压喷入氧化剂(一般是空气)中,以形成细小雾状液滴。图 7-1 所示为液体燃料在高压喷射状态下形成喷雾的主要物理过程。液体燃料通过喷油器被高压喷入燃烧室后形成喷雾,喷雾开始经历多种物理过程,并和燃烧室内的湍流空气发生动力学相互作用。上述物理过程具体为:燃油喷射开始后,液体燃料从喷油器中喷出;在高速扰动的作用下,液体燃料在喷嘴出口处开始破碎成较大液滴,较大液滴与周围气体发生剪切作用,进一步破碎为细小液滴,从而形成喷雾;喷雾中的细小液滴也会相互碰撞、聚合。这种破碎、碰撞及聚合的过程,会产生许多形状不同、大小迥异的细小液滴。在燃油喷射过程中,液体燃料的动能很大,喷雾的冲量会对燃烧室内的空气流场产生强烈的影响,导致环境气体的高速湍流及空气卷吸,从而为液滴的混合和燃烧打下基础。在内燃机燃烧室中,由于进气管和气缸结构紧凑、狭窄,在形成空间雾化的基础上,部分液滴可能会撞击燃烧室壁面,在燃烧室壁面上形成液体燃料油膜,液膜蒸发由此形成。

图 7-1　液体燃料在高压喷射状态下形成喷雾的主要物理过程

在内燃机中,液滴的燃烧过程包括许多瞬态过程,如液滴的预热、蒸发、着火,火焰的传播,形成扩散火焰,液滴完全燃烧,火焰熄灭。因此,可以认为液滴是为各种燃烧系统提供气体燃料的基本单元。理解单液滴的蒸发和燃烧过程,可为实际燃烧室的设计提供重要指导。

7.1　静止状态下的液滴蒸发

液滴的实际燃烧过程非常复杂,影响因素很多。液滴的燃烧速率在一定程度上由液滴的蒸发速率决定,因此本节先讨论液滴的蒸发。

最简单的单液滴蒸发模式是无气流相对运动的单液滴蒸发。在这种情况下,可认为初始直径为 D_0 的单液滴突然暴露在环境温度为 T_a 的静止空气中。为了便于分析,做出如下假设。

(1) 液滴在蒸发和燃烧过程中产生的浮力可忽略,单液滴周围的热边界层为球形。

(2) 根据集总容量的假设,液滴内部温度是均匀的,并且都等于液体饱和温度(沸点) T_b。如果液滴的初始温度 T_0 较低,那么应将该液滴从环境温度 T_a 加热到饱和温度 T_b,一旦液滴的温度达到饱和温度 T_b,且温度维持不变,则表明液滴开始蒸发。

(3) 在整个蒸发过程中,液滴周围的空气压力是恒定的,因此,液体的蒸气密度和汽化常数都是恒定的。

图 7-2 所示为球形液滴蒸发过程示意图。其中,T_a 为环境温度,T_b 为液滴的饱和温度,R 为液滴的半径,δ 为液滴周围热边界层的厚度。

图 7-2　球形液滴蒸发过程示意图

对该球形液滴的蒸发过程进行能量分析,可推出

$$-\frac{\mathrm{d}}{\mathrm{d}t}\left[\rho_l \frac{4}{3}\pi\left(\frac{D}{2}\right)^3 h_{fg}\right]=\pi D^2 q_s'' \tag{7-1}$$

式中:ρ_l 为液滴密度;D 为液滴直径;h_{fg} 为饱和温度下的汽化潜热;q_s'' 为传给液滴表面的热流密度;$\rho_l \frac{4}{3}\pi\left(\frac{D}{2}\right)^3$ 为液滴总质量;πD^2 为液滴总表面积;负号表示液滴直径是随时间逐渐减小的。

传给液滴表面的热流密度 q_s'' 可表示为

$$q_s'' = k\left.\frac{\mathrm{d}T}{\mathrm{d}r}\right|_s \approx k\frac{T_a - T_b}{\delta} \tag{7-2}$$

式中:k 为导热系数;δ 为液滴周围热边界层的厚度,取决于具体环境中液滴和环境气体的物理性质,与液滴蒸发过程中的特征长度(液滴直径)成正比。近似地,我们可以设 $\delta = C_1 D$(C_1 为边界层参数),将其代入式(7-2)和式(7-1)中,可推出

$$-\frac{\mathrm{d}}{\mathrm{d}t}\left[\rho_1\frac{4}{3}\pi\left(\frac{D}{2}\right)^3 h_{\mathrm{fg}}\right]=\pi D^2 k\frac{T_{\mathrm{a}}-T_{\mathrm{b}}}{C_1 D}$$

$$\rho_1\frac{1}{6}\pi h_{\mathrm{fg}}\frac{\mathrm{d}D^3}{\mathrm{d}t}=-\pi D k\frac{T_{\mathrm{a}}-T_{\mathrm{b}}}{C_1}$$

$$\rho_1\frac{1}{6}\pi h_{\mathrm{fg}}\frac{3D^2\,\mathrm{d}D}{\mathrm{d}t}=-\pi D k\frac{T_{\mathrm{a}}-T_{\mathrm{b}}}{C_1}$$

$$2D\frac{\mathrm{d}D}{\mathrm{d}t}=-\frac{4k(T_{\mathrm{a}}-T_{\mathrm{b}})}{\rho_1 h_{\mathrm{fg}} C_1}$$

$$\frac{\mathrm{d}D^2}{\mathrm{d}t}=-\beta_0$$

$$\beta_0=\frac{4k(T_{\mathrm{a}}-T_{\mathrm{b}})}{\rho_1 h_{\mathrm{fg}} C_1} \tag{7-3}$$

为了简化,通常假定 C_1 为常数,大小为 $\frac{1}{2}$,即热边界层的厚度等于液滴半径。因此在空气和液滴特性一定的条件下,β_0 为固定常数,称为"蒸发常数"。由式(7-3)可知,液滴直径随时间的变化关系为

$$D^2=D_0^2-\beta_0 t \tag{7-4}$$

传统上将式(7-4)称为 D^2 定律。由式(7-4)可以推出初始直径为 D_0 的液滴寿命,即

$$t_{\mathrm{life}}=\frac{D_0^2}{\beta_0} \tag{7-5}$$

根据式(7-5),可以绘出液滴尺寸随时间的变化关系曲线(见图 7-3)。

图 7-3　D^2 定律中液滴尺寸随时间的变化关系

图 7-3 给出了 D^2 定律中,初始温度下的液滴的直径平方(即 D^2)的实验测量结果随时间的变化关系。由图 7-3 可知,在液滴温度达到饱和温度 T_{b} 并开始蒸发之前,液滴初始加热段对应的是一段水平直线,液滴直径不变,液滴的初始加热段时长将在 7.4 节介绍。液滴的瞬时蒸发速率 $\dot{m}_1$ 可表示为

$$\dot{m}_1=\frac{\mathrm{d}}{\mathrm{d}t}\left(\rho_1\frac{\pi}{6}D^3\right)=\rho_1\frac{\pi}{6}3D^2\frac{\mathrm{d}D}{\mathrm{d}t}=\rho_1\frac{\pi}{4}D\frac{\mathrm{d}D^2}{\mathrm{d}t} \tag{7-6}$$

结合式(7-4),液滴的瞬时蒸发速率 $\dot{m}_1$ 又可表示为

$$\dot{m}_1=-\frac{\pi}{4}\rho_1 D\beta_0=-\frac{\pi}{4}\rho_1\beta_0\sqrt{D_0^2-\beta_0 t} \tag{7-7}$$

由式(7-7)可知,液滴的瞬时蒸发速率绝对值随时间增加而减小。

例 7-1　把初始直径为 100 μm 的乙醇液滴置于 $T_a = 500$ K、$p = 1$ atm 的静止热空气中,其中乙醇液滴在标准大气压下的饱和温度 T_b 为 351 K,试估算该液滴的寿命。

解　液滴寿命可由 $t_{life} = \dfrac{D_0^2}{\beta_0}$ 算出,我们需要用以下公式来计算 β_0。

$$\beta_0 = \frac{4k(T_a - T_b)}{\rho_l h_{fg} C_1}$$

(1) 导热系数 k 是燃料和空气混合物的函数,可用下面的公式计算:

$$k(\bar{T}) = 0.4\, k_{fuel}(\bar{T}) + 0.6\, k_{air}(\bar{T})$$

$$\bar{T} = \frac{T_a + T_b}{2} = \frac{500 + 351}{2} \approx 425 \text{ (K)}$$

由工程热力学可知,乙醇在 425 K 下的导热系数大约为 0.028 3 W/(m·K),空气在 425 K 下的导热系数大约为 0.033 W/(m·K),可得出 k 为 0.031 1 W/(m·K)。注意:如果没给出燃料的导热系数,我们可以用空气的导热系数来近似地代替 k_{fuel}。

(2) $h_{fg} = 797.34$ kJ/kg。

(3) $\rho_l = 757$ kg/m³。

(4) $C_1 = 0.5$。

$$\beta_0 = \frac{4k(T_a - T_b)}{\rho_l h_{fg} C_1} = 6.14 \times 10^{-8} \text{ m}^2/\text{s}$$

$$t_{life} = \frac{D_0^2}{\beta_0} = 0.163 \text{ s} = 163 \text{ ms}$$

注:单液滴寿命的模拟结果为 171 ms,和上述估算结果吻合得较好。

7.2　运动状态下的液滴蒸发

在大多数应用中,液滴都是以一个相对运动的状态喷入燃烧室的,假设液滴与空气的相对速度为 u_d。图 7-4 所示为运动状态下的液滴蒸发热边界层。

图 7-4　运动状态下的液滴蒸发热边界层

此时,液滴传热为对流传热,则传给液滴表面的热流密度 q_s'' 可表示为

$$q_s'' = \tilde{h}(T_a - T_b) \tag{7-8}$$

式中:$\tilde{h}$ 为对流换热系数。

对于一个球体，$\tilde{h}$ 可从努塞尔关系式中获得：

$$Nu = \frac{\tilde{h}D}{k} = 2 + 0.4\, Re_D^{\frac{1}{2}}\, Pr^{\frac{1}{3}} \tag{7-9}$$

式中：Re_D 为基于 u_d 和液滴直径的雷诺数；Pr 为普朗特数。

$$Pr = \frac{\nu}{a} = \frac{c_p \mu}{k}$$

式中：ν 为黏度扩散系数；a 为热扩散系数；μ 为动力黏度系数；k 为导热系数。

运动状态下的液滴直径的推导方式类似，可得

$$-\frac{d}{dt}\left[\rho_l\, \frac{4}{3}\pi\left(\frac{D}{2}\right)^3 h_{fg}\right] = \pi D^2 \tilde{h}(T_a - T_b)$$

$$\frac{dD^2}{dt} = -2C_1\beta_0 - \beta \tag{7-10}$$

其中

$$\beta = \frac{1.6kRe_D^{\frac{1}{2}}Pr^{\frac{1}{3}}(T_a - T_b)}{\rho_l h_{fg}}$$

假设雷诺数是一个平均化了的常数，则将式(7-10)积分可得

$$D^2 = D_0^2 - 2C_1\beta_0 t - \beta t \tag{7-11}$$

事实上，雷诺数随液滴直径减小而减小，因此在液滴蒸发分析中，平均雷诺数可用直径为初始直径一半时的雷诺数来近似表示，即 $\overline{Re}_D \approx \rho D_0 u_d /(2\mu)$。图 7-5 所示为蒸发过程中乙醇液滴直径随时间变化的预测图，其中，$p = 1$ atm，$T_a = 600$ K，液滴初始直径为 $150\ \mu m$。由图 7-5 可知，相对速度 u_d 越大，乙醇液滴蒸发速率越大。

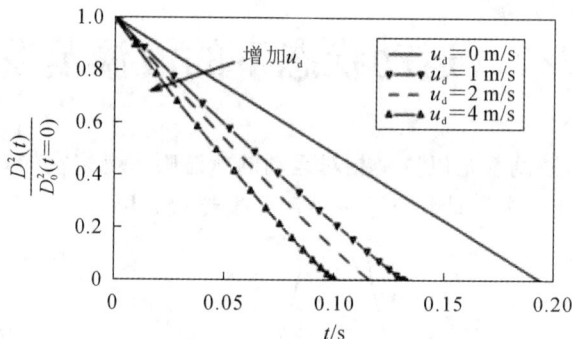

图 7-5 相对速度 u_d 对乙醇液滴蒸发速率的影响

例 7-2 估算在 $p = 1$ atm、$T_a = 700$ K 的空气环境下，相对速度为 2.8 m/s，初始直径为 $101.6\ \mu m$ 的十二烷烃液滴寿命，其中十二烷烃液滴在标准大气压下的饱和温度为 489 K。

解 (1) 平均温度 $\overline{T} = \dfrac{700 + 489}{2} \approx 600$ (K)。

(2) 空气在 600 K 下的导热系数 k 约为 0.045 6 W/(m·K)。

(3) $\mu = 3.030 \times 10^{-5}$ kg/(m·s)。

(4) $\rho_{air} = 0.588$ kg/m³。

(5) $Pr = 0.751$。

(6) $\rho_l = 749$ kg/m³。

(7) $h_{fg} = 256$ kJ/kg。

$$2C_1\beta_0 = \frac{8k(T_a - T_b)}{\rho_l h_{fg}} = \frac{8 \times 0.045\ 6 \times (700 - 489)}{749 \times 256 \times 1\ 000} = 4.014 \times 10^{-7}\ (\text{m}^2/\text{s})$$

$$\overline{Re}_D = \frac{\dfrac{\rho_{air} D_0}{2} u_d}{\mu_{air}} = \frac{0.588 \times \dfrac{101.6}{2} \times 10^{-6} \times 2.8}{3.03 \times 10^{-5}} = 2.76$$

$$\beta = \frac{1.6k\,\overline{Re}_D^{\frac{1}{2}} Pr^{\frac{1}{3}}(T_a - T_b)}{\rho_l h_{fg}}$$

$$= \frac{1.6 \times 0.045\ 6 \times 2.76^{\frac{1}{2}} \times 0.751^{\frac{1}{3}} \times (700 - 489)}{749 \times 256 \times 1\ 000}\ \text{m}^2/\text{s}$$

$$= 1.21 \times 10^5\ \mu\text{m}^2/\text{s}$$

$$t_{life} = \frac{D_0^2}{2C_1\beta_0 + \beta} = \frac{101.6^2}{4.014 \times 10^5 + 1.21 \times 10^5}\ \text{s}$$

$$= 0.020\ \text{s} = 20\ \text{ms}$$

注:单液滴寿命的模拟结果为 27 ms。

例 7-3　在例 7-1 的基础上,令 u_d 分别为 1 m/s 和 10 m/s,试估算液滴寿命。

解　在 400 K 下,空气的普朗特数 $Pr = 0.788$。

当 $u_d = 1$ m/s 时:

$$\overline{Re}_D = 0.99$$

$$2C_1\beta_0 = \frac{8k(T_a - T_b)}{\rho_l h_{fg}} = 6.142 \times 10^4\ \mu\text{m}^2/\text{s}$$

$$\beta = \frac{1.6k\,\overline{Re}_D^{\frac{1}{2}} Pr^{\frac{1}{3}}(T_a - T_b)}{\rho_l h_{fg}} = 1.13 \times 10^4\ \mu\text{m}^2/\text{s}$$

$$t_{life} = \frac{D_0^2}{2C_1\beta_0 + \beta} = 0.138\ \text{s} = 138\ \text{ms}$$

注:单液滴寿命的模拟结果为 165 ms。

当 $u_d = 10$ m/s 时:

$$\overline{Re}_D = 9.9$$

$$\beta = \frac{1.6k\,\overline{Re}_D^{\frac{1}{2}} Pr^{\frac{1}{3}}(T_a - T_b)}{\rho_l h_{fg}} = 3.57 \times 10^4\ \mu\text{m}^2/\text{s}$$

$$t_{life} = \frac{D_0^2}{2C_1\beta_0 + \beta} = 0.103\ \text{s} = 103\ \text{ms}$$

注:单液滴寿命的模拟结果为 152 ms。

7.3　液滴的初始加热过程

由 D^2 定律可知,在液滴的初始加热过程中,液滴直径不变。为了计算液滴从初始温度 T_0 加热到饱和温度 T_b 所需的时间,一般需要做如下几个假设:

(1)液滴密度是常数;

(2)比热容是常数;

(3)初始加热过程中没有蒸发;

(4)在整个过程中应用相同的传热模型。

假设(1)和假设(3)暗含着液滴直径不会改变的条件。根据能量守恒,可推导出

$$\frac{\pi D_0^3}{6}\rho_l c_{pl}\frac{dT}{dt} = \pi D_0^2 q_s''$$ (7-12)

首先考虑液滴在空气中静置这一状态下的热量传递情况。液滴在空气中静置时,液滴表面的热量传递公式为 $q_s'' = k\dfrac{T_a - T}{C_1 D}$,将该公式代入式(7-12)中并进行积分可得液滴加热时间 t,其表达式为

$$t = \frac{\rho_l c_{pl} C_1 D_0^2}{6k}\ln(\frac{T_a - T_0}{T_a - T})$$ (7-13)

式中:T_a 为环境温度;T_0 为液滴初始温度;T 为液滴瞬时温度。注意,式(7-13)只有在 $T \leqslant T_b$ 时才成立。由式(7-13)可以推导出,在空气中静置的液滴由初始温度 T_0 加热到饱和温度 T_b 所需的时间 $t_{heating}$ 的表达式为

$$t_{heating} = \frac{\rho_l c_{pl} C_1 D_0^2}{6k}\ln(\frac{T_a - T_0}{T_a - T_b})$$ (7-14)

当液滴与空气存在相对运动时,液滴表面的热量传递公式变为

$$q_s'' = \frac{(2 + 0.4\,Re_D^{\frac{1}{2}}Pr^{\frac{1}{3}})k(T_a - T)}{D}$$

则 $t_{heating}$ 可表示为

$$t_{heating} = \frac{\rho_l c_{pl} D^2}{6k(2 + 0.4\,Re_D^{\frac{1}{2}}Pr^{\frac{1}{3}})}\ln(\frac{T_a - T_0}{T_a - T_b})$$ (7-15)

当液滴处于燃烧状态时,我们可以用火焰温度 T_f 代替环境温度 T_a,以简单估算单液滴加热段对应的时间。

例 7-4 估算在以下两种条件下,液滴加热到饱和温度所需的时间。乙醇液滴初始温度 $T_0 = 300$ K,环境温度 $T_a = 500$ K,$D_0 = 100\ \mu m$。

(1)在静止空气中;(2)在相对速度 $u_d = 1$ m/s 的空气中。

解 估算平均温度下液滴的性质:$T_0 = 300$ K,$\overline{T} = \dfrac{300 + 351}{2} \approx 325$(K),$\rho_l = 773$ kg/m³,$c_{pl} = 2.5$ kJ/(kg·K),$C_1 = 0.5$。

在 325 K 下,空气的导热系数 $k = 0.018\,65$ W/(m·K)。

(1)由式(7-14)可得

$$t_{heating} = \frac{\rho_l c_{pl} C_1 D_0^2}{6k}\ln\left(\frac{T_a - T_0}{T_a - T_b}\right) = 25.6\ ms$$

由此可知,液滴加热到饱和温度所需的时间远小于液滴蒸发所需的时间(186 ms)。

(2)当 $u_d = 1$ m/s 时,$Re_D = 3.85$,$Pr = 0.788$。

$$t_{heating} = \frac{\rho_l c_{pl} D^2}{6k(2 + 0.4\,Re_D^{\frac{1}{2}}Pr^{\frac{1}{3}})}\ln\left(\frac{T_a - T_0}{T_a - T_b}\right) = 19.1\ ms$$

7.4　液滴的燃烧

当液滴蒸发后,如果空气温度足够高或者存在火花点火时,液滴周围的蒸气-空气混合物可能会被点燃。一旦该混合物着火,液滴周围将形成非预混(扩散)火焰。火焰产生后,从火焰到液滴表面的传热将进一步加大液滴的蒸发速率,进而促进液滴的燃烧。图 7-6 描述了燃油液滴的燃烧过程,燃油蒸气沿径向向外扩散,扩散到火焰区域,与沿径向向内扩散的空气混合并发生反应。

图 7-6　在距离液滴表面 δ_f 处燃烧产生扩散火焰

液滴燃烧过程也包括液滴蒸发过程,液滴蒸发过程类似于上文所述的液滴纯蒸发过程,但是液滴周围环境温度需要用火焰温度来代替,则式(7-2)变为

$$q''_s = k \frac{\mathrm{d}T}{\mathrm{d}r}\Big|_s \approx k \frac{T_f - T_b}{\delta_f} \approx k \frac{T_f - T_b}{C_2 D} \tag{7-16}$$

式中: T_f 为火焰温度; C_2 为与 C_1 类似的边界层参数; δ_f 为液滴周围热边界层厚度。

将式(7-16)代入式(7-1)中可得

$$\frac{\mathrm{d}D^2}{\mathrm{d}t} = -\beta'_0 \tag{7-17}$$

$$\beta'_0 = \frac{4k(T_f - T_b)}{\rho_l h_{fg} C_2}$$

式中: β'_0 为液滴的燃烧常数。

对式(7-17)进行积分可得

$$D^2 = D_0^2 - \beta'_0 t \tag{7-18}$$

这也是 D^2 定律的一种形式,除了 β_0 被 β'_0 代替,其他没有变化。

例 7-5　在例 7-1 的前提下,液滴周围存在当量比火焰,估算液滴寿命。

解　火焰温度大约为 2 300 K,平均温度约为 1 300 K,在 1 300 K 时, k_{air} 约为0.083 7 W/(m·K)。

假设 $C_2 = 0.5$, $h_{fg} = 836$ kJ/kg,可得

$$\beta'_0 = \frac{4k(T_f - T_b)}{\rho_l h_{fg} C_2} = \frac{4 \times 0.083\ 7 \times (2\ 300 - 351)}{789 \times 836 \times 1\ 000 \times 0.5}\ \mathrm{m}^2/\mathrm{s}$$

$$= 1.98 \times 10^6\ \mu\mathrm{m}^2/\mathrm{s}$$

$$t_{\text{life}} = \frac{D_0^2}{\beta_0'} = \frac{100^2}{1.98 \times 10^6}\ \text{s} = 5.05 \times 10^{-3}\ \text{s} = 5.05\ \text{ms}$$

计算获得的液滴寿命比纯蒸发条件下的液滴寿命小得多。

液滴在运动状态下的燃烧和在运动状态下的蒸发满足同一个模型,只需把环境温度 T_a 变成火焰温度 T_f,由此可得

$$D^2 = D_0^2 - 2C_2\beta_0't - \beta't \qquad (7\text{-}19)$$

其中

$$\beta' = \frac{1.6k\,\overline{Re}_D^{\frac{1}{2}}\,Pr^{\frac{1}{3}}(T_f - T_b)}{\rho_l h_{\text{fg}}}$$

在静止状态、运动状态、燃烧状态和非燃烧状态的液滴蒸发控制定律(D^2 定律)都表明:液滴的初始直径减小二分之一,液滴寿命可缩短四分之三。因此,当需要缩短液滴寿命时,减小液滴的初始直径是行之有效的办法。

表 7-1 总结了不同条件下液滴蒸发和燃烧的公式。

表 7-1　不同条件下液滴蒸发和燃烧的公式

液滴状态	q_s''	$D^2(t)$	参数
静止状态下的蒸发	$k\dfrac{T_a - T_b}{C_1 D}$	$D^2 = D_0^2 - \beta_0 t$	$\beta_0 = \dfrac{4k(T_a - T_b)}{\rho_l h_{\text{fg}} C_1}$
运动状态下的蒸发	$\dfrac{(2 + 0.4\,Re_D^{\frac{1}{2}}\,Pr^{\frac{1}{3}})k(T_a - T_b)}{D}$	$D^2 = D_0^2 - 2C_1\beta_0 t - \beta t$	$\beta = \dfrac{1.6k\,\overline{Re}_D^{\frac{1}{2}}\,Pr^{\frac{1}{3}}(T_a - T_b)}{\rho_l h_{\text{fg}}}$
静止状态下的燃烧	$k\dfrac{T_f - T_b}{C_2 D}$	$D^2 = D_0^2 - \beta_0' t$	$\beta_0' = \dfrac{4k(T_f - T_b)}{\rho_l h_{\text{fg}} C_2}$
运动状态下的燃烧	$\dfrac{(2 + 0.4\,Re_D^{\frac{1}{2}}\,Pr^{\frac{1}{3}})k(T_f - T_b)}{D}$	$D^2 = D_0^2 - 2C_2\beta_0' t - \beta' t$	$\beta' = \dfrac{1.6k\,\overline{Re}_D^{\frac{1}{2}}\,Pr^{\frac{1}{3}}(T_f - T_b)}{\rho_l h_{\text{fg}}}$

7.5　环境温度和压力的影响

环境温度和压力对液滴蒸发的影响,主要表现为环境温度和压力对液滴饱和温度与饱和压力的影响。图 7-7 给出了正癸烷单液滴蒸发时的模拟数据和试验数据。由图 7-7 可知,在正癸烷蒸发期间,液滴温度是逐渐接近饱和温度的。

随着环境温度的升高,$T_a - T_b$ 和 $T_f - T_b$ 逐渐增大(火焰温度也升高)。由式(7-5)和式(7-14)可知,环境温度升高将导致液滴寿命和蒸发时间均变短。

图 7-8 所示为不同环境温度下的乙醇液滴直径和寿命的变化规律,其中,$p = 1\ \text{atm}$,$u_d = 1\ \text{m/s}$。随着环境温度的升高,乙醇液滴寿命逐渐变短。

图 7-9 所示为几种典型液体的饱和蒸气压和饱和温度的关系。

由图 7-9 可知,当环境的压力增大时,对应的液滴饱和温度 T_b 也会升高。由式(7-5)和式(7-14)可知,饱和温度 T_b 升高会导致液滴寿命和蒸发时间增加。

但在液滴的实际蒸发过程中,环境压力的影响相对更复杂,因为环境压力的变化会通过

图 7-7　正癸烷单液滴蒸发时的模拟数据(线)与试验数据(点)

(a) 环境温度对乙醇液滴直径的影响

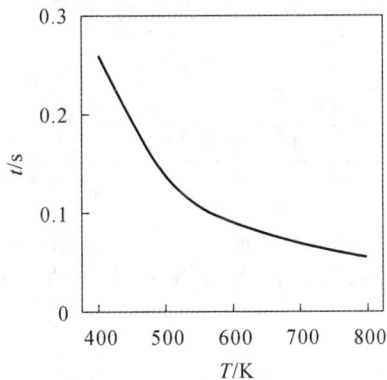

(b) 环境温度对乙醇液滴寿命的影响

图 7-8　不同环境温度下的乙醇液滴直径和寿命的变化规律

饱和温度的变化来影响其他参数,如液滴的汽化潜热、导热系数和密度。

图 7-10 中,实线为温度的等值线,即等温线,等温线中 A'' 点温度最低,A' 点温度最高。汽化潜热是指在等温条件下,从液相(A 点)加热到气相(B 点)所需的焓值。由图 7-10 可知,随着饱和温度的升高,汽化潜热呈非线性变化且逐渐减小,并且在达到临界点时降为零。

在临界点和超临界点,不存在明显的相变。此外,环境压力的变化还可以通过密度的变化近似线性地影响雷诺数。

图 7-9　几种典型液体的饱和蒸气压与饱和温度的关系

图 7-10　饱和区域的压力-焓图

表 7-2 列出了不同饱和温度/饱和压力下的正丁醇的物性。

表 7-2　不同饱和温度/饱和压力下的正丁醇的物性

T_{sat}/K	390.65	410.2	429.2	446.5	469.5	485.2	508.3	530.2	545.5	558.9
p_{sat}/kPa	101.3	182	327	482	759	1 190	1 830	2 530	3 210	4 030
$\rho_l/(kg/m^3)$	712	688	664	640	606	581	538	487	440	364
$\rho_v/(kg/m^3)$	2.30	4.10	7.9	12.5	23.8	27.8	48.2	74.0	102.3	240.2
$h_{ig}/(kJ/kg)$	591.3	565.0	537.3	509.7	468.8	437.2	382.5	315.1	248.4	143.0
$c_{pl}/[kJ/(kg \cdot K)]$	3.20	3.54	3.95	4.42	5.15	5.74	6.71	7.76	—	—
$c_{pv}/[kJ/(kg \cdot K)]$	1.87	1.95	2.03	2.14	2.24	2.37	2.69	3.05	3.97	—
$\mu_l/(\mu Ns/m^2)$	403.8	346.1	278.8	230.8	188.5	144.2	130.8	115.4	111.5	105.8
$\mu_v/(\mu Ns/m^2)$	9.29	10.3	10.7	11.4	12.1	12.7	13.9	15.4	17.1	28.3
$k_l/[mW/(m \cdot K)]$	127.1	122.3	117.5	112.6	105.4	101.4	91.7	82.9	74.0	62.8
$k_v/[mW/(m \cdot K)]$	21.7	24.2	26.7	28.2	31.3	33.1	36.9	40.2	43.6	51.5
Pr_l	10.3	9.86	9.17	8.64	10.2	8.10	8.67	9.08	—	—
Pr_v	0.81	0.83	0.81	0.86	0.87	0.91	1.01	1.17	1.56	—
$\sigma/(mN/m)$	17.1	15.6	13.9	12.3	10.2	7.50	6.44	4.23	2.11	0.96

① 正丁醇化学式为 $CH_3CH_2CH_2CH_2OH$,临界温度为 561.15 K,临界压力为 4 960 kPa,临界密度为 270.5 kg/m^3,分子量为 74.12。

② ρ_l—液体密度;h_{ig}—汽化潜热;ρ_v—蒸气密度;k_l—液体导热系数;k_v—蒸气导热系数;σ—表面张力。

如果燃料的物性查不到,可以用克劳修斯-克拉珀龙方程估算不同压力下燃料的饱和温度:

$$\frac{\mathrm{d}p_{sat}}{p_{sat}} = \frac{h_{fg}}{R_m} \frac{\mathrm{d}T_{sat}}{T_{sat}^2}$$

或

$$\mathrm{d}(\ln p_{sat}) = -\frac{h_{fg}}{R_m}\mathrm{d}\left(\frac{1}{T_{sat}}\right) \tag{7-20}$$

其中

$$R_m = \frac{\hat{R}_u}{M_f}$$

式中:R_m 为气体常数;$\hat{R}_u$ 为通用气体常数;M_f 为燃料蒸气的分子质量。我们可以用 T_{sat1} 和 T_{sat2},通过以下公式来近似地计算平均汽化潜热:

$$\ln \frac{p_{sat2}}{p_{sat1}} \approx \frac{h_{fg}(\overline{T})}{R_m}\left(\frac{1}{T_{sat1}} - \frac{1}{T_{sat2}}\right) \qquad (7\text{-}21)$$

下面我们来考虑静止空气中环境温度为 T_a 时不同压力下液滴的实际蒸发过程。

环境压力增大,饱和温度 T_b 升高,使得 $T_a - T_b$ 和 h_{fg} 减小(没有接近临界点时,h_{fg} 随着压力变化的幅度不大),最终导致 β_0 可能减小或增大,因此,液滴寿命随着压力的增大可能延长,也可能缩短。

图 7-11 所示为静止空气中不同环境压力下乙醇液滴直径与寿命的变化关系,其中,$T_a = 500$ K,$D_0 = 100$ μm。由图 7-11 可知,随着环境压力的增大,乙醇液滴寿命逐渐增加。

图 7-11　静止空气中不同环境压力下乙醇液滴直径与寿命的变化关系

当液滴以相对速度 u_d 射入时,环境压力增大的影响表现在以下两个方面:

(1) $T_a - T_b$ 和 h_{fg} 减小;

(2) 液滴密度增大,从而使 Re_D 增大,进而导致 β 增大。

环境压力对液滴寿命的最终影响取决于 β_0 和 β 的相对变化。图 7-12 所示为 $u_d = 1$ m/s 时,不同环境压力下乙醇液滴直径与寿命的变化关系,其中,$T_a = 500$ K,$D_0 = 100$ μm。由图 7-12 可知,随着环境压力的增大,乙醇液滴寿命逐渐变短。

图 7-12　$u_d = 1$ m/s 时,不同环境压力下乙醇液滴直径与寿命的变化关系

例 7-6　利用式(7-21)和表 7-2,在 $T_{sat1} = 390.65$ K、$p_{sat1} = 101.3$ kPa 的条件下,估算 $p_{sat} = 1\ 090$ kPa 时 T_{sat} 的值。

解　因为 T_{sat} 未知,先假设平均温度为 390 K,我们用迭代法来求取精确的 T_{sat}。

当 $\bar{T}=390$ K 时,有

$$R_m = \frac{8.314}{74.12} = 0.112\ [kJ/(kg \cdot K)]$$

将 R_m 的值代入式(7-21)中,可得

$$\ln\frac{1\,090}{101.3} \approx \frac{591.3}{0.112}\left(\frac{1}{390.65} - \frac{1}{T_{sat2}}\right)$$

解得

$$T_{sat2} = 474.09\ K$$

与表 7-2 给出的 485.2 K 相比,上述估算结果有 2.3% 的误差,对于工程项目,该结果符合要求。为了进一步提高计算结果的精度,进行第二次估算。

$$\bar{T} = \frac{390 + 474}{2} = 432(K)$$

$$h_{fg}(\bar{T}) = 531.9\ kJ/kg$$

$$\ln\frac{1\,090}{101.3} \approx \frac{531.9}{0.112}\left(\frac{1}{390.65} - \frac{1}{T_{sat2}}\right)$$

$$T_{sat2} = 485.5\ K$$

这与表 7-2 给出的 485.2 K 几乎一致。

7.6　液滴直径的分布

图 7-13 所示为典型的汽油机进气道喷射汽油形成的喷雾。喷射的汽油在与空气的相互作用下破碎成许多小液滴,这些液滴直径的分布将决定汽油机的动力性、经济性和排放性能。

图 7-13　典型的汽油机进气道喷射汽油形成的喷雾

一般需要用统计学方法来描述这些小液滴的各种属性。首先将液滴数分布 $\Delta N(d_i)$ 定义为液滴直径在区间 $(d_i - \Delta d/2, d_i + \Delta d/2)$ 内的液滴数与液滴总数 (N_d) 的比例,具体为

$$\Delta N(d_i) = \frac{液滴直径在区间(d_i - \Delta d/2, d_i + \Delta d/2)\ 内的液滴数}{液滴总数(N_d)} \tag{7-22}$$

式中:Δd 为液滴直径区间大小,用于根据液滴直径对液滴进行分类;N_d 为液滴总数。

通常,有以下几种定义液滴平均直径的方法。

$$\begin{cases} d_1 \equiv \text{MD（平均直径）} = \sum_{i=1}^{\infty} \Delta N(d_i) \cdot d_i \\[2mm] d_2 \equiv \text{AMD（平均面积直径）} = \left[\sum_{i=1}^{\infty} \Delta N(d_i) \cdot d_i^2 \right]^{1/2} \\[2mm] d_3 \equiv \text{VMD（平均体积直径）} = \left[\sum_{i=1}^{\infty} \Delta N(d_i) \cdot d_i^3 \right]^{1/3} \end{cases} \tag{7-23}$$

这样，液滴的总面积与 d_2 相关联，总体积与 d_3 相关联。

$$\begin{cases} \text{液滴的总面积} = \pi (\text{AMD})^2 \\[2mm] \text{液滴的总体积} = \dfrac{\pi}{6} (\text{VMD})^3 \end{cases} \tag{7-24}$$

在大多数应用中，索特平均直径（SMD）用于量化喷雾中液滴的平均大小，其定义为

$$d_{32} \equiv \text{SMD（索特平均直径）} = \frac{\sum_{i=1}^{\infty} \Delta N(d_i) \cdot d_i^3}{\sum_{i=1}^{\infty} \Delta N(d_i) \cdot d_i^2} = \frac{d_3^3}{d_2^2} \tag{7-25}$$

这样，就有两种相应的参数来量化液滴直径的分布。

第一种参数是累积数量函数（CNF），其表达式为

$$\text{CNF}(d_j) = \frac{\sum_{i=1}^{j} \Delta N(d_i) \cdot d_i}{\sum_{i=\infty}^{\infty} \Delta N(d_i) \cdot d_i} = \frac{1}{\text{MD}} \sum_{i=1}^{j} \Delta N(d_i) \cdot d_i \tag{7-26}$$

式中：$\sum_{i=1}^{\infty} \Delta N(d_i) \cdot d_i$ 为液滴的平均直径；$\sum_{i=1}^{j} \Delta N(d_i) \cdot d_i$ 为直径小于或等于 d_i 的液滴直径与其占比的乘积；$\text{CNF}(d_j)$ 为直径小于或等于 d_j 的液滴所占平均直径的比例。

第二种参数是累积体积函数（CVF），其表达式为

$$\text{CVF}(d_j) = \frac{\sum_{i=1}^{j} \Delta N(d_i) \cdot d_i^3}{\sum_{i=\infty}^{\infty} \Delta N(d_i) \cdot d_i^3} \tag{7-27}$$

式中：$\text{CVF}(d_j)$ 为直径小于或等于 d_j 的液滴的体积与液滴总体积之间的比例。

图 7-14 所示为 ΔN、CNF 和 CVF 与液滴直径之间的关系。

图 7-14　ΔN、CNF 和 CVF 与液滴直径之间的关系

特定旋流喷油器的喷雾 SMD 的经验公式为

$$\text{SMD} = f\left[流体性质(\sigma,\nu,\cdots),喷射参数(\Delta p,\dot{m},\cdots),空气旋流参数\right] \qquad (7\text{-}28)$$

式(7-28)中的各个参数需要根据具体的喷油器结构来确定。例如,稳态流动下的某类压力旋流喷雾器的喷雾 SMD 的计算公式为

$$\text{SMD} = 7.3 \times 10^6 \sigma_l^{0.6} \nu_l^{0.2} \dot{m}^{0.25} \Delta p^{-0.4} \qquad (\mu\text{m}) \qquad (7\text{-}29)$$

式(7-29)中,所有参数的单位都采用国际单位制。

例 7-7 用式(7-29)估算柴油机喷油器的喷雾 SMD。

解 已知喷油器喷射压力 $\Delta p = 689$ kPa,液体表面张力 $\sigma_l = 0.03$ N/m,液体黏度 $\nu_l = 2.82 \times 10^{-6}$ m^2/s,喷射流量 $\dot{m} = 9 \times 10^{-3}$ kg/s。

$$\begin{aligned}
\text{SMD} &= 7.3 \times 10^6 \sigma_l^{0.6} \nu_l^{0.2} \dot{m}^{0.25} \Delta p^{-0.4} \\
&= 7.3 \times 10^6 \times (0.03)^{0.6} \times (2.82 \times 10^{-6})^{0.2} \times (9 \times 10^{-3})^{0.25} \times (689 \times 10^3)^{-0.4} \\
&= 98.25 \ (\mu\text{m})
\end{aligned}$$

习　题

7-1 将一个初始直径为 80 μm 的甲醇液滴注入环境温度为 750 K、环境压力为 1 atm 的燃烧室内,计算该液滴寿命。向甲醇中加入一种能使甲醇沸点降低 40 K,但不影响其汽化潜热的添加剂,加入添加剂后,甲醇液滴的初始直径会增大到 95 μm,计算新的液滴寿命。如果环境压力从 1 atm 增大到 10 atm,计算新的液滴寿命。

7-2 一架涡喷式飞机以 250 m/s 的速度飞行。正庚烷液滴顺着气流方向被喷入 2.5 m 长的燃烧室的前端,正庚烷液滴在燃烧室内完全燃烧,忽略正庚烷液滴运动过程中的破碎效应和阻力效应,估算在下列条件下,正庚烷液滴的最大允许初始尺寸:

(1) 燃烧室内空气的温度和压力分别为 1 000 K 和 1 atm;

(2) 正庚烷液滴以比空气运动速度大 20 m/s 的相对速度喷入燃烧室;

(3) 正庚烷液滴完全蒸发后,燃烧过程仅需要 1 ms;

(4) 正庚烷液体性质:密度为 684 kg/m^3,沸点为 283 K,汽化潜热为 317 kJ/kg。

7-3 在燃烧室中,一些直径为 500 μm 的细小辛烷液滴被喷入环境温度为 500 ℃、环境压力为 1 atm 的热空气中,观察到一些液滴在蒸发,一些液滴在燃烧,还可观察到一些液滴和空气具有相同的运动速度,一些液滴与空气有明显的相对速度。

(1) 计算与空气运动速度相同的液滴的蒸发时间(静止环境)。

(2) 计算与空气运动速度有 10 m/s 的相对速度的液滴的蒸发时间。

(3) 计算与空气运动速度相同的液滴的燃烧寿命(静止环境)。

注:假设热边界层厚度和脱火距离均为液滴直径的一半。

7-4 用下列数据,计算直径为 100 μm 的正丁醇液滴在热空气中的蒸发时间(液滴存在时间)。

(1) 环境温度 $T_{air} = 900$ K,相对速度 $u_d = 0$,环境压力 $p = 101.3$ kPa。

(2) 重复(1),但相对速度 $u_d = 1$ m/s。

(3) 重复(1),但环境压力 $p = 3\ 210$ kPa。

(4) 重复(3),但液滴周围存在火焰,火焰温度为 2 200 K。

注:用 $T_{ave} = (T_{air} + T_{droplet})/2$ 和 $T_{ave} = (T_{flame} + T_{droplet})/2$ 分别计算导热系数。

7-5 计算放置在环境温度为 500 ℃ 的静止热空气中,初始直径为 500 μm 的柴油液滴

的蒸发时间,假设液滴周围的热边界层厚度是液滴直径的一半。与该状态下的燃烧寿命进行比较,脱火距离也为液滴直径的一半,火焰温度是 2 305 K。如果找不到所需的柴油物性,就用正庚烷的物性来代替。

7-6 实验测量获得的喷雾中液滴尺寸见表 7-3。确定 $d_j = 60\ \mu m$ 的累积体积分布。

表 7-3 实验测量获得的喷雾中液滴尺寸

区间范围/μm	液滴数
0～10	60
10～30	100
30～40	120
40～60	300
60～80	200
80～100	20
100～130	0
130～170	0
液滴总数	800

参 考 文 献

[1] MCALLISTER S,CHEN J Y,FERNANDEZ-PELLO A C. Fundamentals of combustion processes[M]. New York:Springer,2011.

[2] TURNS S R. An introduction to combustion:concepts and applications[M]. 2nd ed. New York:McGraw-Hill Companies,Inc. ,2000.

[3] TURNS S R. 燃烧学导论:概念与应用[M]. 3 版. 姚强,李水清,王宇,译. 北京:清华大学出版社,2015.

[4] 徐通模,惠世恩. 燃烧学[M]. 2 版. 北京:机械工业出版社,2017.

[5] 蒋德明. 内燃机燃烧与排放学[M]. 西安:西安交通大学出版社,2001.

[6] 解茂昭. 内燃机计算燃烧学[M]. 大连:大连理工大学出版社,1995.

第 8 章

固体燃料的燃烧

固体燃料是一类非常重要的燃料,比如煤,在全球能源结构中占据了重要地位。固体燃料可以分为无挥发分的固体燃料和有挥发分的固体燃料。对于煤等有挥发分的固体燃料,其燃烧过程包含水分蒸发、挥发分析出和燃烧、煤焦燃烧和燃尽四个不同的阶段,因而燃烧过程比较复杂。而对于无挥发分的固体燃料,比如碳,则只有碳的燃烧和燃尽阶段,因而燃烧过程相对简单。因此,本章首先讲解碳的燃烧,然后讲解煤的燃烧,最后介绍其他固体燃料(如固体废弃物、固体含能材料等)的燃烧。

8.1 碳的燃烧过程及控制模式

8.1.1 碳的燃烧过程

碳在空气中的燃烧发生在碳与空气接触的界面上,是固体的碳与空气中的氧气发生反应,因而也被称为非均相燃烧。碳与空气中的氧气发生的反应也被称为气-固反应。根据Langmuir 多相反应理论,碳的燃烧分为氧气的扩散、氧气在碳表面的吸附、表面化学反应、反应物解吸附和扩散等步骤。具体如图 8-1 所示。

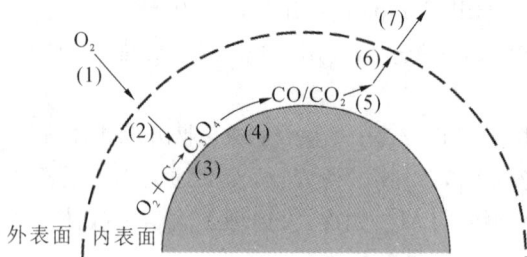

图 8-1 碳的非均相燃烧过程

(1)氧气从气相空气扩散到固相碳表面(外扩散)。

(2)氧气通过颗粒的孔道进入小孔的内表面(内扩散)。

(3)扩散到碳表面的氧气被碳表面吸附,形成中间络合物。

(4)吸附的中间络合物之间发生反应,或者吸附的中间络合物与气相分子之间发生反应,生成产物。

(5)吸附态的产物从碳表面解吸。

(6)解吸产物通过碳的内部孔道扩散出来(内扩散)。

(7)解吸产物从碳表面扩散到空气中(外扩散)。

显然,碳的燃烧过程是非常复杂的,涉及扩散过程、吸附和解吸附过程以及表面反应过程。

1. 分子扩散与 Stefan 流

假定碳燃烧的产物只有 CO_2,我们分析 O_2 和 CO_2 的二元扩散过程。在无穷远处,O_2 浓度最高,CO_2 浓度最低;而在碳表面则相反,O_2 浓度最低,CO_2 浓度最高。对于仅由 O_2 与 CO_2 组成的混合气体系,在碳表面附近,O_2 与 CO_2 的扩散质量通量大小相等,方向相反。根据菲克扩散定律,所有组分的扩散质量通量之和为零。

$$m''_{O_2,s} + m''_{CO_2,s} = 0 \qquad (8-1)$$

式中:$m''_{O_2,s}$ 与 $m''_{CO_2,s}$ 分别是 O_2 与 CO_2 的扩散质量通量,$kg/(m^2 \cdot s)$。

由于 CO_2 是 O_2 与 C 在碳表面发生反应的产物,两者的质量通量应该满足化学反应当量比:

$$m''_{O_2,s} = -\frac{32}{44} m''_{CO_2,s} \qquad (8-2)$$

显然,在碳燃烧过程中,仅通过以浓度差为驱动力的分子扩散无法满足氧气的供给要求。碳表面的 O_2 及 CO_2 质量通量应为扩散质量通量与宏观流动通量之和:

$$m''_{O_2,s} + m''_{CO_2,s} = Y_{O_2}\rho_0 v_{O_2} + Y_{CO_2}\rho_{CO_2} v_{CO_2} = \rho_0 v_0 \qquad (8-3)$$

式中:ρ_0 为 O_2 与 CO_2 混合气的密度,kg/m^3;v_0 为 O_2 与 CO_2 混合气的流速,m/s。碳表面 O_2 与 CO_2 的质量流之和 $\rho_0 v_0$ 为在碳表面处向外的净质量流,这被称为 Stefan 流。Stefan 流就是一种由扩散作用和物理化学综合作用形成的物质流动。因此氧气供给不仅来源于由浓度差驱动的扩散流,还有部分来源于 Stefan 流。联立式(8-2)和式(8-3),有

$$\rho_0 v_0 = -\frac{12}{32} m''_{O_2,s} \qquad (8-4)$$

因此,Stefan 流会阻碍氧气从边界层到碳颗粒表面的质量传递,其对异相燃烧过程的影响是不可忽略的。

2. 碳的晶格结构与表面反应过程

表面反应过程包括吸附、表面化学反应和解吸三个步骤,吸附和解吸又与碳的晶格结构密切相关。碳有金刚石与石墨两种结晶状态,金刚石由于晶格中碳原子排列紧密,原子间化学键结合力很大,性质稳定、硬度大、活性小,很难与氧气发生燃烧反应。石墨的晶格结构如图 8-2 所示,其由碳原子组成的六边形基面叠加而成。每六个碳原子构成一个小六边形,每一层由碳原子六边形相互连接组成六方网格。同基面中碳原子与相邻的三个碳原子之间的距离均相等,为 0.143 nm;而基面之间的距离比同一层内碳原子之间的距离要大得多,为 0.335 nm。基面内主要为共价键,部分表现为类似于金属键的性质。晶格内每个碳原子最外层有四个电子,三个用于形成层内共价键,多余的一个可在基面内移动,类似于金属的自由电子。而基面与基面之间则通过分子键结合,这些键的结合力比基面内部的弱很多,因而其他元素的原子更容易通过基面之间的空间进入材料内部。

通常固体燃料中的碳,多具有类似石墨的晶格结构,但是相比石墨的规则排列,这些碳燃料中的碳微晶层,排列大多比较杂乱,具有较高的无序度。通过对比图 8-3 中石墨和碳烟微粒的高分辨率透射电子显微镜(TEM)图片,可以直观地看出,石墨和碳烟微粒的碳微晶层之间存在排布有序度的差别。图中深色条纹为碳微晶层,即图 8-2 中多个六元碳环组成的一层微晶面。

图 8-2　石墨的晶格结构

(a) 石墨　　　　　　　　　　　　　　(b) 碳烟微粒

图 8-3　石墨和碳烟微粒的高分辨率 TEM 图片对比

　　常温下碳晶体的表面会吸附一些气体分子,但这些被吸附的气体分子在压力减小或温度略有升高时,便会在不改变状态和性质(即不发生化学变化)的情况下脱离碳晶体表面,这样的吸附方式被称为物理吸附。这种吸附方式的特点是吸附质与吸附剂表面通过范德瓦尔斯力相结合,吸附不稳定。

　　当温度升高到一个较高的水平时,氧气分子的运动速度较快,因而更容易与晶体表面的碳发生相互作用而形成碳氧固溶络合物。这样的吸附方式被称为化学吸附。化学吸附的吸附质与吸附剂表面的相互作用力为化学键力,相比物理吸附更为稳定。当温度很高时,单纯的物理吸附不再存在,固溶状态的气体也将减少,但在晶体周界化学吸附气体分子的能力得到增强。由于这类碳原子依旧具有较大的活化能,约为 8.4×10^4 kJ/mol,因此只有在温度很高时化学吸附才会变得显著。

　　这类络合物被其他具有一定能量的氧气分子碰撞之后可能与之结合生成 CO_2 和 CO 气体,这些气体再经解吸而离开碳晶体。这是氧气和碳发生多相反应的其中一种表现形式。

8.1.2　碳的燃烧过程的控制模式

　　从上节的分析可以看到,碳的燃烧过程是非常复杂的。为了研究方便,碳的燃烧过程可以简化为以下序列:氧气向内到碳表面的扩散—碳表面的氧气与碳发生表面化学反应—反应的生成物从碳表面向外的扩散。显然,氧气向内到碳表面的扩散及碳表面的氧气与碳发生表面化学反应对碳的燃烧过程起着至关重要的作用。根据动力学原理,在一个序列过程中,反应速率最小的过程控制着这个序列过程的总速率。因此,碳的燃烧可以划分为图 8-4 所示的三个区域。

图 8-4　多相燃烧中扩散、动力燃烧的分区(箭头方向表示对流传质系数 α_{zl} 增大)

(1)动力控制区:在这个区域的碳燃烧速率低于氧气的扩散速率。这个区域的温度 T 通常较低,碳表面的 O_2 浓度与主气流的 O_2 浓度十分接近,即 $c_{O_2,s} \approx c_{O_2,\infty}$,碳燃烧速率主要受到化学反应动力学参数的控制。从图 8-4 可以看到,碳燃烧速率曲线在这个区域几乎重合,这表明质量传输(用对流传质系数 α_{zl} 表征)对碳燃烧速率的影响很小。

此时碳的燃烧反应可以近似地表示为一级反应:

$$\omega_{O_2} \approx k c_{O_2,\infty} = A\exp\left(\frac{-E}{RT}\right)c_{O_2,\infty} \tag{8-5}$$

动力控制区的碳燃烧速率取决于化学反应常数 k,即由燃烧的温度条件和燃料的性质(燃料的活化能)所决定,而氧气向碳表面的扩散对此影响甚微。显然,增大化学反应常数(比如提高燃烧温度)是提升动力控制区的碳燃烧速率的关键。

(2)扩散控制区:这个区域的氧气扩散速率小于碳燃烧速率。这个区域的温度通常较高,碳燃烧速率非常快,在碳表面的氧气浓度几乎为零,即只要氧气扩散到碳表面就立刻被消耗掉,这说明此时化学反应能力大大超过扩散能力。因此,碳燃烧速率取决于氧气扩散到碳表面的速率。在图 8-4 可以看到,当对流传质系数 α_{zl} 不变时,碳燃烧速率几乎不随温度升高而增大,而随着 α_{zl} 的增大,碳燃烧速率显著上升。

在扩散控制区,强化对流传质可以提升碳燃烧速率,如强化气流湍动、增大空气流与碳颗粒间的相对速度、提高供氧能力,而升温对提升碳燃烧速率的作用不大。

(3)过渡区:当温度 T 中等时,碳燃烧速率与氧气扩散速率相当,这种燃烧状态称为过渡燃烧状态。碳表面的氧气浓度介于 0 与 $c_{O_2,\infty}$ 之间,即 $0 < c_{O_2,s} < c_{O_2,\infty}$。此时,燃烧的强化与 k 和 α_{zl} 均有关,在图中表现为温度 T 升高和 α_{zl} 增大。在过渡区,无论是升温还是提高气流速率,都可以起到提升碳燃烧速率的作用。

8.1.3　碳的燃烧化学反应

碳的燃烧化学反应可能包含 C 与 O_2、CO_2 的反应,如果燃烧过程中存在水蒸气,则可能还包含 C 与 H_2O、H_2 的反应。对碳燃烧化学反应的分析与研究,对于建立碳的燃烧模型来说是至关重要的。

碳与氧气的反应过程非常复杂,到目前为止,对于碳与氧气的反应过程的详细细节还在研究之中。人们对碳与氧气的反应过程的认识也是从简单到深入。

1)氧气到达碳表面的情况

为了能够介绍碳燃烧最重要的特征,前面章节把燃烧过程进行了简化,把氧气扩散到碳表面作为碳燃烧的起始步骤。这也是对碳燃烧的直观认识。基于这种认识,研究者假定碳与氧气在碳表面的反应或者是完全氧化反应,或者是部分氧化反应,产物是 CO_2 或者 CO [见图 8-5(a)]。

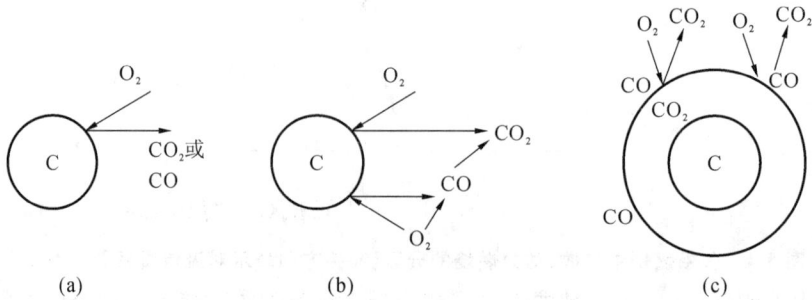

图 8-5 几种可能的碳与氧气的反应过程

完全氧化反应的产物为 CO_2:

$$C(s) + O_2 \longrightarrow CO_2 \qquad (\Delta H = -394 \text{ kJ/mol}) \tag{8-6}$$

部分氧化反应的产物为 CO:

$$2C(s) + O_2 \longrightarrow 2CO \qquad (\Delta H = -110 \text{ kJ/mol}) \tag{8-7}$$

式(8-6)中碳的化学计量系数是 1,式(8-7)中碳的化学计量系数是 2,但两个反应的放热量存在巨大差异,加上氧气与碳反应生成 CO_2 和生成 CO 的反应速率相差 2 倍。显然,选择完全氧化反应或者部分氧化反应来描述碳和氧气的反应过程会有较大的差异。

后来人们发现,碳的燃烧过程中,CO 和 CO_2 都可能会生成,发生如下化学反应[见图 8-5(b)]:

$$4C(s) + 3O_2 \longrightarrow 2CO_2 + 2CO \tag{8-8}$$

$$3C(s) + 2O_2 \longrightarrow CO_2 + 2CO \tag{8-9}$$

生成的 CO_2 和 CO 后续分别与碳和氧气发生二次反应。

碳的 CO_2 气化反应为

$$C(s) + CO_2 \longrightarrow 2CO \qquad (\Delta H = +172 \text{ kJ/mol}) \tag{8-10}$$

CO 的氧化反应为

$$2CO + O_2 \longrightarrow 2CO_2 \qquad (\Delta H = -566 \text{ kJ/mol}) \tag{8-11}$$

式(8-10)和式(8-11)是总包反应方程式,即表面反应的总体表示。目前,多数研究者认为碳的 CO_2 气化反应和 CO 的氧化反应经历的步骤为:首先,碳和氧气通过络合反应生成不稳定的碳氧络合物 C_xO_y;然后,碳氧络合物通过离解反应生成 CO_2 和 CO。络合物生成与离解机理可以分为 3 类,在不同的机理下,CO_2 和 CO 的生成比例是不同的。

(1)固溶机理。当温度低于 1 300 ℃时(低温),吸附进固体碳表面的氧气分子几乎占据了碳晶体基面间的整个空间,其中表层的一部分碳与氧气发生络合反应:

$$3C(s) + 2O_2 \longrightarrow C_3O_4 \tag{8-12}$$

表层剩余部分的碳则被生成的络合物覆盖。在其他氧气分子的撞击下络合物发生离解反应：

$$C_3O_4 + C + O_2 \longrightarrow 2CO_2 + 2CO \tag{8-13}$$

合并式(8-12)和式(8-13)就可以得到固溶机理的总包反应方程式(8-8)。

(2)化学吸附机理。当温度高于 1 600 ℃时,络合物离解反应显著增强,因而在碳晶体除了边界外的区域几乎无法形成络合物。只有在碳晶体边界,可以通过化学吸附形成络合物：

$$3C(s) + 2O_2 \longrightarrow C_3O_4$$

络合物在高温下自行发生热分解反应：

$$C_3O_4 \longrightarrow CO_2 + 2CO \tag{8-14}$$

合并式(8-12)和式(8-14)就可以得到化学吸附机理的总包反应方程式(8-9)。

(3)联合机理。当温度为 1 300~1 600 ℃时,碳和氧气的反应同时具有化学吸附和固溶两种机理,反应产物比例由实际条件决定。

2)氧气无法到达碳表面的情况

当温度足够高且颗粒足够大时,温压的阻碍作用导致氧气无法到达碳表面[见图 8-5(c)]。在这种情况下,只有从气相扩散过来的 CO_2 可以到达碳表面。因此,CO_2 在碳表面与 C 发生气化反应 $C(s) + CO_2 \longrightarrow 2CO$,产生的 CO 则被扩散到有氧区域,CO 发生氧化反应 $2CO + O_2 \longrightarrow 2CO_2$。

由于固体碳与 CO_2 的气化反应速率远低于碳与氧气的氧化反应速率,因此氧气无法到达碳表面情况下的碳燃烧速率远低于氧气到达碳表面情况下的碳燃烧速率。

8.2　碳的单颗粒燃烧模型

为了研究碳燃烧过程,人们需要建立碳燃烧的数学模型。实际的碳燃烧过程是非常复杂的,因而需要简化问题。碳的单颗粒燃烧模型重点关注碳燃烧最本质的特征——扩散与表面反应,因而忽略了流动和碳的晶体结构等其他因素的影响。

基于对碳燃烧过程的理解建立碳的单颗粒燃烧模型。图 8-5 给出了两种碳燃烧反应类型,因此,碳的单颗粒燃烧模型也分为单膜模型和双膜模型。

8.2.1　单膜模型

由于忽略流动与碳的晶体结构等因素的复杂影响,重点关注碳燃烧最本质的特征——扩散与表面反应,因此碳的单颗粒燃烧模型需做如下假设。

(1)球形碳颗粒在无限大的静止空间中燃烧,环境中仅存在氧气与惰性气体(N_2),并忽略对流的影响。

(2)燃烧过程是准稳态的。

(3)在碳颗粒表面,碳与氧气反应仅生成二氧化碳。

(4)气相中只有 O_2、CO_2 和惰性气体,氧气向内扩散,在碳颗粒表面上发生反应生成 CO_2,产生的 CO_2 向外扩散。惰性气体由于既不参与反应又无法穿透碳颗粒,只在碳颗粒表面的区域分布。

（5）气体导热系数 k、比热容 c_p、产物密度 ρ 和质量扩散系数 D 等物性参数为常量，并假设刘易斯数 Le 为 1，即 $Le = \dfrac{k}{\rho c_p D} = 1$。

（6）气相组分不可穿透碳颗粒，即不存在碳颗粒内扩散。

（7）碳颗粒温度均匀，并将碳颗粒视为灰体（具有恒定辐射率），无其他介质干扰。

关于假定，需要说明的是：

（1）单颗粒几何形状假定为球形，这更符合碳颗粒研磨以后的形状；

（2）碳颗粒没有内部结构，所以气体不能通过内扩散到达颗粒内部；

（3）表面反应只生成 CO_2，这是最基础的假定，随着模型的改进，可以假定有其他的反应，比如式（8-8）和式（8-9）所示的反应。

（4）在燃烧模型中，通常的做法是假定气相组分的热工参数、输运系数和刘易斯数，这样可以减小模型求解的计算量，对模型的模拟结果影响不大。

图 8-6 所示为碳燃烧的单膜模型（燃烧产物为 CO_2）以及质量分数和温度的变化曲线。图 8-6 的横坐标为球坐标 r，r_s 为碳颗粒的半径，$r = r_s$ 处为碳表面。由于假定整个碳颗粒的温度均匀，因此碳的内部和表面的温度均为 T_s。如图 8-6 的温度曲线所示，由于只在碳表面发生化学反应，并释放热量，因此碳表面的温度最高，从碳表面到无穷远处温度逐渐降低，直至无穷远处的环境温度。如图 8-6 的 CO_2 质量分数曲线所示，由于 CO_2 是通过碳表面化学反应生成的，因此，碳表面的 CO_2 质量分数最大，且单调下降至无穷远处的零。相反，O_2 质量分数从碳表面处的最小值单调上升至无穷远处的值。如果碳表面 O_2 消耗的速率非常快，则此处的 O_2 浓度将趋近于零；若反应较慢，则碳表面仍会存在一定浓度的 O_2。由此可见，单膜模型中的"膜"是指碳颗粒燃烧时气相组分变化的区域。由于组分只在一个区域发生单调变化，因此被称为单膜模型。

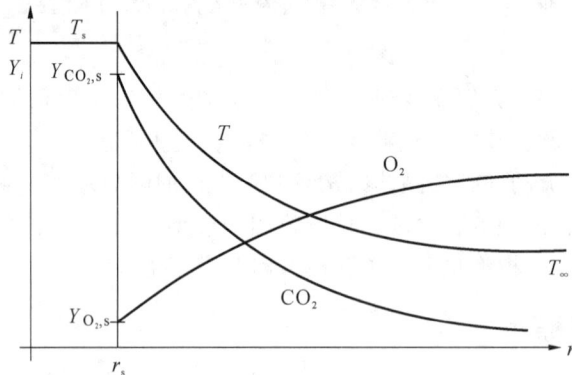

图 8-6　碳燃烧的单膜模型（燃烧产物为 CO_2）以及质量分数和温度的变化曲线

单模模型中，如图 8-7 所示，C 和 CO_2 的质量通量 m''_C 和 m''_{CO_2} 的方向是从碳颗粒向无穷远处，而 O_2 的质量通量 m''_{O_2} 的方向则是从无穷远处向碳颗粒。根据质量守恒原理，任意径向位置 r 处的 C 的质量通量 m''_C 等于 CO_2 的质量通量 m''_{CO_2} 减去 O_2 的质量通量 m''_{O_2}：

$$m''_C(r) = m''_{CO_2} - m''_{O_2}$$

基于假设（4），碳与氧气的化学反应方程式为

$$C + O_2 \longrightarrow CO_2 \tag{8-15}$$

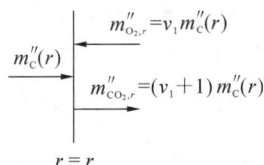

图 8-7 在任意径向位置 r 上组分的质量流关系

由式(8-15)可建立碳的燃烧速率$\dot{m}_C$、氧气的质量流率$\dot{m}_{O_2}$ 和二氧化碳的质量流率$\dot{m}_{CO_2}$ 之间的关系。

$$12.01 \text{ kg C} + 31.999 \text{ kg O}_2 \longrightarrow 44.01 \text{ kg CO}_2 \qquad (8\text{-}16)$$

对于 1 kg 碳,有

$$1 \text{ kg C} + \nu_1 \text{ kg O}_2 \longrightarrow (\nu_1 + 1)\text{kg CO}_2 \qquad (8\text{-}17)$$

其中,单膜模型中的质量化学当量系数 ν_1 可通过以下计算得到:

$$\nu_1 = \frac{31.999 \text{ kg O}_2}{12.01 \text{ kg C}} = 2.664 \qquad (8\text{-}18)$$

碳氧化反应不同,得到的质量化学当量系数也不同。

基于计算得到的质量化学当量系数 ν_1,可得到各气体的质量流率与碳的燃烧速率之间的关系:

$$\dot{m}_{O_2} = \nu_1 \dot{m}_C \qquad (8\text{-}19a)$$

$$\dot{m}_{CO_2} = (\nu_1 + 1)\dot{m}_C \qquad (8\text{-}19b)$$

在球坐标任意径向位置 r 处,任意组分 i 的质量流率 $\dot{m}_i$ 和质量通量 m''_i 之间满足以下关系:

$$\dot{m}_i = 4\pi r^2 m''_i \qquad (8\text{-}20)$$

碳的燃烧速率则可根据公式 $\dot{m}_C = 4\pi r^2 m''_C$ 计算得到。

剩下的问题是如何建立描述组分质量通量的方程。根据质量守恒定律,在任意截面上,单位面积上组分的质量流量为由宏观流体流动引起的单位面积的组分的质量流量和由分子扩散引起的单位面积的组分的质量流量的和。指向碳表面的流动方向为负,指向无穷远处的流动方向则为正。O_2 的质量通量可表示为

$$\boldsymbol{m}''_{O_2} = Y_{O_2}(\boldsymbol{m}''_{CO_2} - \boldsymbol{m}''_{O_2}) - \rho D_{O_2}\frac{dY_{O_2}}{dr}\boldsymbol{r} \qquad (8\text{-}21)$$

式中:$\boldsymbol{m}''_{CO_2} - \boldsymbol{m}''_{O_2}$ 表示 r 处的单位面积的净质量通量;Y_{O_2} 是 r 处的 O_2 质量分数。等号右边第一项是流动产生的 O_2 质量通量,等号右边第二项是扩散产生的 O_2 质量通量,这可以根据菲克扩散定律得到。

考虑质量流量与质量通量的关系式(8-20),结合式(8-19a)、式(8-19b),将式(8-21)化简后可得碳的燃烧速率$\dot{m}_C$和氧气的质量分数的关系:

$$-\nu_1 \dot{m}_C = Y_{O_2}\dot{m}_C - 4\pi r^2 \rho D_{O_2}\frac{dY_{O_2}}{dr} \qquad (8\text{-}22)$$

进一步整理,可得碳的燃烧速率$\dot{m}_C$的表达式:

$$\dot{m}_C = \frac{4\pi r^2 \rho D_{O_2}}{(1 + Y_{O_2}/\nu_1)} \times \frac{d(Y_{O_2}/\nu_1)}{dr} \qquad (8\text{-}23)$$

单膜模型的边界条件为

$$Y_{O_2}(r_s) = Y_{O_2,s} \tag{8-24}$$

$$Y_{O_2}(r \to \infty) = Y_{O_2,\infty} \tag{8-25}$$

对式(8-23)进行积分,利用这两个边界条件可求出碳的燃烧速率 $\dot{m}_C$:

$$\dot{m}_C = 4\pi r_s \rho D_{O_2} \ln\left(\frac{1 + Y_{O_2,\infty}/\nu_1}{1 + Y_{O_2,s}/\nu_1}\right) \tag{8-26}$$

在单膜模型中,无穷远处 O_2 的质量分数 $Y_{O_2,\infty}$ 是已知的,通常为 0.233(空气中 O_2 的质量分数)。式(8-26)中的未知量仅为碳表面 O_2 的质量分数 $Y_{O_2,s}$。因此只要知道碳表面 O_2 的质量分数,便可求解出碳的燃烧速率 $\dot{m}_C$。

碳的燃烧实质为碳表面处碳与氧气的化学反应,因此碳表面 O_2 的质量分数 $Y_{O_2,s}$ 可通过表面化学反应动力学求解。将碳颗粒的表面化学反应 $C + O_2 \longrightarrow CO_2$ 按一级反应来近似处理,则碳表面化学反应速率 R_C 取决于氧气浓度,可表示为

$$R_C = m''_{C_s} = k_c MW_C [O_{2,s}] \tag{8-27}$$

式中:$[O_{2,s}]$ 是碳表面 O_2 的摩尔浓度,$kmol/m^3$,求解碳的燃烧速率时需要将摩尔浓度转换为质量浓度的形式;MW_C 是碳的分子量;k_c 为化学反应常数,用阿伦尼乌斯形式表达为 $k_c = A\exp\left(\frac{-E_a}{R_u T_s}\right)$。

质量分数 $Y_{O_2,s}$ 与摩尔浓度 $[O_{2,s}]$ 的换算关系如下:

$$[O_{2,s}] = \frac{MW_{mix}}{MW_{O_2}} \frac{P}{R_u T_s} Y_{O_2,s} \tag{8-28}$$

式中:MW_{O_2} 和 MW_{mix} 分别为 O_2 的分子量和混合气的分子量;P 为 O_2 的分压;R_u 为通用气体常数。

将碳的燃烧速率与碳表面处的质量通量相联系,式(8-27)变为

$$\dot{m}_C = 4\pi r_s^2 k_c \frac{MW_C MW_{mix}}{MW_{O_2}} \frac{P}{R_u T_s} Y_{O_2,s} \tag{8-29}$$

或简写为

$$\dot{m}_C = K_{kin} Y_{O_2,s} \tag{8-30a}$$

式中:K_{kin} 为化学反应动力学系数。由式(8-29)和式(8-30a)可以看出,碳的燃烧速率与压力、碳表面温度和碳颗粒半径均有关。

联立式(8-30a)与式(8-26),理论上可求解出碳的燃烧速率 $\dot{m}_C$。然而这类有指数项的超越方程的求解通常比较复杂,因此,需要对指数项进行近似展开。具体求解步骤如下。

式(8-30a)改写成

$$\dot{m}_C = \frac{Y_{O_2,s}}{\frac{1}{K_{kin}}} = \frac{Y_{O_2,s}}{R_{kin}} \tag{8-30b}$$

其中

$$R_{kin} = \frac{1}{K_{kin}} = \frac{MW_{O_2} R_u T_s}{4\pi r_s^2 k_c MW_C MW_{mix} P} \tag{8-31}$$

接下来我们将式(8-26)进行改写,首先整理公式中的对数项,可得

$$\dot{m}_C = 4\pi r_s \rho D_{O_2} \ln\left(1 + \frac{Y_{O_2,\infty} - Y_{O_2,s}}{\nu_1 + Y_{O_2,s}}\right) \tag{8-32}$$

定义氧的质量传输数 $B_{O,m}$ 为

$$B_{O,m} = \frac{Y_{O_2,\infty} - Y_{O_2,s}}{\nu_1 + Y_{O_2,s}} \tag{8-33}$$

则式(8-32)变为

$$\dot{m}_C = 4\pi r_s \rho D_{O_2} \ln(1 + B_{O,m}) \tag{8-34}$$

对于单膜模型，$\nu_1 = 2.664$，空气中 $Y_{O_2,\infty} = 0.233$，$Y_{O_2,s}$ 则介于 0 与 $Y_{O_2,\infty}$ 之间，此时 $B_{O,m}$ 的值很小，不超过 0.087 5。于是，式(8-34)中的对数项可以按级数展开，并可以近似为

$$\ln(1 + B_{O,m}) = B_{O,m} - \frac{1}{2}B_{O,m}^2 + \frac{1}{3}B_{O,m}^3 - \cdots \approx B_{O,m} \tag{8-35}$$

此时式(8-32)可写成

$$\dot{m}_C = 4\pi r_s \rho D_{O_2} \frac{Y_{O_2,\infty} - Y_{O_2,s}}{\nu_1 + Y_{O_2,s}} \tag{8-36a}$$

参考式(8-30b)，式(8-36a)改写为

$$\dot{m}_C = \frac{Y_{O_2,\infty} - Y_{O_2,s}}{\dfrac{\nu_1 + Y_{O_2,s}}{4\pi r_s \rho D_{O_2}}} = \frac{\Delta Y}{R_{diff}} \tag{8-36b}$$

可得 R_{diff} 的表达式，为

$$R_{diff} = \frac{\nu_1 + Y_{O_2,s}}{4\pi r_s \rho D_{O_2}} \tag{8-37}$$

由于扩散阻力 R_{diff} 随着 $Y_{O_2,s}$ 变化而变化，$\dot{m}_C$ 与 ΔY 的关系实际上是非线性的。

式(8-36b)的形式类似于欧姆定律的形式，因此，式(8-36b)可以表示为：在氧气浓度的势差作用下，克服传递过程中扩散阻力 R_{diff} 产生的碳质量流，如图 8-8 右侧所示。类似地，也可以把通过碳表面化学反应产生的碳质量流表示为势差与阻力的形式，如图 8-8 左侧所示。

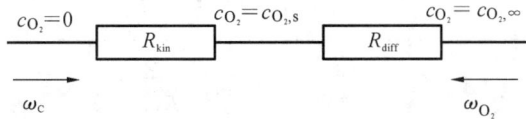

图 8-8　碳燃烧过程中化学反应阻力和扩散阻力示意图

于是，碳的燃烧过程可以视为化学反应与质量传递两个过程的串联，且化学反应与质量传递中的碳质量流是相等的。因此，碳的燃烧速率 $\dot{m}_C$ 可表示成

$$\dot{m}_C = \frac{Y_{O_2,\infty} - 0}{R_{kin} + R_{diff}} \tag{8-38}$$

由于碳的质量流和氧气的质量流之间有当量关系 $\dot{m}_C = \dfrac{\dot{m}_{O_2}}{\nu_1}$，则基于式(8-27)和式(8-28)，有

$$\dot{m}_C = \frac{Y_{O_2,s} - 0}{R_{kin}} = \dot{m}_{O_2}/\nu_1 = 4\pi r_s^2 k_c MW_{O_2} [O_{2,s}]/\nu_1$$

$$= 4\pi r_s^2 k_c MW_{O_2} \frac{MW_{mix}}{MW_{O_2}} \frac{P}{\nu_1 R_u T_s} Y_{O_2,s} \tag{8-39}$$

则可推出：

$$R_{kin} = \frac{1}{K_{kin}} = \frac{\nu_1 R_u T_s}{4P\pi r_s^2 k_c MW_{mix}} \tag{8-40}$$

由于 R_{diff} 的表达式[式(8-37)]中 $Y_{O_2,s}$ 是未知量,一般采用迭代方法或形成二次方程来求解式(8-38)。

显然,化学反应阻力 R_{kin} 和扩散阻力 R_{diff},谁大谁就对碳的燃烧过程的阻碍大。前文已经介绍了动力控制、过渡和扩散控制三种模式。在这里我们可以借助 R_{kin} 与 R_{diff} 的表达式,分析碳燃烧处于动力控制与扩散控制两种模式下的条件。

将化学反应阻力表达式[式(8-40)]与扩散阻力表达式[式(8-37)]进行比较,可得

$$\frac{R_{kin}}{R_{diff}} = \left(\frac{\nu_1}{\nu_1+Y_{O_2,s}}\right)\left(\frac{R_uT_s}{MW_{mix}P}\right)\left(\frac{\rho D_{O_2}}{k_c}\right)\left(\frac{1}{r_s}\right) \tag{8-41}$$

从式(8-41)可以看到,在 k_c 很大、碳颗粒尺寸很大、压力很高时,$R_{kin}/R_{diff} \ll 1$,碳燃烧处于扩散控制模式。虽然式(8-41)显示 R_{kin}/R_{diff} 与碳颗粒表面温度 T_s 成正比,但由公式 $k_c = A\exp[-E/(R_uT_s)]$ 可知,k_c 与 T_s 为指数关系,当温度上升时,k_c 迅速增大。此时,碳表面化学反应速率很快,碳表面的氧气浓度几乎为零。因而,温度升高也会导致碳燃烧处于扩散控制模式。

碳燃烧处于动力控制模式时,$R_{kin}/R_{diff} \gg 1$。与扩散控制模式相反,通常在颗粒尺寸较小、压力与温度较低的情况下,碳燃烧处于动力控制模式。当温度低时,k_c 会变得很小,扩散阻力 R_{diff} 很小,碳表面的氧气浓度很大,与环境中氧气的浓度基本相等,碳燃烧速率主要由化学反应动力学参数控制,而质量传递参数对燃烧的影响可以忽略。表 8-1 汇总了不同控制模式下的碳燃烧速率公式与发生条件。

表 8-1　不同控制模式下的碳燃烧速率公式与发生条件

控制模式	R_{kin}/R_{diff}	碳燃烧速率公式	发生条件
扩散控制	$\ll 1$	$\dot{m}_C = \dfrac{Y_{O_2,\infty}}{R_{diff}}$	r_s 大,T_s 高,P 大
过渡状态	≈ 1	$\dot{m}_C = \dfrac{Y_{O_2,\infty}}{R_{diff}+R_{kin}}$	—
动力控制	$\gg 1$	$\dot{m}_C = \dfrac{Y_{O_2,\infty}}{R_{kin}}$	r_s 小,T_s 低,P 小

基于上述分析我们可以得出,在碳燃烧的不同控制模式下应该采用不同的方式来强化碳燃烧。在动力控制模式下,提升燃烧速率的主要方式是升温,提升气流速率则作用不大;在扩散控制模式下,燃烧速率的提升则更多依靠强化对流传质,如增大空气流与碳颗粒之间的相对速度、提升供氧能力等,而升温作用很小;在过渡状态下,升温或强化对流传质都能提升燃烧速率。

例 8-1　估算直径为 250 μm 的碳颗粒在压力为 101 325 Pa 的空气中($Y_{O_2,\infty}=0.233$)的燃烧速率,该燃烧属于哪种控制模式下的燃烧? 碳颗粒的温度为 1 800 K,碳表面的化学反应常数 $k_c=13.9$ m/s,假定碳表面处分子的平均摩尔质量为 30 kg/kmol。

解　可采用电路比拟的方法求解碳的燃烧速率 $\dot{m}_C$。扩散阻力可以通过式(8-37)来计算,其中碳表面的空气密度可以用碳表面温度下的理想气体状态方程来计算:

$$\rho = \frac{P}{R_uT_s}MW_{mix} = \frac{101\ 325}{8\ 314\times1\ 800}\times30 = 0.20\ (kg/m^3)$$

293 K 时 N_2 中 CO_2 的扩散系数为 $D_{293}=1.63\times10^{-5}$ m^2/s，根据温度和压力对二元扩散系数的影响关系 $D\propto T^{\frac{3}{2}}/P$，计算温度为 1 800 K 时的质量扩散系数，得

$$D_{1\,800}=\left(\frac{1\,800}{293}\right)^{\frac{3}{2}}\times1.63\times10^{-5}=2.48\times10^{-4}\ (m^2/s)$$

假设 $Y_{O_2,s}\approx0$，则扩散阻力 R_{diff} 为

$$R_{diff}=\frac{\nu_1+Y_{O_2,s}}{4\pi r_s\rho D}=\frac{2.664+0}{4\pi\times(250/2)\times10^{-6}\times0.20\times2.48\times10^{-4}}=3.42\times10^7\ (s/kg)$$

化学反应阻力 R_{kin} 根据式（8-40）计算，得

$$R_{kin}=\frac{\nu_1 R_u T_s}{4P\pi r_s^2 k_c MW_{mix}}=\frac{2.664\times8\,314\times1\,800}{4\times101\,325\times\pi\times[(250/2)\times10^{-6}]^2\times13.9\times30}$$
$$=4.81\times10^6\ (s/kg)$$

从以上计算结果可以看出，R_{diff} 约为 R_{kin} 的 7 倍，因此燃烧基本上属于扩散控制模式下的燃烧。此时可以基于式（8-38）初步计算碳的燃烧速率 $\dot m_C$，再依据 $\dot m_C$ 的值，通过式（8-39）反算出 $Y_{O_2,s}$，通过式（8-37）计算修正后的 R_{diff}，与上一步的结果进行比较，如果相差较大，则继续进行迭代计算，直至满足精度要求。

$$\dot m_C=\frac{Y_{O_2,\infty}-0}{R_{kin}+R_{diff}}=\frac{0.233}{4.81\times10^6+3.42\times10^7}=5.97\times10^{-9}(kg/s)$$

根据电路比拟示意图及式（8-39）反算 $Y_{O_2,s}$：
$$Y_{O_2,s}-0=\dot m_C R_{kin}=5.97\times10^{-9}\times4.81\times10^6=0.029$$
$$(R_{diff})_1=\frac{(\nu_1+Y_{O_2,s})_1}{(\nu_1+Y_{O_2,s})_0}(R_{diff})_0=\frac{2.664+0.029}{2.664}\times(R_{diff})_0=3.42\times10^7\ (s/kg)$$

因为相比 R_{diff}，其变化很小，相差仅约为 1%，可以认为已满足精度要求，无须进一步迭代。

在这个例题中，碳的表面温度 T_s 被视作一个已知量。实际上 T_s 是可以通过碳表面的能量平衡来求解的，这需要联立一个碳燃烧过程的能量守恒方程。

8.2.2　双膜模型

根据 8.1.3 节中碳与氧气的反应过程的分析，氧气无法到达碳表面的情况对应于本节介绍的双膜模型。

图 8-9 所示为双膜模型中物质浓度和温度分布示意图。图中以火焰面（半径为 r_f）为分界，分为内部、外部两层气膜。在双膜模型中，O_2 仅存在于火焰面的外部，而在碳表面发生反应的气体为 CO_2。碳表面在 CO_2 的撞击下发生反应[见式（8-10）]，产生的 CO 扩散至火焰面后再与由环境向内扩散的 O_2 发生反应[见式（8-11）]，这一反应的速率很快（可假定为无限快），因而火焰面上的 CO 和 O_2 的浓度都为零。而由于 CO 与 O_2 的反应为放热反应，CO_2 的气化反应为吸热反应，双膜模型中温度在火焰面上达到峰值。

对于双膜模型，除了碳表面的反应及火焰面的反应与单膜模型不同外，单膜模型中的其他基本假设仍适用于双膜模型。

由图 8-9 可见，碳燃烧的双膜模型与液滴的燃烧模型非常相似，因此除了碳表面的反应外，可以参照液滴燃烧模型中的处理方法进行其余部分的推导。

在双膜模型中，依然需要求解碳的燃烧速率 $\dot m_C$。由于双膜模型具有碳表面和火焰面两

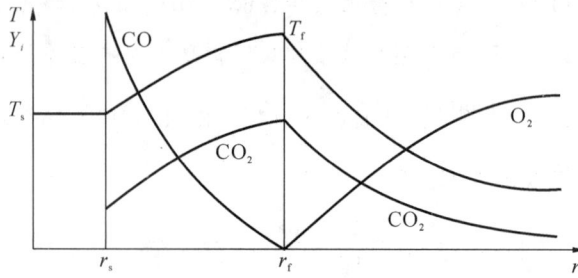

图 8-9　双膜模型中物质浓度和温度分布示意图

个特征反应面,根据各反应面的化学反应[见式(8-10)和式(8-11)],可确定各组分的质量流率计量关系,如图 8-10 所示。

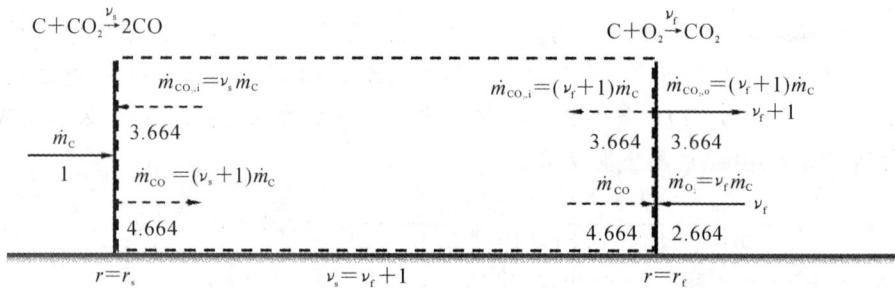

图 8-10　双膜模型中碳表面 r_s 和火焰面 r_f 上各组分的质量流率计量关系

在碳表面,碳的燃烧速率 $\dot{m}_C$、CO_2 的质量流率 $\dot{m}_{CO_2}$ 和 CO 的质量流率 $\dot{m}_{CO}$ 之间的关系为

$$\dot{m}_{CO} = \dot{m}_{CO_2,i} + \dot{m}_C \tag{8-42a}$$

式中:i 表示火焰与碳表面之间的内部区域。

在碳表面上,有

$$1 \text{ kg C} + \nu_s \text{ kg } CO_2 \longrightarrow (\nu_s + 1) \text{ kg CO} \tag{8-42b}$$

则有

$$\dot{m}_{CO_2,i} = \nu_s \dot{m}_C \tag{8-42c}$$

$$\dot{m}_{CO} = \dot{m}_{CO_2,i} + \dot{m}_C = (\nu_s + 1)\dot{m}_C \tag{8-42d}$$

其中,碳表面的质量化学当量系数 ν_s 为

$$\nu_s = \frac{44.01 \text{ kg } CO_2}{12.01 \text{ kg C}} = 3.664 \tag{8-42e}$$

在火焰面上,双膜模型的总包反应与单膜模型相同,都为碳被氧化成 CO_2,此时 $\dot{m}_C$、$\dot{m}_{O_2}$ 和 $\dot{m}_{CO_2}$ 之间的关系为

$$\dot{m}_C = \dot{m}_{CO_2,o} - \dot{m}_{O_2} \tag{8-43a}$$

在火焰面上,有

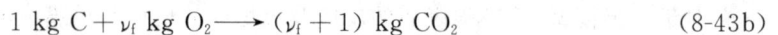

$$1 \text{ kg C} + \nu_f \text{ kg } O_2 \longrightarrow (\nu_f + 1) \text{ kg } CO_2 \tag{8-43b}$$

其中,碳燃烧总的质量化学当量系数 ν_f 为

$$\nu_f = \frac{31.999 \text{ kg } O_2}{12.01 \text{ kg C}} = 2.664 \tag{8-43c}$$

从火焰面向外流出的 CO_2 的质量流率 $\dot{m}_{CO_2,o}$ 与碳的燃烧速率 $\dot{m}_C$ 之间的关系为

$$\dot{m}_{CO_2,o} = (\nu_f + 1)\dot{m}_C \tag{8-43d}$$

在双膜模型中,在碳表面上,1 mol 的 C 与 1 mol CO_2 反应生成 2 mol CO,在火焰面上,2 mol CO 与 1 mol O_2 反应生成 2 mol CO_2。从火焰面向内扩散至碳表面的 CO_2 和向外扩散的 CO_2 均为 1 mol。因此,有

$$\nu_s = \nu_f + 1 \tag{8-43e}$$

在以上关系式中存在五个未知量,分别是 $\dot{m}_C$、$Y_{CO_2,s}$、$Y_{CO_2,f}$、$Y_{N_2,f}$ 与 r_f。这意味着如果要解出 $\dot{m}_C$,需要五个方程。

与单膜模型相似,利用菲克扩散定律分别分析内部区域和外部区域的 CO_2 浓度分布,运用边界条件,可以得到两个相应的微分方程。同时,对于惰性组分(如 N_2)进行同样的分析,也可得到一个微分方程。

对于内部区域,以 Y_{CO_2} 及 ν_s 替换单膜模型中式(8-23)的 Y_{O_2} 与 ν_1,可得 $\dot{m}_C$ 的表达式:

$$\dot{m}_C = \frac{4\pi r^2 \rho D_{CO_2}}{(1 + Y_{CO_2}/\nu_s)} \times \frac{d(Y_{CO_2}/\nu_s)}{dr} \tag{8-44a}$$

其边界条件为

$$Y_{CO_2}(r_s) = Y_{CO_2,s} \tag{8-44b}$$

$$Y_{CO_2}(r_f) = Y_{CO_2,f} \tag{8-44c}$$

对于外部区域,CO_2 的质量通量可以表示如下:

$$\boldsymbol{m}''_{CO_2} = Y_{CO_2}(\boldsymbol{m}''_{CO_2} - \boldsymbol{m}''_{O_2}) - \rho D_{CO_2}\frac{dY_{CO_2}}{dr}\boldsymbol{r} \tag{8-45a}$$

通过整理合并,可得碳的燃烧速率 $\dot{m}_C$ 的表达式:

$$\dot{m}_C = \frac{-4\pi r^2 \rho D_{CO_2}}{(1 - Y_{CO_2}/\nu_s)} \times \frac{d(Y_{CO_2}/\nu_s)}{dr} \tag{8-45b}$$

其边界条件为

$$Y_{CO_2}(r_f) = Y_{CO_2,f} \tag{8-45c}$$

$$Y_{CO_2}(r \rightarrow \infty) = 0 \tag{8-45d}$$

基于前面的假设,碳为实心球体,气体不能穿透碳颗粒,惰性气体在碳燃烧过程中扩散质量通量为零,则有

$$0 = Y_{N_2}(\boldsymbol{m}''_{CO_2} - \boldsymbol{m}''_{O_2}) - \rho D_{N_2}\frac{dY_{N_2}}{dr}\boldsymbol{r} \tag{8-46a}$$

进一步整理得到碳燃烧速率 $\dot{m}_C$ 表达式:

$$\dot{m}_C = \frac{4\pi r^2 \rho D_{N_2}}{Y_{N_2}} \times \frac{dY_{N_2}}{dr} \tag{8-46b}$$

其边界条件为

$$Y_{N_2}(r_f) = Y_{N_2,f} \tag{8-46c}$$

$$Y_{N_2}(r \rightarrow \infty) = Y_{N_2,\infty} \tag{8-46d}$$

在给定的边界条件下,对式(8-44a)、式(8-45b)和式(8-46b)进行积分,可以得到以下三个方程:

$$\dot{m}_C = 4\pi\left(\frac{r_s r_f}{r_f - r_s}\right)\rho D_{CO_2}\ln\left(\frac{1 + Y_{CO_2,f}/\nu_s}{1 + Y_{CO_2,s}/\nu_s}\right) \tag{8-47}$$

$$\dot{m}_C = 4\pi r_f \rho D_{CO_2}\ln(1 - Y_{CO_2,f}/\nu_s) \tag{8-48}$$

$$Y_{N_2,f} = Y_{N_2,\infty} \exp[-\dot{m}_C/(4\pi r_f \rho D_{CO_2})] \tag{8-49}$$

而在火焰面上,各组分质量分数之和 $\sum Y_i = 1$,由此可得到第四个方程:

$$Y_{CO_2,f} = 1 - Y_{N_2,f} \tag{8-50}$$

此外,基于表面反应的颗粒表面化学反应动力学表达式则是使方程组封闭的最后一个方程。

碳与 CO_2 的反应[见式(8-10)]可视为一级反应,反应速率与 CO_2 浓度的一次幂成比例。与单膜模型中碳的燃烧速率表达式[见式(8-29)]类似,双膜模型中碳的燃烧速率表达式如下:

$$\dot{m}_C = 4\pi r_s^2 k_c \frac{MW_C MW_{mix}}{MW_{CO_2}} \frac{P}{R_u T_s} Y_{CO_2,s} \tag{8-51}$$

将式(8-51)改写成更简洁的形式:

$$\dot{m}_C = K_{kin} Y_{CO_2,s} \tag{8-52}$$

其中

$$K_{kin} = 4\pi r_s^2 k_c \frac{MW_C MW_{mix}}{MW_{CO_2}} \frac{P}{R_u T_s} \tag{8-53}$$

为使得双膜模型的方程更易求解,先联立式(8-47)至式(8-50),消去除 $\dot{m}_C$ 和 $Y_{CO_2,s}$ 之外的所有变量,可得

$$\dot{m}_C = 4\pi r_s \rho D_{CO_2} \ln(1 + B_{CO_2,m}) \tag{8-54}$$

类似于单膜模型中对 $B_{O,m}$ 的定义,定义 $B_{CO_2,m}$ 为二氧化碳的质量传递数,其表达式为

$$B_{CO_2,m} = \frac{2Y_{O_2,\infty} - [(\nu_s-1)/\nu_s]Y_{CO_2,s}}{\nu_s - 1 + [(\nu_s-1)/\nu_s]Y_{CO_2,s}} \tag{8-55}$$

同样地,对于式(8-52)和式(8-54),仍可采用迭代的方法求解 $\dot{m}_C$。燃烧处于扩散控制模式下时,$Y_{CO_2,s}=0$,此时 $\dot{m}_C$ 可直接由式(8-54)解出。若双膜模型中的碳表面温度为未知量,则需同时求解碳表面和火焰面的能量平衡方程。

例 8-2　假设碳燃烧的控制模式为扩散控制模式,在相同条件下($Y_{O_2,\infty}=0.233$),比较单膜模型与双膜模型的碳的燃烧速率的差别。

解　在单膜模型与双膜模型中,碳的燃烧速率均可表达为

$$\dot{m}_C = 4\pi r_s \rho D_{CO_2} \ln(1+B_m)$$

因此,在相同条件下,碳的燃烧速率的差别只与 B_m 有关,则双膜模型与单膜模型的碳燃烧速率之比为

$$\frac{\dot{m}_C(双膜)}{\dot{m}_C(单膜)} = \frac{\ln(1+B_{CO_2,m})}{\ln(1+B_{O,m})}$$

$B_{O,m}$ 和 $B_{CO_2,m}$ 可分别通过式(8-33)和式(8-55)计算得到。对于扩散控制的燃烧,双膜模型中碳表面的 $Y_{CO_2,s}$、单膜模型中碳表面的 $Y_{O_2,s}$ 都近似为零。因此通过式(8-33)和式(8-55)可以很容易地计算出质量传递数 $B_{O,m}$ 和 $B_{CO_2,m}$:

$$B_{O,m} = \frac{Y_{O_2,\infty} - Y_{O_2,s}}{\nu_1 + Y_{O_2,s}} = \frac{0.233-0}{2.664+0} = 0.0875$$

$$B_{CO_2,m} = \frac{2Y_{O_2,\infty} - [(\nu_s-1)/\nu_s]Y_{CO_2,s}}{\nu_s-1+[(\nu_s-1)/\nu_s]Y_{CO_2,s}} = \frac{2\times0.233}{3.664-1} = 0.175$$

则双膜模型与单膜模型的碳的燃烧速率之比为

$$\frac{\dot{m}_C(双膜)}{\dot{m}_C(单膜)}=\frac{\ln(1+0.175)}{\ln(1+0.087\,5)}=1.92$$

　　值得注意的是,双膜模型与单膜模型的碳的燃烧速率的差别,并不是这两种模型本质上的差别。从使碳的燃烧速率产生差别的唯一变量(质量传递数 $B_{O,m}$ 和 $B_{CO_2,m}$)的表达式中可以看出,在外部条件相同的情况下,质量传递数 $B_{O,m}$ 和 $B_{CO_2,m}$ 的差别源于化学反应的质量化学当量系数 ν_1 和 ν_s。在单膜模型中,如果假设反应产物是 CO 而不是 CO_2,这时 $\nu_1=\dfrac{31.999}{24.01}$ $=1.333$,则 $B_{O,m}=0.175$,与双膜模型的质量传递数 $B_{CO_2,m}$ 的数值一样。因此,在扩散控制模式下,无论与碳表面碰撞的气体组分是 O_2 还是 CO_2,只要反应产物是 CO,则碳的表面化学反应中,单位氧所消耗的碳是相同的,即碳的燃烧速率相同。而生成的 CO 无论进一步如何反应,都不会对碳的燃烧速率产生影响。

8.2.3　碳颗粒燃烧时间

　　对于均匀的球形碳颗粒,其质量 m 的表达式为

$$m=\frac{1}{6}\rho_c\pi d^3 \tag{8-56}$$

式中:ρ_c、V 和 d 分别为碳颗粒的密度、体积和直径。

　　根据质量守恒,碳颗粒的直径 d 随着表面燃烧的进行逐渐减小,碳的燃烧速率等于碳颗粒因尺寸减小而导致质量损失的速率:

$$\frac{\mathrm{d}m}{\mathrm{d}t}=-\dot{m}_C=\frac{1}{2}\rho_c\pi d^2\frac{\mathrm{d}(d)}{\mathrm{d}t}=\frac{1}{4}\rho_c\pi d\frac{\mathrm{d}(d^2)}{\mathrm{d}t} \tag{8-57}$$

　　当燃烧处于扩散控制模式时,参考单膜模型和双膜模型的碳燃烧速率表达式[见式(8-34)和式(8-54)],有

$$\frac{\mathrm{d}m}{\mathrm{d}t}=-\dot{m}_C=-4\pi r_s\rho D_{CO_2}\ln(1+B_m) \tag{8-58}$$

式中:ρ 为气相的密度。

　　比较式(8-57)和式(8-58),可得

$$\frac{\mathrm{d}(d^2)}{\mathrm{d}t}=-\frac{8\rho D_{CO_2}}{\rho_c}\ln(1+B_m) \tag{8-59}$$

　　在扩散控制模式下,式(8-59)等号右边部分为常数,整理可得到颗粒直径随时间的变化函数:

$$d^2=d_0^2-K_k\tau \tag{8-60}$$

式中:d_0 为碳颗粒的初始直径;K_k 为燃烧速率常数,表达式为

$$K_k=\frac{8\rho D_{CO_2}}{\rho_c}\ln(1+B_m) \tag{8-61}$$

　　式(8-60)即碳颗粒燃烧的直径平方-直线定律,令 $d=0$,可以得到扩散控制模式下碳颗粒的燃尽时间 τ_k:

$$\tau_k=d_0^2/K_k \tag{8-62}$$

　　其中,在计算 K_k 时,依照选择的是单膜模型还是双膜模型来决定质量传递数 B_m 是选用 $B_{O,m}$ 还是选用 $B_{CO_2,m}$。根据以往的试验结果,对于大量碳颗粒共同燃烧,即煤粉燃烧时,$K_k=0.022\,9~\mathrm{mm^2/s}$,而单颗煤粉的 $K_k=0.16~\mathrm{mm^2/s}$。

由式(8-62)可见,在扩散控制模式下碳颗粒的燃尽时间与碳颗粒初始直径的平方成正比。因此在煤粉燃烧中,增大煤粉细度可以提高燃烧效率,减小飞灰含碳量。同时,增强湍流强化湍流扩散作用也是加快扩散燃烧的重要手段。

例 8-3　估算扩散控制模式下直径为 70 μm 的碳颗粒的燃尽时间,其他条件与例 8-1 相同,假设碳密度为 1 900 kg/m^3。

解　碳颗粒的燃尽时间可直接用式(8-62)来计算。燃烧速率常数用式(8-61)来计算,直接使用例 8-1 中计算得到的碳表面的空气密度值($\rho=0.20$ kg/m^3),1 800 K 下的 CO_2 的扩散系数为 $D_{1\,800}=2.48\times10^{-4}$ m^2/s,质量传递数 B_m 选用双膜模型的,取例 8-2 中计算的 $B_{CO_2,m}=0.175$。

$$K_k=\frac{8\rho D_{CO_2}}{\rho_c}\ln(1+B_m)=\frac{8\times0.2\times2.48\times10^{-4}}{1\,900}\ln(1+0.175)=3.37\times10^{-8}\ (\text{m}^2/\text{s})$$

燃尽时间 τ_k 为

$$\tau_k=\frac{d_0^2}{K_k}=\frac{(70\times10^{-6})^2}{3.37\times10^{-8}}=0.15\ (\text{s})$$

在燃煤锅炉的设计中,煤粉平均粒径为 70 μm 左右,煤粉颗粒在锅炉内的停留时间在秒的量级,因此上述计算结果是基本合理的。值得注意的是,在实际锅炉中随着燃烧反应的进行,$Y_{O_2,\infty}$ 是逐渐减小的,这将会延长煤粉颗粒的燃烧时间。与之相反的是,锅炉内存在的对流会加快气体扩散,增大燃烧速率。从上文对于碳燃烧的控制模式的学习中也可以知道,在碳颗粒直径逐渐减小至最后燃尽这一阶段,碳燃烧的控制模式通常从扩散控制模式逐渐转变为动力控制模式,表面化学反应动力学在碳燃烧中的影响权重逐渐增大。此时碳颗粒的表面温度变得非常重要,而锅炉内的辐射场对碳颗粒的表面温度又有重要影响。

当温度不是很高且忽略内部孔隙的影响时,碳颗粒的燃烧处于动力控制模式,此时碳的燃烧速率可按单膜模型中的式(8-29)或双膜模型中的式(8-51)计算。

$$\dot{m}_C=4\pi r_s^2 k_C\frac{MW_C MW_{mix}}{MW_{O_2}}\frac{P}{R_u T_s}Y_{O_2,s} \tag{8-63}$$

联立式(8-57),将 k_c 以阿伦尼乌斯定律的形式表示,即 $k_c=A\exp\left(-\dfrac{E}{R_u T_s}\right)$,可得

$$\frac{1}{2}\rho_c\pi d^2\frac{\mathrm{d}(d)}{\mathrm{d}t}=-4\pi r_s^2\frac{MW_C MW_{mix}}{MW_{O_2}}\frac{P}{R_u T_s}Y_{O_2,s}A\exp\left(-\frac{E}{R_u T_s}\right) \tag{8-64}$$

消去 d,并进行积分,可得

$$\int_{d_0}^{d}\mathrm{d}(d)=\int_0^{\tau}\left[-\frac{2}{\rho_c}\frac{MW_C MW_{mix}}{MW_{O_2}}\frac{P}{R_u T_s}Y_{O_2,s}A\exp\left(-\frac{E}{R_u T_s}\right)\right]\mathrm{d}t \tag{8-65}$$

前文已经介绍过,在动力控制模式下,碳表面上 O_2 浓度很大,与环境中 O_2 浓度基本相等,燃烧时间内的化学反应常数视为定值。对式(8-65)进行积分后可得

$$d-d_0=-\frac{2}{\rho_c}\frac{MW_C MW_{mix}}{MW_{O_2}}\frac{P}{R_u T_s}Y_{O_2,s}A\exp\left(-\frac{E}{R_u T_s}\right)\tau \tag{8-66}$$

其中,令

$$K_d=\frac{2}{\rho_c}\frac{MW_C MW_{mix}}{MW_{O_2}}\frac{P}{R_u T_s}Y_{O_2,s}A\exp\left(-\frac{E}{R_u T_s}\right) \tag{8-67}$$

式中:K_d 为动力控制模式下的燃烧速率常数。则有

$$d-d_0=-K_d\tau \tag{8-68}$$

当碳颗粒完全燃烧时,$d=0$,则动力控制模式下的燃尽时间 τ_d 为

$$\tau_{\mathrm{d}} = d_0/K_{\mathrm{d}} \tag{8-69}$$

在过渡状态时,由式(8-30)可以得到

$$\frac{1}{2}\rho_{\mathrm{c}}\pi\, d^2\,\frac{\mathrm{d}(d)}{\mathrm{d}t} = -\frac{Y_{\mathrm{O}_2,\infty}-0}{R_{\mathrm{kin}}+R_{\mathrm{diff}}} \tag{8-70}$$

将式(8-23)与式(8-24)代入式(8-63)中,消去碳颗粒的直径 d,并对其进行积分,可得

$$\int_0^{\tau}\mathrm{d}t = -\left[\int_{d_0}^d \frac{1}{K_{\mathrm{d}}}\mathrm{d}(d) + \int_{d_p}^d \frac{1}{K_{\mathrm{k}}}\mathrm{d}(d^2)\right] = \tau_{\mathrm{d}} + \tau_{\mathrm{k}} \tag{8-71}$$

在过渡状态时,燃尽时间为扩散燃尽时间 τ_{k} 和动力燃尽时间 τ_{d} 之和。

8.3　煤 的 燃 烧

8.3.1　煤的组成与燃烧过程

1. 煤的组成

我国能源结构呈"富煤、贫油、少气"的特点,是世界上为数不多的以煤为主要能源的国家之一。在 2021 年、2022 年、2023 年,我国的能源消费总量分别为 52.6 亿吨、54.1 亿吨、57.2 亿吨标准煤,其中煤炭消费量分别占能源消费总量的 55.9%、56.2% 和 55.3%,如图 8-11 所示。虽然新能源的开发和利用在一定程度上减轻了对煤炭的依赖,但在未来一段时间内,煤炭仍将在我国能源结构中占据重要地位,因此对煤炭进行深入研究仍然具有重要意义。

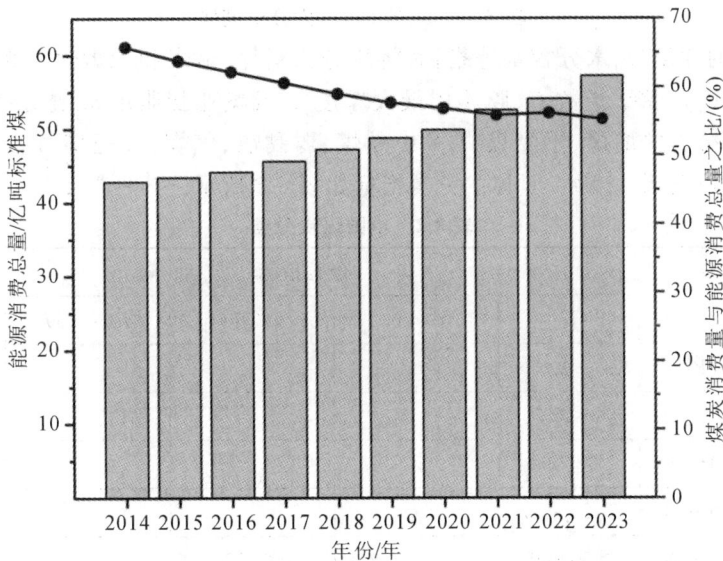

图 8-11　我国 2014—2023 年能源消费总量及煤炭消费量占比

煤是古代植物埋藏在地下经历了复杂的生物化学和物理化学变化逐渐形成的固体可燃性矿产。煤的化学组成和结构十分复杂,包括有机质和无机质两大类,以有机质为主。图 8-12所示为目前广为人们接受的煤的 Shinn 大分子模型,是根据煤在一段和二段液化产物的分布提出的模型,所以又叫反应结构模型。它以烟煤为对象,在前人模型的基础上将大

分子的相对分子质量增加到 10 000,碳原子个数扩充到 661 个,通过数据处理和优化,得出分子式为 $C_{661}H_{561}O_{74}N_{11}S_6$。

图 8-12　煤的 Shinn 大分子模型

我国按煤的挥发分、水分含量等指标,将煤分为褐煤、烟煤和无烟煤三大类。其中烟煤又根据挥发分 V_{daf}、黏结指数 G、胶质层最大厚度 Y 或奥亚膨胀度 b、透光率 P_M 和发热量 $Q_{maf,gr}$ 等指标可分为常焰煤、不黏煤、1/2 中黏煤、弱黏煤、气煤、气肥煤、1/3 焦煤、肥煤、焦煤、瘦煤、贫瘦煤、贫煤 12 种。具体的分类指标如表 8-2 所示。

表 8-2　中国煤炭分类

类别	分类指标					
	$V_{daf}/(\%)$	G	Y/mm	$b/(\%)$	$P_M/(\%)$	$Q_{maf,gr}/(MJ/kg)$
无烟煤	<10					
贫煤	>10~20	<5				
贫瘦煤	>10~20	5~20				
瘦煤	>10~20	>20~65				
焦煤	>20~28	>50~65	<25	(<150)		
	>10~20	>65				
肥煤	>10~37	(>85)	>25			
1/3 焦煤	>28~37	>65	<25	(<220)		
气肥煤	>37	(>85)	>25	>220		

类别	分类指标					
	$V_{\text{daf}}/(\%)$	G	Y/mm	$b/(\%)$	$P_{\text{M}}/(\%)$	$Q_{\text{maf,gr}}/(\text{MJ/kg})$
气煤	>28～37	>50～65	<25	(<220)		
	>37	>35～65				
1/2 中黏煤	>20～37	>30～50				
弱黏煤	>20～37	>5～30				
不黏煤	>20～37	<5				
常焰煤	>37	<5～35			>50	
褐煤	>37				<30	<24
	>37				>30～50	

① $G>85$，再用 Y 值或 b 值来区分肥煤、气肥煤与其他煤类，当 $Y>25$ mm 时，应划分为肥煤或气煤，如果 $Y<25$ mm，则根据其 V_{daf} 的大小而划分为相应的其他煤类。按 b 值分类时，如果 $V_{\text{daf}}<28\%$，暂定 $b>150\%$ 的为肥煤，如果 $V_{\text{daf}}>28\%$，暂定 $b>220\%$ 的为肥煤或气肥煤。若按 b 值和 Y 值划分的类别有矛盾时，以 Y 值划分的为准。

② 对于 $V_{\text{daf}}>37\%$、$G<5$ 的煤，再以透光率 P_{M} 来区分其为长焰煤还是褐煤。

③ 对于 $V_{\text{daf}}>37\%$、$P_{\text{M}}>30\%\sim50\%$ 的煤，再测 $Q_{\text{maf,gr}}$，如果其值大于 24 MJ/kg，应划分为长焰煤。

　　褐煤，又名柴煤，是煤化程度最低的矿产煤，也是介于泥炭与沥青煤之间的棕黑色、无光泽的低级煤。化学反应性强，在空气中容易风化，不易储存和运输。褐煤的碳含量为 40%～50%，水分和灰分含量较高，水分含量一般为 20%～40%，灰分含量为 6%～40%，发热量一般小于 16.75 MJ/kg。烟煤由褐煤进一步变质产生，表面呈灰黑色，有光泽，质地松软。烟煤的碳含量为 40%～70%，水分和灰分含量低，发热量一般为 20～30 MJ/kg。无烟煤是煤化程度最高的煤，质地坚硬、致密且光泽度高。无烟煤的碳含量高于 50%，水分和灰分含量不高，发热量为 21～25 MJ/kg。在我国探明的储量中，烟煤占 75%，无烟煤占 12%，褐煤占 13%。

　　煤的常规特性表征了煤的基本性质，可以作为分析煤着火、燃烧性质和对锅炉工作影响的依据。这些特性主要包括煤的元素分析、工业分析、发热量、可磨性指数等。

　　(1)煤的元素分析是指对煤中的碳、氢、氧、氮、硫五种元素的分析，元素的分析结果表示为各种元素的质量分数。

　　(2)煤的工业分析是指测定煤中的水分(M)、灰分(A)、挥发分(V)和固定碳(FC)四种成分的质量分数。在煤的着火与燃烧过程中，水分最先蒸发出来；温度继续上升，则煤中由氢、氧、氮、硫及部分碳组成的有机化合物分解，变成气体挥发出来，这些气体为挥发分；挥发分析出后，剩下的便是煤焦，煤焦包括固定碳和灰分。

　　(3)煤的发热量是指单位质量的煤在完全燃烧时放出的全部热量，即煤的热值。在实际应用中，煤的发热量有高位发热量和低位发热量之分。当发热量中包括煤燃烧后所产生的水蒸气凝结放出的汽化潜热时，称为高位发热量 Q_{gr}；反之，不包括水蒸气凝结放出的汽化潜热时，称为低位发热量 Q_{net}。

　　(4)煤的可磨性指数表示煤被粉碎的难易程度，可磨性指数越大越容易粉碎，常采用哈德格罗夫法(Hardgrove 法)测定哈氏可磨性指数(HGI)得到。我国煤的 HGI 的取值范围为

25～129，一般认为 HGI 大于 86 的煤为易磨煤，HGI 小于 62 的煤为难磨煤。

典型煤种煤质参数如表 8-3 和表 8-4 所示。

表 8-3　典型煤种煤质参数

名称	工业分析				元素分析				
	M_{ad}	A_d	V_{daf}	FC_{ad}	C_{daf}	H_{daf}	N_{daf}	O_{daf}	$S_{t,daf}$
河北无烟煤	1.02	9.79	10.28	80.11	89.92	4.26	0.81	4.52	0.49
河北烟煤	5.53	11.56	34.09	55.07	72.36	5.65	1.34	20.17	0.48
陕西长焰煤	2.98	13.88	36.41	53.13	81.44	4.96	1.03	9.18	3.40
内蒙古褐煤	12.86	10.88	47.70	40.62	74.52	5.18	1.17	18.41	0.72
新疆气煤	0.90	13.78	41.16	50.27	84.83	5.71	1.56	7.47	0.43
新疆弱黏煤	9.14	3.41	28.79	62.49	81.79	4.01	0.60	13.30	0.30

表 8-4　典型煤种煤质参数(续)

名称	$Q_{ad,gr}/(MJ/kg)$	哈氏可磨性指数
河北无烟煤	30.78	76
河北烟煤	24.58	56
陕西长焰煤	28.10	64.5
内蒙古褐煤	23.47	49.9
新疆气煤	29.84	79.7
新疆弱黏煤	27.75	55.6

2. 煤粉的燃烧过程

煤的燃烧是指在一定的设备(如锅炉、窑炉、高炉、民用炉、灶具等)中通入空气或富氧空气煤作为燃料发生剧烈的氧化反应后释放出热能的过程。该过程可简化为如下反应方程式：

$$C+O_2 \longrightarrow CO_2 + 热能$$

为提高燃烧效率，现代电站锅炉采用磨煤机将煤磨制成煤粉，因而煤粉燃烧是现代电站锅炉的燃烧方式。

煤块的燃烧会经历水分蒸发、脱挥发分(热裂解)、挥发分燃烧、煤焦(煤脱挥发分后形成的产物)燃烧四个阶段。煤块首先被加热和干燥，然后挥发分开始分解析出；如果炉内有足够高的温度，并且有氧气存在，则挥发分着火燃烧，形成火焰；由于氧气基本被挥发分燃烧耗尽，因此氧气无法穿过挥发分火焰到达煤焦的表面。只有当挥发分接近燃尽时，氧气才能到达煤焦表面，被加热的煤焦才能发生燃烧反应。

煤粉在炉膛内的燃烧过程比煤块的燃烧过程复杂。煤粉由于粒径较小，受热升温更快，很快达到高温。这个升温过程的温升速率对挥发分析出、挥发分燃烧、煤焦的形成以及煤焦的燃烧都有很大的影响。这使得挥发分析出、挥发分燃烧和煤焦的燃烧存在重叠，即挥发分燃烧与煤焦的燃烧在某一个时间段内同时发生。

一般认为，煤燃烧过程中，从煤的干燥、挥发分析出开始到大部分挥发分烧完，所需时间大约占煤总燃烧时间的 10%，剩余 90% 的时间则用于煤焦的燃烧，各过程交叉平行的时间不长。因此，一般把煤的干燥、热解以及挥发分燃烧和煤焦的燃烧在时间上划分开来。后面将着重介绍煤燃烧时最为关键的两个过程：煤的热解过程和煤焦的燃烧过程。

8.3.2　煤的热解过程

当煤粉被加热到一定温度时，煤粉的挥发分就会开始析出。由于挥发分通过孔隙从颗粒中释放，外部氧气无法渗透到颗粒中，因此这个脱挥发分过程也被称为煤的热解过程。由于煤的物理和化学结构非常复杂，煤的热解过程也是极其复杂的。一般来说，煤的热解主要分为干燥阶段（350 ℃以下）、低温热解阶段（350~650 ℃）和中温热解阶段（650~1 000 ℃）。其中干燥阶段主要发生煤中吸附水的蒸发和吸附气体的脱除，并有少量侧链断裂分解，生成 CO_2、CH_4、H_2S 及水蒸气。这个阶段为吸热过程，主要发生脱羧基反应。低温热解阶段的原料煤中有机质开始发生解聚和分解反应，释放出 CO、CO_2 及水蒸气，产生焦油，形成半焦。在中温热解阶段，绝大多数焦油已生成完毕，主要发生半焦到焦炭的缩聚反应。反应过程中会析出大量的煤气，使固体产物的挥发分减少，密度增大，体积收缩。650~750 ℃煤气的可燃成分为 CO、CO_2 和 H_2，700 ℃以上的可燃成分主要是 H_2。

迄今为止，研究者们已经建立了许多模型用于描述煤的热解，这些热解模型可分为经验模型和基于结构的网络模型两大类。经验模型包括单一反应模型、双竞争反应模型、有限多平行反应模型以及分布活化能模型（distributed activation energy model，DAEM）等。随着现代实验仪器（如 TG-FTIR、Py-FIMS、^{13}C-NMR）的应用越来越广泛，人们可以从煤的结构特征来揭示煤的热解机理，并提出了基于燃料化学结构的热解反应模型，也就是所谓的网络模型。其中最具代表性的模型有官能团-解聚、气化、交联（FG-DVC）模型，闪蒸链（FLASH-CHAIN）模型，化学渗透脱挥发分（CPD）模型等。

1. 经验模型

经验模型并不分析煤的热解过程，而是把这一过程简化为有限或无限个反应的叠加。经验模型通过对热解数据进行拟合、回归，可以得到表观动力学方程，适用于数值模拟场景。

1）单一反应模型

由 Badzioch 提出的单一反应模型假设煤热解过程遵循一级反应动力学规律，该模型中相关的反应动力学参数由具体的煤种决定：

$$煤 \longrightarrow 挥发分 + 半焦 \tag{8-72}$$

反应速率方程为

$$\frac{\mathrm{d}x}{\mathrm{d}t} = -kf(x), \quad f(x) = (1-x)^n \tag{8-73}$$

式中：x 为失重率；k 为化学反应常数，服从阿伦尼乌斯定律。

$$x = \frac{m_0 - m}{m_0 - m_\infty} \times 100\% \tag{8-74}$$

$$k = k_0 \mathrm{e}^{\frac{-E}{RT}} \tag{8-75}$$

单一反应模型机理过于简单，采用的活化能是一定温度范围内活化能的平均值，无法准确描述类似于煤热解这种包含复杂物理化学反应的过程，并且并不适用于非等温过程。

2）双竞争反应模型

在煤的实际热解过程中，温度不是一直不变的，反应的活化能也不可能是恒定值。在单一反应模型的基础上,Kobayashi 提出双竞争反应模型,将煤热解过程视为两个同时进行的一步反应。第一个反应有着较小的活化能,趋向于生成较多的半焦组分,在低温时起主要作用。第二个反应有较高的活化能,趋向于生成较多的轻质气体组分,主要在高温下起主导作用。在煤热解过程中,两个反应同时进行,初始的干燥无灰基转化成挥发分 V_1、V_2 以及半焦残渣 R_1、R_2。

图 8-13 中,α_1 为煤的工业分析中测得的挥发分所占的比例,α_2 为在与煤粉燃烧相同加热条件下再次测得的挥发分的最终产率。总化学反应常数遵循阿伦尼乌斯方程:

$$K_V = \alpha_1 k_1 + \alpha_2 k_2 \tag{8-76}$$

其中

$$k_1 = A_1 e^{\frac{-E_1}{RT}}$$

$$k_2 = A_2 e^{\frac{-E_2}{RT}}$$

由此得到煤颗粒的失重速率方程:

$$\frac{m_v(t)}{m_0} = \int_0^t (\alpha_1 k_1 + \alpha_2 k_2) \exp\left[-\int_0^t (k_1 + k_2) dt\right] dt \tag{8-77}$$

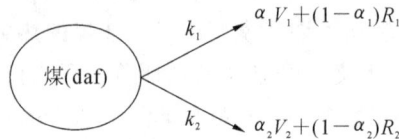

图 8-13　双竞争反应模型

3)有限多平行反应模型与分布活化能模型

有限多平行反应模型则是双竞争反应模型的进一步延伸,认为煤的热解过程由有限个同时进行的一步反应组成,平行反应的个数由经验确定。而分布活化能模型认为煤的热解过程由无限多的平行的一级反应组成,反应的活化能呈一定的连续分布,例如高斯分布。

2. 网络模型

网络模型则从煤分子网络结构着手,考虑煤热解的具体反应历程,定量揭示了煤结构和反应之间的关系,预测不同煤种、操作条件(温度、加热速率等)下热解焦油、轻质气体及半焦的产率变化。

1)FG-DVC 模型

FG-DVC 模型最初由 Solomon 等人提出,由官能团(FG)子模型和解聚、气化和交联(DVC)子模型结合而成。如图 8-14 所示,该模型认为煤是一个由单体(稠环)通过强键和弱键连接而成的二维网络芳香团簇大分子。圆圈代表稠环,圆圈中的数字代表分子量;单体通过易碎和非易碎的桥键(用水平单线和双线表示)连接形成无支链低聚物,易碎桥键(假设为乙烯桥键)可以断裂并释放出氢,非易碎桥键则不能断裂;低聚物之间交联(用垂直双线表示),形成大分子。热解过程中,当达到断键温度时,部分桥键发生断裂,另一部分桥键则获取氢来稳定自由基,继而形成稳定的桥键,同时新的交联形成,旧键的断裂和新键的形成是同时完成的。

FG-DVC 模型认为:①煤中官能团分解生成气体产物;②大分子网络分解生成中间相,即煤塑性体和焦油;③煤塑性体的分子量分布取决于网络配位数;④煤中大分子网络解聚受桥键断裂的限制,桥键断裂受煤中氢的限制;⑤网络的固化由交联控制,交联反应伴随 CO_2

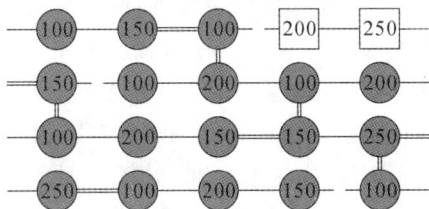

图 8-14　FG-DVC 模型中煤的结构图

和 CH_4 的生成;⑥焦油生成速率受质量传递控制,轻质焦油通过蒸发而逸出,逸出速率正比于焦油组分的蒸气压力和气体产率。

　　根据模型的假设可知,煤中相关官能团(如羟基、羧基等)分解生成轻质气体,可以描述为

$$\frac{dY_i}{dt} = -k_i Y_i \tag{8-78}$$

　　热解过程中,焦油前驱体分解产生焦油这一过程可以表示为

$$\frac{dX}{dt} = -\sum_j \left(\frac{d n_j}{dt}\right) M_j \tag{8-79}$$

式中:k_i 为化学反应常数,遵循阿伦尼乌斯方程,$k_i = A\exp\left(-\dfrac{E}{RT}\right)$;$Y_i$ 为某一官能团的瞬时质量分数;X 为焦油前驱体的瞬时质量分数;$\dfrac{d n_j}{dt}$ 为焦油组分 j 的输送速率;M_j 为焦油组分 j 的相对分子质量。其中焦油组分 j 的输送速率为

$$\frac{dn_j}{dt} = P_j X_j^b \sum_{i<300} \left(\frac{d n_i}{dt}\right)_{gas} \left(\frac{1}{P_0 + \Delta P}\right) \tag{8-80}$$

式中:P_j 为组分 j 的分压力;X_j^b 为组分 j 的摩尔分数;$\sum\limits_{i<300} \left(\dfrac{dn_j}{dt}\right)_{gas}$ 为气体和轻质焦油组分的输送速率之和,计算时只考虑分子量小于 300 的组分;P_0 为环境压力;ΔP 为粒子表面与内部的压差。

　　某一特定官能团在半焦中的瞬时质量分数被定义为

$$W_i(\text{char}) = XY_i \tag{8-81}$$

　　假设轻质气体的生成可由一个一阶反应描述,得到

$$\frac{dW_i(\text{gas})}{dt} = k_i W_i(\text{char}) \tag{8-82}$$

　　模型认为,焦油的生成和轻质气体的析出是同时进行的,轻质气体析出的同时携带着焦油离开颗粒表面。故焦油的生成速率与轻质气体所对应的官能团密切相关,其数学表达式为

$$\frac{dW_i(\text{tar})}{dt} = -\frac{dX}{dt} Y_i \tag{8-83}$$

由此得到总的焦油生成速率:

$$\frac{dW(\text{tar})}{dt} = \sum_i \left(-\frac{dX}{dt} Y_i\right) \tag{8-84}$$

　　代入原料的 TG-FTIR 等表征结果,即可预测燃料热解过程中的轻质气体及焦油的产量。

FG-DVC 模型经 Solomon 等人多年的完善和发展,已经广泛应用于煤热解的研究工作中。Yi 等人将 FG-DVC 模型与非线性规划(non-linear programming,NLP)理论相结合,利用 FG-DVC 模型预测焦油的产率及元素组成,还利用 Aspen Plus 软件对煤热解过程进行模拟和能耗分配。结果表明,该模型能较准确地预测煤热解产物,其预测性能优于经验关联模型。Álvarez 等人将温度为 1 273 K、升温速率为 10^5 K/s 时 FG-DVC 模型预测得到的氮分布和脱挥发分动力学值作为携流反应器(EFR)中富氧燃煤燃烧的计算流体动力学(CFD)模型的输入,得到的预测结果比使用 ANSYS Fluent(version 12)程序默认动力学得到的预测结果更接近试验值。

2)FLASHCHAIN 模型

FLASHCHAIN 模型由 Niksa 最先提出,通过化学结构、四步反应机理、化学链统计和闪蒸类比来描述整个热解过程。该模型认为热解过程中煤是链碎片的混合物,由四种结构组成:芳香核、不稳定桥键、半焦联键和外围结构。其中芳香核是稳定的单元,它包含了煤中所有的氮,并通过不稳定桥键和半焦联键连接。不稳定桥键是由几个脂肪族、脂环族和杂原子官能团组成的基团。它们不含芳香族成分,但分配了煤中的所有氧、硫和非芳香族碳。半焦联键则由不含有任何杂原子的芳环组成。外围结构是不稳定桥断裂后的产物,因此具有和不稳定桥相同的化学元素组成,最初连接在直链末端。

同时,该模型认为煤的热解过程主要由桥键断裂、均质自发凝结、双分子再化合以及外围官能团脱除四步反应组成。其中,桥键断裂和外围官能团脱除是挥发分生成的主要反应。而双分子再化合和均质自发凝结则涵盖了所有的芳香环反应,也包含极少量的不稳定桥缩聚反应,这两步反应是半焦生成的主要反应。

在整个热解过程中,链碎片根据大小被细分为反应物、中间物和后形质体。后形质体是最小的结构,包括所有潜在的焦油分子。桥键是 FLASHCHAIN 模型的反应中心。在热解过程中不稳定的桥键会发生断裂和自发凝结两个竞争反应,控制着热解气和焦油的生成速率和产率。FLASHCHAIN 模型的反应机理如图 8-15 所示。

①桥键的断裂;
②桥键的自发凝结转化为半焦联键并伴有气体产生

图 8-15　FLASHCHAIN 模型的反应机理

随着 FLASHCHAIN 模型的不断发展,其完整性不断提高。该模型对其他燃料(如生物质、水煤浆等)的适用性也得到了试验验证。Pan 等人进一步开发 FLASHCHAIN 模型,将反应中心扩展到大分子侧链,认为焦油的形成主要由不稳定桥控制,气体的产生主要源于侧链断裂。王擎等人利用 FLASHCHAIN 模型对油页岩的中低温热解过程进行模拟预测,得到了较好的试验结果。

3)CPD 模型

CPD 模型最早由 Fletcher 等人开发使用,它可准确预测焦油成分、气体组分浓度、挥发分析出速率等。CPD 模型把煤的化学结构简化为一个由脂肪桥键连接的芳香结构单元组成的系统。在热解过程中,部分桥键获得能量活化,活化的键发生两个相互竞争的平行反应:活化桥键断裂反应(简称反应 1)中桥键断裂形成两个稳定的侧链,在随后的反应过程中侧链断裂形成轻质气体;桥键重连反应(简称反应 2)中桥键转化为稳定的半焦键,同时释放出轻质气体。CPD 模型的平行反应如图 8-16 所示。

图 8-16　CPD 模型的平行反应

在热解过程中,随着煤中桥键活化、平行反应的进行,芳香结构单元会从点阵主体中脱离出来成为独立的点,以自由基分子团簇逐渐断裂释出,经稳定形成芳香团簇碎片。这一过程中侧链断裂、半焦键形成均伴随着轻质气体的释放。此外,在热解温度和压力下,不同分子量的芳香团簇碎片以不同的蒸发速率挥发释放,最后冷凝形成焦油;同时,随着热解温度的升高,一些芳香团簇碎片也以一定速率重新交联回煤基体中;最终,随着煤热解过程的结束,轻质气体和焦油释放出来,剩余产物构成半焦。CPD 模型的反应机理如图 8-17 所示。

图 8-17　CPD 模型的反应机理

在 CPD 模型中,桥键的活化与断裂可以描述为

$$\frac{\mathrm{d}b}{\mathrm{d}t} = -k_b b \tag{8-85}$$

$$\frac{\mathrm{d}b^*}{\mathrm{d}t} = k_b b - (k_\delta + k_c) b^* \tag{8-86}$$

而半焦键、轻质气体的生成可描述为

$$\frac{\mathrm{d}c}{\mathrm{d}t} = k_c b^* \tag{8-87}$$

$$\frac{\mathrm{d}\delta}{\mathrm{d}t} = 2 k_c b^* - k_g \delta \tag{8-88}$$

$$\frac{\mathrm{d}g_1}{\mathrm{d}t} = k_g \delta \tag{8-89}$$

$$\frac{\mathrm{d}g_2}{\mathrm{d}t} = 2 \frac{\mathrm{d}c}{\mathrm{d}t} \tag{8-90}$$

式中：b、b^*、c、δ 分别代表煤中桥键、活化桥键、半焦键、侧链的占比；g_1、g_2 分别代表反应 1、反应 2 产生的轻质气体量；k 遵循阿伦尼乌斯方程，$k = A\exp\left(-\dfrac{E}{RT}\right)$。

假设反应近似于稳态，即 $\dfrac{\mathrm{d}b^*}{\mathrm{d}t} = 0$，联立上述公式得

$$f_{\mathrm{gas}}(t) = \frac{r(\sigma + 1)(g_1 + g_2)}{4 + 2r(1 - c_0)(\sigma + 1)} \tag{8-91}$$

式中：$\sigma + 1$ 为配位数；r 与芳香团簇平均分子量、侧链平均分子量有关，由原煤表征得到。

最后，利用渗透统计理论分析桥键断裂和芳香团簇碎片的形成，计算出芳香团簇碎片的质量分数；通过基于气-液平衡的闪蒸过程计算团簇碎片的蒸发释放量，得到释放焦油的质量分数。利用质量守恒得到生成煤焦的质量分数。

目前，CPD 模型具备在多种压力、温度、加热速率、气氛条件下准确预测各种煤、生物质的热解能力，对原料热解过程中氮的迁移转化也有很好的预测效果。

3. 煤热解过程的实验研究

热重分析仪(thermogravimetric analysis，TGA)是研究煤热解的常用仪器。热重分析是在程序控制温度条件下，测量样品质量随温度或时间的变化情况，分为升温法和恒温法。其中，升温法指的是以恒定加热速率加热样品，测量样品质量随温度的变化情况，而恒温法则是指在恒定温度下测量样品质量随时间的变化情况。两种方法下样品质量的测量都要依靠热重分析仪中的热天平。热天平的基本工作原理是：样品质量变化引起天平位移，这种位移经信号转化装置转化为电信号并放大，由记录仪记录。图 8-18 所示为以光电二极管为信号转化装置的热天平结构示意图。样品质量改变后，样品臂移动，带动旗状板移动，对红外光源产生遮挡，由光电二极管将位移信号转化为电信号，放大后经过信号处理得到样品质量变化。

通过热重试验能够得到样品热重曲线(TG 曲线)，即样品质量随温度变化的曲线。利用 TG 曲线可获得质量变化过程中的一系列相关参数，经计算即可得到煤的工业分析结果，如水分含量、挥发分含量、灰分含量、固定碳含量等。从热重法可衍生出微商热重法(derivative thermogravimetry，DTG)，它能记录 TG 曲线对温度(或时间)的一阶导数。相较于 TG 曲线，DTG 曲线能精确反映出煤热解的起始温度、最大热解速率温度和热解终止温度，也能更精确地区分煤热解的不同阶段。

传统的热重分析仪适用于 $2 \sim 100$ ℃/min 的线性升温过程。然而，对于升温速率有极

图 8-18　热天平结构示意图

高要求的过程(如快速热解),其分析能力则受到限制,主要原因如下:首先,传统的热重分析仪通常采用电阻炉加热的方式,在较低温度时其电阻很小,要实现快速升温则需要较大的输入功率,这样极易造成加热元件熔断;其次,电阻炉的热惯性较大,在输入功率改变后电阻炉内温度并不会立刻发生较大幅度的变化,这导致通过改变输入功率来控制电阻炉内温度存在明显的热滞后效应;最后,现有的热重分析仪大多采用被动反馈控制方式进行温度控制,即通过设置温度与实际温度之间的温差来对输入功率进行反馈调节,显然,快速升温试验对响应速度和反馈时间提出了很高的要求,被动反馈控制方式的适用性明显不足。

　　为克服传统热重分析仪的局限,研究者进一步开发了快速升温热重分析仪,其采用了包括红外加热和聚光光热在内的多种加热方式。

　　美国 TA 公司(TA Instruments)将热重分析仪与红外加热方式相结合,研制出红外加热热重分析仪,并实现了商业化应用。图 8-19 所示为 TA 公司 Q5000IR 热重分析仪的结构。红外加热热重分析系统利用四个对称放置的红外灯及周围的椭圆反射镜对样品进行加热,采用碳硅材料的样品管来吸收红外辐射,加热炉内配置了石英内衬和上下热屏蔽罩,以减少热量的耗散。该热重分析仪的线性加热速率为 0.1~500 ℃/min,而瞬间加热速率可超过 2 000 ℃/min,温度范围从室温到 1 200 ℃,可用于快速升温过程的研究。

　　华中科技大学煤燃烧国家重点实验室科研团队研制聚光光热快速升温热重分析仪,着重弥补传统热重分析仪在研究快速升温过程时的缺陷。该聚光光热热重分析系统基于聚光辐照加热方式,采用"主动调控"与"被动调控"相结合的温度控制方法,实现了 5~1 000 ℃/min 的宽升温速率范围的线性精确升温。聚光光热热重分析系统如图 8-20 所示,包括加热模块、称重模块、温度采集控制模块、气体控制模块等。聚光光热热重分析系统采用对称放置的聚光灯杯进行加热,通过计算机控制可编程直流电源的负载电压来实现聚光灯杯温控功能,电压控制程序可直接读取编程软件输出的负载电压程序,方便调整及调用。

　　除热重分析仪外,丝网反应器(wire-mesh reactor,WMR)、滴管炉(drop tube furnace,DTF)等也是研究煤热解的常用设备。相较于热重分析仪,它们具有更高的升温速率。

　　金属丝网反应器结构如图 8-21 所示。该反应器通过两层金属丝网夹住少量样品,使样

图 8-19　TA 公司 Q5000IR 热重分析仪的结构

图 8-20　聚光光热热重分析系统

品单层平铺,以减弱颗粒间的相互作用。反应气体经过分风板从载物台下方快速穿过金属丝网中的反应区,这可以将反应过程中生成的挥发分迅速吹离反应区。这些挥发分随后被布置在金属丝网上方经冷却剂(如液氮、冰水等)冷却的聚四氟乙烯捕集阱收集下来,从而最大限度地减少挥发分之间及挥发分与反应样品之间的二次反应。该反应器采用循环水冷却电极,延长了整套系统在高温条件下的运行时间。金属丝网反应器理论上可控的升温速率范围为 0.1~5 000 ℃/s。

图 8-21　金属丝网反应器结构

　　滴管炉又称管式沉降炉,是一种结构简单的设备。它采用细长的管式反应器,流型近似于活塞。煤粉在载气(通常为 N_2)的夹带作用下流经电加热的反应炉管,并在炉内与反应气体(如 O_2、CO_2、水蒸气等)发生一系列化学反应。载气和稀释的煤粉从上部沿炉管中心喷入炉内,而反应气体则通过给煤机四周的整流装置上的小孔均匀通入。加热元件在炉管周围分段均匀布置,并且可以分别控制温度,以实现炉内良好的等温性,并形成较长的恒温反应区。煤粉在进入反应区后即被迅速加热至所需的反应温度,反应产物通过取样装置收集,并在冷却过滤后使用气体分析仪对产物的组分和浓度进行在线分析。滴管炉的升温速率极高,能达到 $10^4 \sim 10^5 \, ℃/s$,基本满足工业升温速率的要求,能够模拟工业装置内部在高升温速率条件下的反应过程。图 8-22 所示为滴管炉实物图及结构示意图。

图 8-22　滴管炉实物图及结构示意图

8.3.3　煤焦的形成与燃烧

从煤焦的形成角度来看,煤的热解可以细分为煤的干燥预热阶段(小于 350 ℃)、胶质体形成阶段(350~480 ℃)、半焦形成阶段(480~650 ℃)和煤焦形成阶段(650~1 000 ℃)。在煤的干燥预热阶段,煤中吸附的水分和气体脱出,部分侧链开始断裂和分解,释放出气体。在胶质体形成阶段,煤中侧链发生缩聚反应,桥键断裂产生的自由基碎片稳定化形成液体产物,煤中的沥青质受热熔融变成液态,共同形成大量黏稠液体。在这种黏稠液体中,同时存在由热解气等构成的气泡以及未完全分解的煤粒残留物,气、液、固三相共同构成一个系统,形成胶质体。当温度继续升高到达半焦形成阶段时,胶质体开始分解收缩,固化生成半焦,同时热解气继续生成,焦油逸出量则逐渐减小。到达煤焦形成阶段时,半焦中不稳定的有机物继续发生热分解和缩聚反应,产生热解气,半焦体积收缩,形成煤焦。

从煤焦形成的过程可以看出,煤焦是一种具有多孔结构的含碳物质。煤焦的结构特性对它的应用和性能至关重要。煤焦结构的参数包括孔结构参数(如比表面积、孔隙率、孔径分布等)、微晶结构参数等。

一般情况下,煤焦中的孔隙分为三类:大孔、中孔和微孔。它们之间的界限并不十分明确。IUPAC 标准中微孔的最大直径为 2 nm,中孔是指直径为 2~50 nm 的孔,而直径大于50 nm 的孔则为大孔。微孔对比表面积的贡献最大。

对于煤焦孔结构的测量,一种公认的方法是 BET 容积法,其依据是由 Brunauer、Emmett 和 Teller 三位科学家于 1938 年提出的 BET 理论。BET 理论认为气体分子可以在固体表面上吸附无数多层,每层吸附的分子间存在相互作用,而吸附的各层之间没有相互作用。吸附分子在固体表面上的吸附和解吸过程是可逆的,能达到吸附平衡。由该假设,他们提出 BET 吸附等温式:

$$\frac{P}{V(P_0 - P)} = \frac{1}{V_m C} + \frac{C-1}{V_m} \frac{P}{P_0} \tag{8-92}$$

式中:P 为被吸附气体在吸附温度下平衡时的压力;V 为压力 P 下被吸附气体的总体积;V_m 为单层达到平衡时所需气体的体积;C 为与被吸附物质蒸发热(汽化热)有关的常数;P_0 为饱和蒸汽压。

BET 容积法的测量过程如下。在精确测量过体积的真空体系中放置一定质量的样品,引入一定体积的吸附质气体。恒温下在其达到吸附平衡后,根据吸附作用导致的压力变化计算在该平衡压力下的吸附量,这形成了一个吸附数据点。依次改变泡形气体量管中的气体体积,测量不同平衡压力下的吸附量,得到若干吸附数据点,从而得到等温吸附曲线。利用 BET 吸附等温式计算得到样品的比表面积,结合等温吸附曲线的形状,以及对回滞环形状和宽度的分析,就可以获得样品的孔径分布等关键信息。

还可以采用扫描电子显微镜(SEM)直接观察煤焦颗粒的微观表面和内部结构,结合统计学方法可以得到煤焦的多孔结构参数。图 8-23 所示为某煤样在不同热解条件下所生成煤焦的 SEM 图。通过 ImageJ 等软件可以测量得到煤焦的孔径大小、孔径分布等参数。

煤的微晶结构研究始于 20 世纪 80 年代,当时国内学者提出煤的大分子结构是一种由非晶体向晶体过渡的微晶结构。煤焦的微晶结构一般通过 X 射线衍射(XRD)测量得到。XRD 是一种利用晶体对 X 射线的衍射现象,来分析物质内部原子空间分布状况的结构分析方法。将一定波长的 X 射线照射到晶体上时,X 射线因在晶体内部遇到规则排列的原子或

图 8-23　某煤样在不同热解条件下所生成煤焦的 SEM 图

离子而发生散射。这些散射的 X 射线在某些方向上相位得到加强,从而显示出与晶体结构相对应的特有的衍射现象。通过分析衍射光谱,可以得到煤焦的微晶结构参数,如芳香度 f_a、堆垛高度 L_c、堆垛层数 n、晶面尺寸 L_a 及晶面层间距 d_{002} 等。对这些参数进行综合分析,可以得到煤焦中 SiO_2 等无机物参与反应的情况、煤焦的有序化程度等。图 8-24 所示为煤焦的 XRD 谱图。

图 8-24　煤焦的 XRD 谱图

煤燃烧释放的绝大部分热量来自煤焦的燃烧,因此煤焦的燃烧是煤燃烧过程中一个非常重要的环节。煤焦表面的燃烧过程与 8.1 节中介绍的碳的燃烧过程几乎相同。但煤焦具有复杂的多孔结构,其燃烧过程中的一系列物理化学反应均可以在孔隙中进行,因此煤焦的燃烧比碳的燃烧复杂。煤焦的形态结构对其燃烧的影响是煤焦燃烧研究的主要内容之一。研究表明:在动力控制区,氧气可以进入孔隙内部,因此煤焦的反应性随总比表面积的增加而升高;在扩散控制区,氧气向孔隙表面和内部的扩散速度是决定性因素,因此孔隙尺寸对煤焦的反应性具有重要影响;而在动力-扩散共同控制区,煤焦的反应性同时取决于内部反应速率和氧气在孔隙中的扩散速度,此时煤焦的壁厚、孔隙率和孔径分布等参数具有重要的影响。

8.3.4　煤粉的着火机理

与气体与液体燃料燃烧相比,煤粉的着火有着自身的特点。这是因为煤粉在热解过程中既能释放出挥发分,又能产生煤焦。因此,煤粉的着火可能表现为以下几种情况:挥发分先着火,随后煤焦着火;煤焦先着火,然后挥发分着火;挥发分和煤焦同时着火。因此,煤粉有三种着火机理:均相着火机理、非均相着火机理、联合着火机理。

均相着火机理是指煤粉脱挥发分过程中产生的挥发分首先着火。由于燃料(挥发分)和氧化剂(空气)均为气相,因此被称为均相着火。均相着火与挥发分含量、氧气浓度以及温度有着非常密切的关系。只有当煤粉周围集聚的挥发分达到一定浓度且温度高于可燃气体的着火点时,挥发分才会着火。因此,煤粉的脱挥发分速率在均相着火过程中起着决定性作用,根据8.3.2节煤的热解过程介绍,加热速率对煤粉的脱挥发分速率有着至关重要的影响。只有加热速率达到一定高的水平,煤粉周围的挥发分才可以很快地积聚到一定量,并且温度也可以很快地超过着火点,从而发生均相着火。图8-25(a)展示了通过高速摄像机拍摄的煤粉发生均相着火的图片。从图中可以看到,在发生均相着火时,煤粉颗粒周围出现了亮斑,这表明挥发分已经开始着火。紧接着,在下一个毫秒内,挥发分火焰迅速传播,火焰面积迅速增大,最终包裹整个颗粒。

非均相着火机理则是指煤焦先着火。由于燃料(煤焦)是固相,而氧化剂(空气)是气相,因此被称为非均相着火。当加热速率非常高时,煤粉颗粒的表面温度会迅速升到高温,而此时释放的挥发分不足以引发着火;另一方面,当煤粉粒径较小时,经过脱挥发分产生的煤焦因温度较高且与氧气分子的碰撞概率较高而首先着火。图8-25(b)展示了通过高速摄像机拍摄的煤粉发生非均相着火的图片。从图中可以看到,在发生非均相着火时,煤焦因着火而发出微弱的亮光,随后的1~2 ms内,亮光会增强,但发光面积不会超过颗粒面积。在4 ms时,可以观察到挥发分着火,此时发光面积明显增大,超过颗粒面积,在接下来的1 ms,发光面积因挥发分火焰传播而迅速增大。

(a) 均相着火

(b) 非均相着火

图8-25　煤粉的均相着火与非均相着火

Juntge 等人通过大量试验总结了单颗粒烟煤的着火机理,以及煤粒直径与加热速率的关系,如图 8-26 所示。从图中可以看出,直径较小的煤粒更倾向于发生非均相着火,而直径较大的煤粒更容易发生均相着火,加热速率越高,发生联合着火的概率越大。除了加热速率和煤粒直径外,气氛和煤粉的组成对着火机理的影响也非常大。

图 8-26　烟煤在不同工况下的着火机理

8.4　其他固体燃料的燃烧

8.4.1　固体废弃物的燃烧

固体废弃物因其含有较高能量,常被用作燃料进行燃烧。这种做法不仅可以缓解煤炭资源有限的问题,还可以有效地解决环境污染问题。常见的固体废弃物燃料包括农林废弃物、污泥、垃圾衍生燃料等。

1. 农林废弃物

农林废弃物是指农业生产活动中产生的固体废物,包括种植业、林业、畜牧业、渔业等农业活动产生的废弃物,如作物秸秆、蔬菜瓜果加工后的残渣、畜禽粪便、畜禽舍垫料、废饲料等。我国耕地资源较为丰富,因此拥有大量的农林废弃物资源。然而,目前大部分农林废弃物被随意丢弃,导致其变质腐烂,既浪费了资源,又加剧了环境污染。农林废弃物中含有丰富的有机质,这使得它们在资源化和能源化利用方面具有良好的发展前景。对于农林废弃物的燃烧,研究者重点关注其以下特点。

(1)挥发分含量高。一般而言,农林废弃物的挥发分与固定碳的含量之比能达到 4.0 以上,而煤炭的挥发分与固定碳的含量之比通常小于 1.0。高挥发分燃料具有以下特点:①着火温度低,这使得燃料更容易被点燃,并且能够快速脱除挥发分;②挥发分燃烧释放了更多的热量,这有助于改善煤焦的燃烧条件,降低灰分中未燃碳的比例,从而提高燃烧效率;③燃烧速度快但难以控制,需要更大体积的反应器和更精细的优化设计,以确保完全燃烧和减少污染物排放。

(2)水分含量高。农林废弃物的水分含量通常为 3%～63%,而煤炭的水分含量为 1%～20%,通常不超过 30%。高水分含量对燃料的燃烧和利用带来了一系列挑战:①着火困难,燃烧不稳定,燃烧温度低,燃烧效率低,燃烧时还会产生大量烟气和烟雾;②在干燥过程中,氯化物、碳酸盐、硫酸盐、硝酸盐和磷酸盐等物质会发生沉淀,增大了燃料的利用难度;③真菌和细菌的不断繁殖,会导致燃料品质下降,同时带来健康风险。

(3)堆积密度、能量密度、热值低。农林废弃物的能量密度仅为绝大多数化石能源的10%～40%,热值略高于煤炭的50%,堆积密度约为煤炭的20%。较低的堆积密度、能量密度、热值会导致运输成本、储存成本的增加。同时还需要对农林废弃物进行压块等预处理,这进一步增加了农林废弃物的利用成本。

(4)碱金属、痕量元素含量高。由于动植物的富集作用,农林废弃物中的碱金属(如 K、Na 等)和痕量元素(如 Ag、Be、Cd、Cu、Hg 等)含量较高。燃烧含碱金属和痕量元素的农林废弃物会造成环境污染,对人类健康也产生一定威胁。

2. 污泥

除了农林废弃物外,我国污泥的产量也相对较大。据统计,我国水分含量为80%的污泥年产量已超过 6 500 万吨。污泥是污水处理厂在处理污水过程中产生的副产物,主要由经多次生物处理和化学加药处理后的沉淀物组成。经机械脱水后,污泥的水分含量一般在80%左右。从物质组成上来看,除水分外,污泥固相主要包括无机物和有机物。泥沙是污泥中无机物的主要组成部分,含有金属元素(如 Fe、Al、Ca、K 等)和其他无机矿物质,也包含多种重金属元素。污泥中的有机物大致可以分为:微生物及其附着的有机物所组成的细菌群落、动植物体碎片(如纤维素、木质素、脂肪、蛋白质、小分子氨基酸等)、已经或部分经过生物降解的腐殖质。

污泥具有以下特点:高水分含量、高灰分含量、低挥发分含量、低热值。其热值通常为5～15 MJ/kg,低于农林废弃物的热值;污泥有机物中经过生物降解的腐殖质包含多种污染物,在化学结构上,这些有机物具有复杂的官能团,如羟基、羧基、酯基、醛基;污泥中还有稠环芳烃(PAHs)和一些与氯结合的芳香族化合物,如多氯联苯(PCBs)、氯酚、多氯二苯并二噁英(PCDDs),这些有机污染物在较低温度下可挥发,在污泥大量堆积的情况下,会严重污染水体和土壤,对人体健康构成威胁;污泥中含有大量微生物,包括细菌、病毒、寄生虫等,如果污泥长期暴露在空气中,微生物将在丰富的营养物质中繁殖,这增大了疾病传播的风险。

考虑到以上特性,直接燃烧脱水污泥会出现燃烧不稳定、烟气成分复杂、污染物处理成本高等问题。目前,常见的污泥处理手段包括煤炭掺混污泥燃烧和污泥造粒燃烧。污泥造粒燃烧是指将污泥压制成具有一定形状和机械强度的颗粒,这样既能解决污泥能量密度低、运输和储存困难的问题,又能在实际的燃烧过程中控制飞灰的产生,便于灰渣的收集,同时减轻了对燃烧设备的腐蚀。

3. 垃圾衍生燃料

还有一种固体废弃物燃料为垃圾衍生燃料(refuse derived fuel,RDF),它是由城市生活原生垃圾中分选出来的若干类可燃固体废物。这些废物经过进一步提取高热值部分(如废纸、塑料、纺织品等可燃材料),然后进行破碎、干燥处理。在这一过程中,还会添加一些防腐和除氯的添加剂,最后通过压缩成型工艺制成固体燃料。垃圾衍生燃料一般由纸张、木材、织物、塑料等可燃材料组成。

垃圾衍生燃料含有较高含量的氯元素、氮元素和硫元素,这些元素是二噁英、氯化氢、氮氧化物、硫化物等污染物的前体物质。直接燃烧垃圾衍生燃料会生成大量的污染物,对环境和人体健康造成严重影响,因此,垃圾衍生燃料通常不单独燃烧,而是与煤炭混合燃烧。

国内研究发现,在燃煤中添加少量垃圾衍生燃料对燃料的碳、硫、氮、灰分、水分的含量和低位发热量的影响不大,锅炉热效率也维持在较好水平。在这种混合燃烧中,二噁英、

NO_x、烟尘、SO_2 等污染物排放可以达到限值要求,CO_2 排放也有所降低。此外,添加 CaO 等固氯剂的垃圾衍生燃料能够达到较高的固氯效率,减少了酸性气体对设备的腐蚀。国外学者通过收集意大利某垃圾衍生燃料与煤混燃发电厂的运行数据,评估发电厂单独烧煤与不同混合比下垃圾衍生燃料和煤共烧之间的差异。结果表明,混燃下总粉尘、Mn、Ni、V、SO_x 和 CO_2 的浓度有所降低,而 HCl、NH_3、Cr、Pb 和 CO 的浓度有所上升,其余污染物(包括二噁英)的浓度在两种燃烧模式下没有明显的变化。通过生命周期分析,混燃情况下的能量回收效率更高。

由于垃圾衍生燃料便于运输和储存,并且在无害化处理过程中能减少污染物排放,因此,垃圾衍生燃料燃烧技术具有广阔的发展前景。

8.4.2　固体含能材料的燃烧

含能材料(energetic material)是指具有一定的力学性能,在特定条件下能够诱发材料组元之间或组元与环境介质之间的高能量化学反应,并且释放出热量的材料。含能材料具有结构和能量一体化的特点。

铝具有高密度、高热值和低耗氧量的特点。铝是地壳中含量最多的金属元素,来源广,成本低,主要燃烧产物无毒无害,是一种性价比极高的金属燃料。值得注意的是,铝在工业应用中,特别是在火箭推进剂中的应用,可以提升推进剂的点火性能和燃烧性能。此外,铝可应用于航空航天及其他工业领域。

铝颗粒的燃烧反应方程式为

$$4Al + 3O_2 \longrightarrow 2Al_2O_3 \tag{8-93}$$

然而,由于铝颗粒表面存在一层致密且具有极强保护性的氧化膜,活性铝与氧化剂之间被隔绝,因此铝的氧化反应往往发生在氧化膜破损之后,这使得铝的氧化动力学与其他金属有所不同。氧化反应速率不仅取决于温度和氧化剂浓度等外界因素,还与铝颗粒自身的氧化膜状况有关。

随着纳米技术的发展,纳米铝粉展示出比传统微米铝粉更为优异的性能。纳米铝粉具有更高的比表面积、反应活性和反应完全性。研究表明,当铝粉的粒径由 100 μm 降低至 100 nm 时,铝粉的着火温度可从 2 327 K 降低至 933 K。在 PET 黏结剂体系的固体推进剂中,使用纳米铝粉替代微米铝粉,可以显著提升推进剂的静态燃速 10%～20%,以及动态燃速 10%～15%。因此,纳米铝粉作为一种性能更优的含能材料得到广泛的关注和应用。

在铝粉的燃烧过程中,铝颗粒会发生团聚,即小尺寸的铝颗粒会聚集成大尺寸的铝团聚物,导致铝的粒度分布发生明显变化,这会影响固体火箭发动机的比冲。铝颗粒的团聚会加剧发动机内的熔渣沉积,破坏绝热层,从而加剧发动机的烧蚀。同时,铝表面的钝化层(主要是氧化铝)的熔解温度较高,这将导致铝粉的着火温度升高、燃烧速率降低等。为解决这些问题,常常采取不同的方式对铝粉表面进行改性。

(1)采用含能材料进行包覆,如端羟基聚丁二烯(HTPB)、硝化棉、叠氮化合物等。这些材料既能防止铝颗粒表面氧化膜的生成和增长,又能提供较高的能量,是理想的表面改性材料。

(2)利用含氟聚合物进行包覆,如全氟聚醚(PFPE)、聚偏氟乙烯(PVDF)、聚四氟乙烯(PTFE)等。含氟聚合物不仅可以直接与铝反应,还可以与铝颗粒表面的氧化铝反应,这将极大加快能量释放速率,从而使复合推进剂具有更强的推力。

(3)采用金属氧化物进行包覆,如氧化铁、氧化铜等。金属氧化物的包覆能抑制铝颗粒的氧化和团聚。

习　　题

8-1　如果一个碳颗粒足够大,则其燃烧速率可能受到扩散控制的影响。在一种情况下,碳颗粒燃烧产生的一氧化碳在离开表面后氧化为二氧化碳;而在另一种情况下,一氧化碳不再发生进一步的燃烧。这两种情况下,碳颗粒的燃烧速率是否相同? 如果不相同,哪一种情况下的燃烧速率更大? 请解释原因。

8-2　简述单颗粒碳燃烧的单膜模型和双膜模型的异同。

8-3　在我国煤炭被分为哪几类? 主要从哪些角度对煤炭进行分类?

8-4　简述煤的热解过程,并列举可用于描述煤热解过程的机理和模型。

8-5　列举研究煤热解的常用实验设备。

8-6　简述煤的 Semenov 着火判据。

参 考 文 献

[1] 徐通模,惠世恩. 燃烧学[M]. 2 版. 北京:机械工业出版社,2017.

[2] TURNS S R. 燃烧学导论:概念与应用[M]. 3 版. 姚强,李水清,王宇,译. 北京:清华大学出版社,2015.

[3] GLASSMAN I,YETTER R A. Combustion[M]. 4th ed. San Diego:Elsevier,2008.

[4] 岑可法,姚强,骆仲泱,等. 高等燃烧学[M]. 杭州:浙江大学出版社,2002.

[5] ÁLVAREZ L,GHAREBAGHI M,JONES J M,et al. CFD modeling of oxy-coal combustion: prediction of burnout, volatile and NO precursors release[J]. Applied Energy,2013,104:653-665.

[6] CHENG Y,LI T Y,AN H,et al. Modeling pyrolysis of asphalt using Chemical Percolation Devolatilization theory[J]. Fuel,2017,206:364-370.

[7] MAFFEI T,FRASSOLDATI A,CUOCI A,et al. Predictive one step kinetic model of coal pyrolysis for CFD applications[J]. Proceedings of the Combustion Institute,2013,34(2):2401-2410.

[8] LI Y,FENG J,LI W Y. Evaluation on a combined model for low-rank coal pyrolysis[J]. Energy,2019,169:1012-1021.

[9] 韩艳伟. 煤成焦过程微观结构的演变机制[D].唐山:华北理工大学,2023.

[10] 李孟阳. 煤粒着火过程数值模拟[D].武汉:华中科技大学,2014.

[11] 李舒月. 下行床与料仓联合装置中煤热解的 CFD 模拟[D].北京:中国石油大学(北京),2017.

[12] 彭志福. 基于 Semenov 理论的煤/煤焦着火温度研究[D].武汉:华中科技大学,2017.

[13] 王凤,李光跃,李莹莹,等. 煤化学结构模型研究进展及应用[J]. 洁净煤技术,2016,22(1):26-32.

[14] 王擎,王锐,贾春霞,等. 油页岩热解的 FG-DVC 模型[J]. 化工学报,2014,65(6):2308-2315.

[15] 杨乾坤. 基于油页岩热解的 FLASHCHAIN 模型研究[D]. 吉林:东北电力大学,2016.

[16] 杨亚慧. 淖毛湖煤慢速热解过程化学渗透热解模型研究[D]. 大连:大连理工大学,2021.

[17] VASSILEV S V,VASSILEVA C G,VASSILEV V S. Advantages and disadvantages of composition and properties of biomass in comparison with coal:an overview[J]. Fuel,2015,158:330-350.

[18] 王润德,杨涛,徐司雨,等. Al 基复合含能材料的制备及燃烧性能研究[J]. 火炸药学报,2021,44(6):789-799.

[19] 周俊波. 典型通用乙烯基塑料在二次反应最小化条件下的热解实验研究[D]. 武汉:华中科技大学,2016.

第9章

燃烧测量

9.1 燃烧测量技术概述

9.1.1 燃烧测量目的

燃烧应用于交通、工业、国防等各个领域,是社会发展与科技进步的推动力之一。人们对燃烧的科学认识始于在实验室开展的燃烧火焰实验研究。18 世纪初,德国化学家斯塔尔将燃烧现象的本质归结于燃料含有"燃素";1772 年,法国化学家拉瓦锡通过实验发现了由燃烧引起的质量增大的现象,提出了燃烧氧化理论;19 世纪,苏联化学家赫斯等人发展了热化学和化学热力学,阐明了燃烧热、产物平衡组分及绝热燃烧温度的规律;20 世纪初,美国化学家刘易斯和苏联化学家谢苗诺夫等人将化学反应动力学的机理引入燃烧学的研究;20 世纪 30 年代,刘易斯等人开始研究燃烧动态过程,阐明了燃烧反应动力学的链式反应机理,延伸出火焰传播概念;20 世纪 30 年代到 50 年代,建立了着火和火焰传播的经典燃烧理论,同时发展了湍流燃烧理论;20 世纪 50 年代到 60 年代,冯·卡门首先提出用连续介质力学来研究基本燃烧过程的方法,逐渐建立了反应流体力学;20 世纪 60 年代到 80 年代,燃烧理论得到迅速发展;斯波尔丁在 20 世纪 60 年代后期首先得到了层流边界层燃烧过程控制微分方程的数值解,随后,斯波尔丁和哈洛将湍流模型方法引入了燃烧学的研究,提出了湍流燃烧模型,并在 20 世纪 80 年代建立了计算燃烧学。此外,自 20 世纪 60 年代以来,光学测量等非接触式测量技术被引入燃烧学中,大大提高了对燃烧条件下各种测量参数的测量精度,现已成为燃烧实验的常用手段。从燃烧学发展简史中可见,燃烧的本质是流动、化学反应与传热传质三者之间的相互耦合、相互作用;运用物理化学理论、数学模型、燃烧测量实验这三种方法可对燃烧有更深入的认识,从而使燃烧学从描述性的、半经验性的科学成为本质性的、严谨性的科学。

广义上,燃烧测量面向的对象是高温或高温高压的气-固或者气-液两相的流体,甚至是气-液-固三相的流体,包括化学反应、流体力学、传热传质和其他物理现象间复杂的相互作用,它不同于一般的流体测量。其任务是利用光学、声学、热学等测试技术定量获得反映燃烧过程的各种信息,这些信息主要包括燃烧反应区的温度、速度、组分浓度、压力、颗粒尺寸及其随时间与空间的分布等,并结合数据处理方法,对燃烧过程进行在线或离线的分析,最终为燃烧理论的发展、新型燃烧技术的研发、燃烧数值模拟的验证及燃烧污染物的减排提供支持与服务。

9.1.2　燃烧测量技术分类

　　燃烧测量技术可以分为两大类:一类是接触式探针取样技术,另一类是非接触式测量诊断技术。接触式探针取样技术通常需要结合质谱、气相色谱或色-质联用等仪器。将该技术应用于燃烧研究时,一种方法是利用毛细管进行取样,这种方法对火焰结构的扰动较小,能探测到稳定的分子;另一种方法是利用复杂的超声分子束进行原位取样,取样后分子无任何碰撞,可以有效地冷却分子和自由基,因此能准确地探测燃烧过程中产生的各种稳定的和不稳定的中间产物,这种方法称为分子束质谱(molecular-beam mass spectrometry,MBMS)法,尤其是基于单光子技术发展起来的同步辐射-分子束质谱(SR-MBMS)克服了电子束轰击电离和激光光电离的缺点,能广泛探测燃烧产生的包括同分异构体在内的中间产物,从而为燃烧反应动力学研究提供重要且有价值的实验数据。

　　非接触式测量诊断技术可分为主动式测量诊断技术和被动式测量诊断技术。主动式测量诊断技术是一种对燃烧系统施加激光、声波、太赫兹波等外部信号,通过检测燃烧过程与所施加的外部信号的相互作用结果,对温度、速度、组分浓度等进行测量的技术。基于激光的燃烧测量技术已成为实验室开展燃烧研究的常用手段。所有形态(固态、液态、气态)的物质和自由电子均可实现受激发射,产生从远红外线到 X 射线的相干辐射。基于激光的燃烧测量技术依赖于电磁辐射与火焰中原子、分子、簇、颗粒物及微滴的相互作用。可调激光应用和非线性光学技术的发展,极大地提高了燃烧光谱分析的可行性。基于激光的燃烧测量技术又可分为发射光谱法、散射光谱法、吸收光谱法和非光谱法,包括测量燃烧火焰传播速度的激光多普勒测速(LDV)、相位多普勒粒子分析仪(PDPA)和粒子成像测速(PIV)等,测量燃烧火焰密度的激光干涉测量和激光纹影测量等,测量燃烧火焰温度和组分浓度的拉曼散射、激光诱导荧光(LIF)、激光诱导炽光(LII)、激光诱导击穿光谱(LIBS)、相干反斯托克斯拉曼散射(CARS)和可调谐二极管激光吸收光谱(TDLAS)等。其特点是:在测量过程中对燃烧火焰几乎没有干扰,燃烧过程中原子和分子的光谱状态可用很长的时间、很高的光谱和空间分辨率加以观察,对单个被测参数选择性高、精度高,结合平面激光(planar laser)或层析成像(tomography)可实现二维场分布信息检测,多用于实验室燃烧检测研究,一般难以应用于强振动、高粉尘、大尺寸的工业燃烧装置中。声学法已用于测量燃烧火焰温度,其原理是基于声速与静态气体温度的热力学关系,通过测量在已知间距的一对声波传感器之间的声波传递时间来确定气体温度,结合层析技术可得到二维温度分布。若考虑燃烧火焰中的烟气具有一定速度,则测量的声速除了包括烟气温度信息以外还包括烟气流速信息,有研究者尝试通过检测声波传递时间来获得燃烧气体速度场分布。但声学法受到声波传播速度和每条测量路径每次只能获得一个测量数据的限制,在提高空间分辨率和时间分辨率方面存在障碍。

　　在实际工业燃烧条件下,主动式测量诊断技术受到信号强度在燃烧过程中衰减、炉膛空间尺寸较大等因素的限制。由于燃烧过程释放出强烈的光、热辐射,基于火焰自发射辐射分析的被动式测量诊断技术在实际工业燃烧条件下受到更多的关注,其特点是:不采用任何外部信号,成本较低,易于实施;信息转换环节少,相对易于标定;易于用在工业燃烧装置中;对被测参数选择性不高,耦合因素较多,后续分析复杂,对数据处理要求很高。被动式测量诊断技术主要包括燃烧火焰多波长分析技术、燃烧火焰图像处理技术、基于热辐射成像的燃烧三维检测技术。燃烧火焰多波长分析技术已用于测量燃烧火焰温度和化学发光信号。

Reynolds 等人在 1964 年就提出了多波长高温计的概念和理论。但传统多波长分析技术的优势在于在检测波长的维数，其在空间维数上的不足使其无法发展到燃烧空间多维温度分布的检测。近年来，出现的高光谱成像仪有望弥补这种不足。广义上，燃烧火焰图像处理技术包括对燃烧火焰的视频图像、高速摄影图像、红外热成像图像、紫外光图像等图像的处理，其优势在于提供物理量的全场分布。例如，红外热成像测温技术广泛用于工业过程的温度测量，但由于火焰辐射率不易准确确定，红外高温计和热像仪很难定量、准确地检测燃烧火焰温度。必须强调的是，燃烧火焰多波长分析技术和图像处理技术都属于视线检测技术，每一个像素累积了视场范围内的所有发射源的辐射贡献，所得到的温度等测量值是一种沿视线的平均值。要想得到被测参数沿"视线"方向上的分布，就必须采用基于热辐射成像的三维检测技术，该技术可用于检测燃烧火焰温度场及介质辐射特性，通过获取来自不同方向的火焰热辐射信息，采用基于辐射传递方程建立的辐射成像模型和辐射逆求解方法，获得燃烧火焰中三维温度、组分浓度分布等信息。

9.1.3 燃烧测量的常用设备

1. 激光器

激光具有单色、相干、定向、高能量密度和线性偏振等特性。激光器是利用受激辐射原理使光在某些受激发的物质中放大或振荡发射的器件，也就是能发射激光的装置，是基于激光的燃烧测量技术的核心设备。激光器主要由工作物质、泵浦系统和光学谐振腔三部分组成。其中，工作物质是产生光的受激辐射放大作用的物质体系，泵浦系统为实现粒子数反转分布提供外界能量，光学谐振腔由两块反射镜组成，为建立激光振荡提供正反馈，对激光输出的模式、功率、光束发散角有较大影响。激光器的种类很多，可以根据激光工作物质、运转方式、激励方式、输出波长范围等进行分类。

根据工作物质形态的不同，激光器可分为以下几类。

(1)固体激光器。其工作物质由掺入了能产生受激辐射作用的金属离子的晶体或玻璃基质构成。红宝石激光器是世界上第一台激光器，其发光中心内的红宝石(三氧化二铝)掺入了作为激活粒子的三价铬粒子，工作波长一般为 694.3 nm，工作状态是单次脉冲式。Nd:YAG(掺钕钇铝石榴石)激光器是最常用的固体激光器，工作波长一般为 1 064 nm，既可以连续、准连续方式工作，又可以脉冲方式工作，功率从微瓦到千瓦。

(2)气体激光器。其采用的工作物质是气体，还可进一步分为原子气体激光器、离子气体激光器、分子气体激光器、准分子气体激光器等。常用的气体激光器包括：①氦-氖激光器，由 Ne 原子电子跃迁而形成激光输出，Ne 原子在 632.8 nm、1.15 μm 和 3.39 μm 处有三条最强的谱线，其中在 632.8 nm 处产生的激光是最为重要的红色激光；②二氧化碳激光器，由 CO_2 分子振动在 10.6 μm 和 9.6 μm 处产生谱线，由于产生这两条谱线的跃迁能级不同，最终只有 10.6 μm 的激光输出；③氩离子激光器，由氩离子电子跃迁而产生激光发射，主要输出波长为 488 nm 和 514.5 nm 的蓝绿光。

(3)液体激光器。其采用的工作物质主要包括两类：一类为有机化合物液体(染料)，另一类为无机化合物液体。其中，染料激光器是液体激光器的典型代表，为了激发染料并使其发射出激光，多采用光泵浦，用高速闪光灯作为激光源，或者由其他激光器发出很短的光脉冲。常用的染料包括中呫吨类染料、香豆素类激光染料、花菁类染料，由于每种染料可覆盖的光谱范围约为几十纳米至一百纳米，采用多种染料即可覆盖 0.3～1.3 μm 的光谱区。染料激光器的工作方式有脉冲方式和连续方式两种,当以脉冲方式工作时,用各种脉冲激光器作为泵浦源,当以连续方式工作时,用氩离子激光器作为泵浦源。作为一种可调谐激光器,染料激光器在可见光光谱研究中应用非常广泛。

(4)半导体激光器。其又称为激光二极管(laser diode,LD),这类激光器以一定的半导体材料作为工作物质而产生光的受激发射作用,其原理是以一定的激励方式(电注入、光泵或高能电子束注入),在半导体物质的能带之间或能带与杂质能级之间,通过激发非平衡载流子实现粒子数反转,从而产生光的受激发射作用。作为一种可调谐激光器,半导体激光器在红外光谱研究中应用最为广泛,其可调谐波长在 $0.8\sim40\ \mu m$ 范围内。

按运转方式的不同,激光器可分为以下几类。

(1)连续激光器。其工作特点是工作物质的激励和相应的激光输出,可以在一段较长的时间范围内以连续方式持续进行。以连续光源激励方式工作的固体激光器和以连续电激励方式工作的气体激光器及半导体激光器,均属此类。由于连续运转过程中往往不可避免地产生器件的过热效应,因此对大多数连续激光器而言需采取适当的冷却措施。

(2)单次脉冲激光器。对这类激光器而言,工作物质的激励和相应的激光输出,从时间上来说均是一个单次脉冲过程。一般的固体激光器、液体激光器及某些特殊的气体激光器,均采用此方式运转,此时器件的热效应可以忽略,因此不必采取特殊的冷却措施。

(3)重复脉冲激光器。这类激光器的输出为一系列重复激光脉冲,因此,这类激光器可相应以重复脉冲方式激励,或以连续方式激励,但需用一定方式调制激光振荡过程,以获得重复脉冲激光输出,通常要对这类激光器采取有效的冷却措施。

(4)可调谐激光器。一般情况下,激光器的输出激光波长是固定不变的,但采用特殊的调谐技术后,某些激光器的输出激光波长可在一定的范围内连续、可控地变化,这类激光器称为可调谐激光器。

此外,按输出激光波长范围不同,激光器又可分为固定波长激光器和可调谐激光器,前者是激活原子或分子在分立的能级上跃迁振荡的激光器,其中心频率由不同激活介质确定,不能进行调谐。

由于激光具有单色、相干、定向、高能量密度和线性偏振等特性,它在非接触式燃烧实验诊断中得到了广泛的应用。激光器的选择取决于待测特性和燃烧环境的尺寸与类型。这些因素决定了激光源的功率、波长,以及对激光直径、准直性、稳定性和偏振性的要求。具体选择时,还要考虑测量所需的时间与空间分辨率。对于稳定的燃烧或流场诊断过程,可用固定波长激光器。例如,氦-氖激光器和氩离子激光器常用于流场诊断,特别是速度测量;二氧化碳激光器用于燃料或推进剂点火研究。对于瞬态过程,可选用 Q 开关激光器(几纳秒的闪光持续时间),有时用简单的脉冲固体激光器(脉冲持续时间为毫秒级)。对于需要瞬时高功率的场合,可用可调谐的脉冲激光器,以生产可见光与紫外线波段的光辐射,如红宝石激光器,最常用的是 Nd:YAG 激光器和有机染料激光器。此处,小尺寸、低能耗、廉价的半导体激光二极管为微型激光测速仪的开发与应用创造了条件。以前,由于信号强度和监测仪器灵敏度的限制,激光诊断技术大多只能用于空间局部点测量。现在,强激光散射和微光检测技术的结合使这种技术更多地用于二维场测量。红外吸收测量中应用的各种二极管激光器也值得关注。表 9-1 给出了在燃烧测量中常见激光器的主要技术参数。

表 9-1　常见激光器的主要技术参数

激光器类型		工作波长/nm	输出功率/mW	脉冲能量/J	脉冲宽度/ns	脉冲频率/Hz
固体激光器	红宝石	694		0.02～20	30	500～200 000
	Nd:YAG	1 064		8	110	
气体激光器	CO_2	10 600		1.5	50～100	500
	氩离子	458～514	40/20			
	氦-氖	543～1 523	0.5～35			
液体激光器	染料	400～850				
半导体激光器		700～880	500			

2. 光谱仪

光谱仪(spectrometer)是将成分复杂的光分解为光谱的光学仪器,由棱镜或衍射光栅等构成。光谱仪可测量物体表面反射的光线。阳光中的七色光是肉眼能分辨的光谱(可见光),但若通过光谱仪将阳光分解,按波长排列,可见光谱只占光谱中很小的比例,其余都是肉眼无法分辨的光谱,如红外线、微波、紫外线、X 射线等。光谱仪抓取光信息,经照相底片显影或电脑化自动显示数值仪器的显示和分析,测知物品中含有的元素种类。这种技术在空气污染、水污染、食品卫生、金属工业等的检测中得到广泛的应用。

光谱仪有多种类型,除了在可见光波段使用的光谱仪以外,还有红外光谱仪和紫外光谱仪。按色散元件的不同,光谱仪可分为棱镜光谱仪、光栅光谱仪和干涉光谱仪等。按探测方法的不同,光谱仪可分为直接用眼观察的分光镜、用感光片记录的摄谱仪、用光电或热电元件探测光谱的分光光度计等。单色仪是通过狭缝只输出单色谱线的光谱仪,常与其他分析仪器配合使用。

在燃烧火焰的光谱测量中,火焰自发射光谱的检测分析与一般光谱的检测分析有所不同,由于火焰本身就是一种等离子体,无须外加光源就能产生光谱,因此,可以用发射光谱仪对其进行直接测量。

一台典型的光谱仪主要由一个光学平台和一个检测系统组成,主要包括以下几个部分。

(1)入射狭缝:在入射光的照射下形成光谱仪成像系统的物点。

(2)准直元件:使狭缝发出的光线变为平行光。准直元件可以是独立的透镜、反射镜,也可以直接集成在色散元件上,如凹面光栅光谱仪中的凹面光栅。

(3)色散元件:通常采用光栅,使光信号在空间上按波长分散为多条光束。

(4)聚焦元件:聚焦色散后的光束,使其在焦平面上形成一系列入射狭缝的像,其中一个像点对应一个特定波长。

(5)探测器阵列:放置于焦平面,用于测量各波长像点的光强度。探测器阵列可以是电荷耦合器件(charge coupled device,CCD)阵列,也可以是其他种类的光探测器阵列。

20 世纪 90 年代,微电子领域中的多像元光电探测器得到迅猛发展,如电荷耦合器件阵列、光电二极管阵列等面阵光电探测器,为光谱信号的探测提供了更多选择,使低成本光谱仪成为可能。与此同时,光导纤维(光纤)在光信号传输领域的大规模应用,使用户可以非常灵活地搭建光谱采集系统,也为光谱仪的模块化和小型化提供了技术变革。

3. 面阵传感器及摄像机

图像传感器，又称为感光元件，是一种将光学图像转换成电子信号的设备。早期的图像传感器采用模拟信号，如摄像管(video camera tube)。随着半导体制造技术的发展，目前图像传感器主要有电荷耦合器件(CCD)图像传感器和互补金属氧化物半导体(complementary metal oxide semiconductor，CMOS)图像传感器。

CCD 图像传感器是 20 世纪 70 年代发展起来的半导体器件，其最大特点是以电荷为信号，而其他大多数器件以电流或电压为信号。它由集成在同一硅片上的数十万个等效的微型金属氧化物半导体(metal oxide semiconductor，MOS)电容器构成，每一个 MOS 电容器相当于一个像素。在 P 型硅基片上用氧化法生成二氧化硅薄层以作为绝缘层，在绝缘层上用多晶硅制作电极，就构成了一个具有 MOS 结构的电容器。当在电极上加正电压时，P 型硅基片的电极下面就形成一个可以存储电荷的"电位阱"。当光照射到硅片上时，光电效应产生的电荷将存储在这个 MOS 电位阱中。光越强，加在 MOS 电容器电极上的电压就越大，电位阱也就越深。因此，当 CCD 图像传感器受到来自景物的光照时，其输出端可得到与光照强度成比例的电信号，这便是反映景物内容的电信号。CCD 图像传感器按 MOS 电容器排列方式的不同可分为线阵 CCD 图像传感器和面阵 CCD 图像传感器。

CMOS 图像传感器与 CCD 图像传感器的光电转换原理相同，最主要的差别在于信号的读出过程不同。由于 CCD 仅有一个(或少数几个)输出节点统一读出，其信号输出的一致性非常高；而在 CMOS 芯片中，每个像元都有各自的信号放大器，独立进行电荷-电压的转换，其信号输出的一致性较低。但是 CCD 为了读出整幅图像信号，要求输出放大器的信号带宽较宽，而在 CMOS 芯片中，每个像元中的信号放大器的带宽要求较低，大大降低了芯片的功耗，这就是 CMOS 芯片功耗比 CCD 低的主要原因。尽管降低了功耗，但是数以百万的信号放大器的不一致性却导致了更高的固定噪声，这又是 CMOS 图像传感器相对 CCD 图像传感器的固有劣势。

无论是 CCD 图像传感器，还是 CMOS 图像传感器，主要参数包括尺寸、分辨率、光谱响应特性、性噪比、动态范围等。

(1)尺寸、分辨率。

图像传感器尺寸通常用对角线尺寸(in，1 in＝25.4 mm)或有效面积(宽度×高度)表示，例如：1 in——靶面尺寸为宽 12.7 mm×高 9.6 mm，对角线 16 mm；2/3 in——靶面尺寸为宽 8.8 mm×高 6.6 mm，对角线 11 mm；1/2 in——靶面尺寸为宽 6.4 mm×高 4.8 mm，对角线 8 mm；1/3 in——靶面尺寸为宽 4.8 mm×高 3.6 mm，对角线 6 mm；1/4 in——靶面尺寸为宽 3.2 mm×高 2.4 mm，对角线 4 mm。

图像传感器分辨率通常用水平方向和垂直方向的有效像元数表示。像元尺寸是指图像传感器像元阵列上每个像元的实际面积。像元尺寸从某种程度上反映了图像传感器对光的响应能力，像元尺寸越大，能够接收到的光子越多，在同样的光照条件下和曝光时间内产生的电荷越多，当然，积累和存储的电荷越多，伴随产生的各类噪声越大。像元尺寸越小，单位面积内的像元越多，图像传感器的分辨率越高，越有利于检测细节和增大检测视场，但像元面积的减小，使满阱能力(每个像元能够储存的电荷数量)降低和图像传感器动态范围缩小。因此，在分辨率允许的情况下，选择像元尺寸大的相机，会有较大的图像传感器动态范围。

(2)光谱响应特性。

通常，图像由可见光照射而产生，来自景物的光线被成像系统捕捉到，在成像平面上得到这部分光线的二维分布,这种二维分布就是"图像"。可见光并不是唯一能形成图像的方式,也可以利用电磁波谱中的其他部分形成图像,如紫外线、红外线等。

光谱响应是指芯片对不同波长光线的响应能力,通常由光谱响应曲线给出。图像传感器具有很大的感光光谱范围,感光光谱通常可延长至红外区域。根据光谱响应的波长范围不同,图像传感器可分为紫外图像传感器、可见光图像传感器和红外图像传感器,它们分别可以获取对象的紫外图像、可见光图像和红外图像。

(3)信噪比、动态范围。

信噪比是指测量到的信号与测量到的总噪声之比。动态范围用于描述摄像机能够分辨出的灰度等级,是摄像机输出的最大信号(饱和电压)与最小可检测信号(噪声水平)之间的比率。宽动态范围能够使场景中非常亮和非常暗部分的细节同时得到清晰的显示,例如,人背向站在非常亮的光线下,背景的细节和人脸上的细节都能够看得非常清晰。

上文介绍的都是面阵图像传感器,由其构成的摄像机称为面阵摄像机。根据图像传感器光谱响应的波长范围,面阵摄像机又可分为紫外摄像机、可见光摄像机和红外摄像机。其中,紫外摄像机和红外摄像机输出的是灰度图像(或称为亮度图像),而可见光摄像机不仅能输出灰度图像,还能输出彩色图像。根据色度学原理,一幅彩色图像由红色(R)、绿色(G)、蓝色(B)三基色组成。因此,可见光摄像机在输出彩色图像时,需要面阵图像传感器接收 R、G、B 三基色,常用单片图像传感器或三片图像传感器来实现。以 3CCD 彩色面阵摄像机为例,如图 9-1 所示,这种摄像机使用三片 CCD 图像传感器,每个像元点对应 R、G、B 三个感光元件,采用分光棱镜将入射光线分别折射到三个 CCD 靶面上,分别进行光电转换得到 R、G、B 三色的数值。这种摄像机得到的图像质量好、没有细节丢失,但这种摄像机由于结构复杂,一般较昂贵。此外,由于这种摄像机采用分光棱镜的方式,光线到达每个 CCD 靶面的光程是不一样的,需要对镜头做针对性的设计才能获得比较好的图像效果,使用 3CCD 彩色面阵摄像机还需要配备专用的镜头。

图 9-1　3CCD 的分光棱镜

由于 3CCD 彩色面阵摄像机结构复杂且价格昂贵,市场上出现了单 CCD 彩色面阵摄像机。这种摄像机仅使用一片传感器,其上每个像元点分别对应 R、G、B 三基色中的一种。这些颜色的像元按一定的规律排列。实际得到的每个像元点的 R、G、B 三基色的数值是通过对该像元点及其周围若干点的像元值进行插值计算得出的。彩色图像的效果与采用的差值算法密切相关。在颜色变化剧烈的边缘位置,可能会出现较明显的色彩失真和细节丢失现象。目前常见的彩色面阵摄像机的价格和同档次的黑白摄像机的价格相近。

　　单 CCD 彩色面阵摄像机将彩色滤色器阵列(color filter array,CFA)加装在 CCD 上。每四个像元形成一个单元,其中,一个过滤红色,一个过滤蓝色,两个过滤绿色(因为人眼对绿色比较敏感)。从物理结构上看,CFA 相当于在 CCD 晶片表面覆盖数十万个像元般大小的三基色滤色片,而这些微小的滤色片是按一定规律排列的。图 9-2 所示为拜尔(Bayer)提出的 CFA 结构。从该结构中可以看出,绿色滤色片占全部滤色片的一半,而红色和蓝色滤色片分别占全部滤色片的四分之一,这是因为人眼对绿色的敏感度比对红色、蓝色的敏感度高。

图 9-2　CFA 结构

9.2　基于激光的燃烧测量技术

　　基于激光的燃烧测量技术可以获取更多的燃烧信息。利用该技术,所有形态(固态、液态、气态)的物质和自由电子均可实现受激发射,产生从远红外到 X 射线的相干辐射。基于激光的燃烧测量技术依赖于电磁辐射与火焰中原子、分子、簇、颗粒物及微滴的相互作用。可调激光应用和非线性光学技术的发展,极大地提高了燃烧光谱分析的可行性,基于激光的燃烧测量技术已是燃烧实验诊断研究的主要手段。利用该技术,可在很高的光谱、时间和空间分辨率下观察并分析燃烧过程中原子和分子的光谱状态,从而在线监测燃烧过程中温度、速度、浓度等热物理参数的多维分布。

9.2.1　基于激光干涉和折射的燃烧场密度测量

1. 激光干涉测量原理

　　激光干涉测量技术是一种非接触式测量技术。在光学领域中,该技术通过提取干涉条纹的相位分布定量诊断被测波面的畸变程度,进而从干涉条纹的相位分布反演出被测场的折射率分布。对于各向同性介质而言,折射率是密度场的直接反映,两者遵循 Lorentz-Lorenz 关系式。对于气体介质而言,使用理想气体状态方程可将密度进一步替换为温度与浓度的函数。折射率、温度、浓度相互关联,若浓度场已知,便可通过折射率分布求得温度场。

折射率表示光在真空中的传播速率与在介质中的传播速率之比,实际上介质的折射率都大于或者等于1。由白光经过三棱镜时发生的色散可知,介质的折射率与波长有关,波长越大,折射率越小,例如,红光波长的折射率比紫光波长的折射率小。对于单一波长的光源(如激光)而言,需要考虑介质的密度对折射率的影响,例如,空气(气态)的折射率约为1,水(液态)的折射率为4/3,玻璃(固态)的折射率约为1.5。温度、压力等参数对介质的折射率的影响更多的是通过引发密度的变化来体现的。

气态介质在任意波长下的折射率 n 均可以表示为密度 ρ 的简单函数:

$$n - 1 = \rho \cdot K_{\text{G-D}} \tag{9-1}$$

式中:$K_{\text{G-D}}$ 为介质的 Gladstone-Dale 常数,与波长有关。式(9-1)称为 Gladstone-Dale 关系式。混合物的等效 $K_{\text{G-D}}$ 值是由各个组分的 $K_{\text{G-D}}$ 值做加权计算得到的,例如,空气在 632.8 nm 波长下的等效 $K_{\text{G-D}}$ 值为 2.26×10^{-4} m^3/kg。正是因为 $K_{\text{G-D}}$ 值的数量级很小,所以气态介质的折射率在干涉测量领域外几乎都视为1。

当光线在空间中传播时,折射率沿着传播路径的积分值称为光程。当光程增加一个波长 λ 时,其相位值必定增加 2π rad。假设激光器生成一束具有一定通光直径的平行光,平行光沿着空间路径 L 穿过了具有非均匀折射率分布(设为 n)的被测对象,那么原本具有统一相位值的平行波面就会因其各处的相位增量不一致而表现为畸变分布。如果该平行光经过相同的空间路径 L(或者经过相同长度的另一条路径),但是该路径上没有被测对象存在,那么平行波面各处相位值仍然保持一致,只是有一个统一的相位增量。在激光干涉检测系统中,上述第一类情况对应物光光路,第二类情况对应参考光光路。如果利用某种方法使物光光路的畸变波面与参考光光路的非畸变波面同时投射在同一个投影面上,那么在两种波面之间仅由被测对象引发的相位差分布 θ_{test} 可表示为

$$\theta_{\text{test}} = w_{\text{obj}} - w_{\text{ref}} = \frac{2\pi}{\lambda} \int_L (n - n_0) \mathrm{d}L \tag{9-2}$$

式中:w_{obj} 为折射率 n 沿着物光光路积分至投影面时的畸变波面相位值;w_{ref} 为环境折射率 n_0 沿着参考光光路积分至投影面时的非畸变波面相位值。

2. 双曝光全息干涉测量

激光干涉测量系统中最经典的系统是双曝光全息干涉测量系统。该系统仅能用于测量稳态对象,其光路分为独立的物光光路和参考光光路两段,这种非共光路的特点使该系统易受振动干扰,因此其必须安置在光学隔振平台上。此外,该系统还需要一个分光元件和两套扩束准直透镜组,外加一个大型暗房;实验时还需要全息干版、显影定影药剂等耗材。该系统的优点是各个元件之间的匹配调节没有严格的精度要求,但最重要的一点是双曝光全息干涉条纹分布直接对应着被测场的畸变波面,通过其他任何方法得到的干涉条纹从原理上看都不会比双曝光全息干涉条纹更简单。

图 9-3 所示为双曝光全息干涉测量系统的示意图。该系统不仅需要布置在光学隔振平台上,还要求整个实验环境符合暗室的标准。在该系统的组建过程中,氦-氖激光器发出的点状光束经过一个分光比可调的分束器后变为光强相当的两束光,它们经过同一个快门之后分别进入物光子光路和参考光子光路。两者的相同之处在于每一个子光路都由若干反射镜及一套扩束准直透镜组构成,这使得点状光束最终扩束为大口径的平行光。两者的不同

之处在于,物光子光路上安置有被测对象(图中为燃烧器),而参考光子光路上不能有任何额外的物品。这两个子光路以一定的夹角(图中为 30°)同时投射到全息干版上,其中全息干版的平面法向一般要与物光子光路的传播方向一致。凸透镜和 CCD 相机则依次布置在物光子光路传播方向的延长线上。为了降低光学干涉系统对激光源的相干长度的要求,在光路设计上一般要使物光子光路和参考光子光路的沿程传播距离相当,即分束器到全息干版之间的物光、参考光两条子光路的折线总长度要近似相等。

图 9-3 双曝光全息干涉测量系统的示意图

双曝光全息干涉测量的实验过程包括全息记录及全息再现两个环节。在全息记录环节中,整个系统必须始终处于暗室中。首先,在快门处于关断状态时完成全息干版的制备并将它安置在物光子光路和参考光子光路交会处的干版架上。准备工作就绪之后即可按下快门,激光在很短的时间内(一般不足 1 s)通过两个子光路投射在全息干版上。显然,物光子光路和参考光子光路的波面之间产生了干涉现象,干涉光强分布随曝光时间的积分构成了全息干版上的第一次曝光量分布。然后,使用遮光匣子罩住全息干版,对燃烧器点火并等待被测火焰达到稳定状态。在这之后的步骤需要两人配合完成:一人迅速撤掉遮光匣子,另一人同步按下快门,使激光以同样的曝光时间第二次通过两个子光路并投射在全息干版上;一旦瞬时曝光完成,就再次用遮光匣子迅速罩住全息干版。此时,物光子光路和参考光子光路的波面之间产生干涉现象,干涉光强分布随曝光时间的积分构成了全息干版上的第二次曝光量分布。需要注意的是,两次曝光过程中参考光子光路上先、后两个波面完全一致,而物光子光路上先、后两个波面却不相同。接着熄灭火焰,在暗室中从干版架上卸下历经两次短时曝光的全息干版,将全息干版放入预先配置好的药剂里完成定影、显影,此时全息干版就变成了一个特殊的光栅。在全息再现环节中,首先将全息干版准确复位到干版架上,然后将快门卸下以使激光束贯通整个光学系统,调节分束器的分光比使物光子光路的光束消失,此时 CCD 相机可拍摄到双曝光全息干涉条纹。

从物理过程来看,CCD 相机在全息再现环节中拍摄到的双曝光全息干涉条纹是由参考光在全息干版上产生的衍射波面与物光子光路传播方向上的两个衍射分量相互干涉形成的。虽然全息干版记录的是物光子光路上的不同曝光瞬间的两个波面分量,但在全息再现时这两个波面分量是同时被衍射出来的。这意味着 CCD 相机所拍摄到的双曝光全息干涉条纹分布在数学描述上等效于物光子光路上第一次曝光时所得波面相位分布与第二次曝光时所得波面相位分布之差。显然,这两个波面的传播方向完全一致,即不存在空间载频附加相位差 θ_f;这两个波面经过了完全相同的光学元件,即两者的光学系统球差引发的附加相位差 θ_s 及光学元件表面质量引发的附加相位差 θ_q 完全相等。这意味着双曝光全息干涉条纹完全不受上述三类附加相位差的影响,其光程差直接对应着被测对象折射率 n 与环境折射率 n_0 之差 Δn 在空间路径 L 上的积分。

总之,双曝光全息干涉测量系统具有空间上分开的物光子路和参考光子光路,这导致系统在组建过程中所需的光学元件较多,当系统受到外加振动时,因为两个子光路的振动不同步,全息记录环节会受到严重干扰,该环节的输出条纹也会受到影响。全息记录环节中需要使用全息干版这个光敏耗材,这不但使得整套系统必须置于严格的暗室中,实验过程还需要人工干预以完成全息干版的制备、装夹、定影、显影及复位,即从被测对象的瞬时曝光到最终得到干涉条纹有可能需要数小时。双曝光全息干涉条纹完全不受实验过程中通常遇到的三类附加相位差的影响,这使得整套系统中的各个光学元件之间不存在苛刻的定位要求,仅凭手工装配和调试即可得到完美的条纹。在具备暗室条件的实验室环境中,针对稳态对象的干涉测量,双曝光全息干涉测量技术一直是众多研究者的首选。

3. 激光纹影测量

光速取决于光所经过的介质的折射率,而折射率又取决于介质的密度,所以,利用干涉法可直接测量气体密度的变化。光线穿过有密度梯度(折射率梯度)的气体如同穿过一个棱镜,然后发生偏转。纹影测量系统可以得到光线偏转角度与折射率之间的关系,从而进一步得到燃烧场气体的密度梯度。纹影测量系统由聚焦在缝隙上的光源、两个纹影透镜(或镜面)、锐缘(刀口)、聚焦透镜、成像系统及燃烧器组成,如图 9-4 所示。

图 9-4 纹影测量系统示意图

光源的像位于第二个纹影透镜的焦点处,该像的一半被实心的锐缘遮挡。垂直于锐缘的折射率梯度记录于成像系统中,调整锐缘可得到所需的灵敏度与反差。以固体推进剂燃烧测量为例,燃烧前平行光穿过燃烧器而不发生偏转,试样均匀变黑的像聚焦在摄影机上;点燃推进剂后,气体中的局部密度梯度使光线偏转。朝下偏转的光线被锐缘遮挡,在成像系统上形成较暗区,朝上偏转的光线在成像系统上形成较明区,从而形成干涉条纹。普通的光源为连续弧光灯,功率可达 1 000 W。整个系统的灵敏度与第二个纹影透镜的焦距成正比,而同锐缘上面光源的像的尺寸及缝隙宽度成反比。典型的缝隙宽 0.5 mm、长 6~13 mm。但灵敏度过高会引起非线性效应。应用高速摄像时需要增加光强,这样可增大缝隙宽度(会降低灵敏度)和缝隙长度(要求较大的透镜)或提高光源功率。在普通纹影中,近垂直锐缘的折射率梯度被记录,可改用点光源(如激光器)连通圆孔的方式,以显示所有方向的光线偏转。

普通纹影法已经应用于燃烧火焰研究中,但火焰的自发光会影响纹影的清晰度。为了减少自发光的干扰,可以采用以下两种方法:一是根据火焰自发光的光谱特性选择单色光源,在火焰自发光较弱的波长区域中选择某一波长作为单色光源的波长,在成像系统前加装滤色片,以滤掉其他波段的光,从而使自发光强度明显小于光源强度;二是使成像系统远离燃烧场,随着距离的增大,自发光的干扰会呈指数衰减,而对于采用平行光源的纹影系统,增大距离不会对纹影测量产生太大影响,此外,缩短曝光时间也可以减少自发光的干扰,在这种情况下,光源宜采用激光光源。激光纹影法利用激光的单色性,再结合窄通滤光镜,既可以消除火焰自发光的干扰,又可以与激光全息技术联用。以往用单幅摄影记录激光纹影时,高温气体的垂直速度会使软片产生模糊的斑点。用高速摄影则可避免软片产生斑点。但由于其他因素,如固体边缘周围条纹、有斑点的背景及光学元件中由缺陷产生的衍射影响,用激光获得优质的纹影图还有待改进。

9.2.2　基于激光散射的燃烧流场速度测量

要想确定燃烧流场,就必须测得燃烧火焰中介质的速度分布。燃烧流场的非接触式光学测量方法主要基于光散射原理,能量为 $h\nu_0$ 的光照射燃烧火焰时,不考虑燃烧火焰中气体分子或粒子对光的吸收,若入射光子与火焰中气体分子或粒子无能量交换,则散射光相对初始入射光无频移,该过程称为一阶弹性散射过程,包括米氏(Mie)散射和瑞利(Rayleigh)散射。其中,当气体分子或粒子的尺寸 d 远小于入射光波长 λ 时,发生瑞利散射,而两者相当时,发生米氏散射。米氏散射是理解和应用激光测速和粒子尺寸分析技术的关键物理现象,由此衍生出激光多普勒测速仪(laser Doppler velocimetry,LDV)、相位多普勒粒子分析仪(phase Doppler particle analyzer,PDPA)和粒子成像测速仪(particle imaging velocimetry,PIV)三种主要的燃烧流场速度测量技术。对于燃烧流场中某点的速度的测量,主要用LDV;也可用PDPA同时测量速度和粒径;对于二维平面的速度分布的测量,则常用PIV。下面详细介绍这三种燃烧流场速度测量技术的原理。

1. 激光多普勒测速仪

激光多普勒测速仪(LDV)是应用多普勒效应,利用激光的高相干性和高能量测量流体流速的一种仪器,也称为激光多普勒风速仪(laser Doppler anemometer,LDA)或激光测速仪(laser velocimetry,LV)。激光的多普勒效应是 LDV 的理论基础。当光源和运动物体发生相对运动时,从运动物体散射回来的光会产生多普勒频移,该频移量的大小与运动物体的速度、入射光和速度之间的夹角有关。LDV 利用运动粒子散射光与照射光之间的频差(或称频移)来获得速度信息。这里存在着光波从(静止)光源到(运动)粒子,再到(静止)光检测器三者之间的传播关系。

当一束单频率激光照射到一个运动粒子上时,粒子接收到的光波频率与光源频率之间存在差异。这种频率变化的大小取决于粒子的运动速度以及入射光方向与粒子运动速度方向之间的夹角。如果用一个静止的光检测器来接收运动粒子的散射光,那么观察到的光波频率就经历了两次多普勒效应。下面来推导多普勒总频移量的关系式。静止光源 O、运动粒子 P 和光检测器 S 之间的相对位置如图 9-5 所示。入射光的频率为 f_0,粒子 P 的运动速度为 U。根据相对论变换公式,经过一次多普勒效应后运动粒子 P 接收到的光波频率为

$$f' = f_0 \left(1 - \frac{\boldsymbol{U} \cdot \boldsymbol{e}_0}{c}\right) \tag{9-3}$$

式中:$\boldsymbol{e}_0$ 为入射光单位向量;c 为介质中的光速。

运动粒子被静止的光源照射,就如同一个新的光源一样向四周发出散射光。当静止的

图 9-5　激光多普勒效应

光检测器 S 从某个方向上观察粒子的散射光时,由于它们之间有相对运动,又经过一次多普勒效应,静止的光检测器 S 所接收到的运动粒子的散射光的频率为

$$f_s = f'\left(1 + \frac{\boldsymbol{U} \cdot \boldsymbol{e}_s}{c}\right) \tag{9-4}$$

式中:$\boldsymbol{e}_s$ 是散射光的单位向量。

将式(9-3)和式(9-4)合并,可得到如下频率关系式:

$$f_D = f_s - f_0 = \frac{1}{\lambda}\left|\boldsymbol{U} \cdot (\boldsymbol{e}_s - \boldsymbol{e}_0)\right| \tag{9-5}$$

式中:λ 为介质中激光的波长。由式(9-5)可知,如果已知光源、粒子和光检测器三者之间的相对位置,就能确定速度 $\boldsymbol{U}$ 在($\boldsymbol{e}_s - \boldsymbol{e}_0$)方向上投影的大小,但不能确定平面速度向量。

假设入射光方向与散射光方向之间的夹角为 γ,粒子运动方向与合成向量($\boldsymbol{e}_s - \boldsymbol{e}_0$)方向之间的夹角为 φ,那么可得到形式最简单的多普勒频移计算公式:

$$f_D = \frac{2\sin(\gamma/2)}{\lambda}|\boldsymbol{U}|\cos\varphi \tag{9-6}$$

式中:$|\boldsymbol{U}|\cos\varphi$ 为粒子速度在($\boldsymbol{e}_s - \boldsymbol{e}_0$)方向上的大小;$\gamma/2$ 为入射光和散射光向量间的半角。显然,只要给定 γ 和 λ,多普勒频移就与速度成正比。从理论上来说,该测量不需要标定,可以得到粒子速度向量在任何方向上的分量。

根据上述原理,LDV 有三种多普勒频移检测模式,即参考光模式、单光束-双散射模式和双光束-双散射模式。在实际应用中,LDV 多采用双光束-双散射模式,即将两束不同方向的入射光在同一方向上的散射光汇集到光检测器中进行光外差。在这种模式下多普勒频移只取决于入射光方向,而与散射或观测方向无关,光检测器可以放在空间中任意位置。如图 9-6 所示,LDV 系统通常由激光器、入射光学单元、接收光学单元、信号处理器和数据处理系统组成。

其中,激光器用于提供相干、单模式、线性偏振的光源,通常采用气体激光器,如氦-氖激光器、氩离子激光器;入射光学单元包括分束器和传输透镜,前者把激光分为两束等强度的平行光,后者则使这两束光聚焦,其相交区形成控制体(即采样区);接收光学单元用于采集来自测量体的粒子散射光,包括接收透镜和光检测器(常用光电倍增管),利用光外差和光电效应把散射光信号转换为与粒子速度有关的多普勒信号;信号处理器用于读入与时间有关的检测器电压信号、检测信号的有无、确定信号频率等;数据处理系统用于控制数据采集、计算粒子速度、显示测量结果等。

LDV 系统的优点主要有非接触测量、线性、较高的空间分辨率和快速动态响应,以及可以比较容易地实现二维、三维等流动结构的测量,并获得各种复杂流动结构的定量信息。

2. 相位多普勒粒子分析仪

相位多普勒粒子分析仪(PDPA)是由激光多普勒测速仪发展而来的。一方面,它通过运

图 9-6　一维(测量一个速度分量)双光束 LDV 系统示意图

动粒子散射光的多普勒频移,可精确测量流场局部瞬时速度与湍流特性;另一方面,它通过不同接收方向上散射光的相位差,还可测量粒子的尺寸及其分布。

　　PDPA 的测量原理与光散射干涉法有关,当球形粒子穿过入射光束相交区时,散射光会在空间中形成干涉条纹,条纹图案会随着粒子的运动位置而变化,条纹间距又取决于球形粒子折射或反射散射光的相位差。分析该干涉条纹,既可得到多普勒频移,又可得到两个检测器之间多普勒信号的相位差。这需要计算每一条光束散射场之间的干涉,因此要算出相应散射波的振幅、偏振态和相位。计算思路有两种:一是利用米氏理论,二是利用几何光学结合衍射理论。

　　在 PDPA 的测量原理中,任意尺寸均质绝缘球体的光散射可用 Lorenz-Mie 散射理论来描述,但对于尺寸大于光波长 λ 的颗粒,可用简化假设,即用几何光学来描述光的反射与折射。光线射入透明球体表面即产生反射和折射。折射光方向遵循斯涅尔(Snell)定律:

$$\cos\tau = m\cos\tau' \tag{9-7}$$

式中:m 为该透明球体的折射率;τ 和 τ' 分别为粒子表面切线与入射光、折射光之间的夹角。入射光与 P 级出射光之间的角度 β 为

$$\beta = 2(P\tau' - \tau) \tag{9-8}$$

式中:$P=0,1,2$,分别表示 0、1、2 级出射光。如图 9-7 所示,入射光照射在球面 A 点时发生折射与反射,其反射光称为 0 级(P_0)出射光;而折射光在粒子球内传至球面 B 点,又发生折射与反射,折射光称为 1 级(P_1)出射光;反射光继续在球内传至 C 点,再次发生折射,折射光称为 2 级(P_2)出射光。

　　出射光所含入射光强度的分数与 β 密切相关,可由弗雷斯耐尔(Fresnel)系数求得。为计算射线的相位,范德赫尔斯特(van de Hulst)用球体中心无相位滞后的假想散射光线作为实际射线的基准,忽略反射中 π 的相移及焦线上 π/2 的相移,相对球中心折射的参考光线,光线穿过球的光程长为

$$\eta = 2\frac{\pi d}{\lambda}(\sin\tau_1 - Pm\sin\tau_1') \tag{9-9}$$

而两入射光间由光程差引起的相位差为

$$\Psi = 2\frac{\pi d}{\lambda}\big[(\sin\tau_1 - \sin\tau_2) - Pm(\sin\tau_1' - \sin\tau_2')\big] \tag{9-10}$$

式中:下标 1 和 2 分别表示光束 1 和光束 2。由此可以看出,相位差正比于无因次尺度 πd/λ。

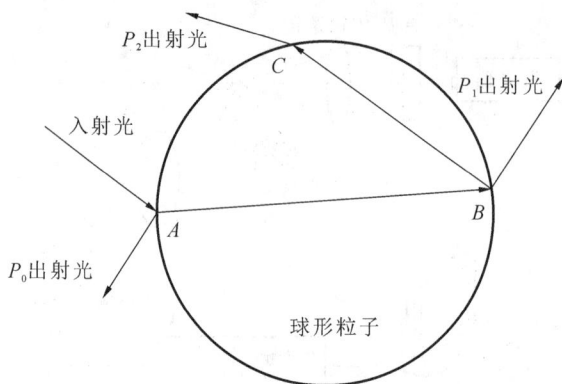

图 9-7 光在粒子上的反射与折射

由于角度 τ 由接收器光学参数确定,因此相位差与入射光强度或散射光振幅无关,仅随粒子直径 d 而变。分析由这些相位差产生的干涉条纹谱,即可求得粒子尺寸及其速度。

图 9-8 给出了双检测器 PDPA 的光路。激光器的光被分为入射光 1 和入射光 2,位于 xOy 平面,两者夹角为 γ,经过透镜聚焦后在原点形成控制体。在 xOy 平面,从任意方向通过控制体的球形粒子散射入射光,所散射的光干涉形成随时间变化的空间条纹谱。用接收透镜接收散射光,并聚焦于多个针孔光阑,置于针孔光阑后的光电检测器用于检测不同位置的散射光。在图 9-8 中,f 为接收透镜焦距,θ 为接收器与 xOy 平面的偏轴角。双检测器 PDPA 不仅可以避免因入射光不均匀、粒子位于测试体边缘等因素对测试精度的影响,还可以提高粒子质量流量的测量精度。

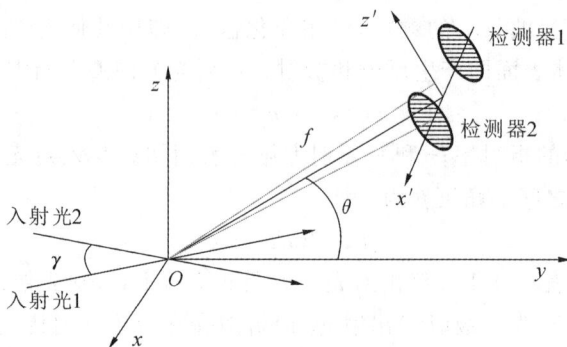

图 9-8 双检测器 PDPA 的光路

PDPA 一般包括激光器、入射光学单元、接收光学单元、信号处理器和数据处理系统等,图 9-9 所示为二维 PDPA 的结构示意图,二维 PDPA 可以同时测量粒子的二维速度和直径。入射激光分为两路,相位接收采用双检测器方式,两检测器置于同一个接收透镜后面,并与透镜组成一个整体。接收光路采用标准型,即两检测器的对称平面与两入射光的对称平面重合。两检测器输出的多普勒信号经滤波放大去除基座分量后,送到波形变换器进行二值化处理,得到的方波信号保留了信号的频率和相位信息。波群检测器用来检测多普勒信号的出现和结束,从而控制采样器对信号的采样和贮存。控制器将合格的采样信号存入存储器中,并将其送到计算机做进一步处理。系统的操作和运行全部通过计算机由软件完成,从而实现对信号的检验、各种光学参数设置、量程选择、数据采集和贮存,以及数据的统计处理。

图 9-9　二维 PDPA 的结构示意图

三维 PDPA 则需要用三束不同角度的光来获取粒子的三维速度。三维 PDPA 可由一台一维 PDPA 和一台二维 PDPA 组成,再结合可移动坐标架,就能实现测试区的全场扫描式测量。

3. 粒子成像测速仪

粒子成像测速法是 20 世纪 70 年代末期发展起来的一种瞬态、多点、无接触式的激光流体力学测速方法,其特点是突破了单点测速技术的局限,能在同一瞬态记录大量空间点上的速度分布信息,并可提供丰富的流场空间结构及流动特性。该方法除向流场散布示踪粒子以外,其测量装置并不介入流场,同时具有较高的测量精度。

粒子成像测速仪(PIV)的测量原理比较简单,在给定的时间间隔内,由微元流体中示踪粒子的位移即可计算速度向量。因此,用两次脉冲平面激光照射被测的流场,在被照射的薄层流体中,流动的示踪粒子就会散射光,同时用位于与平面激光成直角的图像检测装置记录两幅图像。先后拍摄的两幅激光脉冲图像分别显示了示踪粒子的初始位置与最终位置,通过相关性分析就可算出粒子的速度向量。如图 9-10 所示,物体平面上的粒子位移 Δx 与 Δy 由可记录介质成像平面上的位移 ΔX 与 ΔY 求得:

$$\Delta x = \frac{1}{M}\Delta X, \quad \Delta y = \frac{1}{M}\Delta Y \tag{9-11}$$

式中:M 为图像检测装置的光学放大倍数。若两次激光脉冲的时间间隔为 Δt,就可由下式求得物体平面上的速度投影:

$$u = \Delta x/\Delta t, \quad v = \Delta y/\Delta t \tag{9-12}$$

图 9-10　PIV 测量原理

对于每一询问区域重复这种计算,即可得到速度向量图。需要注意的是,连续采集的两幅数字化粒子图像被送往计算机中进行后续分析,利用互相关算法和拓扑图形学对图像进行实时处理。相应的图像处理软件系统包括图像增强、粒子图像的分隔、粒子识别与定位、粒子匹配等。

典型的 PIV 包括激光光源系统、图像记录系统和计算机图像处理系统,其结构示意图如图 9-11 所示。平面激光照射区与成像光学视场之间的相交体决定了待测的典型流动区,即测量区。测量区投射到检测器形成 PIV 图像。检测器最小的可分辨的区域称为询问面积。与此对应,在测量区内形成询问体,并构成单个速度向量。

图 9-11　PIV 结构示意图

传统的 PIV 只能得到流场中片光源所照亮的二维平面的速度分布。随着计算技术的发展,基于立体成像原理,人们提出了三维 PIV。该技术采用两个相机从不同的角度拍摄被照亮的跟随流动的粒子,镜头布置可以使两个相机都能聚焦成像。用一台相机,只能测量垂直于其光轴方向粒子位移的投影,把两个相机拍摄到的投影图像合并起来,就能再现被测流体中粒子的真实位移。通过该方法可以得到包含三个速度分量的完整向量。这种系统也称为立体 PIV,它是基于人眼立体视觉原理发展起来的。

PIV 已成为流体及燃烧研究中的重要检测手段,速度测量依赖于散布在流场中的示踪粒子,若示踪粒子有足够高的流动跟随性,则其运动就能够真实地反映流场的运动状态,因此示踪粒子在 PIV 测速技术中非常重要。在 PIV 测速技术中,对高质量的示踪粒子的要求为:密度要尽可能与实验流体的一致;尺度要足够小;形状要尽可能圆,大小分布尽可能均匀;光散射效率要足够高。通常在液体实验中使用空心微珠或者金属氧化物颗粒,在空气实验中使用烟雾或者粉尘颗粒(超声速测量使用纳米颗粒),在微管道实验中使用荧光粒子等。

9.2.3　基于激光散射的燃烧场温度和组分浓度测量

基于激光散射的燃烧场温度和组分浓度测量大多源自光散射理论。能量为 $h\nu_0$ 的光照射燃烧火焰时,不仅会发生一阶弹性散射,还会发生一阶非弹性散射,即入射光子和燃烧场中气体分子或粒子有能量交换,散射光相对于初始入射光有频移 $\Delta\nu$,散射光中又包括自发拉曼散射(Raman scattering,RS)和激光诱导荧光(laser induced fluorescence,LIF)。两者的区别是,在拉曼散射中,入射光的频率可以为任何频率,故拉曼散射可用于 CO_2、O_2、CO、N_2、CH_4、H_2O 和 H_2 等主要组分的质量分数和温度的测量;而在激光诱导荧光中,先要吸收一个量子 $h\nu$,再发射一个量子 $h\nu_f$(ν_f 为荧光频率),所以入射光的频率必须等于吸收光的频率。此外,由于光吸收,两离散能态间发生谐振,原子或分子从低能级跃迁到高能级后所产生的自发光发射,即荧光,可用于检测 NO、OH、CH、CN、C_2、NH 等 10^{-6} 量级的微量组分。上述散射过程为一阶散射过程,散射光信号被辐射到 4π 立体角空间后彼此不相干,其信噪比较低。为了获得信噪比更高的散射光信号,在燃烧测量诊断中采用相干光技术,相干过程涉及波混频过程和光束间的相互作用,特点是信号增强并有优良的信噪比。相干法主要包括相干反斯托克斯-拉曼散射(coherent anti-Stokes Raman scattering,CARS)和简并四波混频(degenerate four-wave mixing,DFWM)技术。其中,以拉曼散射为基础的 CARS 信号强度比自发拉曼散射大几个数量级,CARS 适于测量在混合物中占比大于 0.5% 的主要组分的温度与浓度,而以电子谐振为基础的 DFWM 具有更高的灵敏度,适于测量火焰中自由基等微量组分。

如果入射光的能量足够大,那么火焰局部区域中碳烟颗粒会受激发出白炽光,由此衍生出可测量碳烟颗粒浓度的激光诱导炽光(laser induced incandescence,LII)技术;若激光能量进一步增大,则火焰局部区域中所有气体介质及固体颗粒会被击碎为原子,根据获得的原子光谱信号可以分析火焰中的元素组成,甚至得到原子浓度,这就是激光诱导击穿光谱(laser induced breakdown spectroscopy,LIBS)技术。

下面主要介绍 RS、CARS、LIF、LII 和 LIBS 五种激光燃烧测量诊断方法的基本原理。

1. 拉曼散射

拉曼散射(RS)现象于 1928 年发现,当频率为 ν_0 的单色光照射尺寸远小于入射光波长的气体分子时,会产生频移为 $\nu_0 \pm \Delta\nu$ 的非弹性散射,即拉曼散射。在拉曼散射光谱中有三条谱线,频率 ν_0 处为瑞利弹性散射的瑞利谱线,无能量交换,在三条谱线中它的强度最大;频率 $\nu_0 - \Delta\nu$ 处为斯托克斯谱线,介质分子从入射光中得到能量,它的强度比瑞利谱线的强度小;而频率 $\nu_0 + \Delta\nu$ 处为反斯托克斯谱线,介质分子失去能量,它的强度又比斯托克斯谱线的强度小很多。

根据量子理论,当单色光照射气体分子时,由于分子和光子发生非弹性碰撞,光子的能量与分子的振动能量或转动能量进行了交换,光子失去能量产生斯托克斯拉曼散射,光子得到能量产生反斯托克斯拉曼散射。拉曼散射光的频移对应分子的振动和转动能级,当利用自发拉曼散射测量火焰中气体组分浓度时,散射光由分子振动引起,由于斯托克斯谱线的强度大于反斯托克斯谱线的强度,因此主要测量对象为斯托克斯谱线。

拉曼散射强度与入射光能量、拉曼频移、气体分子数密度成正比,这个关系可以通过以下公式来表示:

$$I_i = \eta I_0 V \Omega N_i \left(\frac{\mathrm{d}\sigma}{\mathrm{d}\Omega} \right) \tag{9-13}$$

式中:η 为系统的检测效率;I_0 为入射光强度,$\mathrm{W/cm^2}$;V 为测量体容积,$\mathrm{cm^3}$;N_i 为第 i 种气体分子数密度,$\mathrm{cm^{-3}}$;Ω 为立体角;$\left(\dfrac{\mathrm{d}\sigma}{\mathrm{d}\Omega} \right)$ 为拉曼散射横截面积,$\mathrm{cm^2/sr}$。

拉曼散射横截面积与气体温度有关,温度越高,拉曼散射横截面积越大。温度对拉曼散射强度的影响可用因子 $f(T)$ 来表示,则式(9-13)可写为

$$I_i = \eta' I_0 N_i f(T) \tag{9-14}$$

式中:$\eta' = \eta V \Omega$。当测量条件一定时,η'、I_0、$f(T)$ 都可看作常数,则拉曼散射强度仅与气体分子数密度有关,两者成正比。因此,可以先对已知样本的拉曼散射强度进行标定,实际测量时,在得到散射光光谱后,可以通过软件来计算光谱中峰的面积,从而得到散射光的强度,再根据标定公式就可以计算出气体分子数密度,进而得到气体浓度。

通过拉曼散射测量还可以得到火焰温度,主要有两种方法:一是斯托克斯谱线和反斯托克斯谱线强度比较法,由式(9-14)可知,斯托克斯谱线和反斯托克斯谱线的强度之比是温度

的函数,但反斯托克斯谱线强度较小,因此这种方法多用于高温测量;二是谱线拟合法,把在各个温度下计算的谱带做归一化处理,得到不同温度下的谱带分布图,再将测量的谱带与之对比,从而确定火焰温度,该方法要求有较高的光谱分辨力。

需要注意的是,自发拉曼散射的信号非常弱,所以测量时常用强度较大的激光器和高灵敏度、高精度的检测设备,这也是激光出现之前限制自发拉曼散射测量发展的原因之一。近年来,各种光学元件、激光器、光谱仪的迅速发展大大提高了自发拉曼散射测量的实用性。自发拉曼散射测量系统结构示意图如图 9-12 所示。激光光源常用 YAG 激光或氩离子激光,激光聚焦在火焰中某个局部区域,产生拉曼散射光;在与入射光垂直的方向上,用透镜将拉曼散射光聚焦到单色仪的入射狭缝,从而获得拉曼光谱。

图 9-12　自发拉曼散射测量系统结构示意图

自发拉曼散射信号很弱,导致信噪比太低。为了解决这个问题,发展出多种受激拉曼散射技术,包括近共振拉曼散射、反向拉曼散射及相干拉曼散射等技术。

2. 相干反斯托克斯拉曼散射

相干反斯托克斯拉曼散射(CARS)是一种基于三阶非线性拉曼散射的非线性光学效应。其产生的原理是:两束频率分别为 ω_1 和 ω_2 的激光($\omega_1 > \omega_2$)入射到气体介质上,ω_1 为固定频率(泵浦光束),ω_2 为可调谐频率(斯托克斯光束)。由于光子和气体分子的相互作用,可能产生四种相干拉曼散射效应,按频率从大到小顺序分别为:相干反斯托克斯拉曼散射,频率为 $2\omega_1 - \omega_2$;逆拉曼散射,频率为 ω_1;受激拉曼散射,频率为 ω_2;相干斯托克斯拉曼散射,频率为 $2\omega_2 - \omega_1$。CARS 信号的产生如图 9-13 所示,频率为 ν_p 的泵浦光束与气体分子相互作用,产生一束频率为 ν_s 的斯托克斯散射光(探测束),当频率为 ν_p 的泵浦光束的强度增大时,频率为 ν_s 的散射光的强度超过阈值,产生频率为 ν_R($\nu_R = \nu_p - \nu_s$)的受激斯托克斯辐射,其与入射光结合为频率为 ν_a($\nu_a = \nu_p + \nu_R = 2\nu_p - \nu_s$)的相干反斯托克斯谱线,即 CARS 谱线。

图 9-13　CARS 信号的产生

由 CARS 信号的产生原理可知,CARS 信号源于四波混频效应,为产生 CARS 信号,至少要有两种不同频率的激光,其频差为拉曼频移 $\Delta\nu = \nu_p - \nu_s$,两种波在介质中"混频",即两束光共同作用于介质,其频差正好等于散射分子的振动频率时,由于激光的相干作用,所有的分子都按特定相位关系一起振动。在非线性光学效应中,入射光子与反射光子的动量守恒称为"相位匹配",由于波混频过程的相干性,为确保信号相长强度,两种激光必须满足相位匹配条件。

CARS 信号强度与介质温度和组分浓度都存在一定的对应关系,例如,燃烧气体浓度测量基于 CARS 信号的强度,温度信息来自 CARS 光谱形状的特征分析。满足相位匹配条件的 CARS 信号的强度 I_a 可表示为

$$I_a = \frac{\nu_a^3}{c^4 \varepsilon_0^2} I_p^2 I_s \left| \chi^{(3)} \right|^2 l^2 \tag{9-15}$$

式中:ν_a 为信号频率;c 为光速;ε_0 为自由空间中介质的介电常数;l 为光束相交区长度;I_p 和 I_s 分别为泵浦光束和斯托克斯光束的强度;$\chi^{(3)} = \sum_j (\chi'_j + i\chi''_j) + \chi_{nr}$,为三阶非线性极化率,是复数,其中 χ'_j 和 χ''_j 分别为组分第 j 阶跃迁谐振极化率的实部和虚部分量,χ_{nr} 为气体混合物中由所有分子电子云变形引起的非谐振电子背景极化率。

$\chi^{(3)}$ 括号中的项可表示为

$$\chi'_j + i\chi''_j = \frac{8\pi^2 \varepsilon_0 c^4}{h' \nu_s^4} N\Delta_j g_j \left(\frac{\partial\sigma}{\partial\Omega}\right)_j \frac{\nu_j}{\nu_j^2 - (\nu_p - \nu_s)^2 - i\Gamma_j(\nu_p - \nu_s)} \tag{9-16}$$

式中:N 为待测组分的数密度;Δ_j 为引起 j 阶跃迁能级间的相对布居差;g_j 为简并度;$(\partial\sigma/\partial\Omega)_j$ 为拉曼散射横截面积;Γ_j 为拉曼谱宽;h' 为普朗克常数除以 2π。实部和虚部分量可分别写为

$$\chi'_j = K_j \frac{2\Delta\nu_j \Gamma_j}{4\Delta\nu_j^2 + \Gamma_j^2}, \quad \chi''_j = K_j \frac{\Gamma_j^2}{4\Delta\nu_j^2 + \Gamma_j^2} \tag{9-17}$$

式中:$\Delta\nu_j = \nu_j - (\nu_p - \nu_s)$;$K_j$ 为极化率的振幅,由下式给出

$$K_j = \frac{(4\pi)^2 \varepsilon_0 c^4 N\Delta_j}{h' \nu_s^4 \Gamma_j} \left(\frac{\partial\sigma}{\partial\Omega}\right)_j \tag{9-18}$$

式(9-15)反映了 CARS 信号的强度与入射光强度、相干长度及介质的三阶非线性极化率之间的关系,这也是 CARS 技术研究的重要理论基础。从三阶非线性极化率的表达式可以知道,它的大小正比于 CARS 过程所涉及的能级间的粒子数密度差,而各能级粒子布居数在热力学平衡状态下服从玻尔兹曼分布,与温度存在对应关系,这就是 CARS 测量温度的基础。

CARS 的典型实验系统图如图 9-14 所示。泵浦光源用 Nd:YAG 激光器,其发出 532 nm 的激光通过分束器分为两束,一束用于泵浦、染料激光器产生斯托克斯光束(ω_2),另一束(ω_1)通过分束器(调节能量)、反射镜(调整延迟时间)、环反射镜与斯托克斯光束形成相位匹配方式;然后,两束激光通过透镜聚焦在待测火焰中某处,出射的 CARS 信号光(ω_{CARS})及其他剩余的泵浦光和斯托克斯光通过滤光器,滤掉泵浦光和斯托克斯光,将 CARS 信号光输入单色仪中,最后在计算机中处理 CARS 信号,从而获得火焰温度或组分浓度等。

在同一时间,CARS 技术只能测量一组组分,为了突破该局限性,可采用多色 CARS 技术。多色 CARS 技术包括双斯托克斯 CARS、双泵浦 CARS、双宽带 CARS、双泵浦-斯托克斯 CARS、双泵浦-双宽带 CARS 等技术。

图 9-14　CARS 的典型实验系统图

3. 激光诱导荧光

激光诱导荧光(LIF)是一种光谱分析技术,通过使用频率可调的激光对被测样品进行共振激发,使其产生荧光信号,然后在与激光束垂直的方向对荧光信号进行探测和分析。如图 9-15 所示,LIF 可分为单点 LIF 和平面 LIF,它们分别用于实时测量火焰一维(空间点)和二维(平面)的组分浓度(或摩尔分数),甚至可以测量温度,具有空间分辨率。在单点 LIF 中,激光束被聚焦到燃烧产物的特定区域,这种聚焦可以提供高空间分辨率。荧光信号在与激光束垂直的方向上被采集,所接收到的荧光通过色散器件(如滤光镜、小型单色仪或光谱仪)进行分析。荧光信号被检测器转换为电信号。若激光束以激光屏的形式通过被测气体,即可形成平面激光诱导荧光,然后被成像到二维光电探测器。

图 9-15　单点 LIF 与平面 LIF

火焰中组分受激发产生的原子荧光或分子荧光的光强与荧光量子效率、入射光强度、荧光衰减系数、原子总数等因素有关。如果保持入射光强度和单位体积内原子数目 N 不变,则可以通过荧光强度定量得到火焰中组分的含量。这需要了解激光诱导荧光信号的产生过程,如吸收谱线加宽、谱线中心频率偏移、吸收和碰撞猝熄等。通过分析,设法使影响激光诱导荧光信号的诸多和压力、温度有关的参数相互抵消,最终获得激光诱导荧光信号强度与组分摩尔分数的线性公式。

通常,平面 LIF 信号强度是温度、压力、摩尔分数和其他已知实验参数的函数,可表示为

$$I_{\mathrm{f}} = \frac{E_{\mathrm{p}}}{A_{\mathrm{las}}} \frac{\Psi_{\mathrm{a}} p}{kT} \sum_i [f_{J''} BG] \left(\frac{A}{A+Q} \right) C_{\mathrm{opt}} \qquad (9\text{-}19)$$

式中：E_p 为每一个脉冲的能量；A_{las} 为激光屏的面积；Ψ_a 为吸收组分的摩尔浓度；p 为压力；k 为玻尔兹曼常数；T 为温度；$f_{J''}$ 为吸收态的玻尔兹曼分布；B 为爱因斯坦吸收系数；G 为谱线重叠积分；A 为爱因斯坦自发发射系数；Q 为电子受激态的碰撞猝熄率；$A/(A+Q)$ 为荧光产率；C_{opt} 为增强型电荷耦合器件（ICCD）相机中气体发射分子转换为光电子的效率，与接收光路配置、光谱滤光、时间快门、光阴极量子效率及增强器增益有关。

吸收态的玻尔兹曼分布表达式为

$$f_{J''} = (2J'' + 1)\exp\left(\frac{-E}{kT}\right) \tag{9-20}$$

式中：J'' 为较低转动能级的转动量子数；E 为其能量。谱线重叠积分表达式为

$$G = \int_0^\infty G_z(\nu_z, \Delta\nu_z)G_a(\nu_a, \Delta\nu_a)d\nu \tag{9-21}$$

式中：G_z、ν_z、$\Delta\nu_z$ 分别为激光的谱型、波数和谱线宽度；G_a、ν_a、$\Delta\nu_a$ 分别为吸收谱的谱型、波数和谱线宽度。函数 G_z 和 G_a 已被归一化，对它们的积分都为 1。电子受激态的碰撞猝熄率表达式为

$$Q = \sum_p \Psi_p \frac{p}{kT}\sigma_p \left[\frac{8kT(m_a + m_p)}{\pi m_a m_p}\right]^{1/2} \tag{9-22}$$

式中：m_a 为被测组分的相对分子质量；Ψ_p、σ_p、m_p 分别为扰动组分的摩尔分数、相对分子质量和猝熄横截面积。

由上述公式可知，平面 LIF 信号强度方程含有温度和压力的显函数和隐函数，同时与温度和压力有隐式关系的有谱线重叠积分 G 和电子受激态的碰撞猝熄率 Q，温度的隐函数有吸收态的玻尔兹曼分布 $f_{J''}$。要直接测量组分的摩尔浓度，务必设计出一种方法把平面 LIF 信号强度与温度、压力的关联程度降到最低，产生一条只与组分浓度有关的信号，即 $I_f \propto \Psi_a$。由式（9-19）可知，只要设法使项：

$$K = \frac{E_p}{A_{las}}\frac{p}{kT}\sum_i [f_{J''}BG]\left(\frac{A}{A+Q}\right)C_{opt} \tag{9-23}$$

为常数，与压力及温度无关即可。

LIF 也可以用来测量温度，这里介绍 LIF 比色测温法。到达增强型电荷耦合器件（ICCD）检测器单个像素点的荧光光子数 N_p 为

$$N_p = Nf_B B_{J'J''}EG\phi[\Omega/(4\pi)]\eta l \tag{9-24}$$

式中：N 为吸收体的数密度，cm^{-3}；f_B 为玻尔兹曼分布；$B_{J'J''}$ 为电子-转动-振动能级从 J'' 跃迁到 J' 过程中爱因斯坦吸收系数，$s^{-1}[(W/cm^2)/cm^{-1}]^{-1}$；$E$ 为激光脉冲的能量；G 为谱线重叠积分，cm；$\phi = A/(A+Q)$，为荧光产率；Ω 为检测器所对应的立体角；η 为检测效率；l 为沿视线方向光谱作用容积的长度（或深度），cm，作用容积定义为流动中荧光被单个检测器像素点所采集的那部分容积，作用容积的长度与宽度由像素点的尺寸决定，而深度与激光屏厚度有关。

玻尔兹曼分布可表示为

$$f_B = [(2J'' + 1)/Z_i]\exp[-F_{J''}/(kT_r)]\exp[-G_{v''}/(kT_v)] \tag{9-25}$$

式（9-25）反映了转动能与振动能对 f_B 所起作用的大小，并区分了转动温度 T_r 与振动温度 T_v。该式中 $F_{J''}$ 与 $G_{v''}$ 分别为吸收能量中同转动与振动有关的部分，Z_i 为总的配分函数。

经分析与简化处理，将式（9-24）简化为

$$N_p \propto EN(T)f_B(T,J)B(J)G(T,J)\phi(T,J) \tag{9-26}$$

式(9-26)显示了每一个物理量同温度、转动能级的关系。为了简化,这里,$B=B_{J'J''}$,$T=T_r$,$J=J''$。现采用双谱线技术,即通过激励两个不同的转动能级(分别对应于数字 1 和 2)来进行荧光测量,并假设参数 G 与 ϕ 同激励能级 J 无关,因此它们也和温度无关。此外,在两次测量中,还认为示踪组分 NO 分子的数密度 $N(T)$ 保持不变,则可取信号比如下:

$$N_{p1}/N_{p2} = C(E_1/E_2)(B_1/B_2)(f_{B1}/f_{B2}) \tag{9-27}$$

式中:C 为常数。而激光脉冲能量 E 虽然与 J 无关,但通常随脉冲而变,故保留了此项。式(9-27)表明,N_{p1}/N_{p2} 与温度的依从关系主要体现在玻尔兹曼分布中,这也是大多数 LIF 测温法的基础。将式(9-26)代入式(9-27)中,并假设每一跃迁发生在同样的振动带内,即 $G_{v'}$ 为常数,得

$$N_{p1}/N_{p2} = C\frac{E_1 B_1(2J_1+1)}{E_2 B_2(2J_2+1)}\exp\left[\frac{-(F_{J_1}-F_{J_2})}{kT_r}\right] \tag{9-28}$$

求解 T_r,得

$$T = \left[(F_{J_2}-F_{J_1})/k\right]/\ln\left[\frac{E_2 B_2(2J_2+1)N_{p1}}{E_1 B_1(2J_1+1)N_{p2}}\right] \tag{9-29}$$

在典型的温度测量中,针对每一转动能级测量荧光信号 N_p 和激光脉冲能量 E。然后,应用 $F_{J'}$ 与 $B_{J'J''}$ 的计算值,即可求得温度。这里认为 C 的值是已知的或可由经验确定。实验时若测量多条谱线,则参量 $\ln[N_p/(EB_{J'J''}(2J''+1))]$ 与 $F_{J'}$ 的玻尔兹曼图为斜率为 $-1/(kT_r)$ 的直线,截距 y 为 $\ln C^*$,$C^* = NG\phi\Omega\eta le^{[-G_{v'}/(kT_v)]}/Z_t$。

振动温度可用类似方式测量得到。针对两种或多种具有不同 v' 值的跃迁测量荧光图像,画出 $\ln[N_p/(EB_{J'J''}(2J''+1))]$ 与 $G_{v'}$ 的关系曲线,得到斜率为 $-1/(kT_r)$ 的直线。当 $F_{J'}$ 尽可能保持不变时,可不考虑它的影响。因此振动温度可独立确定而与转动温度无关。

平面激光诱导荧光测量系统包括三个部分:一是光源,由激光器及其传输光路组成,包括片光源生成所需的球面镜或柱面镜等;二是信号光接收与处理系统,包括面阵数字图像探测器及成像光路等;三是数据采集与处理系统,以计算机图像分析处理为主。平面激光诱导荧光是一个功能强大的燃烧测量诊断工具,由于荧光的散射截面远大于拉曼散射截面,其灵敏度高,适于燃烧火焰中微量组分的定量检测,还能提供具有空间和时间分辨率的信息。平面 LIF 可用于紫外或可见光波长范围内激励电子跃迁,但不能用于测量波长位于真空紫外的分子,如 CH_4、H_2、N_2O、CO_2 等,它们可用拉曼散射测量。

4. 激光诱导炽光

在激光测量诊断技术出现之前,只能通过取样的方法对火焰中的颗粒进行离线分析,这种接触式测量方法对火焰有干扰。实际上,任何具有耐火或金属性质的颗粒在受到高能激光照射,被加热到 2 500 K 以上的高温后会出现黑体辐射现象,称为激光诱导炽光(LII),在激光照射结束后,颗粒会迅速冷却至环境温度,同时激光诱导炽光信号也会衰减直至消失,通常激光诱导炽光信号持续时间为几百纳秒至一微秒。1974 年,Weeks 在用二氧化碳激光器照射气溶胶粒子(包括碳烟和铝粉)时,最先发现了激光诱导炽光信号,并认为信号最强时刻与信号曲线形状同颗粒大小有关;1977 年,Eckbreth 在火焰的拉曼散射实验中注意到,火焰中的碳烟颗粒会在激光的照射下发出"干扰光",即 LII 信号,提出用 LII 法测量碳烟的可能性;1984 年,Melton 和 Dasch 建立了用 LII 测量碳烟颗粒浓度及粒径的理论模型,得出了 LII 信号与碳烟颗粒浓度的正比关系。随后,激光诱导炽光技术由于原理简单、测量非接触、信号强、灵敏性高等特点广泛用于测量火焰中碳烟、二氧化钛等纳米颗粒的粒径、浓度。

与 LIF 类似,LII 分为点 LII 和平面 LII,基本原理是:用一束脉冲高能激光射入含有碳烟颗粒的火焰,碳烟颗粒会被入射的高能激光瞬间加热至 4 000 K 左右,并诱发出白炽光,该白炽光信号与碳烟颗粒的体积浓度成正比,碳烟颗粒在数百纳秒后逐渐冷却至火焰温度,白炽光信号消失。在该过程中,用增强型电荷耦合器件接收带通滤光片过滤后(滤掉火焰自身的发射光谱)的白炽光信号,可以得到火焰中碳烟颗粒的体积浓度的相对值,经过与已知碳烟浓度的标准火焰校正,可将白炽光信号转化为绝对碳烟浓度。如果入射光为平面激光,则可以得到火焰截面上碳烟颗粒的体积浓度的二维分布。

激光诱发的白炽光信号只能描述火焰中碳烟颗粒体积浓度的相对值。如果想得到绝对值,就必须经过标定,即通过与已知碳烟颗粒体积浓度的火焰的对比,得到目标火焰真实的碳烟颗粒体积浓度,建立 LII 信号与碳烟颗粒体积浓度的定量关系 $S_{LII} \propto f_v$。对于理论上碳烟均匀分布的一维平面火焰,用激光消光技术可检测出该火焰碳烟颗粒的体积浓度的绝对值。那么,在对目标火焰进行检测前,首先用 LII 检测 McKenna 火焰,并与激光消光法检测得到的碳烟颗粒体积浓度绝对值进行对比,则可知 LII 系统检测的信号相对值所对应的绝对值。再对目标火焰进行检测,则可以得到目标火焰碳烟颗粒体积浓度的绝对值。为了避开 LII 信号的标定问题,研究者提出了双色 LII 法,用两个增加型电荷耦合器件相机得到两个波长下的单色 LII 信号强度,通过双色 LII 法计算出被激光加热的碳烟颗粒温度,可以得到绝对的碳烟颗粒体积浓度。

LII 不仅可以测量碳烟颗粒的体积浓度,还可以根据 LII 信号的衰减时间测量碳烟颗粒的尺寸分布,这需要根据碳烟颗粒质量与能量平衡建立其激光诱导炽光物理模型,包括碳烟颗粒吸收的激光能量,以及高温颗粒与周围环境气体之间发生的热传导、升华、热辐射等热损失过程。单个碳烟颗粒在激光加热与冷却过程中的能量与质量守恒方程分别为

$$\mathrm{d}(m_p c_p T_p)/\mathrm{d}t = \dot{Q}_{abs} - \dot{Q}_{cond} - \dot{Q}_{evap} - \dot{Q}_{rad} \tag{9-30}$$

$$\mathrm{d}m_p/\mathrm{d}t = -\dot{U}_{evap} \tag{9-31}$$

式中:m_p、c_p、T_p 分别为碳烟颗粒的质量、热容及温度;$\dot{Q}_{abs}$ 为碳烟颗粒吸收的激光能量;$\dot{Q}_{cond}$、$\dot{Q}_{evap}$、$\dot{Q}_{rad}$ 分别为热传导、升华、热辐射所导致的热损失;$\dot{U}_{evap}$ 为升华速率。

通过数值方法求解微分方程(9-30)和(9-31),可以得到 LII 随时间变化的信号,进而获得碳烟颗粒的粒径。LII 模型还可能涉及碳烟颗粒相变、碳烟颗粒团聚体光化裂解、氧化、热电子发射等过程,非常复杂。不同的模型会得到不同的碳烟颗粒尺寸分布,还需要做进一步的研究。

5. 激光诱导击穿光谱

激光诱导击穿光谱(LIBS)是一种基于原子光谱的元素分析方法。碳氢火焰的激光诱导击穿光谱测量示意图如图 9-16 所示,经过透镜聚焦后的强激光脉冲照射到待测样品上,在高能量激光的作用下,当激光脉冲的能量密度大于样品的击穿阈值时,位于聚焦点处的分析对象就会电离产生高温、高密度的等离子体,即激光诱导等离子体。激光诱导等离子体作为一种光发射源辐射特定频率的光子,产生特征谱线,其波长和强度分布代表了分析对象所包含的元素种类和浓度信息。激光诱导等离子体发出的光经过光纤等光学元件传输到光谱仪中。根据光谱特征谱线波长得到分析元素的种类,这就是 LIBS 的定性分析;通过定标,对应谱线的强度就表示分析元素的浓度,即可知道该元素的含量,这就是 LIBS 的定量分析。

图 9-16　碳氢火焰的激光诱导击穿光谱测量示意图

LIBS 的形成从时间上看包括三步：第一步是形成激光等离子体，高能量的激光加热并蒸发少量的样品，形成一个等离子体态的包含原子、离子、电子、分子及其他粒子的高温区，瞬时温度可达 10 000 K；第二步产生连续光谱，在等离子体冷却过程中，因电子在运动中动能减小而产生的韧致辐射与因电子与离子复合而产生的复合辐射形成连续光谱，电子在自由态—自由态、自由态—束缚态跃迁，一般该过程需要几百纳秒；第三步产生代表原子(或离子)特性的线性光谱，激光作用一段时间后，电子在分立的束缚能级之间跃迁，产生原子(或离子)的特征谱线光谱，该过程通常持续几微秒，是进行元素定量分析的重要环节。

LIBS 的定性分析要与每个元素的特征谱线相对应，定性分析工作较易完成。但要实现 LIBS 的定量分析，必须要对谱线强度进行定标。在等离子体的局部热平衡已建立的情况下，根据发射光谱理论，某些元素的原子(或离子)的发射谱线强度为

$$I = KN e^{-E_i/(kT)}, \quad I^+ = K^+ N (kT)^{5/2} e^{-\varepsilon/(kT)} e^{-E_i^+/(kT)} \tag{9-32}$$

式中：I 和 I^+ 分别为原子和离子发射谱线对应的强度；K 和 K^+ 分别为原子和离子发射谱线对应的统计常数；E_i 和 E_i^+ 分别为原子和离子发射谱线对应的激发电位；ε 为电离电位；k 为玻尔兹曼常数；T 为等离子体温度；N 为等离子体中粒子(包括中性原子和离子)的数密度。

当激发条件一定时，式(9-32)中 K、K^+、E_i、E_i^+、ε、k、T 均为常数，而等离子体中粒子的数密度与元素浓度成正比，故谱线强度与元素浓度成正比。但在实际光谱光源中，光子发射过程存在一定的自吸收现象，谱线的自吸收使得其强度降低，自吸收的程度与对应元素浓度有关，谱线的强度和元素在试样中的含量的关系可用 Lomakin-Scheibe 经验公式描述，即

$$I = aC^b \tag{9-33}$$

在固定的工作条件下，a、b 均为常数，前者取决于激发条件，如分析元素进入激发区的数量、干扰元素的影响等；后者称为自吸系数，是分析元素浓度的函数，$b=b(C)$。对式(9-33)等号左右两边同时取对数，得 $\lg I = b\lg C + \lg a$。由此可见，当分析元素浓度很小时，可以认为对应的谱线强度与分析元素浓度成正比。LIBS 在固体、液体、气体及悬浮微粒的元素分析中得到广泛应用，用于燃烧诊断时，可以得到预混火焰中 C、H、O、N 等的发射谱线。

9.2.4　基于激光吸收的燃烧场温度和组分浓度测量方法

1. 激光消光

激光消光(laser extinction，LE)是一种基于路径积分或视线的技术。其原理是：当一束

光通过火焰时,火焰中的燃烧颗粒物会导致入射光衰减,入射光的衰减程度可用 Beer-Lambert 定律描述

$$\tau = I/I_0 = \exp\left(-\int_0^L \kappa_\lambda \mathrm{d}l\right) \tag{9-34}$$

式中:τ 为透射率;I 为透射光强度;I_0 为入射光强度;L 为光通过火焰的距离;κ_λ 为消光系数。

在燃烧颗粒物(如碳烟)直径比入射波长小的 Rayleigh 极限范围内,可得到碳烟颗粒消光系数 κ_λ 与浓度 f_v 的关系:

$$f_v = \kappa_\lambda \lambda /[6\pi E(m)] = \ln(\tau)\lambda/[6\pi L E(m)] \tag{9-35}$$

式中:$E(m)$ 为碳烟颗粒折射率函数;λ 为波长。

激光消光技术检测结果是沿视线方向的累积值,对于碳烟颗粒体积浓度均匀分布的火焰,利用全场激光消光技术可以直接得到火焰中碳烟颗粒体积浓度分布。而对于碳烟颗粒体积浓度非均匀分布的火焰,式(9-35)可改写为微分形式:

$$f_v(r) = \frac{\mathrm{d}\ln(\tau)}{\mathrm{d}r}\lambda/[6\pi L E(m)] \tag{9-36}$$

对于碳烟颗粒体积浓度非均匀分布但具有明显规律的火焰(如 Santoro 燃烧器或 Gülder 燃烧器产生的轴对称层流扩散/预混火焰),此时必须结合反问题求解算法(如对轴对称火焰采用 Abel 逆变换)才能得到碳烟颗粒体积浓度分布的真实值。需要注意的是,激光消光测量时需要知道碳烟颗粒折射率函数 $E(m)$,如何确定其真实值,是一大挑战。

激光消光测量系统需要引入外加光源,外加光源可以是激光器,也可以是弧光灯等其他光源。全场激光消光实验装置图如图 9-17 所示,激光器发出的激光通过扩束器、聚光镜、准直镜后形成平行光,平行光穿过火焰,再通过中继镜、带通滤光片、中性密度滤光片后被 CCD 相机接收,此时激光信号强度为 I'。关闭燃烧器后,CCD 相机接收的激光信号强度为 I'_0。需要注意的是,在测量过程中还要考虑火焰自身发射及背景光对测量的影响。因此,在测量前需要先关闭激光器,用 CCD 相机接收火焰辐射 I_f,再关闭燃烧器,检测背景光辐射 I_b。最终,透射率的计算公式为

$$\tau = I/I_0 = (I' - I_f)/(I'_0 - I_b) \tag{9-37}$$

图 9-17　全场激光消光实验装置图

用分光镜得到一束参考光,用两个光电倍增管接收透射光和参考光信号,实现穿过火焰前的光信号与穿过火焰后的光信号的同时检测,并送入计算机中实时处理,这样可以简化测量过程。

火焰自身发射对激光消光测量有影响,但如果将火焰自身发射测量与激光消光测量结合,则可同时反演轴对称火焰的温度分布与碳烟颗粒体积浓度分布。考虑火焰自身发射时,激光穿过轴对称火焰后的出射辐射光谱强度为

$$I_{1,\lambda}(j) = \int \kappa_\lambda(l) I_{b\lambda}(l) \exp\left[-\int \kappa_\lambda(l')dl'\right]dl + I_{0,\lambda} \exp\left[-\int \kappa_\lambda(l')dl'\right] \tag{9-38}$$

式中：$I_{0,\lambda}$ 为激光的单色辐射强度。

关闭激光器后，火焰的出射辐射光谱强度为 $I_{2,\lambda}$。火焰的光谱透射率为

$$\tau = (I_{1,\lambda} - I_{2,\lambda})/I_{0,\lambda} \tag{9-39}$$

碳烟颗粒体积浓度分布可以用 Abel 逆变换从透射率中得到。然后，利用实测的火焰的出射辐射光谱强度，即可反演轴对称火焰的温度分布。对于非对称湍流火焰，可用激光从多方向扫描火焰，从发射-透射信息中反演火焰的时均温度分布。

2. 可调谐二极管激光吸收光谱

可调谐二极管激光吸收光谱(tunable diode laser absorption spectroscopy，TDLAS)技术不仅可以用于获得温度，还可以用于分析火焰组分，原子吸收光谱主要用于分析金属元素，分子吸收光谱则用于分析分子化合物。可调谐二极管激光器由于具有经济耐用、信号强度高、数据处理简单等特点，已在吸收光谱测量中作为光源得到广泛应用。根据火焰中常见气体的光谱吸收特性，例如，H_2O 的吸收光谱位于 $1.34\sim1.4\ \mu m$ 之间，CO、CO_2、NO、NO_2、O_2、CH_4、NH_3 则分别在 $1.56\ \mu m$、$1.57\ \mu m$、$1.789\ \mu m$、$1.768\ \mu m$、$0.76\ \mu m$、$1.65\ \mu m$ 和 $1.98\ \mu m$ 处有吸收光谱。TDLAS 技术可选用基于近红外连续波的可调谐二极管激光器。TDLAS 技术利用可调谐二极管激光器的波长可调谐和窄带特性，通过电流控制波长扫描获得气体特征波长下的吸收光谱，通过对吸收光谱的分析处理获得燃烧温度和气体组分浓度。

温度测量是 TDLAS 技术用于燃烧诊断的关键，在温度确定后，就可以通过吸收光谱得到组分浓度。TDLAS 测温方法有两种：单谱线测温法与双谱线测温法。这两种方法假定温度均匀分布，得到的结果是沿视线(光程)的平均效应。单谱线测温法通过谱线的多普勒增宽计算温度 T：

$$T = M \left(\frac{\Delta \nu_D}{7.162\ 3 \times 10^{-7} \nu_0}\right)^2 \tag{9-40}$$

式中：M 为吸收组分的分子质量；$\Delta \nu_D$ 为多普勒线宽；ν_0 为入射光的中心频率，cm^{-1}。单谱线测温法只适用于压强较低的情况，此时多普勒增宽占主导地位。而在大气压或者更大的压强下，碰撞增宽不可忽略，很难通过实验方法获得多普勒线宽，因此无法获得精确温度。

双谱线测温法源于 Beer-Lambert 定律，该定律是吸收光谱技术的基础，描述了入射光光强和经过待测区域气体吸收后的激光光强间的关系。对于气体，光谱吸收系数 k 为

$$k = P \cdot X_{abs} \cdot S(T) \cdot \phi \cdot L \tag{9-41}$$

式中：$S(T)$ 为谱线强度；ϕ 为线型函数；T 为气体温度；P 为气体总压；X_{abs} 为吸收组分摩尔浓度。如果能找到两个波长下吸收系数之比的表达式，就可能推导出温度的表达式。这与 TDLAS 采用的是直接吸收光谱技术还是调制光谱技术有关。

直接吸收光谱技术又可分为扫描波长直接吸收光谱技术和固定波长直接吸收光谱技术，前者是 TDLAS 最为简单常用的技术，即调制激光频率对被测物吸收波段进行扫描，根据物质吸收光谱线型获得物质的温度、组分浓度。具体过程是：将激光器的输出波长调谐至被测气体的最佳特征吸收波段处，通过函数发生器向激光器加载锯齿波电流，激光器输出波长随电流的变化呈线性变化，对整个吸收谱线线型进行扫描。同时，激光通过光纤分束器分成两束：一束通过被测区域，然后由探测器接收透射信号，用于计算吸收率；另一束通过法布里-珀罗标准具，透射光光强由另一探测器接收，用于推导激光器频率与时间的关系，即将光

谱图由时域转换至频域得到直接吸收光谱图。扫描波长直接吸收光谱技术通过积分整个吸收线型,利用积分吸收率得到温度与组分浓度。在扫描波长策略下,对于同一种分子,两条谱线包含着相同的压强和光程,两条谱线进行积分后的比值和两条谱线线强的比值相同,被测区域温度可通过两条谱线的吸收比值获得,即

$$T = \frac{(E_2'' - E_1'')hc/k}{\ln \dfrac{A_1}{A_2} + \ln \left[\dfrac{S_2(T_0)}{S_1(T_0)} + \dfrac{hc}{k} \dfrac{(E_2'' - E_1'')}{T_0} \right]} \tag{9-42}$$

式中:A 为积分吸收率;T_0 为参考温度;E'' 为低能级能量。得到温度后,可以根据积分吸收率计算吸收组分摩尔浓度 X_{abs},即

$$X_{abs} = A/[PS(T)L] \tag{9-43}$$

扫描波长直接吸收光谱技术受扫描速度和波长范围的限制,精度有限,尤其是对高压引起的谱线增宽难以完全扫描,此时,必须使用固定波长直接吸收光谱技术。该技术将激光器工作波长固定在吸收谱线中心,并通过增加一束参考激光获取零吸收基线,可以解决高压下吸收谱线加宽使扫描波长直接吸收光谱技术难以对零吸收基线进行精确拟合的问题。固定波长直接吸收光谱技术需要利用耦合器将两束激光耦合,耦合后的激光经同一待测气体后,利用复用技术将两束激光分离。

扫描波长直接吸收光谱技术操作简单,但是容易受背景噪声的干扰,检测灵敏度较低。调制光谱技术可减少背景噪声的干扰和提高检测灵敏度。调制光谱技术主要包括波长调制技术和频率调制技术,两者的区别在于:波长调制技术的调制频率远小于线宽;频率调制技术的调制频率一般在量级。其中,二次谐波探测波长调制光谱技术应用最为广泛。波长调制光谱测温技术的分析过程为:由函数发生器提供的低频锯齿波扫描信号和锁相放大器内部的高频正弦波信号叠加并加载至激光控制器驱动电流端,驱动可调谐半导体激光器的输出波长在被测气体最佳特征吸收波长附近发生扫描和调制。可调谐半导体激光器的输出激光经过准直进入被测区域,透射激光信号由探测器接收实现光电转换,转换后的电信号加载至锁相放大器的输入端进行解调得到吸收光谱的二次谐波信号,二次谐波信号输入计算机,以便采集数据,从而通过数据处理得到被测区域的温度信息。

TDLAS 由于具有响应快(可实现实时监测)、灵敏度高(探测极限低)、可测量组分多(多组分联合测量)等优点,逐渐在燃烧诊断中得到广泛的应用。图 9-18 所示为用 TDLAS 测量火焰温度的系统图,来自多个二极管激光器的光纤由一个多路传输器耦合到一根光纤中,激光束被透射到透镜准直,再穿过测量区域;另一个透镜将透射光聚焦到多模式光纤,通过多路分配器分别送到对应的检测器中。从每个通道的激光吸收光谱中可以得到温度。

图 9-18　用 TDLAS 测量火焰温度的系统图

9.3 燃烧自发辐射测量技术

实际上,燃烧火焰自身的发光发热含有非常丰富的信息。被动检测方法基于火焰自身的发光发热及热声效应,基于对燃烧火焰自发射光谱(spontaneous emission spectra)和热辐射(thermal radiation)的精确定量认识,用传感器直接检测火焰的光信号、热信号和声信号。这种方法的优点是检测装置简单,易于在工程燃烧装置上实施,但火焰的光学特性、热辐射信息及声信号同火焰组分、温度、速度等特性之间的关系非常复杂,需要建立数学和物理模型进行深入的分析。

9.3.1 燃烧火焰光谱分析技术

1. 燃烧火焰光谱概述

光谱包括发射光谱和吸收光谱,物体发光直接产生的光谱叫作发射光谱,而高温物体发出的白光(其中包括连续分布的一切波长的光)通过物质时,某些波长的光被物质吸收后产生的光谱,叫作吸收光谱。研究不同物质的发射光和吸收光的情况,具有重要的理论和实际意义,并已成为一门学科——光谱学。相应地,光谱学也分为发射光谱学和吸收光谱学。光谱分析中也用波数 $\bar{\nu}$ 来表示谱线和谱带的位置,波数 $\bar{\nu}$ 表示一定距离的波长中所含波的数目,即

$$\bar{\nu} = \frac{1}{\lambda} = \frac{\nu}{c} \tag{9-44}$$

式(9-44)中,若频率 ν 的单位为 s^{-1},波长 λ 的单位为 cm,光速 c 的单位为 cm/s,则波数 $\bar{\nu}$ 的单位为 cm^{-1}。由波数的定义可知,光谱能量随波数的增加而线性增大。

根据光谱实验,无论是发射光谱,还是吸收光谱,它们都有三种不同类型:线状光谱、带状光谱和连续光谱。

线状光谱是由狭窄谱线组成的光谱。单原子气体或金属蒸气所发射的光波均有线状光谱,因此线状光谱又称为原子光谱。当原子从较高能级向较低能级跃迁时,辐射出波长单一的光波。严格地说,这种波长单一的单色光是不存在的,由于能级本身有一定宽度和多普勒效应等,原子辐射的光谱总会有一定宽度(谱线增宽),即在较窄的波长范围内仍包含不同的波长成分。实验证明,不同的原子发射的谱线不同,而且每种元素的原子只能发出具有本身特征的某些波长的谱线,这些谱线叫作原子的特征谱线。利用原子的特征谱线可以了解原子内部的结构,或对样品所含成分进行定性和定量分析。

带状光谱由一系列光谱带组成,由于其是由分子辐射的,因此又称为分子光谱。利用高分辨率光谱仪观察时,每条谱带实际上由许多紧挨着的谱线组成。带状光谱是分子在振动和转动能级间跃迁时辐射的,通常位于红外区或远红外区。通过研究分子光谱可了解分子的结构。

连续光谱是连续分布的包含从紫外光到可见光和红外光的光谱。炽热的固体、液体和高压气体的发射光谱是连续光谱。例如,电灯丝和炽热的钢水的发射光谱都是连续光谱。

在火焰中,燃料燃烧释放大量的能量,燃烧气相和固相介质的内能增大,处于激发态的原子或分子跃迁回到基态或较低激发态时会产生辐射,若将辐射强度按频率 ν 或波长 λ 的

大小依次排列就形成了火焰的自发射光谱。对火焰光谱的观测最早的是德国物理学家基尔霍夫与德国化学家本生,他们研制了一套分光计[用在本生自己发明的无色火焰燃烧器(本生灯)上],对金属火焰的光谱进行观察,成功地证明了金属火焰中的光谱不是由化合物而是由金属元素产生的。1856 年,苏格兰物理学家 William Swan 开展了本生灯火焰中 C_2 自由基的光谱分析工作。1974 年,法国物理学家 A. G. Gaydon 出版了 *Flame Spectroscopy*,对火焰中产生的光谱进行了较为详细的论述。燃烧火焰的发光覆盖了从紫外到红外的宽波长范围,主要包括三个部分:一是火焰中固体颗粒物(碳烟和焦炭等)的连续黑体辐射光谱,主要位于可见光和近红外波长范围中,图 9-19 所示为凝固汽油燃烧火焰发出的连续光谱;二是参与热辐射的气相燃烧产物的谱带辐射,主要位于近红外和红外波长范围中,这些气相产物又可称为辐射参与介质或辐射相干介质,如 NH_3、CO_2、H_2O(水蒸气)、O_3(臭氧)、烟气等,它不同于辐射透明介质,如 O_2、H_2、空气等;三是自由基(OH、CH、C_2 和 HCO 等)的化学发光,主要位于紫外和可见光波长范围中,图 9-20 给出了碳氢火焰中 OH 自由基的发射谱线。

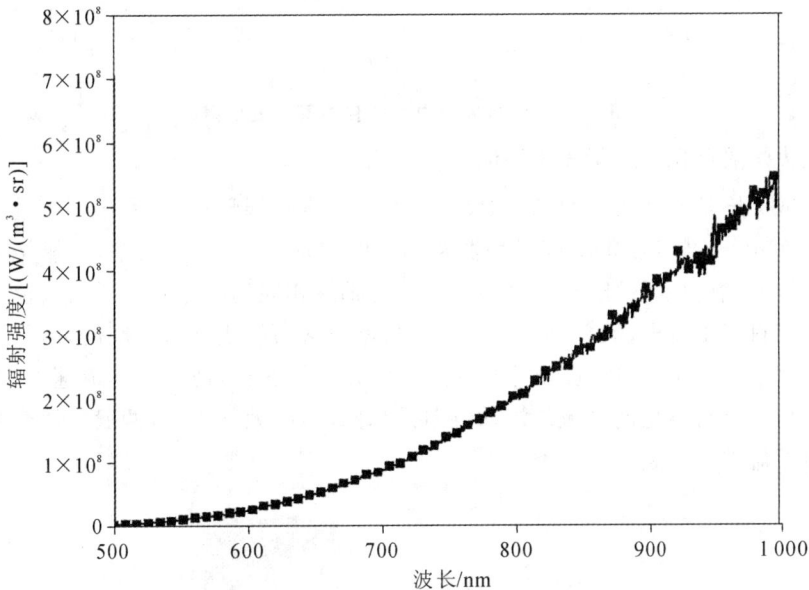

图 9-19　凝固汽油燃烧火焰发出的连续光谱

　　按波长区域不同,火焰发射光谱可分为红外光谱、可见光谱和紫外光谱。从不同光谱波段的发射机理来看,紫外和可见光范围的辐射一般取决于电子能量的变化,即分子或原子周围的电子能级跃迁,近红外范围的带状光谱则主要取决于分子的振动能和旋动能的变化,红外范围的光谱取决于旋动能的变化。因此不同的检测光谱范围所研究的燃烧过程对象也是有区别的,紫外波段更多地关注火焰前端的化学反应中激发的电子跃迁产生的离散光谱,如氢氧基(OH)辐射和碳氢组分(CH、C_2)辐射等,从而对化学发光进行分析;由于自由基源于燃烧过程中一些关键的化学反应步骤,因此,化学发光信号与当量比、放热率、火焰锋面等重要的火焰参数有着直接的联系,大量的试验结果也表明化学发光信号可用于诊断燃烧过程;可见光范围主要关注与碳烟颗粒生成和辐射相关的黑体辐射燃烧过程,基于黑体辐射,可以计算火焰的温度和辐射特性参数;近红外和红外范围则通过分析燃烧气体组分或产物,如 H_2O、CO_2 和 CO 等产生的光谱反演温度和气体产物的浓度。

图 9-20　碳氢火焰中 OH 自由基的发射谱线

2. 燃烧火焰的可见光发射光谱检测

碳氢扩散火焰是燃烧研究的基本对象,会产生大量碳烟颗粒,并发出明亮的可见光。图 9-21 给出了 Gülder 伴流扩散火焰燃烧器及相应的乙烯-空气扩散火焰,该燃烧器由燃料管和氧化剂管构成,氧化剂管环绕着燃料管,两管为轴线相同的同心管。燃料气流(乙烯)从燃烧器中间的燃料管中流出,氧化剂气流(空气)从燃料管与氧化剂管之间的环形区域中流出,并经过两层直径为 2 mm 的小玻璃珠层和三层多孔金属滤板,使得气体流速均匀,并保证火焰稳定。燃料气流与氧化剂气流的流动方向是相同的,在大气压下,两股气流燃烧生成同向流动轴对称层流扩散火焰。

图 9-21　伴流乙烯扩散火焰

图 9-22 所示为火焰发射光谱检测系统示意图,该系统主要由光谱仪、光纤及准直透镜、计算机组成。测量波长范围覆盖了 200～1 120 nm 的可见光波段,光谱分辨率为 1.2 nm。带有准直透镜的光纤将来自火焰的光信号传输到光谱仪中,由光谱仪得到的光谱数据通过 USB2.0 接口传输到计算机中,用光谱仪自带的软件可以获取火焰的发射光谱数据。

光谱仪直接测量的数据是经过光电、数模转换之后的电压信号,不能真实反映火焰的绝

图 9-22　火焰发射光谱检测系统示意图

对辐射能量的大小,因此必须对光谱仪进行辐射标定。可以选用氘-卤钨灯和黑体炉作为标准辐射光源,用以获得光谱仪测量的电压值和单个波长辐射强度之间的对应关系。根据美国国家标准及技术协会(NIST)光谱辐射标定方法,氘-卤钨灯在紫外和可见光波段的辐射强度 I_λ 是已知的,而黑体炉的发射率为 0.99,根据普朗克辐射定律得到其在任意可见光波长下的光谱辐射强度 $I_{b\lambda}$。因此,已知光谱仪直接检测的电压值 S_λ,则所求的标定系数 k_λ 可表示为

$$k_\lambda = \frac{S_\lambda - \mathrm{Dark}_\lambda}{I_\lambda} \quad \text{或} \quad k_\lambda = \frac{S_\lambda - \mathrm{Dark}_\lambda}{I_{b\lambda}} \tag{9-45}$$

式中:Dark_λ 为暗背景的光谱数据。得到标定系数后,可以将检测的火焰光谱数据转换为绝对光谱辐射强度。

　　光谱检测试验中测量了火焰距离燃料管底部 5 个不同高度(10 mm、20 mm、30 mm、40 mm 和 50 mm)处火焰横截面的发射光谱分布,在每个高度下,光谱仪的光纤探头对火焰横截面进行扫描检测,扫描的间隔为 0.1 mm。图 9-23 所示为三个高度下的光谱仪输出数据。

　　获得光谱仪输出数据分布后,利用式(9-45)中得到的光谱仪辐射标定结果对光谱仪输出数据进行处理,将其转化为绝对的光谱辐射强度分布。为了进一步了解不同高度处火焰辐射强度分布的差异,图 9-24 给出了 600 nm 和 800 nm 两个波长下五个高度处绝对光谱强度沿火焰径向的分布。在火焰距离燃料管底部 10 mm 处光谱强度分布呈现双峰分布,其中火焰中心为峰谷,其左右两侧对称分布一个峰值,这主要是因为峰值区域是燃烧反应较剧烈的区域,碳烟浓度较大,而越靠近火焰中心就越接近富燃料区,碳烟浓度减小,辐射强度也随之减小。随着高度的增大,由于火焰反应区域减小,两个峰值区域逐渐靠近,在火焰距离燃料管底部 50 mm 处,这种现象就不太明显了,而且整体的辐射强度也随着高度的增大而增大,在火焰距离燃料管底部 40 mm 处,辐射强度最大,这可能是因为在此高度处碳烟浓度最大。

3. 燃烧火焰的红外发射光谱检测

　　上文只给出了碳氢扩散火焰在可见光范围内的光谱分布,该光谱分布来自火焰中的固体颗粒物,而红外波长的热辐射取决于碳氢扩散火焰中的气相介质,用红外光谱仪可测量丙烷-空气层流扩散火焰的红外发射光谱分布,光谱仪测量的波数范围是 400～6 000 cm^{-1}(对应的波长范围是 1.67～25 μm),分辨率是 8 cm^{-1}。发射光谱的测量是针对一个层流轴对称扩散火焰燃烧器进行的,燃烧器燃料为丙烷,流量为 1.98 L/h。产生的火焰高度约为 6 cm、直径约为 1.8 cm,火焰中有大量碳烟颗粒生成,但不会冒烟。燃烧器放置在两个微尺度测量平移台上面,便于进行沿火焰轴向和径向的二维研究,如图 9-25 所示。为了将光谱仪测量到的相对光谱强度转换为绝对辐射强度,需要对光谱仪进行辐射标定。高温黑体炉可用作

(a) 高度为10 mm

(b) 高度为30 mm

(c) 高度为50 mm

图 9-23 三个高度下的光谱仪输出数据

(a) 波长为600 nm

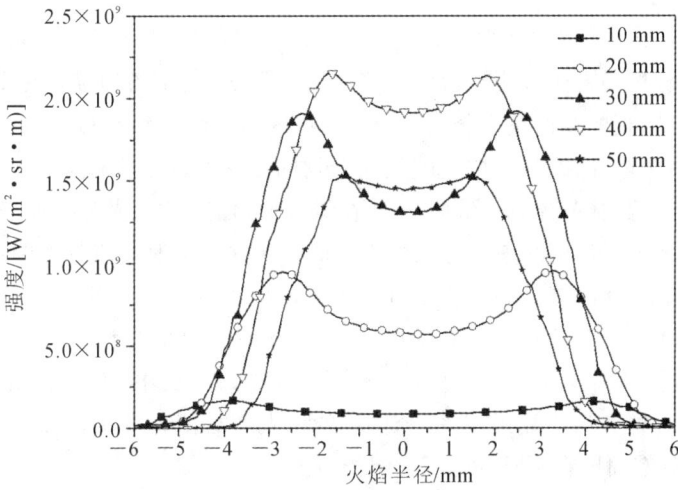

(b) 波长为800 nm

图 9-24　两个波长下的火焰辐射强度分布

图 9-25　火焰空间扫描:探测区域的坐标系

标准辐射热源,黑体炉的筒状加热管直径为 25 mm,它的温度是由一个误差为 $\pm 5\ ℃$ 的 PID 调节器来控制的,其最高工作温度为 1 000 ℃。

图 9-26 所示为丙烷扩散火焰不同高度的测量结果。带状尖峰图样来源于热气体辐射,而一个连续的光谱显示出碳烟颗粒的存在。一个在 900 cm^{-1} 附近的小尖峰同一个在 2 950 cm^{-1} 附近的未加分析的尖峰表示热的可燃物和其他从原始燃料中裂解出的碳氢化合物分子。水蒸气的 6.3 μm 和 3.2 μm 波带分别分布在 1 200~2 000 cm^{-1} 和 3 200~4 200 cm^{-1} 波数范围内。位于 2 200~2 400 cm^{-1} 波数范围内的很宽的峰值对应 CO_2 的 4.3 μm 波带。400~700 cm^{-1} 波数范围内的辐射是由水蒸气和 CO_2(2.7 μm 波带)贡献的。

火焰辐射光谱中,最大的发射光谱能量是 CO_2 在 4.3 μm 波长的发射引起的,并且,根据 4.3 μm 波长的发射峰值沿对称轴的变化可以推断出,发射光谱能量的最大值出现在火焰高度 $z=35$ mm 处。同时,检测出火焰的连续发射光谱在 $z=35$ mm 处的值也是最大的,由此推测出这个高度的碳烟浓度也是最大的。在火焰的尖端($z=55$ mm),连续发射光谱消失了,表明碳烟已经完全燃烧。

光谱能量在水平方向上的变化给出了其他有价值的信息。在第一条水平线上($z_c=2$ mm),为了检查对称性是否通过测量得到了修正,做了一个完整的扫描。在 2 300 cm^{-1}(CO_2)附近和 3 000 cm^{-1} 附近的峰值是十分便于确定火焰的对称轴的($y=11$ mm)。在这个高度上,火焰中心是富燃料区域,因此与未燃烧碳氢化合物的浓聚物的最大值是一致的。对称轴也可以从 CO_2 的 4.3 μm 发射光谱剖面图中看到,在该区域,辐射最大值对应火焰的正面。随着高度的增大,这个辐射最大值剖面渐渐融入中心反应区。这个辐射峰值剖面图在 $z_c=12$ mm[见图 9-26(b)]处是单调的,并在火焰更高处向一个铃铛型曲线转变[见图 9-26(c)]。

一个碳烟量相当小的情况似乎出现在 $z_c=2$ mm 处,对应光谱上 5 000 cm^{-1} 以上的区域。然而,发射的能级太弱以至于与噪声混在一起,在该区域中,噪声是最大的。碳烟连续辐射在 $z_c=12$ mm 处开始明显出现,一个微小的极大值可能在 5 000 cm^{-1} 和 6 000 cm^{-1} 之间提取出来。辐射剖面图在火焰中心显示出极大值。

9.3.2　燃烧火焰图像处理技术

燃烧火焰释放的光和热在紫外、可见光和红外波长范围内以辐射的方式向外界传递,用单色仪或光谱仪对火焰的发射光谱进行检测分析,可以识别燃烧火焰中某些组分,并计算得到火焰温度、火焰发射率等信息。但需要注意的是,单色仪或光谱仪得到的是被测火焰中某一点或某一区域沿视线方向发出的光谱信息,无法对被测火焰沿空间分布的燃烧信息实施检测。近年来,随着计算机技术、图像处理技术的发展,机器视觉系统已经被用于工业生产中。它综合了光学、机械、电子、计算机软硬件等方面的技术,涉及计算机、图像处理、模式识别、人工智能、信号处理、光机电一体化等多个领域。在工程燃烧装置中,用机器视觉替代人工视觉,通过图像摄取装置将燃烧火焰转换成图像信号,传送给专用的火焰图像处理系统。根据火焰图像中像素亮度、颜色等信息,火焰图像处理系统对图像信号进行各种运算来抽取目标的特征,从而实现对燃烧火焰的定量测量。

1. 火焰图像几何参数检测

采用图像处理技术,可对煤粉火焰的几何形状和亮度参数进行定量测量。火焰图像处理实验装置示意图如图 9-27 所示。采用冷却水保证探测器在炉内高温环境下的正常运行,

(a) $z_c = 2$ mm

(b) $z_c = 12$ mm

(c) $z_c = 35$ mm

图 9-26 丙烷扩散火焰不同高度的测量结果

同时利用吹扫风清洁镜头表面。用一组滤色片使照相机在可见光波段(400~800 nm)成像,以避免炉壁辐射的影响。

图 9-27　火焰图像处理实验装置示意图

如图 9-28 所示,从火焰图像中测得如下火焰几何形状参数。

(1)发光区域(R_f):火焰区域占整个图像观察区域的比率,数值取 0%~100%,其中 0% 表示失去火焰,100% 表示火焰充满整个图像。R_f 实际上表示图像中火焰的充满度。

(2)火焰中心位置(X_c,Y_c):发光区域(R_f)中火焰中心的位置。X_c 表示火焰中心离燃烧器喷口的水平绝对距离,单位为 mm;Y_c 表示火焰中心在垂直方向离燃烧器轴线的距离,单位为 mm。

(3)着火点(L_{ip}):着火点离燃烧器喷口的水平距离,单位为 mm。

(4)火焰扩张角(α_s):火焰外边界与燃烧器喷口之间形成的两条直线的夹角。

图 9-28　煤粉火焰几何形状参数定义

图 9-29 所示为三个不同负荷下煤粉火焰图像。火焰的几何形状和亮度参数随负荷的变化如图 9-30 所示,图 9-30 中每个点的数据都是在 250 s 内连续读数的平均值。火焰的发光区域(R_f)随负荷几乎线性增大;R_f 的不确定性(在图中以误差棒的形式表示)在 1.0 MW 时只有 0.6%,这表明火焰非常稳定;相反,较低负荷下火焰更易波动。在满负荷的情况下,

煤粉-空气混合物的着火点位于燃烧器出口中,根本看不到。但在较低负荷(≤0.75 MW)下,着火点却能看到,这表明煤粉射流在进入炉膛后才着火。同时,着火点的稳定性在较低负荷下也迅速下降。满负荷时,火焰中心距离燃烧器出口 500 mm 和燃烧器轴线下方 40 mm。相反,在较低负荷下,火焰中心距离燃烧器出口 600 mm 左右,在 X 和 Y 两个方向均显示更大的波动。特别地,在 0.75 MW 时,火焰中心距离燃烧器轴线上方 80 mm,并且具有较强的脉动性,火焰中心的上移可能是较差的燃料-空气分布导致的。

0.5 MW   0.75 MW   1.0 MW

图 9-29　三个不同负荷下煤粉火焰图像

(a) 发光区域(R_f)

(b) 着火点(L_{ip})

(c) 中心坐标(X_c)

(d) 中心坐标(Y_c)

图 9-30　火焰几何形状和亮度参数随负荷的变化

2. 火焰温度计算

燃烧过程伴随着强烈的辐射传递过程,燃烧火焰的主要波长范围是 300~1 000 nm,温度范围是 800~2 000 K,在这个范围内普朗克辐射定律可以用维恩(Wien)辐射定律代替,火焰的光谱辐射力 $E(\lambda, T)$ 为

$$E(\lambda, T) = \varepsilon(\lambda) \frac{C_1}{\lambda^5} \exp\left(-\frac{C_2}{\lambda T}\right) \tag{9-46}$$

式中:T 为绝对温度;λ 为波长;C_1、C_2 分别为普朗克第一和第二常数;ε 为火焰的光谱辐射率。如果能同时得到火焰在两个波长下的单色辐射力 $E(\lambda_1, T)$ 和 $E(\lambda_2, T)$,并且忽略这两个波长下光谱辐射率的变化,即在这两个波长区间内火焰满足灰性介质假设,则可以用比色

法(又称为双色法)得到火焰温度 T。

由

$$\frac{E(\lambda_1, T)}{E(\lambda_2, T)} = \frac{\lambda_2^5}{\lambda_1^5} \exp\left[-\frac{C_2}{T}\left(\frac{1}{\lambda_1} - \frac{1}{\lambda_2}\right)\right]$$

可得到

$$T = -C_2\left(\frac{1}{\lambda_1} - \frac{1}{\lambda_2}\right) \Big/ \ln\left(\frac{E_1}{E_2} \frac{\lambda_1^5}{\lambda_2^5}\right) \tag{9-47}$$

采用这种方法时,为了满足两个波长下光谱辐射率近似相等的条件,波长 λ_1 和 λ_2 需要较为接近,而由式(9-47)可知,两个波长又不能太接近,否则会带来较大的计算误差。而且,为了能同时获得火焰在两个波长下的单色辐射图像,需要复杂精密的光、机、电系统。

用彩色 CCD 相机拍摄来自炉内的火焰图像时,CCD 靶面接收到的是可见光光谱范围内红、绿、蓝三基色波长下的单色辐射图像,经过信号处理后,由红、绿、蓝三基色组成彩色图像。因此在 CCD 相机拍摄的彩色火焰图像中,每一像元的 RGB 值反映了火焰的单色辐射强度的大小。根据 CCD 相机的光谱响应曲线可以得到红、绿、蓝三基色的特征波长,虽然红、绿、蓝三基色各自的响应曲线有一定的波长范围,但是根据灰性介质假设及燃烧介质连续辐射假设,可以认为图像 RGB 数据和对应的单色辐射力之间是直接成比例的,两者之间可以建立如下关系:

$$\begin{cases} I_R = f(R) = a_0 + a_1 R + a_2 R^2 + \cdots + a_n R^n \\ I_G = f(G) = b_0 + b_1 G + b_2 G^2 + \cdots + b_n G^n \\ I_B = f(B) = c_0 + c_1 B + c_2 B^2 + \cdots + c_n B^n \end{cases} \tag{9-48}$$

式中:$a_0, a_1, a_2, \cdots, a_n, b_0, b_1, b_2, \cdots, b_n$ 和 $c_0, c_1, c_2, \cdots, c_n$ 为标定系数,可通过在黑体炉上做热辐射标定获得。

通过双色法可以从一幅彩色火焰图像的两种单色辐射强度(如 I_R 和 I_G)中计算出火焰辐射温度 T_m:

$$T_m = -C_2\left(\frac{1}{\lambda_R} - \frac{1}{\lambda_G}\right) \Big/ \ln\left(\frac{I_R \lambda_R^5}{I_G \lambda_G^5}\right) \tag{9-49}$$

基于彩色 CCD 相机接收的可见光波段的红(R)、绿(G)、蓝(B)三个色度信号之间的比值求解温度分布图像的方法,本质上仍然属于双色法的范畴。这种方法不仅具有普通双色法标定简单的特点,而且非常便于使用。

由于彩色 CCD 相机成像过程中要经过光电、数模转换等一系列中间过程,最后进入计算机的火焰图像中像元的三基色 RGB 值已不能完全反映相应的单色辐射强度的大小,为了得到准确的结果,必须对炉膛火焰图像探测器进行标定。标定的目的主要是校正三基色 RGB 值,使之正确反映辐射对象光谱特性在红、绿、蓝代表波长下的光谱辐射强度的大小。在标定中常将黑体炉作为标准辐射热源。

对于用于燃烧定量检测的图像探测器而言,为保持检测结果的稳定性,一般不能随意调整探测器的工作模式,其中主要是 CCD 相机的参数设置,如光圈、快门速度、自动增益。下面对燃烧检测中这些参数的设置逐一进行分析。

(1)光圈。光圈分为自动光圈和手动光圈。自动光圈由电机带动,随着外界光线的变化,自动缩放。对于燃烧检测而言,由于温度检测采用比色法,采用自动光圈不会对温度计算有太大影响,但是对单色辐射强度的计算是不利的。

　　(2)快门速度。快门速度主要作用是调整曝光量,其范围一般为 1/50～1/10 000 s,有的 CCD 相机快门速度可达到 1/100 000 s。为了使在火焰温度最高时拍摄到的彩色火焰图像不饱和,需要设定一个适当的快门速度;当燃烧火焰温度降低时,图像亮度会下降很快,甚至低负荷下的图像很暗,这时需要减小快门速度。实际上,在燃烧检测中希望某一个固定的快门速度下 CCD 的动态响应范围尽可能得大,当机组负荷发生较大变化时,采集到的火焰图像既不会饱和又不会太暗。

　　(3)自动增益。普通的摄影中,在光圈最大、快门速度最慢、进光量仍然不足的情况下(即低照度时),可以打开手动或者自动增益开关,使得画面的亮度有所提高。在燃烧检测中,不允许使用增益开关,因为自动增益的存在会使低负荷工况下燃烧火焰的亮度升高,而高负荷工况下燃烧火焰的亮度降低,所检测到的火焰图像不能真实地反映炉内的火焰辐射能力。

9.3.3　基于热辐射成像的燃烧三维检测技术

　　火焰自发射光谱或图像是工程燃烧装置中三维燃烧火焰所发出的光或热在二维平面上的累积效应,对火焰自发射光谱或图像的直接分析处理是基于"视线"的燃烧诊断技术,而要想从火焰自发射光谱或图像中得到燃烧火焰在三维空间中热物理参数的分布特征,必须对火焰发光或热辐射传递过程进行反演,这本质上是辐射传递反问题。

1. 热辐射成像模型

　　将燃烧空间辐射能量分布成像在二维探测器靶面上,图像获取装置(如 CCD 相机)可以被用作辐射成像装置。从能量成像的角度研究辐射成像模型,在 CCD 成像的光学模型的基础上建立辐射能量成像模型,将辐射成像装置获得的辐射能量图像同炉内燃烧温度分布相关联。实际上,根据辐射强度的定义,当被除以每个像元的成像面积和立体角后,辐射成像装置获得的能量信息可以转化为辐射强度分布图像。其基础在于辐射强度反映的是不同方向的辐射能量的大小,而辐射成像装置检测到的恰好是不同方向辐射能量的差异。假设炉内燃烧介质为发射、吸收、散射的灰色介质,壁面为发射、吸收、漫反射的灰色壁面,如图 9-31 所示,位于系统边界 O 点的 CCD 相机在 s 方向接收到的辐射强度 $I(O,s)$ 可计算为

$$I(O,s) = I^{d}(O,s) + I^{i}(O,s) = I^{d}_{m}(O,s) + I^{d}_{w}(O,s) + I^{i}_{m}(O,s) + I^{i}_{w}(O,s) \quad (9\text{-}50)$$

式中:$I^{d}(O,s)$ 表示 O 点在 s 方向接收到的总的直接辐射的部分;$I^{i}(O,s)$ 表示 O 点在 s 方向接收到的总的间接辐射的部分;$I^{d}_{m}(O,s)$ 表示从空间介质单元发射的直接辐射的部分;$I^{d}_{w}(O,s)$ 表示从壁面单元发射的直接辐射的部分;$I^{i}_{m}(O,s)$ 表示从空间介质单元发射的间接辐射的部分;$I^{i}_{w}(O,s)$ 表示从壁面单元发射的间接辐射的部分。

　　根据求解辐射传递方程的 DRESOR 法,将式(9-50)展开,位于系统边界 O 点的 CCD 相机在 s 方向接收到的辐射强度为

$$I(O,s) = \int_0^{l_w} \left[\frac{1}{\pi} e^{-\int_l \beta(l')dl'} \kappa_a(l) n^2 \sigma \right] T^4(l) dl + \left[\frac{1}{\pi} e^{-\int_{l_w} \beta(l')dl'} \varepsilon\sigma \right] T^4(w) +$$

$$\int_V \left[\int_0^{l_w} \frac{1}{4\pi} e^{-\int_l \beta(l')dl'} 4\kappa_a(v) n^2 \sigma R_d^s(v,l,s) dl + \frac{1}{\pi} e^{-\int_{l_w} \beta(l')dl'} 4\kappa_a(v) n^2 \sigma R_d^s(v,w,s) \right] T^4(v) dv +$$

$$\int_W \left[\int_0^{l_w} \frac{1}{4\pi} e^{-\int_l \beta(l')dl'} \varepsilon\sigma R_d^s(w',l,s) dl + \frac{1}{\pi} e^{-\int_{l_w} \beta(l')dl'} \varepsilon\sigma R_d^s(w',w,s) \right] T^4(w') dw'$$

$$(9\text{-}51)$$

式中:$T(l)$ 表示经过 O 点的在 s 方向线上的空间介质的温度;$T(v)$ 表示所有位于空间体积

图 9-31 一条视线方向辐射强度的计算

区域的介质的温度,包括 $T(l)$;$T(w)$ 表示与经过 O 点的在 s 方向线上相交的壁面点的温度;$T(w')$ 表示所有壁面区域的温度,包括 $T(w)$;κ_a 为介质吸收系数;ε 为壁面发射率。

将三维系统离散化为 M 个空间单元和 M' 个壁面单元,同时将每一个 CCD 相机靶面离散为 N 个像元单元。空间和壁面的温度分布为 $\{T(i),i=1,\cdots,M+M'\}$,CCD 相机靶面上各像元单元接收到的辐射强度为 $\{I(j),j=1,\cdots,N\}$,则离散化之后的辐射强度成像方程为

$$
I_j = \sum_{i_j=1}^{M_j} \left\{ \frac{1}{\pi\beta_{i_j}} \kappa_{a,i_j} n^2 \sigma \left[e^{-\tau(l_{i_j-1})} - e^{-\tau(l_{i_j})} \right] \right\} T_{i_j}^4 + \left[\frac{1}{\pi} e^{-\tau(l_{M_j'})} \varepsilon_{M_j'} \sigma \right] T_{M_j'}^4 +
$$

$$
\sum_{i=1}^{M} \left\{ \frac{1}{\pi} \kappa_{a,i} n^2 \sigma \Delta v_i \left[\frac{1}{\beta_{i_j}} \sum_{i_j=1}^{M_j} (e^{-\tau(l_{i_j-1})} - e^{-\tau(l_{i_j})}) R_d^s(i,i_j,j) + 4(1-e^{-\tau(l_{M_j'})}) R_d^s(i,M_j',j) \right] \right\} T_i^4 +
$$

$$
\sum_{i=M+1}^{M+M'} \left\{ \frac{1}{\pi} \varepsilon_i \sigma \Delta w_i \left[\frac{1}{4\beta_{i_j}} \sum_{i_j=1}^{M_j} (e^{-\tau(l_{i_j-1})} - e^{-\tau(l_{i_j})}) R_d^s(i,i_j,j) + (1-e^{-\tau(l_{M_j'})}) R_d^s(i,M_j',j) \right] \right\} T_i^4
$$

$$(9-52)$$

写为矩阵形式,有

$$
\begin{bmatrix} I(1) \\ \vdots \\ I(j) \\ \vdots \\ I(N) \end{bmatrix} = \begin{bmatrix} A(1,1) & \cdots & A(1,i) & \cdots & A(1,M+M') \\ \vdots & & \vdots & & \vdots \\ A(j,1) & \cdots & A(j,i) & \cdots & A(j,M+M') \\ \vdots & & \vdots & & \vdots \\ A(N,1) & \cdots & A(N,i) & \cdots & A(N,M+M') \end{bmatrix} \begin{bmatrix} T^4(1) \\ \vdots \\ T^4(i) \\ \vdots \\ T^4(M+M') \end{bmatrix} \quad (9-53)
$$

即

$$
\boldsymbol{A}_1 \boldsymbol{T}_g + \boldsymbol{A}_2 \boldsymbol{T}_w = \boldsymbol{A}\boldsymbol{T} = \boldsymbol{I} \tag{9-54}
$$

式中:$\boldsymbol{I}=\{I(j),j=1,\cdots,N\}$,为 CCD 相机靶面上各像元单元接收到的辐射强度分布;$\boldsymbol{T}_w=\{T_w^4(i),i=1,\cdots,M'\}$,为壁面单位温度的四次方;$\boldsymbol{T}_g=\{T_g^4(i),i=1,\cdots,M\}$,为空间单元温度的四次方;$\boldsymbol{A}$、$\boldsymbol{A}_1$、$\boldsymbol{A}_2$ 均为辐射强度成像矩阵,$\boldsymbol{A}=\{a(j,i),j=1,\cdots,N,i=1,\cdots,M+M'\}$,$\boldsymbol{A}_1=\{a_1(j,i),j=1,\cdots,N,i=1,\cdots,M\}$ 表示空间单元对成像装置的辐射贡献份额,$\boldsymbol{A}_2=$

$\{a_2(j,i),j=1,\cdots,l,i=1,\cdots,n\}$ 表示壁面单元对成像装置的辐射贡献份额。在给定空间尺寸、介质辐射参数、壁面辐射特性、CCD 相机的布置位置及其成像参数（视角中心线方向、视角范围、像素数等）后，就可通过 DRESOR 法计算得到空间与空间单元、空间与壁面单元、壁面与壁面单元之间的辐射散射份额的分布 R_d^z，进而可以得到成像系数矩阵。

2. 热辐射反问题求解

根据已建立的辐射强度成像模型，在用 CCD 相机检测燃烧空间内的辐射强度分布后，采用热辐射反问题求解方法，即可重建燃烧空间内的温度分布。

上文所建立的热辐射成像模型为大型线性方程组，成像矩阵的规模为像元数 N 与单元数 M 的乘积 $N \times M$。很容易理解，随着单元数 M 的增加，必须通过增加像元数 N 获取更多的能量以求解离散单元的温度，所以成像矩阵的规模基本上是随单元数呈几何级数增长的。另一方面，距离镜头较远的单元抵达图像上的有效辐射信息已经很少，它的温度变化对整个图像的影响微乎其微，甚至可能被图像的背景噪声所淹没。因此，反过来，辐射图像的微小变化就会引起反演出的距离镜头较远的单元的温度的误差迅速扩大。这时，成像矩阵的条件数很大，是一个严重病态的矩阵。当由于各种原因不能在炉膛上布置更多的辐射图像探测器时，用普通迭代法、直接求逆法、最小二乘法等根本无法求解这样的问题，不是计算出的温度有负值，就是计算出的结果根本不符合实际情况。必须寻求其他求解性能更好的温度场重建方法。

一种改进的 Tikhonov 正则化方法可用于重建三维温度场 $\boldsymbol{T}_g$。该方法的基本原理是找到一个 $\boldsymbol{T}_g$ 使得式(9-55)极小化：

$$R(\boldsymbol{T}) = \| \boldsymbol{I} - \boldsymbol{AT} \|^2 + \alpha \| \boldsymbol{DT} \|^2 \tag{9-55}$$

式中：$\boldsymbol{D}$ 为正则化矩阵；α 为正则化参数。对于一个在空间内连续分布的重建参数来说，正则化矩阵是很有效的。其特点是：任何一个单元都依次作为中心与其相邻单元建立约束关系。同样在 $\boldsymbol{D}$ 中，所有对角线上的元素全为 1，并且同一行上所有元素之和为 0。在三维条件下，被重建参数（温度分布）之间的连续性约束在构成正则化矩阵 $\boldsymbol{D}$ 时需要仔细考虑。对于三维立方体炉膛，不同区域的单元处理不一样。正则化参数 α 同样在重建过程中扮演了很重要的角色，需要严格的推导。在式(9-55)极小化的情况下，式(9-54)的解为

$$\boldsymbol{T}_g = (\boldsymbol{A}_1'^{\mathrm{T}}\boldsymbol{A}_1' + \alpha \boldsymbol{D}^{\mathrm{T}}\boldsymbol{D})^{-1}\boldsymbol{A}_1'^{\mathrm{T}}\boldsymbol{T}_{\mathrm{CCD}}' = \boldsymbol{BT}_{\mathrm{CCD}}' \tag{9-56}$$

从正则化算法中可以看出，在已知系统参数后系数矩阵 $\boldsymbol{B}$ 可以预先给出，因此在实际应用中，只需要检测燃烧空间的辐射强度图像后，用一步乘法即可求出炉内三维温度场，而不需要迭代计算，能满足工业生产中的在线监测的要求。

3. 炉内燃烧三维温度场检测

在一台 200 MW 机组燃煤锅炉上开展了基于热辐射成像的燃烧三维检测试验。该炉为四角切圆燃烧锅炉，混烧高炉煤气，燃烧器分上下两组布置，高炉煤气烧嘴在下组燃烧器下面。炉膛及实验装置示意图如图 9-32 所示。所监视的炉膛燃烧空间为最下层燃烧器以上到折焰角以下的区域，这部分炉膛区域的尺寸为 10.8 m×11.92 m×20.0 m，沿 i、j、k 坐标方向将该区域划分为 10×10×12 个网格，即空间单元为 1 200 个，壁面单元为 680 个。8 个装有 CCD 相机的探头分 4 层安装在炉膛角上，每层 2 个，对角布置，相邻两层交错布置。每个 CCD 相机靶面划分为 30×30 个像元单元，总的成像单元为 7 200 个。

图 9-33 所示为重建的三维温度场分布 $\boldsymbol{T}$ 显示一例。从图 9-33 中可以看到，炉膛上部

图 9-32　炉膛及实验装置示意图

的水平断面的温度场呈现明显的单峰分布,这是水冷壁的冷却作用造成的。炉膛中部出现了由上层煤粉燃烧器供给的煤粉燃烧所形成的高温火焰区域。炉膛下部出现了另一个由高炉煤气燃烧所形成的局部高温区域。

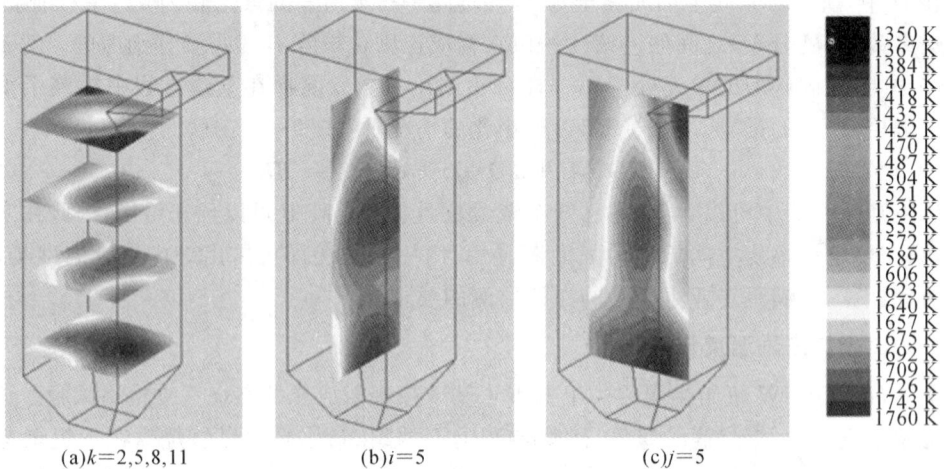

(a)$k=2,5,8,11$　　　　　　(b)$i=5$　　　　　　(c)$j=5$

图 9-33　重建的三维温度场分布 T 显示一例

图 9-34 所示为煤质不变的 9 h 内所检测的平均温度与机组负荷同时间的变化关系,机组负荷最小时为 150 MW,最大时为 205 MW,炉内平均温度与机组负荷的变化趋势是一致的。

图 9-34　平均温度与机组负荷同时间的变化关系

参 考 文 献

[1]　韩才元.燃烧测量技术[M].武汉:华中理工大学出版社,1991.

[2]　周怀春.炉内火焰可视化检测原理与技术[M].北京:科学出版社,2005.

[3]　汪亮.燃烧实验诊断学[M].2版.北京:国防工业出版社,2011.

[4]　熊姹,范玮.应用燃烧诊断学[M].西安:西北工业出版社,2014.

[5]　宋俊玲,洪延姬,等.燃烧场吸收光谱断层诊断技术[M].北京:国防工业出版社,2014.

[6]　娄春.工程燃烧诊断学[M].北京:中国电力出版社,2016.

C-H-O-N 气体系统中的重要热力学性质表

表 A.1～表 A.12

标准状态下理想气体的性质如下。

理想气体:$CO,CO_2,H_2,H,OH,H_2O,N_2,N,NO,NO_2,O_2,O$。

性质:$\bar{c}_p(T),\bar{h}^0(T)-\bar{h}^0_{f,ref},\bar{h}^0_f(T),\bar{s}^0(T),\bar{g}^0_i(T)$。

化合物的生成焓及吉布斯生成焓可以由其组成元素的生成焓来计算,即

$$\bar{h}^0_{f,i}(T)=\bar{h}^0_i(T)-\sum_{j\,\text{元素}}\nu'_j\bar{h}^0_j(T)$$

$$\bar{g}^0_{f,i}(T)=\bar{g}^0_i(T)-\sum_{j\,\text{元素}}\nu'_j\bar{g}^0_j(T)=\bar{h}^0_{f,i}(T)-T\bar{s}^0_i(T)-\sum_{j\,\text{元素}}\nu'_j[-T\bar{s}^0_j(T)]$$

资料来源:Kee R J,Rupley F M,Miller J A. The Chemkin Thermodynamic Data Base,Sandia Report, SAND87-8215B,March 1991.

表 A.13

与表 A.1～表 A.12 同一理想气体的 $\bar{c}_p(T)$ 曲线拟合系数。

资料来源:Kee R J,Rupley F M,Miller J A. The Chemkin Thermodynamic Data Base,Sandia Report, SAND87-8215B,March 1991.

表 A.1　一氧化碳(CO),$MW=28.010$ kg/kmol,298 K 时,生成焓 $=-110\,541$ kJ/kmol

T/K	$\bar{c}_p$ /[kJ/(kmol·K)]	$\bar{h}^0(T)-\bar{h}^0(298\text{ K})$ /(kJ/kmol)	$\bar{h}^0_f(T)$ /(kJ/kmol)	$\bar{s}^0(T)$ /[kJ/(kmol·K)]	$\bar{g}^0_f(T)$ /(kJ/kmol)
200	28.687	$-2\,835$	$-111\,308$	186.018	$-128\,532$
298	29.072	0	$-110\,541$	197.548	$-137\,163$
300	29.078	54	$-110\,530$	197.728	$-137\,328$
400	29.433	2\,979	$-110\,121$	206.141	$-146\,332$
500	29.857	5\,943	$-110\,017$	212.752	$-155\,403$
600	30.407	8\,955	$-110\,156$	218.242	$-164\,470$
700	31.089	12\,029	$-110\,477$	222.979	$-173\,499$
800	31.860	15\,176	$-110\,924$	227.180	$-182\,473$
900	32.629	18\,401	$-111\,450$	230.978	$-191\,386$
1\,000	33.255	21\,697	$-112\,022$	234.450	$-200\,238$
1\,100	33.725	25\,046	$-112\,619$	237.642	$-209\,030$
1\,200	34.148	28\,440	$-113\,240$	240.595	$-217\,768$
1\,300	34.530	31\,874	$-113\,881$	243.344	$-226\,453$
1\,400	34.872	35\,345	$-114\,543$	245.915	$-235\,087$
1\,500	35.178	38\,847	$-115\,225$	248.332	$-243\,674$

续表

T/K	$\bar{c}_p$ /[kJ/(kmol·K)]	$\bar{h}^0(T)-\bar{h}_f^0(298\ K)$ /(kJ/kmol)	$\bar{h}_f^0(T)$ /(kJ/kmol)	$\bar{s}^0(T)$ /[kJ/(kmol·K)]	$\bar{g}_f^0(T)$ /(kJ/kmol)
1 600	35.451	42 379	−115 925	250.611	−252 214
1 700	35.694	45 937	−116 644	252.768	−260 711
1 800	35.910	49 517	−117 380	254.814	−269 164
1 900	36.101	53 118	−118 132	256.761	−277 576
2 000	36.271	56 737	−118 902	258.617	−285 948
2 100	36.421	60 371	−119 687	260.391	−294 281
2 200	36.553	64 020	−120 488	262.088	−302 576
2 300	36.670	67 682	−121 305	263.715	−310 835
2 400	36.774	71 354	−122 137	265.278	−319 057
2 500	36.867	75 036	−122 984	266.781	−327 245
2 600	36.950	78 727	−123 847	268.229	−335 399
2 700	37.025	82 426	−124 724	269.625	−343 519
2 800	37.093	86 132	−125 616	270.973	−351 606
2 900	37.155	89 844	−126 523	272.275	359 661
3 000	37.213	93 562	−127 446	273.536	−367 684
3 100	37.268	97 287	−128 383	274.757	−375 677
3 200	37.321	101 016	−129 335	275.941	−383 639
3 300	37.372	104 751	−130 303	277.090	−391 571
3 400	37.422	108 490	−131 285	278.207	−399 474
3 500	37.471	112 235	−132 283	279.292	−407 347
3 600	37.521	115 985	−133 295	280.349	−415 192
3 700	37.570	119 739	−134 323	281.377	423 008
3 800	37.619	123 499	−135 366	282.380	−430 796
3 900	37.667	127 263	−136 424	283.358	−438 557
4 000	37.716	131 032	−137 497	284.312	−446 291
4 100	37.764	134 806	−138 585	285.244	−453 997
4 200	37.810	138 585	−139 687	286.154	−461 677
4 300	37.855	142 368	−140 804	287.045	−496 330
4 400	37.897	146 156	−141 935	287.915	−476 957
4 500	37.936	149 948	−143 079	288.768	−484 558
4 600	37.970	153 743	−144 236	289.602	−492 134
4 700	37.998	157 541	−145 407	290.419	−499 684
4 800	38.019	161 342	−146 589	291.219	−507 210
4 900	38.031	165 145	−147 783	292.003	−514 710
5 000	38.033	168 948	−148 987	292.771	−522 186

表 A.2　二氧化碳(CO_2)，$MW=44.011$ kg/kmol，298 K 时，生成焓$=-393\,546$ kJ/kmol

T/K	$\bar{c}_p$ /[kJ/(kmol·K)]	$\bar{h}^0(T)-\bar{h}_f^0$(298 K) /(kJ/kmol)	$\bar{h}_f^0(T)$ /(kJ/kmol)	$\bar{s}^0(T)$ /[kJ/(kmol·K)]	$\bar{g}_f^0(T)$ /(kJ/kmol)
200	32.387	−3 423	−393 483	199.876	394 126
298	37.198	0	−393 564	213.736	−394 428
300	37.280	69	−393 547	213.966	−394 433
400	41.276	4 003	−393 617	225.257	−394 718
500	44.569	8 301	−393 712	234.833	−394 983
600	47.313	12 899	−393 844	243.209	−395 226
700	49.617	17 749	−394 013	250.680	−395 443
800	51.550	22 810	−394 213	257.436	−395 635
900	53.136	28 047	−394 433	263.603	−395 799
1 000	54.360	33 425	−394 659	269.268	−395 939
1 100	55.333	38 911	−394 875	274.495	−396 056
1 200	56.205	44 488	−395 083	279.348	−396 155
1 300	56.984	50 149	−395 287	283.878	−396 236
1 400	57.677	55 882	−395 488	288.127	−396 301
1 500	58.292	61 681	−395 691	292.128	−396 352
1 600	58.836	67 538	−395 897	295.908	−396 389
1 700	59.316	73 446	−396 110	299.489	−396 414
1 800	59.738	79 399	−396 332	302.892	−396 425
1 900	60.108	85 392	−396 564	306.132	−396 424
2 000	60.433	91 420	−396 808	309.223	−396 410
2 100	60.717	97 477	−397 065	312.179	−396 384
2 200	60.966	103 562	−397 338	315.009	−396 346
2 300	61.185	109 670	−397 626	317.724	−396 294
2 400	61.378	115 798	−397 931	320.333	−396 230
2 500	61.548	121 944	−398 253	322.842	−396 152
2 600	61.701	128 107	−398 594	325.259	−396 061
2 700	61.839	134 284	−398 952	327.590	−395 957
2 800	61.965	140 474	−399 329	329.841	−395 840
2 900	62.083	146 677	−399 725	332.018	−395 708
3 000	62.194	152 891	−400 140	334.124	−395 562
3 100	62.301	159 116	−400 573	336.165	−395 403
3 200	62.406	165 351	−401 025	338.145	−395 229
3 300	62.510	171 597	−401 495	340.067	−395 041
3 400	62.614	177 853	−401 983	341.935	−394 838
3 500	62.718	184 120	−402 489	343.751	−394 620
3 600	62.825	190 397	−403 013	345.519	−394 388
3 700	62.932	196 685	−403 553	347.242	−394 141
3 800	63.041	202 983	−404 110	348.922	−393 879
3 900	63.151	209 293	−404 684	350.561	−393 602
4 000	63.261	215 613	−405 273	353.161	−393 311
4 100	63.369	221 945	−405 878	353.725	−393 004
4 200	63.474	228 287	−406 499	355.253	−392 683
4 300	63.575	234 640	−407 135	356.748	−392 346
4 400	63.669	241 002	−407 785	358.210	−391 995
4 500	63.753	247 373	−408 451	359.642	−391 629
4 600	63.825	253 752	−409 132	361.044	−391 247
4 700	63.881	260 138	−409 828	362.417	−390 851
4 800	43.918	266 528	−410 539	363.763	−390 440
4 900	63.932	272 920	−411 267	365.081	−390 014
5 000	63.919	279 313	−412 010	366.372	−389 572

表 A.3　氢气(H_2)，$MW = 2.016$ kg/kmol，298 K 时，生成焓 $= 0$

T/K	$\bar{c}_p$ /[kJ/(kmol·K)]	$\bar{h}^0(T) - \bar{h}_f^0(298\ K)$ /(kJ/kmol)	$\bar{h}_f^0(T)$ /(kJ/kmol)	$\bar{s}^0(T)$ /[kJ/(kmol·K)]	$\bar{g}_f^0(T)$ /(kJ/kmol)
200	28.522	−2 818	0	119.137	0
298	28.871	0	0	130.595	0
300	28.877	53	0	130.773	0
400	29.120	2 954	0	139.116	0
500	29.275	5 874	0	145.632	0
600	29.375	8 807	0	150.979	0
700	29.461	11 749	0	155.514	0
800	29.581	14 701	0	159.455	0
900	29.792	17 668	0	162.950	0
1 000	30.160	20 664	0	166.106	0
1 100	30.625	23 704	0	169.003	0
1 200	31.077	26 789	0	171.687	0
1 300	31.516	29 919	0	174.192	0
1 400	31.943	33 092	0	176.543	0
1 500	32.356	36 307	0	178.761	0
1 600	32.758	39 562	0	180.862	0
1 700	33.146	42 858	0	182.860	0
1 800	33.522	46 191	0	184.765	0
1 900	33.885	49 562	0	185.587	0
2 000	34.236	52 968	0	188.334	0
2 100	34.575	56 408	0	190.013	0
2 200	34.901	59 882	0	191.629	0
2 300	35.216	63 388	0	193.187	0
2 400	35.519	66 925	0	194.692	0
2 500	35.811	70 492	0	196.148	0
2 600	36.091	74 087	0	197.558	0
2 700	36.361	77 710	0	198.926	0
2 800	36.621	81 359	0	200.253	0
2 900	36.871	85 033	0	201.542	0
3 000	37.112	88 733	0	202.796	0
3 100	37.343	92 455	0	204.017	0
3 200	37.566	96 201	0	205.206	0
3 300	37.781	99 968	0	206.365	0
3 400	37.989	103 757	0	207.496	0
3 500	38.190	107 566	0	208.600	0
3 600	38.385	111 395	0	209.679	0
3 700	38.574	115 243	0	210.733	0
3 800	38.759	119 109	0	211.764	0
3 900	38.939	122 994	0	212.774	0
4 000	39.116	126 897	0	213.762	0
4 100	39.291	130 817	0	214.730	0
4 200	39.464	134 755	0	215.679	0
4 300	39.636	138 710	0	216.609	0
4 400	39.808	142 682	0	217.522	0
4 500	39.981	146 672	0	218.419	0
4 600	40.156	150 679	0	219.300	0
4 700	40.334	154 703	0	220.165	0
4 800	40.516	158 746	0	221.016	0
4 900	40.702	162 806	0	221.853	0
5 000	40.895	166 886	0	222.678	0

表 A.4　氢原子(H)，$MW=1.008$ kg/kmol，298 K 时，生成焓$=217\ 977$ kJ/kmol

T/K	$\overline{c}_p$ /[kJ/(kmol·K)]	$\overline{h}^0(T)-\overline{h}_f^0(298\ \text{K})$ /(kJ/kmol)	$\overline{h}_f^0(T)$ /(kJ/kmol)	$\overline{s}^0(T)$ /[kJ/(kmol·K)]	$\overline{g}_f^0(T)$ /(kJ/kmol)
200	20.786	−2 040	217 346	106.305	207 999
298	20.786	0	217 977	114.605	203 276
300	20.786	38	217 989	114.733	203 185
400	20.786	2 117	218 617	120.713	198 155
500	20.786	4 196	219 236	125.351	192 968
600	20.786	6 274	219 848	129.351	187 657
700	20.786	8 353	220 456	132.345	182 244
800	20.786	10 431	221 059	135.121	176 744
900	20.786	12 510	221 653	137.669	171 169
1 000	20.786	14 589	222 234	139.759	165 528
1 100	20.786	16 667	222 793	141.740	159 830
1 200	20.786	18 746	223 329	143.549	154 082
1 300	20.786	20 824	223 843	145.213	148 291
1 400	20.786	22 903	224 335	146.753	142 461
1 500	20.786	24 982	224 806	148.187	136 596
1 600	20.786	27 060	225 256	149.528	130 700
1 700	20.786	29 139	225 687	150.789	124 777
1 800	20.786	31 217	226 099	151.977	118 830
1 900	20.786	33 296	226 493	153.101	112 859
2 000	20.786	35 375	226 868	154.167	106 869
2 100	20.786	37 453	227 226	155.181	100 860
2 200	20.786	39 532	227 568	156.148	94 834
2 300	20.786	41 610	227 894	157.072	88 794
2 400	20.786	43 689	228 204	157.956	82 739
2 500	20.786	45 768	228 499	158.805	76 672
2 600	20.786	47 846	228 780	159.620	70 593
2 700	20.786	49 925	229 047	160.405	64 504
2 800	20.786	52 003	229 301	161.161	58 405
2 900	20.786	54 082	229 543	161.890	52 298
3 000	20.786	56 161	229 772	162.595	46 182
3 100	20.786	58 239	229 989	163.276	40 058
3 200	20.786	60 318	230 195	163.936	33 928
3 300	20.786	62 396	230 390	164.576	27 792
3 400	20.786	64 475	230 574	165.196	21 650
3 500	20.786	66 554	230 748	165.799	15 502
3 600	20.786	68 632	230 912	166.954	9 350
3 700	20.786	70 711	231 067	166.954	3 194
3 800	20.786	72 789	231 212	167.508	−2 967
3 900	20.786	74 868	231 348	168.048	−9 132
4 000	20.786	76 947	231 475	168.575	−15 299
4 100	20.786	79 025	231 594	169.088	−21 470
4 200	20.786	81 104	231 704	169.589	−27 644
4 300	20.786	83 182	231 805	170.078	−33 820
4 400	20.786	85 261	231 897	170.556	−39 998
4 500	20.786	87 340	231 981	171.023	−46 179
4 600	20.786	89 418	232 056	171.480	−52 361
4 700	20.786	91 497	232 123	171.927	−58 545
4 800	20.786	93 575	232 180	172.364	−64 730
4 900	20.786	95 654	232 228	172.793	−70 916
5 000	20.786	97 733	232 267	173.213	−77 103

表 A.5　羟基(OH)，$MW=17.007$ kg/kmol，298 K 时，生成焓$=38\ 985$ kJ/kmol

T/K	$\bar{c}_p$ /[kJ/(kmol·K)]	$\bar{h}^0(T)-\bar{h}_f^0(298\text{ K})$ /(kJ/kmol)	$\bar{h}_f^0(T)$ /(kJ/kmol)	$\bar{s}^0(T)$ /[kJ/(kmol·K)]	$\bar{g}_f^0(T)$ /(kJ/kmol)
200	30.140	−2 948	38 864	171.607	35 808
298	29.932	0	38 985	183.604	34 279
300	29.928	55	38 987	183.789	34 250
400	29.718	3 037	39 030	192.369	32 662
500	29.570	6 001	39 000	198.983	31 072
600	29.527	8 955	38 909	204.369	29 494
700	29.615	11 911	38 770	208.925	27 935
800	29.844	14 883	38 599	212.893	26 399
900	30.208	17 884	38 410	216.428	24 885
1 000	30.682	20 928	38 220	219.635	23 392
1 100	31.186	24 022	38 039	222.583	21 918
1 200	31.662	27 164	37 867	225.317	20 460
1 300	32.114	30 353	37 704	227.869	19 017
1 400	32.540	33 586	37 548	230.265	17 585
1 500	32.943	36 860	37 397	232.524	16 164
1 600	33.323	40 174	37 252	234.662	14 753
1 700	33.682	43 524	37 109	236.693	13 352
1 800	34.019	46 910	36 969	238.628	11 958
1 900	34.337	50 328	36 831	240.476	10 573
2 000	34.635	53 776	36 693	242.245	9 194
2 100	34.915	57 254	36 555	243.942	7 823
2 200	35.178	60 759	36 416	245.572	6 458
2 300	35.425	64 289	36 276	247.141	5 099
2 400	35.656	67 843	36 133	248.654	3 746
2 500	35.872	71 420	35 986	250.114	2 400
2 600	36.074	75 017	35 836	251.525	1 060
2 700	36.263	78 634	35 682	252.890	−275
2 800	36.439	82 269	35 524	254.212	−1 604
2 900	36.604	85 922	35 360	255.493	−2 927
3 000	36.759	89 590	35 191	256.737	−4 245
3 100	36.903	93 273	35 016	257.945	−5 556
3 200	37.039	96 970	34 835	259.118	−6 862
3 300	37.166	100 681	34 648	260.260	−8 162
3 400	37.285	104 403	34 454	261.371	−9 457
3 500	37.398	108 137	34 253	262.454	−10 745
3 600	37.504	111 882	34 046	263.509	−12 028
3 700	37.605	115 638	33 831	264.538	−13 305
3 800	37.701	119 403	33 610	265.542	−14 576
3 900	37.793	123 178	33 381	266.522	−15 841
4 000	37.882	126 962	33 146	267.480	−17 100
4 100	37.968	130 754	32 903	268.417	−18 353
4 200	38.052	134 555	32 654	269.333	−19 600
4 300	38.135	138 365	32 397	270.229	−20 841
4 400	38.217	142 182	32 134	271.107	−22 076
4 500	38.300	146 008	31 864	271.967	−23 306
4 600	38.382	149 842	31 588	272.809	−24 528
4 700	38.466	153 685	31 305	273.636	−25 745
4 800	38.552	157 536	31 017	274.446	−26 956
4 900	38.640	161 395	30 722	275.242	−28 161
5 000	38.732	165 264	30 422	276.024	−29 360

表 A.6　水蒸气(H_2O),MW＝18.016 kg/kmol,298 K 时,生成焓＝－241 845 kJ/kmol,汽化潜热＝44 010 kJ/kmol

T/K	$\bar{c}_p$ /[kJ/(kmol·K)]	$\bar{h}^0(T)-\bar{h}_f^0(298\ K)$ /(kJ/kmol)	$\bar{h}_f^0(T)$ /(kJ/kmol)	$\bar{s}^0(T)$ /[kJ/(kmol·K)]	$\bar{g}_f^0(T)$ /(kJ/kmol)
200	32.255	－3 227	－240 838	175.602	－232 779
298	33.448	0	－241 845	188.715	－228 608
300	33.468	62	－241 865	188.922	－228 526
400	34.437	3 458	－242 858	198.686	－223 929
500	35.337	6 947	－243 822	206.467	－219 085
600	36.288	10 528	－244 753	212.992	－214 049
700	37.364	14 209	－245 638	218.665	－208 861
800	38.587	18 005	－246 461	223.733	－203 550
900	39.930	21 930	－247 209	228.354	－198 141
1 000	41.315	25 993	－247 879	232.633	－192 652
1 100	42.638	30 191	－248 475	236.634	－187 100
1 200	43.874	34 518	－249 005	240.397	－181 497
1 300	45.027	38 963	－249 477	243.955	－175 852
1 400	46.102	43 520	－249 895	247.332	－170 172
1 500	47.103	48 181	－250 267	250.547	－164 464
1 600	48.035	52 939	－250 597	253.617	－158 733
1 700	48.901	57 786	－250 890	256.556	－152 983
1 800	49.705	62 717	－251 151	259.374	－147 216
1 900	50.451	67 725	－251 384	262.081	－141 435
2 000	51.143	72 805	－251 594	264.687	－135 643
2 100	51.784	77 952	－251 783	267.198	－129 841
2 200	52.378	83 160	－251 955	269.621	－124 030
2 300	52.927	88 426	－252 113	271.961	－118 211
2 400	53.435	93 744	－252 261	274.225	－112 386
2 500	53.905	99 112	－252 399	276.416	－106 555
2 600	54.340	104 524	－252 532	278.539	－100 719
2 700	54.742	109 979	－252 659	280.597	－94 878
2 800	55.115	115 472	－252 785	282.595	－89 031
2 900	55.459	121 001	－252 909	284.535	－83 181
3 000	55.779	126 563	－253 034	286.420	－77 326
3 100	56.076	132 156	－253 161	288.254	－71 467
3 200	56.353	137 777	－253 290	290.039	－65 604
3 300	56.610	143 426	－253 423	291.777	－59 737
3 400	56.851	149 099	－253 561	293.471	－53 865
3 500	57.076	154 795	－253 704	295.122	－47 990
3 600	57.288	160 514	－253 852	296.733	－42 110
3 700	57.488	166 252	－254 007	298.305	－36 226
3 800	57.676	172 011	－254 169	299.841	－30 338
3 900	57.856	177 787	－254 338	301.341	－24 446
4 000	58.026	183 582	－254 515	302.808	－18 549
4 100	58.190	189 392	－254 699	304.243	－12 648
4 200	58.346	195 219	－254 892	305.647	－6 742
4 300	58.496	201 061	－255 093	307.022	－831
4 400	58.641	206 918	－255 303	308.368	5 085
4 500	58.781	212 790	－255 522	309.688	11 005
4 600	58.916	218 674	－255 751	310.981	16 930
4 700	59.047	224 573	－255 990	312.250	22 861
4 800	59.173	230 484	－256 239	313.494	28 796
4 900	59.295	236 407	－256 501	314.716	34 737
5 000	59.412	242 343	－256 774	315.915	40 684

表 A.7　氮气(N_2),$MW=28.013$ kg/kmol,298 K 时,生成焓$=0$

T/K	$\bar{c}_p$ /[kJ/(kmol · K)]	$\bar{h}^0(T)-\bar{h}_f^0(298\ K)$ /(kJ/kmol)	$\bar{h}_f^0(T)$ /(kJ/kmol)	$\bar{s}^0(T)$ /[kJ/(kmol · K)]	$\bar{g}_f^0(T)$ /(kJ/kmol)
200	28.793	−2 841	0	179.959	0
298	29.071	0	0	191.511	0
300	29.075	54	0	191.691	0
400	29.319	2 973	0	200.088	0
500	29.636	5 920	0	206.662	0
600	30.086	8 905	0	212.103	0
700	30.684	11 942	0	216.784	0
800	31.394	15 046	0	220.927	0
900	32.131	18 222	0	224.667	0
1 000	32.762	21 468	0	228.087	0
1 100	33.258	24 770	0	231.233	0
1 200	33.707	28 118	0	234.146	0
1 300	34.113	31 510	0	236.861	0
1 400	34.477	34 939	0	239.402	0
1 500	34.805	38 404	0	241.792	0
1 600	35.099	41 899	0	244.048	0
1 700	35.361	45 423	0	246.184	0
1 800	35.595	48 971	0	248.212	0
1 900	35.803	52 541	0	250.142	0
2 000	35.988	56 130	0	251.983	0
2 100	36.152	59 738	0	253.743	0
2 200	36.298	63 360	0	255.429	0
2 300	36.428	66 997	0	257.045	0
2 400	36.543	70 645	0	258.598	0
2 500	36.645	74 305	0	260.092	0
2 600	36.737	77 974	0	261.531	0
2 700	36.820	81 652	0	262.919	0
2 800	36.895	85 338	0	264.259	0
2 900	36.964	89 031	0	265.555	0
3 000	37.028	92 730	0	266.810	0
3 100	37.088	96 436	0	268.025	0
3 200	37.144	100 148	0	269.203	0
3 300	37.198	103 865	0	270.347	0
3 400	37.251	107 587	0	271.458	0
3 500	37.302	111 315	0	272.539	0
3 600	37.352	115 048	0	273.590	0
3 700	37.402	118 786	0	274.614	0
3 800	37.452	122 528	0	275.612	0
3 900	37.501	126 276	0	276.586	0
4 000	37.549	130 028	0	277.536	0
4 100	37.597	133 786	0	278.464	0
4 200	37.643	137 548	0	279.370	0
4 300	37.688	141 314	0	280.257	0
4 400	37.730	145 085	0	281.123	0
4 500	37.768	148 860	0	281.972	0
4 600	37.803	152 639	0	282.802	0
4 700	37.832	156 420	0	283.616	0
4 800	37.854	160 205	0	284.412	0
4 900	37.868	163 991	0	285.193	0
5 000	37.873	167 778	0	285.958	0

表 A.8　氮原子(N),MW=14.007 kg/kmol,298 K 时,生成焓=472 629 kJ/kmol

T/K	$\overline{c}_p$ /[kJ/(kmol·K)]	$\overline{h}^0(T)-\overline{h}_f^0(298\ K)$ /(kJ/kmol)	$\overline{h}_f^0(T)$ /(kJ/kmol)	$\overline{s}^0(T)$ /[kJ/(kmol·K)]	$\overline{g}_f^0(T)$ /(kJ/kmol)
200	20.790	−2 040	472 008	144.889	461 026
298	20.786	0	472 629	153.189	455 504
300	20.786	38	472 640	153.317	455 398
400	20.786	2 117	473 258	159.297	449 557
500	20.786	4 196	473 864	163.935	443 562
600	20.786	6 274	474 450	167.725	437 446
700	20.786	8 353	475 010	170.929	431 234
800	20.786	10 431	475 537	173.705	424 944
900	20.786	12 510	476 027	176.153	418 590
1 000	20.786	14 589	476 483	178.343	412 183
1 100	20.792	16 668	476 911	180.325	405 732
1 200	20.795	18 747	477 316	182.134	399 243
1 300	20.795	20 826	477 700	183.798	392 721
1 400	20.793	22 906	478 064	185.339	386 171
1 500	20.790	24 985	478 411	186.774	379 595
1 600	20.786	27 064	478 742	188.115	372 996
1 700	20.782	29 142	479 059	189.375	366 377
1 800	20.779	31 220	479 363	190.563	359 740
1 900	20.777	33 298	479 656	191.687	353 086
2 000	20.776	35 376	479 939	192.752	346 417
2 100	20.778	37 453	480 213	193.766	339 735
2 200	20.783	39 531	480 479	194.733	333 039
2 300	20.791	41 610	480 740	195.657	326 331
2 400	20.802	43 690	480 995	196.542	319 612
2 500	20.818	45 771	481 246	197.391	312 883
2 600	20.838	47 853	481 494	198.208	306 143
2 700	20.864	49 938	481 740	198.995	299 394
2 800	20.895	52 026	481 985	199.754	292 636
2 900	20.931	54 118	482 230	200.488	285 870
3 000	20.974	56 213	482 476	201.199	279 094
3 100	21.024	58 313	482 723	201.887	272 311
3 200	21.080	60 418	482 972	202.555	265 519
3 300	21.143	62 529	483 224	203.205	258 720
3 400	21.214	64 647	483 481	203.837	251 913
3 500	21.292	66 772	483 742	204.453	245 099
3 600	21.378	68 905	484 009	205.054	238 276
3 700	21.472	71 048	484 283	205.641	231 447
3 800	21.575	73 200	484 564	206.215	224 610
3 900	21.686	75 363	484 853	206.777	217 765
4 000	21.805	77 537	485 151	207.328	210 913
4 100	21.934	79 724	485 459	207.868	204 053
4 200	22.071	81 924	485 779	208.398	197 186
4 300	22.217	84 139	486 110	208.919	190 310
4 400	22.372	86 368	486 453	209.431	183 427
4 500	22.536	88 613	486 811	209.936	176 536
4 600	22.709	90 875	487 184	210.433	169 637
4 700	22.891	93 155	487 573	210.923	162 730
4 800	23.082	95 454	487 979	211.407	155 814
4 900	23.282	97 772	488 405	211.885	148 890
5 000	23.491	100 111	488 850	212.358	141 956

表 A.9   一氧化氮(NO), $MW=30.006$ kg/kmol, 298 K 时, 生成焓 $=90\ 297$ kJ/kmol

T/K	$\bar{c}_p$ /[kJ/(kmol·K)]	$\bar{h}^0(T)-\bar{h}_f^0(298\ \text{K})$ /(kJ/kmol)	$\bar{h}_f^0(T)$ /(kJ/kmol)	$\bar{s}^0(T)$ /[kJ/(kmol·K)]	$\bar{g}_f^0(T)$ /(kJ/kmol)
200	29.374	−2 901	90 234	198.856	87 811
298	29.728	0	90 297	210.652	86 607
300	29.735	55	90 298	210.836	86 584
400	30.103	3 046	90 341	219.439	85 340
500	30.570	6 079	90 367	226.204	84 086
600	31.174	9 165	90 382	231.829	82 828
700	31.908	12 318	90 393	236.688	81 568
800	32.715	15 549	90 405	241.001	80 307
900	33.489	18 860	90 421	244.900	79 043
1 000	34.076	22 241	90 443	248.462	77 778
1 100	34.483	25 669	90 465	251.729	76 510
1 200	34.850	29 136	90 486	254.745	75 241
1 300	35.180	32 638	90 505	257.548	73 970
1 400	35.474	36 171	90 520	260.166	72 697
1 500	35.737	39 732	90 532	262.623	71 423
1 600	35.972	43 317	90 538	264.937	70 149
1 700	36.180	46 925	90 539	267.124	68 875
1 800	36.364	50 552	90 534	269.197	67 601
1 900	36.527	54 197	90 523	271.168	66 327
2 000	36.671	57 857	90 505	273.045	65 054
2 100	36.797	61 531	90 479	274.838	63 782
2 200	36.909	65 216	90 447	276.552	62 511
2 300	37.008	68 912	90 406	278.195	61 243
2 400	37.095	72 617	90 358	279.772	59 976
2 500	37.173	76 331	90 303	281.288	58 711
2 600	37.242	80 052	90 239	282.747	57 448
2 700	37.305	83 779	90 168	284.154	56 188
2 800	37.362	87 513	90 089	285.512	54 931
2 900	37.415	91 251	90 003	286.824	53 677
3 000	37.464	94 995	89 909	288.093	52 426
3 100	37.511	98 744	89 809	289.322	51 178
3 200	37.556	102 498	89 701	290.514	49 934
3 300	37.600	106 255	89 586	291.670	48 693
3 400	37.643	110 018	89 465	292.793	47 456
3 500	37.686	113 784	89 337	293.885	46 222
3 600	37.729	117 555	89 203	294.947	44 992
3 700	37.771	121 330	89 063	295.981	43 766
3 800	37.815	125 109	88 918	296.989	42 543
3 900	37.858	128 893	88 767	297.972	41 325
4 000	37.900	132 680	88 611	298.931	40 110
4 100	37.943	136 473	88 449	299.867	38 900
4 200	37.984	140 269	88 283	300.782	37 693
4 300	38.023	144 069	88 112	301.677	36 491
4 400	38.060	147 873	87 936	302.551	35 292
4 500	38.093	151 681	87 755	303.407	34 098
4 600	38.122	155 492	87 569	304.244	32 908
4 700	38.146	159 305	87 379	305.064	31 721
4 800	38.162	163 121	87 184	305.868	30 539
4 900	38.171	166 938	86 984	306.655	29 361
5 000	38.170	170 755	86 779	307.426	28 187

表 A.10　二氧化氮(NO₂),$MW=46.006$ kg/kmol,298 K 时,生成焓$=33\,098$ kJ/kmol

T/K	$\bar{c}_p$ /[kJ/(kmol·K)]	$\bar{h}^0(T)-\bar{h}_f^0(298\,K)$ /(kJ/kmol)	$\bar{h}_f^0(T)$ /(kJ/kmol)	$\bar{s}^0(T)$ /[kJ/(kmol·K)]	$\bar{g}_f^0(T)$ /(kJ/kmol)
200	32.936	−3 432	33 961	226.016	45 453
298	36.881	0	33 098	239.925	51 291
300	36.949	68	33 085	240.153	51 403
400	40.331	3 937	32 521	251.259	57 602
500	43.227	8 118	32 173	260.578	63 916
600	45.737	12 569	31 974	268.686	70 285
700	47.913	17 255	31 885	275.904	76 679
800	49.762	22 141	31 880	282.427	83 079
900	51.243	27 195	31 938	288.377	89 476
1 000	52.271	32 375	32 035	293.834	95 864
1 100	52.989	37 638	32 146	298.850	102 242
1 200	53.625	42 970	32 267	303.489	108 609
1 300	54.186	48 361	32 392	307.804	114 966
1 400	54.679	53 805	32 519	311.838	121 313
1 500	55.109	59 295	32 643	315.625	127 651
1 600	55.483	64 825	32 762	319.194	133 981
1 700	55.805	70 390	32 873	322.568	140 303
1 800	56.082	75 984	32 973	325.765	146 620
1 900	56.315	81 605	33 061	328.804	152 931
2 000	56.517	87 247	33 134	331.698	159 238
2 100	56.685	92 907	33 192	334.460	165 542
2 200	56.826	98 583	32 233	337.100	171 843
2 300	56.943	104 271	33 256	339.629	178 143
2 400	57.040	109 971	33 262	342.054	184 442
2 500	57.121	115 679	33 248	344.384	190 742
2 600	57.188	121 394	33 216	346.626	197 042
2 700	57.244	127 116	33 165	348.785	203 344
2 800	57.291	132 843	33 095	350.868	209 648
2 900	57.333	138 574	33 007	352.879	215 955
3 000	57.371	144 309	32 900	354.824	222 265
3 100	57.406	150 048	32 776	356.705	228 579
3 200	57.440	155 791	32 634	358.529	234 898
3 300	57.474	161 536	32 476	360.297	241 221
3 400	57.509	167 285	32 302	362.013	247 549
3 500	57.546	173 038	32 113	363.680	253 883
3 600	57.584	178 795	31 908	365.302	260 222
3 700	57.624	184 555	31 689	366.880	266 567
3 800	57.665	190 319	31 456	368.418	272 918
3 900	57.708	196 088	31 210	369.916	279 276
4 000	57.750	201 861	30 951	371.378	285 639
4 100	57.792	207 638	30 678	372.804	292 010
4 200	57.831	213 419	30 393	374.197	298 387
4 300	57.866	219 204	30 095	375.559	304 772
4 400	57.895	224 992	29 783	376.889	311 163
4 500	57.915	230 783	29 457	378.190	317 562
4 600	57.925	236 575	29 117	379.464	323 968
4 700	57.922	242 367	28 761	380.709	330 381
4 800	57.902	248 159	28 389	381.929	336 803
4 900	57.862	253 947	27 998	383.122	343 232
5 000	57.798	259 730	27 586	384.290	349 670

表 A. 11　氧气(O₂),MW=31.999 kg/kmol,298 K 时,生成焓=0

T/K	$\bar{c}_p$ /[kJ/(kmol·K)]	$\bar{h}^0(T)-\bar{h}_f^0(298\text{ K})$ /(kJ/kmol)	$\bar{h}_f^0(T)$ /(kJ/kmol)	$\bar{s}^0(T)$ /[kJ/(kmol·K)]	$\bar{g}_f^0(T)$ /(kJ/kmol)
200	28.473	−2 836	0	193.518	0
298	29.315	0	0	205.043	0
300	29.331	54	0	205.224	0
400	30.210	3 031	0	213.782	0
500	31.114	6 097	0	220.620	0
600	32.030	9 254	0	226.374	0
700	32.927	12 503	0	231.379	0
800	33.757	15 838	0	235.831	0
900	34.454	19 250	0	239.849	0
1 000	34.936	22 721	0	243.507	0
1 100	35.270	26 232	0	246.852	0
1 200	35.593	29 775	0	249.935	0
1 300	35.903	33 350	0	252.796	0
1 400	36.202	36 955	0	255.468	0
1 500	36.490	40 590	0	257.976	0
1 600	36.768	44 253	0	260.339	0
1 700	37.036	47 943	0	262.577	0
1 800	37.296	51 660	0	264.701	0
1 900	37.546	55 402	0	266.724	0
2 000	37.788	59 169	0	268.656	0
2 100	38.023	62 959	0	270.506	0
2 200	38.250	66 773	0	272.280	0
2 300	38.470	70 609	0	273.985	0
2 400	38.684	74 467	0	275.627	0
2 500	38.891	78 346	0	277.210	0
2 600	39.093	82 245	0	278.739	0
2 700	39.289	86 164	0	280.218	0
2 800	39.480	90 103	0	281.651	0
2 900	39.665	94 060	0	283.039	0
3 000	39.846	98 036	0	284.387	0
3 100	40.023	102 029	0	285.697	0
3 200	40.195	106 040	0	286.970	0
3 300	40.362	110 068	0	288.209	0
3 400	40.526	114 112	0	289.417	0
3 500	40.686	118 173	0	290.594	0
3 600	40.842	122 249	0	291.742	0
3 700	40.994	126 341	0	292.863	0
3 800	41.143	130 448	0	293.959	0
3 900	41.287	134 570	0	295.029	0
4 000	41.429	138 705	0	296.076	0
4 100	41.566	142 855	0	297.101	0
4 200	41.700	147 019	0	298.104	0
4 300	41.830	151 195	0	299.087	0
4 400	41.957	155 384	0	300.050	0
4 500	42.079	159 586	0	300.994	0
4 600	42.197	163 800	0	301.921	0
4 700	42.312	168 026	0	302.829	0
4 800	42.421	172 262	0	303.721	0
4 900	42.527	176 510	0	304.597	0
5 000	42.627	180 767	0	305.457	0

表 A. 12　氧原子(O),$MW=16.000$ kg/kmol,298 K 时,生成焓$=249\ 197$ kJ/kmol

T/K	$\overline{c}_p$ /[kJ/(kmol·K)]	$\overline{h}^0(T)-\overline{h}_f^0(298\ \text{K})$ /(kJ/kmol)	$\overline{h}_f^0(T)$ /(kJ/kmol)	$\overline{s}^0(T)$ /[kJ/(kmol·K)]	$\overline{g}_f^0(T)$ /(kJ/kmol)
200	22.477	−2 176	248 439	152.085	237 374
298	21.899	0	249 197	160.945	231 778
300	21.890	41	249 211	161.080	231 670
400	21.500	2 209	249 890	167.320	225 719
500	21.256	4 345	250 494	172.089	219 605
600	21.113	6 463	251 033	175.951	213 375
700	21.033	8 570	251 516	179.199	207 060
800	20.986	10 671	251 949	182.004	200 679
900	20.952	12 768	252 340	184.474	194 246
1 000	20.915	14 861	252 698	186.679	187 772
1 100	20.898	16 952	253 033	188.672	181 263
1 200	20.882	19 041	253 350	190.490	174 724
1 300	20.867	21 128	253 650	192.160	168 159
1 400	20.854	23 214	253 934	193.706	161 572
1 500	20.843	25 299	254 201	195.145	154 966
1 600	20.834	27 383	254 454	196.490	148 342
1 700	20.827	29 466	254 692	197.753	141 702
1 800	20.822	31 548	254 916	198.943	135 049
1 900	20.820	33 630	255 127	200.069	128 384
2 000	20.819	35 712	255 325	201.136	121 709
2 100	20.821	37 794	255 512	202.152	115 023
2 200	20.825	39 877	255 687	203.121	108 329
2 300	20.831	41 959	255 852	204.047	101 627
2 400	20.840	44 043	256 007	204.933	94 918
2 500	20.851	46 127	256 152	205.784	88 203
2 600	20.865	48 213	256 288	206.602	81 483
2 700	20.881	50 300	256 416	207.390	74 757
2 800	20.899	52 389	256 535	208.150	68 027
2 900	20.920	54 480	256 648	208.884	61 292
3 000	20.944	56 574	256 753	209.593	54 554
3 100	20.970	58 669	256 852	210.280	47 812
3 200	20.998	60 768	256 945	210.947	41 068
3 300	21.028	62 869	257 032	211.593	34 320
3 400	21.061	64 973	257 114	212.221	27 570
3 500	21.095	67 081	257 192	212.832	20 818
3 600	21.132	69 192	257 265	213.427	14 063
3 700	21.171	71 308	257 334	214.007	7 307
3 800	21.212	73 427	257 400	214.572	548
3 900	21.254	75 550	257 462	215.123	−6 212
4 000	21.299	77 678	257 522	215.662	−12 974
4 100	21.345	79 810	257 579	216.189	−19 737
4 200	21.392	81 947	257 635	216.703	−26 501
4 300	21.441	84 088	257 688	217.207	−33 267
4 400	21.490	86 235	257 740	217.701	−40 034
4 500	21.541	88 386	257 790	218.184	−46 802
4 600	21.593	90 543	257 840	218.658	−53 571
4 700	21.646	92 705	257 889	219.123	−60 342
4 800	21.699	94 872	257 938	219.580	−67 113
4 900	21.752	97 045	257 987	220.028	−73 886
5 000	21.805	99 223	258 036	220.468	−80 659

表 A.13　热力学性质的曲线拟合系数(C-H-O-N 系统)

$$\bar{c}_p/R_u = a_1 + a_2 T + a_3 T^2 + a_4 T^3 + a_5 T^4;$$

$$\bar{h}^0/(R_u T) = a_1 + \frac{a_2}{2} T + \frac{a_3}{3} T^2 + \frac{a_4}{4} T^3 + \frac{a_5}{5} T^4 + \frac{a_6}{T};$$

$$\bar{s}^0/R_u = a_1 \ln T + a_2 T + \frac{a_3}{2} T^2 + \frac{a_4}{3} T^3 + \frac{a_5}{4} T^4 + a_7$$

组分	T/K	a_1	a_2	a_3	a_4	a_5	a_6	a_7
CO	1 000~5 000	0.03025078×10^2	0.14426885×10^{-2}	-0.05630827×10^{-5}	0.10185813×10^{-9}	$-0.06910951\times10^{-13}$	-0.14268350×10^5	0.06108217×10^2
	300~1 000	0.03262451×10^2	0.15119409×10^{-2}	-0.03881755×10^{-4}	0.05581944×10^{-7}	$-0.02474951\times10^{-10}$	-0.14310539×10^5	0.04848897×10^2
CO$_2$	1 000~5 000	0.04453623×10^2	0.03140168×10^{-1}	-0.12784105×10^{-5}	0.02393996×10^{-8}	$-0.16690333\times10^{-13}$	-0.04896696×10^6	-0.09553959×10^1
	300~1 000	0.02275724×10^2	0.09922072×10^{-1}	-0.10409113×10^{-4}	0.06866686×10^{-7}	$-0.02117280\times10^{-10}$	-0.04837314×10^6	0.10188488×10^2
H$_2$	1 000~5 000	0.02991423×10^2	0.07000644×10^{-2}	-0.05633828×10^{-6}	$-0.09231578\times10^{-10}$	0.15827519×10^{-14}	-0.08350340×10^4	-0.13551101×10^1
	300~1 000	0.03298124×10^2	0.08249441×10^{-2}	-0.08143015×10^{-5}	-0.09475434×10^{-9}	0.04134872×10^{-11}	-0.10125209×10^4	-0.03294094×10^2
H	1 000~5 000	0.02500000×10^2	0.00000000	0.00000000	0.00000000	0.00000000	0.02547162×10^6	-0.04601176×10^1
	300~1 000	0.02500000×10^2	0.00000000	0.00000000	0.00000000	0.00000000	0.02547162×10^6	-0.04601176×10^1
OH	1 000~5 000	0.02882730×10^2	0.10139743×10^{-2}	-0.02276877×10^{-5}	0.02174683×10^{-9}	$-0.05126305\times10^{-14}$	0.03886888×10^5	0.05595712×10^2
	300~1 000	0.03637266×10^2	0.01850910×10^{-2}	-0.16761646×10^{-5}	0.02387202×10^{-7}	$-0.08431442\times10^{-11}$	0.03606781×10^5	0.13588605×10^1
H$_2$O	1 000~5 000	0.02672145×10^2	0.03056293×10^{-1}	-0.08730260×10^{-5}	0.12009964×10^{-9}	$-0.06391618\times10^{-13}$	-0.02989921×10^6	0.06862817×10^2
	300~1 000	0.03386842×10^2	0.03474982×10^{-1}	-0.06354696×10^{-4}	0.06968581×10^{-7}	$-0.02506588\times10^{-10}$	-0.03020811×10^6	0.02590232×10^2
N$_2$	1 000~5 000	0.02926640×10^2	0.14879768×10^{-2}	-0.05684760×10^{-5}	0.10097038×10^{-9}	$-0.06753351\times10^{-13}$	-0.09227977×10^4	0.05980528×10^2
	300~1 000	0.03298677×10^2	0.14082404×10^{-2}	-0.03963222×10^{-4}	0.05641515×10^{-7}	$-0.02444854\times10^{-10}$	-0.10208999×10^4	0.03950372×10^2
N	1 000~5 000	0.02450268×10^2	0.10661458×10^{-3}	-0.07465337×10^{-6}	0.01879652×10^{-9}	$-0.10259839\times10^{-13}$	0.05611604×10^6	0.04448758×10^2
	300~1 000	0.02503071×10^2	0.02180018×10^{-3}	0.05420529×10^{-6}	-0.05647560×10^{-9}	0.02099904×10^{-12}	0.05609890×10^6	0.04167566×10^2
NO	1 000~5 000	0.03245435×10^2	0.12691383×10^{-2}	-0.05015890×10^{-5}	0.09169283×10^{-9}	$-0.06275419\times10^{-13}$	0.09800840×10^5	0.06417293×10^2
	300~1 000	0.03376541×10^2	0.12530634×10^{-2}	-0.03302750×10^{-4}	0.05217810×10^{-7}	$-0.02446262\times10^{-10}$	0.09817961×10^5	0.05829590×10^2
NO$_2$	1 000~5 000	0.04682859×10^2	0.02462429×10^{-1}	-0.10422585×10^{-5}	0.01976902×10^{-8}	$-0.13917168\times10^{-13}$	0.02261292×10^5	0.09885985×10^1
	300~1 000	0.02670600×10^2	0.07838500×10^{-1}	-0.08063864×10^{-4}	0.06161714×10^{-7}	$-0.02320150\times10^{-10}$	0.02896290×10^5	0.11612071×10^2
O$_2$	1 000~5 000	0.03697578×10^2	0.06135197×10^{-2}	-0.12588420×10^{-6}	0.01775281×10^{-9}	$-0.11364354\times10^{-14}$	-0.12339301×10^4	0.03189165×10^2
	300~1 000	0.03212936×10^2	0.11274864×10^{-2}	-0.05756150×10^{-5}	0.13138773×10^{-8}	$-0.08768554\times10^{-11}$	-0.10052490×10^4	0.06034737×10^2
O	1 000~5 000	0.02542059×10^2	-0.02755061×10^{-4}	-0.03102803×10^{-7}	0.04551067×10^{-10}	$-0.04368051\times10^{-14}$	0.02923080×10^6	0.04920308×10^2
	300~1 000	0.02946428×10^2	-0.16381665×10^{-2}	0.02421031×10^{-4}	-0.16028431×10^{-8}	0.03890696×10^{-11}	0.02914764×10^6	0.02963995×10^2

资料来源:Kee R J,Rupley F M,Miller J A. The Chemkin Thermodynamic Data Base,Sandia Report,SAND87-8215B,March 1991.

燃 料 特 性

表 B.1 碳氢燃料的主要特性：生成焓①，吉布斯生成焓①，熵①，298.15 K，1 atm 下的高位热值和低位热值，1 atm 下的沸点②和汽化潜热③，1 atm 下的定压绝热火焰温度④，密度④

分子式	燃料	MW (kg/kmol)	$\bar{h}_f^0$ (kJ/kmol)	$\bar{g}_f^0$ (kJ/kmol)	$\bar{s}^0$ [kJ/(kmol·K)]	HHV^+ (kJ/kg)	LHV^+ (kJ/kg)	沸点 ℃	h_{fg} (kJ/kg)	T_{ad}^{++} K	ρ_{liq}^* (kg/m³)
CH_4	甲烷	16.043	−74 831	−50 794	186.188	55 528	50 016	−164	509	2 226	300
C_2H_2	乙炔	26.038	226 748	209 200	200.819	49 923	48 225	−84	—	2 539	—
C_2H_4	乙烯	28.054	52 283	68 124	219.827	50 313	47 161	−103.7	—	2 369	—
C_2H_6	乙烷	30.069	−84 667	−32 886	229.492	51 901	47 489	−88.6	488	2 259	370
C_3H_6	丙烯	42.080	20 414	62 718	266.939	48 936	45 784	−47.4	437	2 334	514
C_3H_8	丙烷	44.096	−103 847	−23 489	269.910	50 368	46 357	−42.1	425	2 267	500
C_4H_8	1-丁烯	56.107	1 172	72 036	307.440	48 471	45 319	−63	391	2 322	595
C_4H_{10}	正丁烷	58.123	−124 733	−15 707	310.034	49 546	45 742	−0.5	386	2 270	579
C_5H_{10}	1-戊烯	70.134	−20 920	78 605	347.607	48 152	45 000	30	358	2 314	641
C_5H_{12}	正戊烷	72.150	−146 440	−8 201	348.402	49 032	45 355	36.1	358	2 272	626
C_6H_6	苯	78.113	82 947	129 658	269.199	42 277	40 579	80.1	393	2 342	879
C_6H_{12}	1-己烯	84.161	−41 673	87 027	385.974	47 955	44 803	63.4	335	2 308	673
C_6H_{14}	正己烷	86.177	−167 193	209	386.811	48 696	45 105	69	335	2 273	659
C_7H_{14}	1-庚烯	98.188	−62 132	95 563	424.383	47 817	44 665	93.6	—	2 305	—
C_7H_{16}	正庚烷	100.203	−187 820	8 745	425.262	48 456	44 926	98.4	316	2 274	684
C_8H_{16}	1-辛烯	112.214	−82 927	104 140	462.792	47 712	44 560	121.3	—	2 302	—
C_8H_{18}	正辛烷	114.230	−208 447	17 322	463.671	48 275	44 791	125.7	300	2 275	703
C_9H_{18}	1-壬烯	126.241	−103 512	112 717	501.243	47 631	44 478	—	—	2 300	—
C_9H_{20}	正壬烷	128.257	−229 032	25 857	502.080	48 134	44 686	150.8	295	2 276	718
$C_{10}H_{20}$	1-癸烯	140.268	−124 139	121 294	539.652	47 565	44 413	170.6	—	2 298	—
$C_{10}H_{22}$	正癸烷	142.284	−249 659	34 434	540.531	48 020	44 602	174.1	277	2 277	730
$C_{11}H_{22}$	1-十一烯	154.295	−144 766	129 830	578.061	47 512	44 360	—	—	2 296	—
$C_{11}H_{24}$	正十一烷	156.311	−270 286	43 012	578.940	47 926	44 532	195.9	265	2 277	740
$C_{12}H_{24}$	1-十二烯	168.322	−165 352	138 407	616.471	47 468	44 316	213.4	—	2 295	—
$C_{12}H_{26}$	正十二烷	170.337	−292 162	—	—	47 841	44 467	216.3	256	2 277	749

+ 气体燃料。

++ 化学当量燃料。

* 20℃ 的液体，或液化气在其沸点下的气体。

资料来源：①Rossini F D,et al. Carnegie Press,Pittsburgh,PA,1953.

②Weast R C. Handbook of Chemistry and Physics,56th ed. CRC Press,Cleveland,OH,1976.

③Obert E F. Internal Combustion Engines and Air Pollution,Harper & Row,New York,1973.

④Calculated using HPFLAME (Appendix F).

表 B.2　燃料比热容和焓① 的曲线拟合系数。参考状态：298.15 K，1 atm 下元素焓为 0

$$\bar{c}_p[kJ/(kmol \cdot K)] = 4.184(a_1 + a_2\theta + a_3\theta^2 + a_4\theta^3 + a_5\theta^{-2})$$

$$\bar{h}^0(kJ/kmol) = 4\,184(a_1\theta + a_2\theta^2/2 + a_3\theta^3/3 + a_4\theta^4/4 - a_5\theta^{-1} + a_6)$$

其中，$\theta \equiv T(K)/1000$

分子式	燃料	MW	a_1	a_2	a_3	a_4	a_5	a_6	$a_8$②
CH_4	甲烷	16.043	-0.291 49	26.327	-10.610	1.565 6	0.165 73	-18.331	4.300
C_3H_8	丙烷	44.096	-1.486 7	74.339	-39.065	8.054 3	0.012 19	-27.313	8.852
C_6H_{14}	己烷	86.177	-20.777	210.48	-164.125	52.832	0.566 35	-39.836	15.611
C_8H_{18}	异辛烷	114.230	-0.553 13	181.62	-97.787	20.402	-0.030 95	-60.751	20.232
CH_3OH	甲醇	32.040	-2.705 9	44.168	-27.501	7.219 3	0.202 99	-48.288	5.337 5
C_2H_5OH	乙醇	46.07	6.990	39.741	-11.926	0	0	-60.214	7.613 5
$C_{8.26}H_{15.5}$	汽油	114.8	-24.078	256.63	-201.68	64.750	0.580 8	-27.562	17.792
$C_{7.76}H_{13.1}$		106.4	-22.501	227.99	-177.26	56.048	0.484 5	-17.578	15.232
$C_{10.8}H_{18.7}$	柴油	148.6	-9.106 3	246.97	-143.74	32.329	0.051 8	-50.128	23.514

① 资料来源：Heywood J B. Internal Combustion Engine Fundamentals.McGraw-Hill.New York,1988(McGraw-Hill 公司许可复制)。

② 把 a_8 加到 a_6 中可得到 0 K 参考状态下的焓。

表 B.3　燃料蒸气导热系数、黏度和比热容的曲线拟合系数①

$$\left.\begin{array}{l}k[\text{W}/(\text{m}\cdot\text{K})]\\ \mu(\text{N}\cdot\text{s}/\text{m}^2)\times10^6\\ c_p[\text{J}/(\text{kg}\cdot\text{K})]\end{array}\right\}=a_1+a_2T+a_3T^2+a_4T^3+a_5T^4+a_6T^5+a_7T^6$$

分子式	燃料	温度区间/K	性质	a_1	a_2	a_3	a_4	a_5	a_6	a_7
CH₄	甲烷	100~1 000	k	$-1.340\,149\,90\times10^{-2}$	$3.663\,070\,60\times10^{-4}$	$-1.822\,486\,08\times10^{-6}$	$5.939\,879\,98\times10^{-9}$	$-9.140\,550\,50\times10^{-12}$	$-6.789\,688\,90\times10^{-15}$	$-1.950\,487\,36\times10^{-18}$
		70~1 000	μ	$2.968\,267\,00\times10^{-1}$	$3.711\,201\,00\times10^{-2}$	$1.218\,298\,00\times10^{-5}$	$-7.024\,260\,00\times10^{-8}$	$7.543\,269\,00\times10^{-11}$	$-2.723\,716\,60\times10^{-14}$	0
			c_p	参见附表 B.2						
C₃H₈	丙烷	200~500	k	$-1.076\,822\,09\times10^{-2}$	$8.385\,903\,25\times10^{-5}$	$4.220\,598\,64\times10^{-8}$	0	0	0	0
		270~600	μ	$-3.543\,711\,00\times10^{-2}$	$3.080\,096\,00\times10^{-2}$	$-6.997\,230\,00\times10^{-6}$	0	0	0	0
			c_p	参见附表 B.2						
C₆H₁₄	正己烷	150~1 000	k	$1.287\,757\,00$	$-2.004\,994\,43\times10^{-3}$	$2.378\,588\,31\times10^{-7}$	$-1.609\,445\,55\times10^{-10}$	$7.102\,729\,0\times10^{-14}$	0	0
		270~900	μ	$1.545\,412\,00\times10^{0}$	$1.150\,809\,00\times10^{-2}$	$2.722\,165\,00\times10^{-5}$	$-3.269\,000\,00\times10^{-8}$	$1.245\,459\,00\times10^{-11}$	0	0
			c_p	参见附表 B.2						
C₇H₁₆	正庚烷	250~1 000	k	$-4.606\,147\,00\times10^{-2}$	$5.956\,522\,24\times10^{-4}$	$-2.988\,931\,53\times10^{-7}$	$8.446\,128\,76\times10^{-9}$	$-1.229\,27\times10^{-11}$	$9.012\,7\times10^{-15}$	$-2.629\,61\times10^{-18}$
		270~580	μ	$1.540\,097\,00\times10^{0}$	$1.095\,157\,00\times10^{-2}$	$1.800\,664\,00\times10^{-5}$	$-1.363\,790\,00\times10^{-8}$	0	0	0
		300~755	c_p	$9.462\,600\,00\times10^{1}$	$5.860\,997\,00\times10^{0}$	$-1.982\,313\,20\times10^{-3}$	$-6.886\,993\,00\times10^{-8}$	$-1.937\,952\,60\times10^{-10}$	0	0
		755~1 365	c_p	$-7.403\,080\,00\times10^{2}$	$1.089\,353\,70\times10^{1}$	$-1.265\,124\,00\times10^{-2}$	$9.843\,763\,00\times10^{-6}$	$-4.322\,829\,60\times10^{-9}$	$7.863\,665\,00\times10^{-13}$	0

续表

分子式	燃料	温度区间/K	性质	a_1	a_2	a_3	a_4	a_5	a_6	a_7
C_8H_{18}	正辛烷	250~500	k	$-4.013\,919\,40 \times 10^{-3}$	$3.387\,960\,92 \times 10^{-5}$	$8.192\,918\,19 \times 10^{-8}$	0	0	0	0
		300~650	μ	$8.324\,354\,00 \times 10^{-1}$	$1.400\,450\,00 \times 10^{-2}$	$8.793\,765\,00 \times 10^{-6}$	$-6.840\,300\,00 \times 10^{-9}$	0	0	0
		275~755	c_p	$2.144\,198\,00 \times 10^{2}$	$5.356\,905\,00 \times 10^{0}$	$-1.174\,970\,00 \times 10^{-3}$	$-6.991\,155\,00 \times 10^{-7}$	0	0	0
		755~1 365	c_p	$2.435\,968\,60 \times 10^{3}$	$-4.468\,194\,70 \times 10^{0}$	$-1.668\,432\,90 \times 10^{-2}$	$-1.788\,560\,50 \times 10^{-5}$	$8.642\,820\,20 \times 10^{-9}$	$-1.614\,265\,00 \times 10^{-12}$	0
$C_{10}H_{22}$	正癸烷	250~500	k	$-5.882\,740\,00 \times 10^{-3}$	$3.724\,496\,46 \times 10^{-5}$	$7.551\,096\,24 \times 10^{-8}$		0	0	0
			μ	无						
		300~700	c_p	$2.407\,178\,00 \times 10^{2}$	$5.099\,650\,00 \times 10^{0}$	$-6.290\,260\,00 \times 10^{-4}$	$-1.071\,550\,00 \times 10^{-6}$	0	0	0
		700~1 365	c_p	$-1.353\,458\,90 \times 10^{4}$	$9.148\,790\,00 \times 10^{1}$	$-2.207\,000\,00 \times 10^{-1}$	$2.914\,060\,00 \times 10^{-4}$	$-2.153\,074\,00 \times 10^{-7}$	$8.386\,000\,00 \times 10^{-11}$	$-1.344\,040\,00 \times 10^{-14}$
CH_3OH	甲醇	300~550	k	$-2.029\,867\,50 \times 10^{-2}$	$1.219\,109\,27 \times 10^{-4}$	$-2.237\,484\,73 \times 10^{-8}$	0	0	0	0
		250~650	μ	$1.197\,900\,00 \times 10^{0}$	$2.450\,280\,00 \times 10^{-2}$	$1.861\,627\,40 \times 10^{-5}$	$-1.306\,748\,20 \times 10^{-8}$	0	0	0
			c_p	参见附表 B.2						
C_2H_5OH	乙醇	250~550	k	$-2.466\,630\,00 \times 10^{-2}$	$1.558\,925\,50 \times 10^{-4}$	$-822\,954\,822 \times 10^{-8}$	0	0	0	0
		270~600	μ	$-6.335\,950\,00 \times 10^{-2}$	$3.207\,134\,70 \times 10^{-2}$	$-6.250\,795\,76 \times 10^{-6}$	0	0	0	0
			c_p	参见附表 B.2						

① 资料来源：Andrews J R,biblarz O. Temperature Dependence of Gas Properties in Polynomial Form,Naval Postgraduate School,NPS67-81-001,January 1981.

附录 C

空气、氮气、氧气的相关性质

表 C.1　1 atm 下空气的性质

T/K	$\rho/$ (kg/m^3)	$c_p/$ $[kJ/(kg\cdot K)]$	$\mu/$ $(\times 10^{-7}\,N\cdot s/m^2)$	$\nu/$ $(\times 10^{-6}\,m^2/s)$	$k/$ $[\times 10^{-3}\,W/(m\cdot K)]$	$\alpha/$ $(\times 10^{-6}\,m^2/s)$	Pr
100	3.556 2	1.032	71.1	2.00	9.34	2.54	0.786
150	2.336 4	1.012	103.4	4.426	13.8	5.84	0.758
200	1.745 8	1.007	132.5	7.590	18.1	10.3	0.737
250	1.394 7	1.006	159.6	11.44	22.3	15.9	0.720
300	1.161 4	1.007	184.6	15.89	26.3	22.5	0.707
350	0.995 0	1.009	208.2	20.92	30.0	29.9	0.700
400	0.871 1	1.014	230.1	26.41	33.8	38.3	0.690
450	0.774 0	1.021	250.7	32.39	37.3	47.2	0.686
500	0.696 4	1.030	270.1	38.79	40.7	56.7	0.684
550	0.632 9	1.040	288.4	45.57	43.9	66.7	0.683
600	0.580 4	1.051	305.8	52.69	46.9	76.9	0.685
650	0.535 6	1.063	322.5	60.21	49.7	87.3	0.690
700	0.497 5	1.075	338.8	68.10	52.4	98.0	0.695
750	0.464 3	1.087	354.6	76.37	54.9	109	0.702
800	0.435 4	1.099	369.8	84.93	57.3	120	0.709
850	0.409 7	1.110	384.3	93.80	59.6	131	0.716
900	0.386 8	1.121	398.1	102.9	62.0	143	0.720
950	0.366 6	1.131	411.3	112.2	64.3	155	0.723
1 000	0.348 2	1.141	424.4	121.9	66.7	168	0.726
1 100	0.316 6	1.159	449.0	141.8	71.5	195	0.728
1 200	0.290 2	1.175	473.0	162.9	76.3	224	0.728
1 300	0.267 9	1.189	496.0	185.1	82	238	0.719
1 400	0.248 8	1.207	530	213	91	303	0.703
1 500	0.232 2	1.230	557	240	100	350	0.685
1 600	0.217 7	1.248	584	268	106	390	0.688
1 700	0.204 9	1.267	611	298	113	435	0.685
1 800	0.193 5	1.286	637	329	120	482	0.683
1 900	0.183 3	1.307	663	362	128	534	0.677
2 000	0.174 1	1.337	689	396	137	589	0.672
2 100	0.165 8	1.372	715	431	147	646	0.667
2 200	0.158 2	1.417	740	468	160	714	0.655
2 300	0.151 3	1.478	766	506	175	783	0.647
2 400	0.144 8	1.558	792	547	196	869	0.630
2 500	0.138 9	1.665	818	589	222	960	0.613
3 000	0.113 5	2.726	955	841	486	1 570	0.536

资料来源：Incropera F P，DeWitt D P. Fundamentals of Heat and Mass Transfer，3rd Ed. © 1990，John Wiley & Sons 公司允许复制。

表 C.2　1 atm 下氮气和氧气的性质

T/K	$\rho/$ (kg/m^3)	$c_p/$ $[kJ/(kg\cdot K)]$	$\mu/$ $(\times 10^{-7}\,N\cdot s/m^2)$	$\nu/$ $(\times 10^{-6}\,m^2/s)$	$k/$ $[\times 10^{-3}\,W/(m\cdot K)]$	$\alpha/$ $(\times 10^{-6}\,m^2/s)$	Pr
氮气(N_2)							
100	3.438 8	1.070	68.8	2.00	9.58	2.60	0.768
150	2.259 4	1.050	100.6	4.45	13.9	5.86	0.759
200	1.688 3	1.043	129.2	7.65	18.3	10.4	0.736
250	1.348 8	1.042	154.9	11.48	22.2	15.8	0.727
300	1.123 3	1.041	178.2	15.86	25.9	22.1	0.716
350	0.962 5	1.042	200.0	20.78	29.3	29.2	0.711
400	0.842 5	1.045	220.4	26.16	32.7	37.1	0.704
450	0.748 5	1.050	239.6	32.01	35.8	45.6	0.703
500	0.673 9	1.056	257.7	38.24	38.9	54.7	0.700
550	0.612 4	1.065	274.7	44.86	41.7	63.9	0.702
600	0.561 5	1.075	290.8	51.79	44.6	73.9	0.701
700	0.481 2	1.098	321.0	66.71	49.9	94.4	0.706
800	0.421 1	1.22	349.1	82.90	54.8	116	0.715
900	0.374 3	1.146	375.3	100.3	59.7	139	0.721
1 000	0.336 8	1.167	399.9	118.7	64.7	165	0.721
1 100	0.306 2	1.187	423.2	138.2	70.0	193	0.718
1 200	0.280 7	1.204	445.3	158.6	75.8	224	0.707
1 300	0.259 1	1.219	466.2	179.9	81.0	256	0.701
氧气(O_2)							
100	3.945	0.962	76.4	1.94	9.25	2.44	0.796
150	2.585	0.921	114.8	4.44	13.8	5.80	0.766
200	1.930	0.915	147.8	7.64	18.3	10.4	0.737
250	1.542	0.915	178.6	11.58	22.6	16.0	0.723
300	1.284	0.920	207.2	16.14	26.8	22.7	0.711
350	1.100	0.929	233.5	21.23	29.6	29.0	0.733
400	0.962 0	0.942	258.2	26.84	33.0	36.4	0.737
450	0.855 4	0.956	281.4	32.90	36.3	44.4	0.741
500	0.769 8	0.972	303.3	39.40	41.2	55.I	0.716
550	0.699 8	0.988	324.0	46.30	44.1	63.8	0.726
600	0.641 4	1.003	343.7	53.59	47.3	73.5	0.729
700	0.549 8	1.031	380.8	69.26	52.8	93.1	0.744
800	0.481 0	1.054	415.2	86.32	58.9	116	0.743
900	0.427 5	1.074	447.2	104.6	64.9	141	0.740
1 000	0.384 8	1.090	477.0	124.0	71.0	169	0.733
1 100	0.349 8	1.103	505.5	144.5	75.8	196	0.736
1 200	0.320 6	1.115	532.5	166.1	81.9	229	0.725
1 300	0.296 0	1.125	588.4	188.6	87.1	262	0.721

资料来源：Incropera F P，DeWitt D P. Fundamentals of Heat and Mass Transfer，3rd Ed. © 1990，John Wiley & Sons 公司允许复制。

附录 D

二元扩散系数及其估算方法

表 D.1　一个大气压下的二元扩散系数[a,b]

组分 A	组分 B	T/K	$D_{AB}/(\times 10^5 \ m^2/s)$
苯	空气	273	0.77
二氧化碳	空气	273	1.38
二氧化碳	氮气	293	1.63
环己烯	空气	318	0.86
正癸烯	氮气	363	0.84
正十二烷	氮气	399	0.81
乙醇	空气	273	1.02
正己烷	氮气	288	0.757
氢气	空气	273	0.611
甲醇	空气	273	1.32
正辛烯	空气	273	0.505
正辛烷	氮气	303	0.71
甲苯	空气	303	0.88
2,2,4-三甲基戊烷(异辛烷)	氮气	303	0.705
2,2,3-三甲基庚烷	氮气	363	0.684
水蒸气	空气	273	2.2

a. 数据来源：PERRY R H，GREEN D W，MALONEY J O. Perry's chemical engineers' handbook[M]. 6th ed. New York：McGraw-Hill, 1984.

b. 遵循理想气体假设，二元扩散系数对温度和压力的依赖关系的估算公式为 $D_{AB} \propto T^{3/2}/P$。

二元扩散系数预测理论

Reid 等人提出二元扩散系数预测方法,该方法是基于 Chapman-Enskog 理论在中低压下对二元气体混合物的描述。在该理论方法中,组分 A 和组分 B 的二元扩散系数为

$$D_{AB} = \frac{3}{16} \frac{(4\pi k_B T/MW_{AB})^{1/2}}{[P/(R_u T)]\pi \sigma_{AB}^2 \Omega_D} f_D \tag{E.1}$$

式中:k_B 表示玻尔兹曼常数;T 表示绝对温度;P 表示压力;R_u 表示通用气体常数;f_D 表示理论修正因子,接近于单位 1。MW_{AB} 被定义为

$$MW_{AB} = 2\left[(1/MW_A) + (1/MW_B)\right]^{-1} \tag{E.2}$$

式中:MW_A 和 MW_B 分别表示组分 A 和组分 B 的分子量。

式(E.1)中的 σ_{AB} 可以通过以下公式进行计算:

$$\sigma_{AB} = (\sigma_A + \sigma_B)/2 \tag{E.3}$$

式中:σ_A 和 σ_B 分别是组分 A 和组分 B 的硬球碰撞直径。对于几种燃烧中常见的物质,硬球碰撞直径如表 E.1 所示。

碰撞积分 Ω_D 是一个无量纲量,计算公式如下:

$$\Omega_D = \frac{A}{(T^*)^B} + \frac{C}{\exp(DT^*)} + \frac{E}{\exp(FT^*)} + \frac{G}{\exp(HT^*)} \tag{E.4}$$

式中:$A=1.06036$,$B=0.15610$,$C=0.19300$,$D=0.47635$,$E=1.03587$,$F=1.52996$,$G=1.76474$,$H=3.89411$。无量纲温度 T^* 被定义为

$$T^* = k_B T/\varepsilon_{AB} = k_B T/(\varepsilon_A \varepsilon_B)^{1/2} \tag{E.5}$$

Lennard-Jones 能量的特征值 ε 如表 E.1 所示。将 k_B 代入式(E.1),式(E.1)变为

$$D_{AB} = \frac{0.026\ 6 T^{3/2}}{PMW_{AB}^{1/2} \sigma_{AB}^2 \Omega_D} \tag{E.6}$$

式中:D_{AB}、T 和 σ_{AB} 的单位分别为 m²/s、K 和 Å。

表 E.1　一个大气压下的二元扩散系数[a]

物质	$\sigma/\text{Å}$	$\varepsilon/k_B/\text{K}$	物质	$\sigma/\text{Å}$	$\varepsilon/k_B/\text{K}$
空气	3.711	78.6	n-C$_5$H$_{12}$	5.784	341.1
Al	2.655	2 750	C$_6$H$_6$	5.349	412.3
Ar	3.542	93.3	C$_6$H$_{12}$	6.182	297.1
B	2.265	3 331	n-C$_6$H$_{14}$	5.949	399.3
BO	2.944	596	H	2.708	37.0
B$_2$O$_3$	4.158	2 092	H$_2$	2.827	59.7
C	3.385	30.6	H$_2$O	2.641	809.1

续表

物质	$\sigma/Å$	$\varepsilon/k_B/K$	物质	$\sigma/Å$	$\varepsilon/k_B/K$
CH	3.370	68.7	H_2O_2	4.196	389.3
CH_3OH	3.626	481.8	He	2.551	10.22
CH_4	3.758	148.6	N	3.298	71.4
CN	3.856	75	NH_3	2.900	558.3
CO	3.690	91.7	NO	3.492	116.7
CO_2	3.941	195.2	N_2	3.798	71.4
C_2H_2	4.033	231.8	N_2O	3.828	232.4
C_2H_4	4.163	224.7	O	3.050	106.7
C_2H_6	4.443	215.7	OH	3.147	79.8
C_3H_8	5.118	237.1	O_2	3.467	106.7
n-C_3H_7OH	4.549	576.7	S	3.839	847
n-C_4H_{10}	4.687	531.4	SO	3.993	301
iso-C_4H_{10}	5.278	330.1	SO_2	4.112	335.4

a. 数据来源：SVEHLA R A. Estimated Viscosities and Thermal Conductivities of Gases at High Temperatures. NASA-TR-R-132，1962.

附录 F

求解非线性方程的广义牛顿迭代法

牛顿迭代法,又称为牛顿-拉弗森(Newton-Raphson)法,如方程(F.1)所示,可以被扩展应用到非线性方程组(F.2)中。

$$x_{k+1} = x_k - \frac{f(x_k)}{f'(x_k)} = x_k - \frac{f(x_k)}{\frac{\mathrm{d}f}{\mathrm{d}x}(x_k)}, \quad k \equiv 迭代次数 \tag{F.1}$$

系统为

$$\left.\begin{array}{l} f_1(x_1, x_2, x_3, \cdots, x_n) = 0 \\ f_2(x_1, x_2, x_3, \cdots, x_n) = 0 \\ \vdots \\ f_n(x_1, x_2, x_3, \cdots, x_n) = 0 \end{array}\right\} \tag{F.2}$$

其中,每一个方程都可以展开成泰勒级数的形式(二阶或更高阶项截断),即

$$f_i(\tilde{x} + \tilde{\delta}) = f_i(\tilde{x}) + \frac{\partial f_i}{\partial x_1}\delta_1 + \frac{\partial f_i}{\partial x_2}\delta_2 + \frac{\partial f_i}{\partial x_3}\delta_3 + \cdots + \frac{\partial f_i}{\partial x_n}\delta_n, \quad i = 1, 2, 3, \cdots, n \tag{F.3}$$

其中

$$\tilde{x} \equiv [x]$$

求解中,$f(\tilde{x} + \tilde{\delta}) \to 0$。方程组可以整理成由线性方程组成的矩阵,即

$$\left[\frac{\partial f}{\partial x}\right][\delta] = -[f]$$

即

$$\begin{bmatrix} \dfrac{\partial f_1}{\partial x_1} & \dfrac{\partial f_1}{\partial x_2} & \cdots & \dfrac{\partial f_1}{\partial x_n} \\ \vdots & \vdots & & \vdots \\ \dfrac{\partial f_n}{\partial x_1} & \dfrac{\partial f_n}{\partial x_2} & \cdots & \dfrac{\partial f_n}{\partial x_n} \end{bmatrix} \begin{bmatrix} \delta_1 \\ \vdots \\ \delta_n \end{bmatrix} = \begin{bmatrix} -f_1 \\ \vdots \\ -f_n \end{bmatrix} \tag{F.4}$$

其中,等号左边的系数矩阵称为雅可比(Jacobian)矩阵。

方程(F.4)可以用高斯消去法求出 δ。一旦求出了 δ,下一步(最好)用递归方法求出近似解,首先写出方程:

$$[x]_{k+1} = [x]_k + [\delta]_k$$

然后按照上面的步骤,建立雅可比矩阵,解方程组(F.4),求一组新的 $[x]$ 值,如此反复,直到最小残差达到或小于预设的终止值。下面是文献[①]推荐的经验标准:

---

① Suh C H, Radcliffe C W. Kinematics and Mechanisms Design, John Wiley & Sons, New York, pp. 143-144, 1978.

$$\begin{array}{cc} \text{最小残差} & \text{条件} \\ |\delta_j/x_j| \leqslant 10^{-7} & |x_j| \geqslant 10^{-7} \end{array}$$

或者

$$|\delta_j| \leqslant 10^{-7}, \quad |x_j| \leqslant 10^{-7}, \quad j = 1,2,3,\cdots,n$$

可以用下面的形式来估计偏微分：

$$\frac{\partial f_i}{\partial x_j} = \frac{f_i(x_1,x_2,\cdots,x_j+\varepsilon,\cdots,x_n) - f_i(x_1,x_2,x_3,\cdots,x_j,\cdots,x_n)}{\varepsilon}$$

其中

$$\varepsilon = 10^{-5}|x_j|, \quad |x_j| > 1.0$$
$$\varepsilon = 10^{-5}, \quad |x_j| < 1.0$$

下列情况都可以避免不稳定性。

(1)比较新、旧向量的范数，其中范数定义为

$$\text{范数} = \sum_{i=1}^{n} |f_i(\tilde{x})|$$

(2)如果新向量的范数大于上一步的范数，假设完整步长$\{\delta\}$不会发生，取$\{\delta\}/5$；否则，就照常取完整步长。

进行范数对比，将完整步长除以任意常数的过程称为"牛顿阻尼"，已证明即使很差的初始条件也能收敛。

牛顿迭代法的一个不足就是每一步迭代都需要计算一次雅可比矩阵。

附录 G

碳氢化合物-空气燃烧平衡产物的计算程序

一些文件及其用途见表 G.1。

表 G.1　一些文件及其用途

文件	用途
README	对软件及以下各个文件如何使用的介绍
TPEQUIL	可执行模块,计算燃烧反应平衡组分和燃料特性、当量比、温度及压力
TPEQUIL. F	TPEQUIL 的 Fortran 源文件
INPUT. TP	由 TPEQUIL 文件读取的输入文件,包含使用者输入的当量比、温度和压力
HPFLAME	可执行模块,在给定反应物焓、当量比和压力条件下,计算绝热定压燃烧的绝热火焰温度、平衡组分及燃烧产物的性质
HPFLAME. F	HPFLAME 的 Fortran 源文件
INPUT. HP	HPFLAME 读取的输入文件,包括用户设定燃料、反应物焓(每千摩尔燃料)、当量比和压力
UVFLAME	可执行模块,在给定燃料组分、反应焓、当量比、初始温度和压力条件下,计算绝热定容燃烧的绝热火焰温度、平衡组分和燃烧产物的性质
UVFLAME. F	UVFLAME 的 Fortran 源文件
INPUT. UV	UVFLAME 读取的输入文件,包括用户可输入自己设定的燃料、反应物焓(每千摩尔燃料)、当量比、每摩尔燃料对应的反应物物质的量、反应物摩尔质量、初始温度及压力
GPROP. DAT	热力学性质数据文件

表 G.1 中所有的计算程序均采用文献[1]的方法来计算由 C、H、O、N 原子组成的燃料(即 $C_N H_M O_L N_K$)和空气燃烧的平衡产物[2]。因此,这些计算程序可以处理含氧燃料(如乙醇)或含氮燃料的计算。一般的碳氢燃料中的氧和氮的下标 L 和 K 一般在用户定义输入文件中设为 0。在子程序 TABLES 中氧化剂设为空气(含 79% 氮气和 21% 氧气)。如果氧化剂更为复杂一点,如含有 Ar,依然可以通过对该子程序 TABLES 进行修改并编译实现。程序计算时考虑了 11 种燃烧产物组分:H、O、N、H_2、OH、CO、NO、O_2、H_2O、CO_2 和 N_2。如果氧化剂中含有 Ar,程序也将考虑进去。文献[1]的方法在上述计算程序中均采用了 SI 单位。对原源代码的修改还包括 JANAF 热力学数据和平衡常数输入的方式等,并列在源程序中。

---

[1]　Olikara C,Borman G L. A Computer Program for Calculating Properties of Equilibrium Combustion Products with Some Applications to I. C. Engines,SAE Paper 750468,1975.

[2]　上述文献中包括的程序及后续的修改,都得到了汽车工程师学会(Society of Automotive Engineer)的许可,©1975。